鞋类产品质量检测技术

主编　叶永和
参编　湛　欣　毛小慧　余建明　叶正茂　陈卫琴
　　　苗　洁　廖素荣　刘　强　陈惠岷　赵振普
　　　金煜彬　郑小乐　孙辰逸　雷大鹏　唐旭东

中国质检出版社
中国标准出版社
北　京

图书在版编目（CIP）数据

鞋类产品质量检测技术/叶永和主编．—北京：中国质检出版社，2015.3
ISBN 978 - 7 - 5026 - 4065 - 1

Ⅰ.①鞋…　Ⅱ.①叶…　Ⅲ.①鞋—质量检验　Ⅳ.①TS943.79

中国版本图书馆 CIP 数据核字（2014）第 245160 号

内 容 提 要

本书以现行的国家及行业鞋类产品相关标准为依据，结合实际检测工作经验和方法，介绍了鞋类产品各种性能的检测技术与方法，主要内容包括：成鞋一般性能检测，鞋材物理性能检测，帮面、衬里和内垫及内底性能检测，部件性能检测，功能性检测，化学性能及有害物质检测。本书内容丰富，涉及面广，操作性强，具有实际指导作用。

本书可供从事鞋类产品生产、质量检验、监督管理和技术开发等方面工作的人员参考。

中国质检出版社
中国标准出版社　出版发行
北京市朝阳区和平里西街甲 2 号（100029）
北京市西城区三里河北街 16 号（100045）
网址：www. spc. net. cn
总编室：(010)64275323　发行中心：(010)51780235
读者服务部：(010)68523946
中国标准出版社秦皇岛印刷厂印刷
各地新华书店经销
*
开本 787 × 1092　1/16　印张 17.75　字数 438 千字
2015 年 3 月第一版　2015 年 3 月第一次印刷
*
定价 **56.00** 元

前　言

目前，我国年产鞋约100亿双左右，已成为世界上最大的鞋类生产国和出口国。全国约有皮鞋生产企业3万余家，主要分布在浙江、福建、广东、四川、重庆、江苏、山东等地区，鞋类产品综合质量水平总体居于世界中档水平，有待进一步提高。提高鞋类产品质量既是政府的要求，也是市场竞争的需求，更是生产企业自身发展的保障，而质量检测技术是控制和提高产品质量的有效手段之一，已逐步得到生产企业的重视。

鞋类产品的质量检测技术与方法分散在各个标准之中，还没有一本比较全面系统地介绍鞋类产品从成品到部件以及原辅材料整个过程的质量检测的书籍。为此，我们在国家鞋类质量监督检验中心（温州）的大力支持与帮助下编写了本书，希望能够对提高检验人员的理论和技能水平、提高产品质量、促进市场贸易健康发展有所帮助。

国家鞋类质量监督检验中心（温州）经国家质量监督检验检疫总局和国家认证认可监督管理委员会批准建立，是国家认监委业务授权的国家鞋类产品质量监督检验机构，并于2002年开始开展对外检测工作。其依托温州市质量技术监督检测院，承担全国鞋类产品的质量监督检验任务及鞋类检测技术的科研、开发、标准制订、培训等工作，同时为全社会提供各种鞋类及其原辅材料的检测与技术服务。十多年来，国家鞋类质量监督检验中心（温州）已累计完成鞋类产品检验近10万批次，积累了非常丰富的经验及数据，为温州乃至全国鞋类产品质量的提高做出了应有的贡献。

本书编写过程中，我们以现行的国家及行业鞋类产品相关标准为依据，结合国家鞋类质量监督检验中心（温州）的实际检测工作经验和方法，以作业指导书的形式编写，尽量做到通俗易懂。同时，为了便于查阅，按照鞋类产品特性值及检测内容的属性进行了分类编写。全书共分6章：第1章为成鞋一般性能检测，第2章为鞋材物理性能检测，第3章为帮面、衬里和内垫及内底性能检测，第4章为部件性能检测，第5章为功能性检测，第6章为化学性能及有害物质检测。

由于编者的时间和水平有限，书中定有不当之处，欢迎广大读者、技术人员批评指正。

编　者

2014年12月

目　录

1 成鞋一般性能检测

1.1 感官质量

1.1.1 依据与适用范围

感官质量检测方法依据 GB/T 3903.5—2011《鞋类　整鞋试验方法　感官质量》，适用于一般穿用的成品鞋（靴）的检测。

1.1.2 仪器设备

（1）鞋用带尺。量程不小于 500mm，分度值为 1.0mm。

（2）游标卡尺。量程不小于 150mm，分度值为 0.02mm。

（3）钢直尺。量程不小于 150mm，分度值为 1.0mm。

（4）高度游标卡尺。量程不小于 100mm，分度值为 0.02mm。

（5）宽座直角尺。精度 1 级。

（6）水平平台。平整大理石磨板或玻璃板。

（7）灰色样卡。按 GB/T 250—2008《纺织品　色牢度试验　评定变色用灰色样卡》规定。

1.1.3 试样要求

（1）试样数量按产品标准要求执行，一般情况下，一组试样为一双成鞋。

（2）试样为制成 48h 后的成鞋。

（3）试样鞋不得有变形，应未穿着过。

1.1.4 检测准备

（1）将试样平放在平整大理石磨板或玻璃板上。

（2）自然光源，晴天向北（上午 9:00 ~ 下午 3:00），避免外界环境物体反射光的影响，环境温度为室温。

1.1.5 检测步骤

（1）整体外观。手感或目测检验整鞋是否端正、对称、平整、平服、平稳、平正、色泽一致、清洁、标志齐全清晰及鞋帮、鞋里、鞋底、鞋跟等各部位有无缺陷等。测量尺寸点状缺陷用游标卡尺测量，线状缺陷以鞋用带尺测量。

（2）平稳。将鞋平放在水平平台上，用手轻拨鞋后部使其产生轻微晃动，如能复位即平稳。

（3）色差。按九档变色用灰色样卡进行检验，确定变色等级。

（4）中国鞋号。提供的相应鞋楦或楦底样图按以下步骤进行检验、对照：

① 以脚的长度毫米数及宽度的毫米数表示，如250/80。

② 以脚的长度毫米数及楦头的型号来表示，如250；二型。

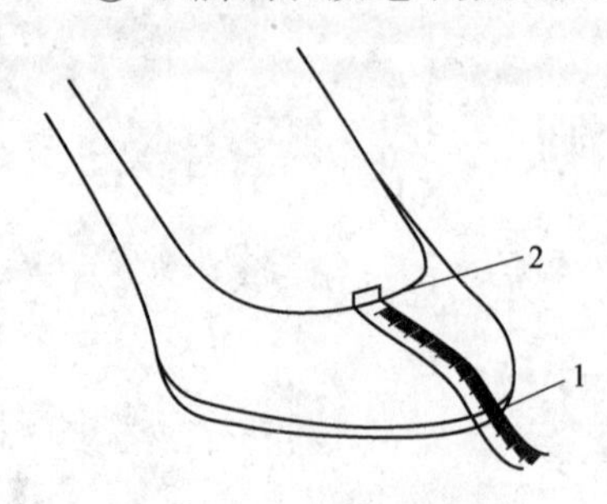

图1-1 前帮长度测量
1—前帮子口鞋头中点；
2—前帮面沿口边沿

(5) 缝线。目测缝线针码是否均匀，线道是否整齐。是否有跳线、断线、翻线、开线、并线、重针及缝线越轨等。针码密度用游标卡尺测量单位长度内的针数，并记录出现次数与严重程度。

(6) 前帮长度。鞋用带尺紧贴前帮面轮廓，测量前帮子口鞋头端点至前帮面沿口边沿中点或特定部位（如前帮与鞋舌接缝处等）的长度，如图1-1所示。上述方法也可测外包头，三接头包头的长度等。

(7) 前跷。将鞋正放在水平平台上，用高度游标卡尺测量外底面前端点至水平平面的垂直距离，如图1-2所示。

(8) 明主跟长度。以鞋子口帮明主跟一端贴子口帮外围量至另一端，取其总长。用鞋用带尺测量，如图1-3所示。

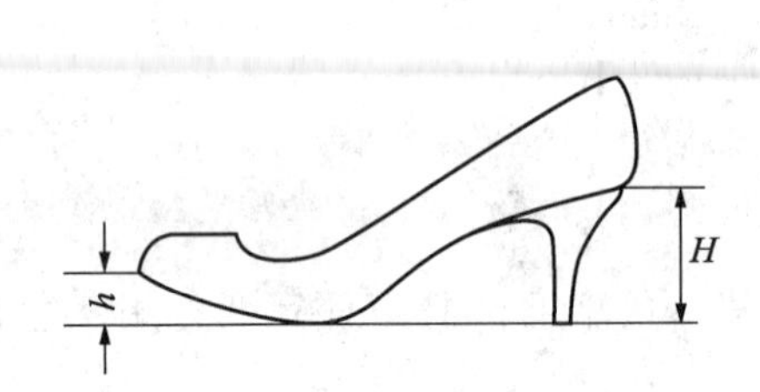

图1-2 前跷、鞋跟高度检验
h—前跷；H—鞋跟高度

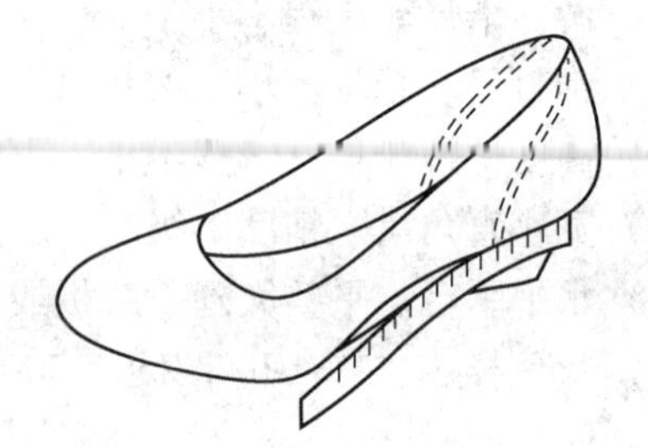
图1-3 明主跟长度检验

(9) 后帮曲线长度。鞋用带尺紧贴后帮面轮廓，测量后帮子口端点至统口后端点或特定部位的长度。

(10) 后缝歪斜。将鞋正放在水平平台上，用宽座直角尺垂直边对准后缝下端点，用钢直尺测量鞋帮后缝上端点至直角尺垂直边的最大距离D，如图1-4所示。

(11) 后帮歪斜。将鞋正放在水平平台上，用宽座直角尺垂直边对准鞋外底后端点，用钢直尺测量后帮统口后端点至直角尺垂直边的最大距离。

(12) 外底长度。鞋用带尺（拉紧）测量外底前端点至外底（跟面）后端点之间的长度，如图1-5所示。

(13) 外底宽度。将外底内侧接触水平平台垂直侧立，用高度游标卡尺垂直测量其外侧距水平平台的最大垂直距离，如图1-6所示。

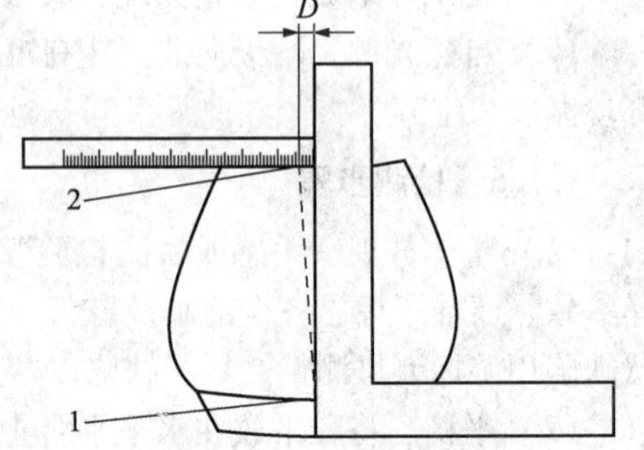

图1-4 后缝歪斜检验
1—后缝下端点；2—后缝上端点；
D—最大距离

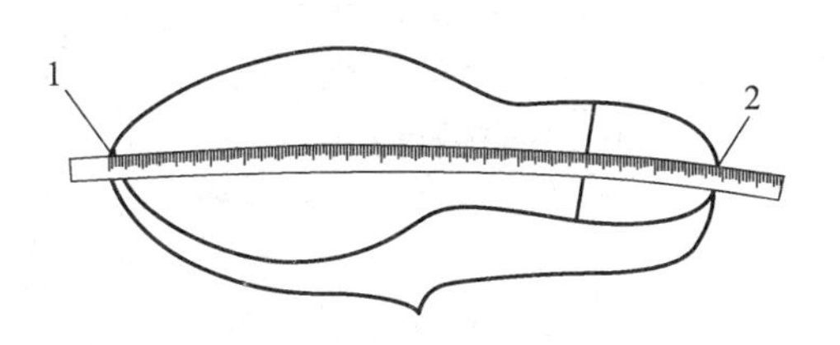

图 1－5　外底长度检验

1—外底前端点；2—外底（跟面）后端点

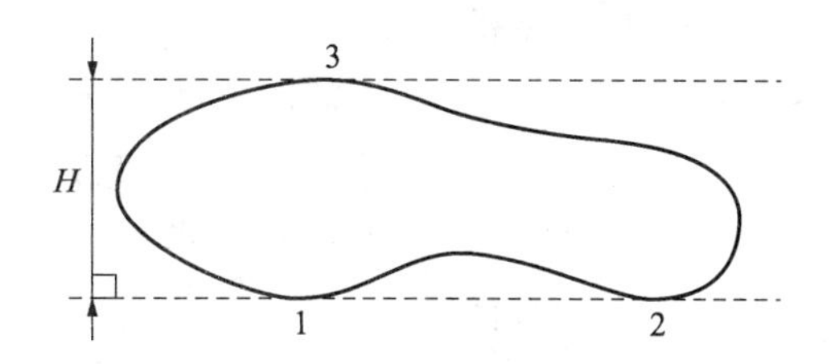

图 1－6　外底宽度检验

1，2—外底内侧前、后水平接触点；
3—外底水平最高点；H—外底宽度

（14）外底厚度。对于均匀厚度外底，一般以钢直尺测量相关部位厚度。必要时沿外底轴线将鞋底切开，以钢直尺在切开处测量外底相关部位厚度。底墙异型或圆弧状等，用直尺无法测量时可用游标卡尺测量，如图 1－7 所示。

（15）跟面尺寸。用游标卡尺测量相应尺寸。

（16）跟口高度。用游标卡尺或钢直尺测量鞋跟前部横向竖直面的高度（到鞋外底面的高度）。

（17）鞋跟高度

① 装配鞋跟。将鞋正放在水平平台上，用高度游标卡尺测量鞋跟后部中线上端点至跟面（水平平台）的垂直高度 H，如图 1－2 所示。

② 其他鞋跟。用高度游标卡尺测量该鞋正常穿用时脚跟后端点至地面的垂直高度，必要时将鞋后部沿分踵线剖开，用高度游标卡尺测量其高度。

图 1－7　非均匀鞋底厚度检验

（18）相同部位尺寸偏差。鞋用带尺贴紧鞋（靴），从某参照点量至某一考察点，检验同双鞋（靴）的差异。

（19）帮面松面。将皮革表面（粒面）向内弯曲约 90°，如：出现细小而连续的小纹（或没有出现皱纹），放平后即消失，为不松面；表面出现较大皱纹，且放平后皱纹不能消失，为松面。

（20）帮面裂浆、裂面。一只手持鞋，另一只手的食指和中指伸进鞋内，顶紧帮里，目测帮面变化。如：涂饰层出现裂纹，为裂浆；皮革层出现裂纹，为裂面。

（21）包头。目测外包头是否端正、平服，同双鞋的外包头是否对称。用拇指按压包头正中，观察其变形及复原情况，用手触摸帮里与包头，确定是否平服。

（22）主跟。目测主跟是否端正、平服，同双鞋的主跟是否对称。用拇指和食指在主跟两侧按压，目测观察其变形及复原情况。用手触摸帮里与主跟，确定是否平服。

（23）帮底结合。按压鞋帮，观察有无开胶或脱线。

（24）鞋跟平正。将鞋正放在水平平台上，目测鞋跟装配是否端正、对称、平稳，以及跟面与前掌着地部位与平面接触是否良好。

（25）鞋跟装配牢度。手感和目测后跟是否松动。

（26）装饰件装配牢度。用手拉装饰件，观察是否牢固。

1.1.6 检测结果与处理

（1）每项目检测都应有数据记录，没有数据应尽量用简单扼要文字进行说明。

（2）除检测步骤中的第26项外，发现有其他存在的缺陷也应做详细记录。

（3）记录缺陷应注明左右鞋及部位。

1.1.7 注意事项

检查时应由外到里，需要破解时，应在其他感官检查完毕后，最后进行。

1.2 耐 磨 性

1.2.1 依据与适用范围

耐磨性检测方法依据 GB/T 3903.2—2008《鞋类　通用试验方法　耐磨性能》，适用于整鞋鞋底和成型鞋底（片）耐磨性能的检测。

1.2.2 仪器设备

（1）耐磨试验机，如图1-8所示。

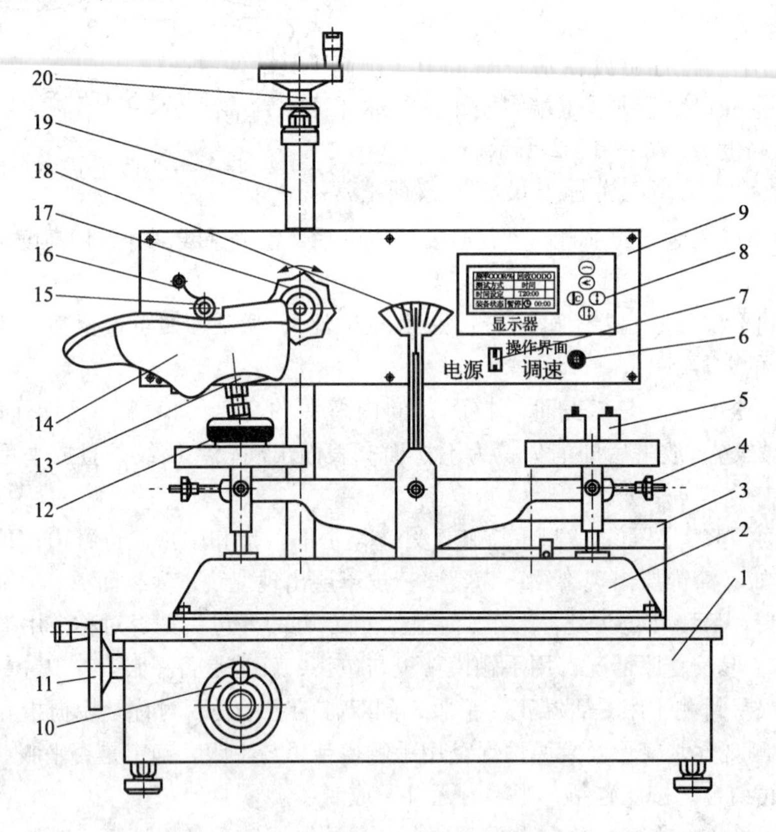

图1-8　耐磨试验机示意图

1—底座；2—托物天平；3—砝码盒；4—平衡螺母；5—砝码；6—调速旋钮；7—电源开关；8—操作界面；9—控制箱；10—前后移动手轮；11—左右移动手轮；12—并紧螺母；13—试样固定架；14—试样鞋；15—磨轮；16—磨轮刷；17—紧固手轮；18—天平指示盘；19—导轨；20—上下移动轮

① 磨轮为 $\phi(20\pm0.1)mm\times(4\pm0.1)mm$ 的T12钢磨轮，孔径为（6 ± 0.02）mm，具有72个齿，齿角为 $90^\circ\pm5^\circ$，齿尖宽度为（0.2 ± 0.05）mm，齿尖粗糙度 Ra 为3.2μm，硬度大于等于55HRC，同轴度为0.03mm。

② 磨轮转速在（100～300）r/min范围内无级可调。

③ 磨轮顺时针方向旋转，运转平稳，径向跳动不大于0.05mm。

④ 磨轮和试样间的压力在（0～19.6）N范围内可调。

⑤ 试验时间在（0～29）min范围内可调，并自动控制，准确至0.1min。

⑥ 天平量程2000g，准确度为5g。

（2）游标卡尺。分度值为0.02mm。

（3）砝码。① 精度要求Ⅲ等。② 大小一组砝码，总重量大于1000g。

1.2.3　试样要求

（1）试样为制成48h后的成鞋。

（2）每组试样一般不少于2只鞋、底或片。

（3）试样表面应平整，面积应足够进行磨耗，不得有影响试验的杂物。

（4）试样应在温度为（23 ± 2）℃，相对湿度为（50 ± 5）%的环境条件下至少放置4h。

1.2.4　检测准备

（1）调节试验环境温度为（23 ± 2）℃，相对湿度为（50 ± 5）%，避免阳光直接照射。

（2）调节磨轮转速为（191 ± 5）r/min。

（3）设定试验时间为20min（特殊要求可另选）。

（4）施加4.9N的压力（特殊要求可另选）。

1.2.5　检测步骤

（1）设定耐磨试验机的各项条件（如圈数、时间），先让磨轮空运转5min。

（2）将试样鞋紧固在试验机天平左端的样品固定支架上，鞋底朝上，调整样品鞋将鞋底磨耗部位处于水平状态，最后拧紧并紧螺母，使试样鞋紧固在托物天平上。

（3）在托物天平右端放入相当于试样鞋重量的砝码，通过砝码与托物天平上的平衡螺母调节，将托物天平的两端调平衡（指针为零）。

（4）通过前后移动与左右移动手轮，调节磨轮位置对准试样平整处，并处于托物天平左托盘的上方。

（5）通过上下移动手轮，调节磨轮高度位置，使试样鞋的磨耗部位与磨轮刚好接触，天平指针仍然指向零，然后旋紧磨轮轴的紧固手轮锁紧。

（6）在托物天平右托盘上按试验条件要求的压力值增加砝码（如4.9N或加500g砝码），这时的压力即为规定值。

（7）查看磨轮转速、时间是否符合规定的要求，同时将时间显示清零。

（8）开机，试验机完成规定时间后自动停车，结束试验。

（9）松开紧固手轮，调节各移动手轮，取下试样鞋，用游标卡尺测量磨痕两边的长度。

1.2.6　检测结果与处理

（1）以磨痕长度表示试验结果，单位为毫米，有效数字至小数点后一位。

（2）每只试样每一试验数据对算术平均值的最大允许偏差为10%，否则应重新试验。

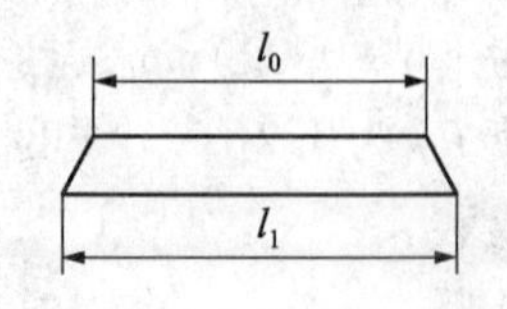

图 1-9　梯形磨痕示意图

（3）每只试样至少测两处，取两处 4 个数据的算术平均值。若磨痕为梯形，如图 1-9 所示，则长边 l_1 与短边 l_0 相差不应大于短边的 10%，即 $(l_1 - l_0)/l_0 < 0.1$，取两边长度的算术平均值作为该磨痕数值。

（4）每只试样的试验结果应分别表示。

例 1-1　某鞋磨痕试验的结果，得到 3 个磨痕的 6 个数值为：7.0mm 与 7.0mm，8.0mm 与 8.0mm，9.0mm 与 9.0mm。

经计算该鞋的磨耗值 $=(7.0+8.0+9.0)/3=8.0$（mm）

第一个测量值的偏差 $=|(7.0-8.0)|/8.0=0.125>0.1$，超过偏差，舍去。

第二个测量值的偏差 $=(8.0-8.0)/8.0=0<0.1$，没有超过偏差。

第三个测量值的偏差 $=(9.0-8.0)/8.0=0.125>0.1$，超过偏差，舍去。

验证结果，第一、第三个数值超差舍去，重新补测两个数值。

例 1-2　某鞋磨痕试验的结果，得到 3 个磨痕的 6 个数值为：7.0mm 与 7.0mm，8.0mm 与 8.0mm，8.4mm 与 8.4mm。

经计算该鞋的磨耗值 $=(7.0+8.0+8.4)/3=7.8$（mm）

第一个测量值的偏差 $=|(7.0-7.8)|/7.8=0.103>0.1$，超过偏差，舍去。

第二个测量值的偏差 $=(8.0-7.8)/7.8=0.026<0.1$，没有超过偏差。

第三个测量值的偏差 $=(8.4-7.8)/7.8=0.077<0.1$，没有超过偏差。

验证结果，第一数值超差舍去，重新补测一个数值或取第二与第三数值的算术平均值。

例 1-3　某鞋磨痕试验 2 个磨痕的 4 个数值为：$l_0=7.0$mm，$l_1=7.8$mm；$l_0=8.1$mm，$l_1=8.7$mm。

第一个长短边偏差 $=(7.8-7.0)/7.0=0.114>0.1$，超过偏差，舍去重新补测。

第二个长短边偏差 $=(8.7-8.1)/8.1=0.074<0.1$，没有超过偏差。

第二个磨痕数值为 $(8.7+8.1)/2=8.4$mm。

1.2.7　注意事项

（1）试样在磨耗过程中若发现试验磨轮抖动严重，应另换一点重新进行测试。

（2）耐磨试验过程中，若发现磨轮轴与试样接触，应停机，记录试样与磨轮接触时的时间，测量试样磨痕长度。

（3）试验过程中如发现有欠硫现象，应立即停止试验，用有机溶剂对受污染的磨轮进行清洗。

（4）磨轮应处于托物天平左托盘的上方，不能超出左托盘的直径范围。

（5）对于由多种材料组成的鞋底，需要对多种材料进行测试，并分别表示。

（6）耐磨部位应避开勾心位置，以免造成误差。

1.3　耐　折　性

1.3.1　依据与适用范围

耐折性检测方法依据 GB/T 3903.1—2008《鞋类　通用试验方法　耐折性能》，适用于各种成鞋耐折性能的检测。

1.3.2 仪器设备

（1）耐折试验机。① 屈挠角度在0°～55°之间范围内可调。② 屈挠频率在每分钟（100～300）次范围内可调。③ 具有按预置屈挠次数自动停机的功能。④ 有对试样鼓风的装置。

（2）可折试验楦。① 试验楦的第一趾部位至楦底轴线的垂线上装有 $\phi5.5$mm×40mm 的钢轴，钢轴相对楦底表面无凹凸现象。② 试验楦的最大可折角度不小于50°。

（3）游标卡尺。分度值为0.02mm。

（4）割口刀。割口刀的规格与要求，如图1－10所示。

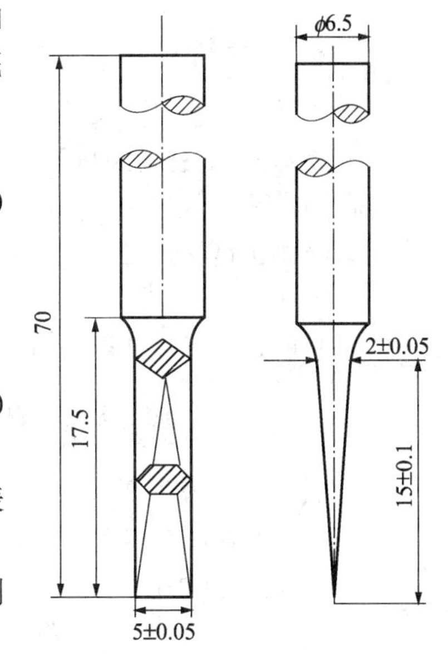

图1－10　割口刀规格示意图①

1.3.3 试样要求

（1）试样为制成48h后的成鞋。

（2）试样鞋在温度为（23±2）℃、相对湿度为（50±5）%的环境条件下至少放置4h。

（3）检查试样鞋，试样鞋不得有明显变形，如底表面有杂物应用纱布沾酒精擦净。

（4）把试样鞋平放在平板上，如图1－11所示，测量鞋的前跷 h 的高度。

1.3.4 检测准备

（1）屈挠试验机屈挠频率调整为（230±10）次/min。

（2）屈挠试验机屈挠角度调整为50°±1°后，放置在0°。

（3）选择比试样鞋鞋号小5mm的可折试验楦。

（4）调节试验环境温度为（23±2）℃、相对湿度为（50±5）%。

1.3.5 检测步骤

（1）将可折试验楦装入试样鞋，可折试验楦比样鞋小5mm的空隙留在试样鞋的后跟部位。

（2）测量前跷高度 h，根据表1－1调整下夹板的角度，如图1－12所示，使试样鞋处于自然状态。

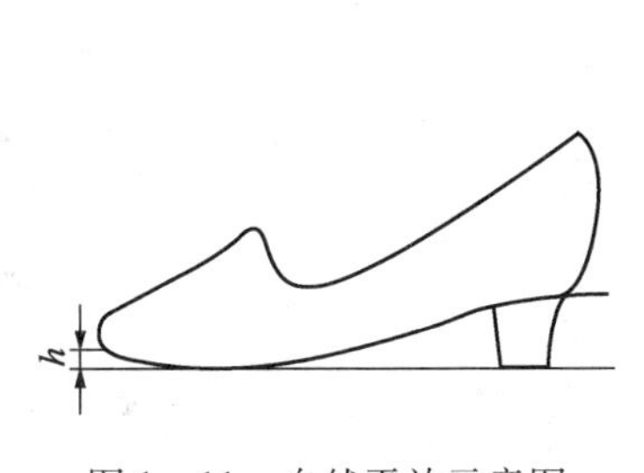

图1－11　自然平放示意图

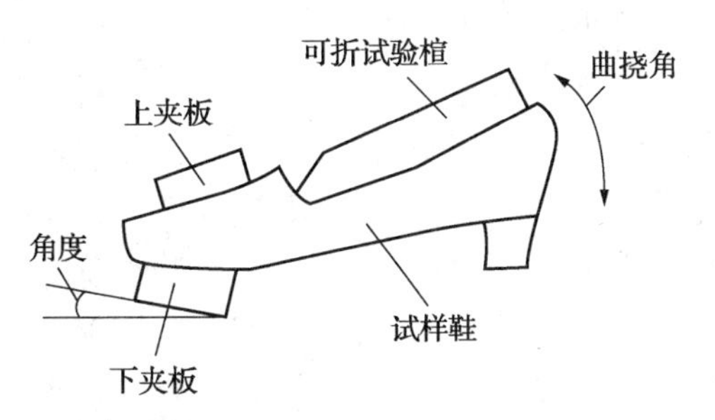

图1－12　耐折屈挠安装示意图

---

① 本书图中尺寸单位为mm，特别标注的除外。

表 1-1　前跷高度与角度关系

角度/°	1	2	3	4	5	6
前跷高度 h/mm	1.4	2.8	4.2	5.6	7.0	8.4
角度/°	7	8	9	10	11	12
前跷高度 h/mm	9.8	11.2	12.7	14.1	15.5	17.0

（3）将试样鞋夹紧在耐折试验机的夹持器中，鞋底面的跖趾屈挠部位与夹持器活动轴轴线重合；若割口，割口部位应在此轴线上。

（4）将耐折试验机置于最大屈挠角度状态，在鞋底面的跖趾屈挠部位的中间部分用割口刀割 5mm 长的割口，并将鞋底割透。

（5）将耐折试验机计数器清零，预置屈挠次数至规定值，对着割口开动鼓风机后开启耐折试验机主开关。

（6）连续耐折到试验结束，取下试样鞋，使试验机恢复到原始位置。

1.3.6　检测结果与处理

（1）耐折试验机预置次数停机后，将耐折试验机置于最大屈挠角度状态，用游标卡尺测量鞋底割口扩展后的长度，以及新产生裂纹的长度及数量。

（2）将试样鞋从夹持器中取下，使其平放在平板上，观测帮面（如裂浆、裂面）、鞋底（如新产生裂纹、涂色龟裂或脱落）、帮底（包括围条、底墙）结合部位（如开胶）的变化情况并用文字说明。

（3）割口（或裂纹）长度单位为 mm，有效数字至小数点后一位。

（4）每只鞋的试验结果分别表示，非标准条件下检测应在结果中注明。

（5）详细描述在试验过程中出现的任何偏差。

1.3.7　注意事项

（1）耐折试验机在工作期间，观察试样鞋的夹持情况，若有松动或屈挠位置发生变化应及时停机进行调整。

（2）选择比试样鞋鞋号小 5mm 的可折试验楦，如果发现试样鞋偏小，试验楦无法装入时，可选择再小 5mm 的可折试验楦。

（3）鼓风机出风口要对准割口处。

1.4　帮底剥离强度

1.4.1　依据与适用范围

帮底剥离强度检测方法依据 GB/T 3903.3—2011《鞋类　整鞋试验方法　剥离强度》，适用于采用模压、硫化、注塑、灌注、胶粘等工艺制成的鞋类，不适用缝制鞋类的检测。

1.4.2　仪器设备

1.4.2.1　剥离试验仪

（1）测力片。① 为弹性体，其线性偏差、示值偏差和示值变动值均不大于 3%。② 使用力值表时，不考虑线性偏差。③ 测力片每年最少校验一次，最大负荷不小于 392N，更换或拆装、移动测力片部件后，应重新校验。④ 每个测力片都应配备一张测力片校验曲线图，如图 1－13 所示，力的分度值为 1N，位移的分度值为 1μm。

（2）剥离刀

① 刀口位于测力片的中心线（中性层）上，刀口弧度必须与被测鞋的帮底结合缝的弧度基本一致。剥离刀规格尺寸如图 1－14 所示。

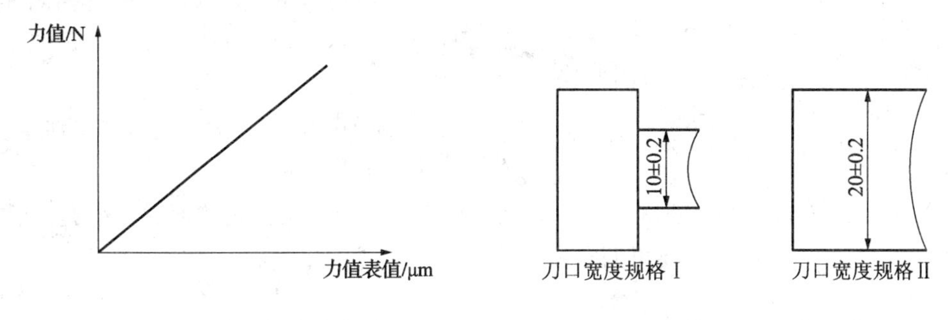

图 1－13　测力片校验曲线图　　　　图 1－14　剥离刀刀口宽度示意图

② 刀口宽度为（20 ±0. 2）mm，（10 ±0. 2）mm 两种规格，试验时可按有关产品标准规定选择。

③ 刀口下行速度可调至（20 ±2）mm/min。

1. 4. 2. 2　试样鞋楦

为一系列尺寸、款式、型和规格的鞋楦。

1. 4. 3　试样要求

（1）试样鞋必须为制成 48h 后的成鞋。测试部位不得有明显缺陷，不得用其他方法剥离过。

（2）试样鞋测试前应在温度为（23 ±2）℃，相对湿度为（50 ±5）% 的环境条件下至少放置 4h。

（3）对于鞋底厚度超过 25mm 的鞋不测帮底剥离强度。

1. 4. 4　检测准备

（1）将力值调至零（力值表或千分表调至零位），将测力片调至水平上倾夹角 8°状态。刀口下行速度调至（20 ±2）mm/min。

（2）将试样鞋装上与之相匹配的鞋楦，应保证试样鞋不受鞋楦的挤压。

（3）根据要求选择相对应的剥离刀，安装在测力片上。

（4）测量试样鞋的前跷高度，如果前跷高度大于 10mm，选择适当厚度的垫板来调整前跷高度到 10mm。

（5）调节试验环境温度为（23 ±2）℃，相对湿度为（50 ±5）% 。

1. 4. 5　检测步骤

（1）将装上鞋楦的试样鞋自然平放在试验仪夹持器的水平板上，测试部位伸出试验台的长度在 30mm，并在鞋后跟垫入硬木垫块（若需要时），使试样鞋的鞋底前端与试验台前

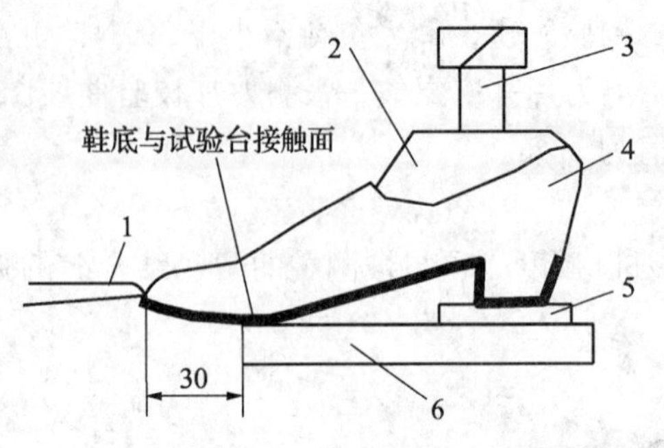

图 1 – 15　试样鞋剥离安装示意图
1—剥离刀；2—鞋楦；3—固定装置；
4—试样鞋；5—垫板；6—检测台

端处接触，如图 1 – 15 所示。然后，通过试样鞋固定装置保证剥离刀口对准测试部位，并紧贴测试部位。

（2）对于出边的鞋底，剥离刀口搭在外底边上，在不出现滑刀的情况下，刀口应尽可能地接近测试部位结合缝；对不出边的鞋底或外底与外中底，刀口应顶在测试部位结合缝下面的外底上。任何情况下均不应出现刀口将帮底结合缝铲开的现象。

（3）如果鞋左右歪斜不能与刀口对正，允许在鞋底下面放垫片将鞋夹正。

（4）鞋底与鞋帮结合缝对准刀口，并靠紧鞋底时力值表可能偏离零位，这是正常现象，但力值不得超过 5N，这时不要再调整力值（即力值表或千分表不调到零位）。

（5）开机后剥离刀口向下运行时，应不断注视测试部位结合缝的情况变化，发现沿刀口各部位的帮底结合缝均出现初开胶（即帮底之间刚刚出现开胶的现象）时，立即停车并读力值（即力值表或千分表的数值），该数值即为剥离力。

（6）如果由于底太软太簿等特殊原因而滑刀，经 3 次未能将帮底剥离，或由于鞋的剥离力太大，达到仪器负荷值仍未剥离，则终止试验。以上情况均应记录试验达到的最大力值。

1.4.6　检测结果与处理

（1）按公式（1 – 1）计算剥离强度 σ，单位为 N/cm，精确到 1N/cm

$$\sigma = \frac{f}{b} \tag{1-1}$$

式中，f 为剥离力，N；b 为刀口宽度，cm。

（2）如果出现检测步骤（6）的情况，则要注明未开胶。

（3）每只鞋的试验结果分别表示，剥离强度值的有效数字取到个位。

（4）注明剥离刀宽度，详细描述在试验过程中出现的任何偏差。

1.4.7　注意事项

（1）测量剥离力时，一定要在沿刀口各部位的帮底结合缝均出现初开胶时立即停车并读取表值。如果部分部位出现开胶就立即停车并读取表值，则显示力值必然小于真正的剥离力。

（2）对于一些合成革或移膜皮革，经常会出现鞋帮破坏（涂层与基材分离）而胶层未剥开的情况，此时应记录试验达到的最大力值并注明未开胶。

（3）试样鞋的试验部位为底墙时，剥离检测值仅作为参考，并在报告中给予注明。

（4）出现下列情况之一时，应停止试验，并记录最大值：

① 由于鞋底太软、太薄等特殊原因而滑刀，经 3 次试验未能将帮底剥离。

② 鞋帮或鞋底外底、外中底撕裂。

③ 达到仪器最大负荷值仍未剥离。

（5）刀口下行速度不是（20±2）mm/min时，应注明实际速度。

1.5 帮带拔出力

1.5.1 依据与适用范围

帮带拔出力检测方法依据SN/T 2129—2008《出口拖、凉鞋帮带拔出力检验方法》，适用于冷粘工艺制造的拖、凉鞋的帮带拔出力的检测。

1.5.2 仪器设备

（1）拉力试验机。①负荷范围应有分档。②准确度为±1%。③拉伸速度在（0～300）mm/min范围内可调，准确度为±2mm/min。④带有自动记录力－位移曲线的装置。

（2）切割工具。能剪断试样鞋帮带的切刀或剪刀。

1.5.3 试样要求

（1）每组试样为两双成鞋。

（2）成鞋硫化与试验的时间间隔不少于16h。

（3）试样鞋在温度为（23±2）℃、相对湿度为（50±5）%的环境条件下放置至少4h。

（4）试样鞋应完整，无破损、伤痕、损伤和缺料等缺陷。

1.5.4 检测准备

（1）调节试验环境温度为（23±2）℃、相对湿度为（50±5）%。

（2）调整拉力试验机的零点，选择满足试验拉力的负荷范围（即扯断力在负荷范围20%～80%之内），调整拉伸速度为（100±5）mm/min。

（3）将试验的整鞋样品从帮带中间剪开。

1.5.5 检测步骤

（1）用拉力试验机上、下夹持器分别固定剪开的整鞋两侧相对应的帮带。

（2）启动拉力试验机，直至帮带与鞋底分离，或帮带或鞋底破坏，记录最大负荷值，单位为N，精确到1N。

（3）如果样品有多对帮带，每对帮带均要测试。

1.5.6 检测结果与处理

（1）单个测试样品的结果：测试样品有多对帮带，以最低的拔出力作为本测试样品的测试结果。

（2）两双鞋的每单个测试样品结果分别表示，如若帮带或鞋底破坏，应加以备注。

（3）详细描述在试验过程中出现的任何偏差。

1.5.7 注意事项

（1）如试样帮带数量为奇数，则在测试无相对应帮带的试样时将其中一端夹持位置改为鞋底部位。

（2）在夹装试样鞋帮带时，应注意拔出线（即帮带与鞋底粘合线）与拉力试验机的夹具口边缘线平衡，保证粘合线受力均匀。

1.6 外 底 硬 度

1.6.1 依据与适用范围

外底硬度检测方法依据 GB/T 3903.4—2008《鞋类　通用试验方法　硬度》，适用于成鞋外底、成型鞋底（包括后跟与外底为整体的成型鞋底的后跟）等鞋类外底硬度的检测。

1.6.2 仪器设备

手持式邵尔硬度计，如图 1－16 所示。

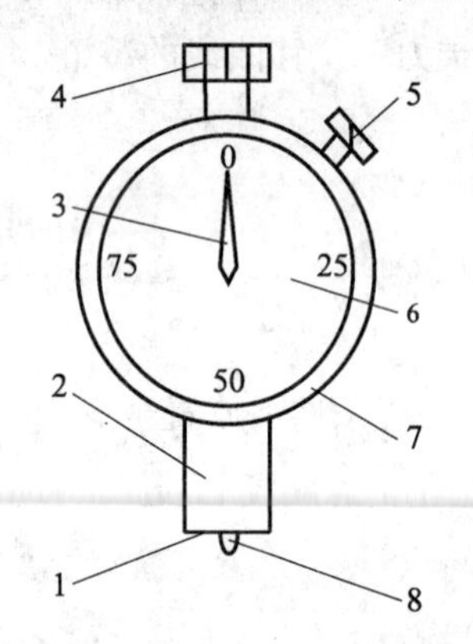

图 1－16　邵氏硬度计示意图

1—压足面；2—压头；3—指针；4—施加压力位置；5—锁紧螺母；6—指示盘；7—调节盘；8—压针

① 手持式邵尔 A 型。适用于测量值为 20°～90°的仿皮底、橡胶以及塑胶等材料的外底。

② 手持式邵尔 D 型。适用于测量值大于 90°的仿革、橡胶以及塑胶等材料的外底。

③ 手持式邵尔 W 型。适用于橡胶、塑胶等微孔、泡沫等材料的外底测量。

1.6.3 试样要求

（1）试样数量按产品标准要求执行，一般情况下，一组试样为一双（副）成鞋或鞋底。

（2）试验前，试样在温度为（23 ± 2）℃，相对湿度为（50 ±5）% 的环境条件下至少放置 4h。

（3）选择试样表面的平整处作为测试部位（若产品标准规定了试验部位，则在规定试验部位的平整处）。测试部位应平整（若无平整处，应打磨平整），无缺胶、气泡、机械损伤及杂质。

（4）被测量外底的测试部位面积不得小于手持式邵尔硬度计测量压足面的面积。

1.6.4 检测准备

（1）调节试验环境为温度为（23 ±2）℃，相对湿度为（50 ±5）%。当不能实现时，试验应在试样从标准环境中取出 15min 内进行。

（2）测试成鞋时要安装合适的装楦，测试成型鞋底时要垫楦，测试部位的鞋楦与成鞋或成型鞋底间不得有空隙。

（3）检查试样，如表面有杂物应用纱布蘸酒精擦净。

1.6.5 检测步骤

（1）旋转硬度计的调节盘，使指针对准零度，并拧动锁紧螺母锁紧。

（2）选定被测试点的位置，用左手（或固定装置）使被测试面处于水平状态，右手持硬度计，大拇指按住施加压力位置。

（3）将硬度计的压头垂直于试样表面，测试点（即压针）距离成鞋（试样）边缘不少于 12mm。

（4）在施加压力位置施加一个垂直向下的力，使压足面平稳、匀速地压在测试部位。

（5）硬度计压足面与试样测试面完全接触后，在1s内读出硬度值。

（6）每个测量点只能测一次硬度，每点之间的距离不小于6mm。

1.6.6 检测结果与处理

（1）记录使用硬度计型号，以硬度计指针所指示的表值为测定值，单位为（°）。

（2）每组试样的两只鞋（底）分别测试，每只鞋（底）测3点，仲裁检验时测5点，取算术平均值为该只鞋（底）的试验结果。

（3）每个测定值与算术平均值的相对偏差的绝对值应不大于5%。若超出偏差，应舍掉超差的数值并补测。试验结果取整数位。

例1-4 某鞋硬度试验的结果，得到3个数值75°，80°，85°。

经计算该鞋硬度的算术平均值 $=(75+80+85)/3=80$（°）

第一个测量值的偏差 $=|(75-80)|/80=0.0625>0.05$，超过偏差，舍去。

第二个测量值的偏差 $=(80-80)/80=0<0.05$，没有超过偏差。

第三个测量值的偏差 $=(85-80)/80=0.0625>0.05$，超过偏差，舍去。

验证结果，第一、第三个数值超差舍去，重新补测两个数值。

例1-5 某鞋硬度试验的结果，得到3个数值75°，80°，82°。

经计算该鞋硬度的算术平均值 $=(75+80+82)/3=79$（°）

第一个测量值的偏差 $=|(75-79)|/79=0.051>0.05$，超过偏差，舍去。

第二个测量值的偏差 $=(80-79)/79=0.013<0.05$，没有超过偏差。

第三个测量值的偏差 $=(82-79)/79=0.025<0.05$，没有超过偏差。

验证结果，第一个数值超差舍去，重新补测一个数值。

（4）每只鞋（底）的试验结果应分别表示。

1.6.7 注意事项

（1）硬度计的压足面要与被测试面平行，施加的力要垂直于测试面。

（2）硬度计所施加的力应刚好使压足面与试样完全接触。

（3）若成鞋或成型鞋鞋底装有勾心时，应避开勾心处。

1.7 鞋楦尺寸检测

1.7.1 依据与适用范围

鞋楦尺寸检测方法依据GB/T 3294—1998《鞋楦尺寸检测方法》，适用于各种鞋楦外形尺寸的检测。

1.7.2 仪器设备

（1）水平平台。平台工作面如大理石磨板、玻璃平板、平整的铁平台等，尺寸应大于500mm×300mm。

（2）量具。① 游标卡尺。量程大于300mm，分度值为0.02mm。② 高度游标卡尺。量程大于300mm，分度值为0.02mm。③ 三脚平行规。量程大小300mm，分度值为0.1mm。④ 钢直尺。量程大于300mm，分度值为1mm。⑤ 宽座直角尺。规格大于150mm，精度三级。⑥ 鞋用带尺。量程大于500mm，分度值为1mm。

（3）其他工具。① 划针盘。② 固定鞋楦的材料或装置，如橡皮泥或其他可固定鞋楦的装置。

1.7.3　试样要求

（1）样品必须是成双完好无损的鞋楦，未使用过。

（2）试样表面不能有空洞、凹陷、杂质、变形、破裂等缺陷。

1.7.4　检测准备

（1）在左、右脚楦体上标出需检测的相关部位点（如楦底前、后端点，脚趾端点，后跟突点，脚趾端点，前掌着地点，统口前、后点等），如图 1 – 17 所示。

（2）自然光源，晴天向北（上午 9:00 ~ 下午 3:00），避免外界环境物体反射光的影响，环境温度为室温。

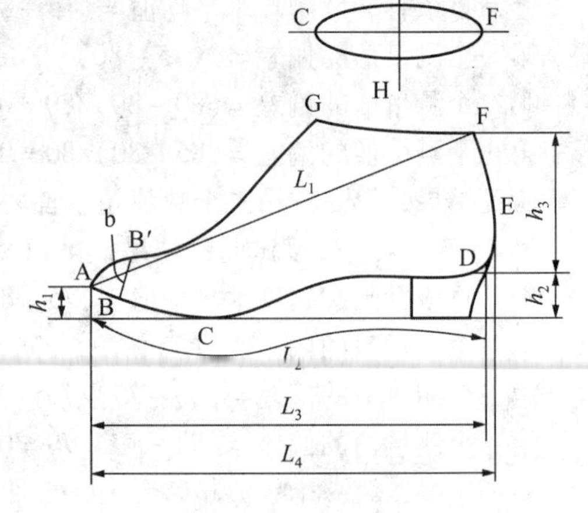

图 1 – 17　鞋楦尺寸测量示意图

A—楦底前端点；B—脚趾端点；C—前掌着地点；D—楦底后端点；E—后跟突点；F—统口后点；G—统口前点

1.7.5　检测步骤

（1）鞋楦长度

① 楦斜长的检测。用游标卡尺测量楦底前端点 A 与统口后点 F 之间的直线长度 L_1。

② 楦底样长度的检测。以鞋用带尺紧贴鞋楦，测量楦底前端点 A 与楦底后端点 D 的弧度曲线长度 L_2。

③ 楦底长度的检测。用游标卡尺测量楦底前端点 A 与楦底后端点 D 之间的直线长度 L_3。

④ 楦全长的检测。用游标卡尺测量楦底前端点 A 与楦后跟突点 E 之间的直线长度 L_4。

（2）鞋楦后身高度的检测。用游标卡尺测量楦统口后点 F 与楦底后端点 D 之间的直线距离 h_3。

（3）鞋楦后容差的检测。用游标卡尺测量楦全长 L_4 与楦底长 L_3 的差，即为后容差值。

（4）鞋楦统口

① 楦统口长度的检测。用游标卡尺测量楦统口前点 G 与统口后点 F 之间的直线距离，即为统口长。

② 楦统口宽度的检测。用游标卡尺测量楦统口最宽处两点 H 与 I 之间的直线距离，即为统口宽。

（5）鞋楦围度

① 鞋楦的围度包括蹠围、跗围、兜跟围。测量前，先标出左、右脚鞋楦有关部位点。

② 测量时以鞋用带尺零点对准楦体的起始测量部位点，紧贴楦体围绕一周以鞋用带尺同边对准同一测量部位点，读出鞋用带尺同边交合处的示值即为所测的相应围度，如图 1 – 18 所示。

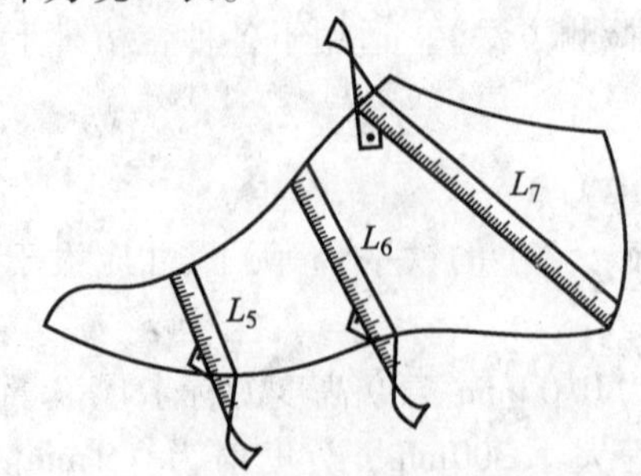

图 1 – 18　鞋楦围度检测示意图

L_5—蹠围；L_6—跗围；L_7—兜跟围

（6）鞋楦楦底宽度

① 拇趾里宽的检测。以鞋用带尺紧贴楦底面，测量拇趾外突部位点到楦底样轴线的垂直距离。

② 小趾外宽的检测。以鞋用带尺紧贴楦底面，测量小趾外突部位点到楦底样轴线的垂直距离。

③ 第一蹠趾里宽的检测。以鞋用带尺紧贴楦底面，测量通过第一蹠趾部位点的楦底样轴线的垂线在楦底里段的宽度。

④ 第五蹠趾外宽的检测。以鞋用带尺紧贴楦底面，测量通过第五蹠趾部位点的楦底样轴线的垂线在楦底外段的宽度。

⑤ 基本宽度的检测。第一蹠趾里宽加第五蹠趾外宽即为基本宽度。

⑥ 踵心全宽的检测。以鞋用带尺紧贴楦底面，测量踵心部位与分踵线垂直的楦底宽度。

（7）楦宽的检测。以游标卡尺测量楦前身内侧最突点与外侧突点之间的距离。

（8）鞋楦跷度的检测

① 总前跷的检测。将鞋楦楦底朝下，放在平台上，用高度游标卡尺测量楦底前端点 A 与水平台面的垂直距离 h_4。

② 前跷高和后跷高的检测。将鞋楦楦底朝下，后跟部垫上相应高度的后跟后，用高度游标卡尺测量楦底前端点与水平台面的垂直距离，即为前跷高 h_1。同法测量楦底后端点与水平面的垂直距离，即为后跷高 h_2，如图 1－19 所示。

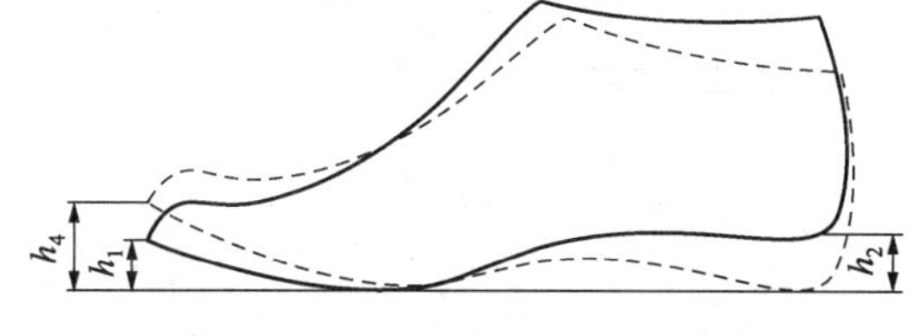

图 1－19　跷高检测示意图

h_4—总前跷；h_1—前跷高；h_2—后跷高

（9）鞋楦头厚的检测。在楦底样长标线上标出脚趾端点部位点 B，将鞋楦后跟提高使得 B 点做与平台接触，然后通过 B 点做与平台面相垂直的线 BB′，与鞋楦帮面相交于 B′点。用游标卡尺测量 BB′两点间距离，即为楦的头厚 b，如图 1－20 所示。

（10）鞋楦端正的检测

① 楦底端正的检测（四点检测）。将鞋楦楦底朝上，固定在平台上（用橡皮泥等），使鞋楦稳固，调节踵心里点、踵心外点与第一（或第五）蹠趾边缘点处于平行于平台的同一平面上（用划针盘检测），如图 1－21 所示。

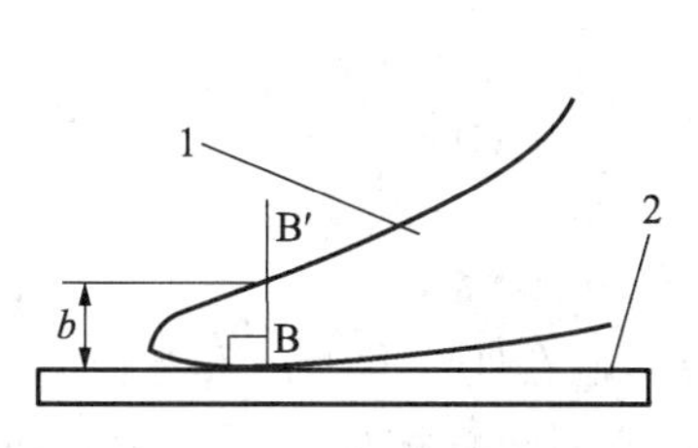

图 1－20　楦头厚度检测示意图

1—鞋楦；2—平台；b—楦头厚

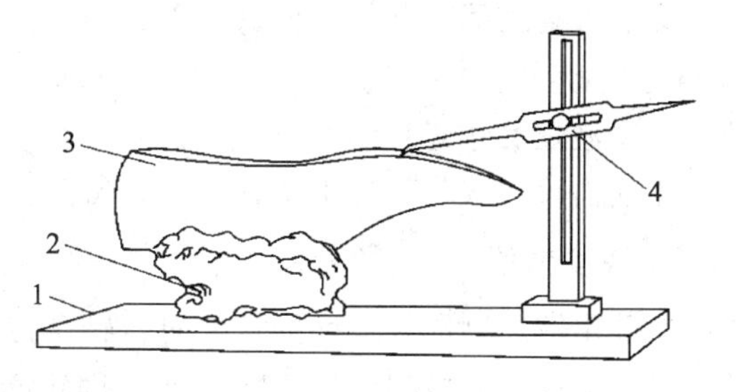

图 1－21　鞋楦端正操作示意图

1—平台；2—橡皮泥；3—鞋楦；4—划针盘

② 用高度游标卡尺测量第五（或第一）蹠趾边缘点或其他有关对应点与上述三点平面的高度差。

③ 将底端平后，用宽座直角尺垂直边对准楦底后端点 D，测量统口后点 F 侧向偏离尺子垂直边的距离。如图 1－22 所示。

④ 按照图 1－22 方法将鞋楦侧放在平台上用橡皮泥等固定，使鞋楦稳固，调整楦底前端点 A、楦底后端点 D 和统口后点 F 处于平行于平台的同一平面上，再用高度游标卡尺测量统口前点相对于该平面的偏差。

（11）检测鞋楦底凸、凹度，如图 1－23 所示。

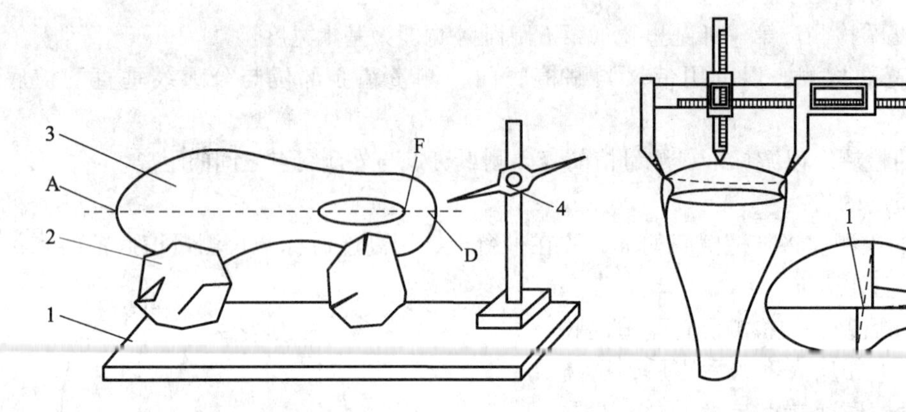

图 1－22　测量统口偏差示意图
1—平台；2—橡皮泥；
3—鞋楦；4—划针盘

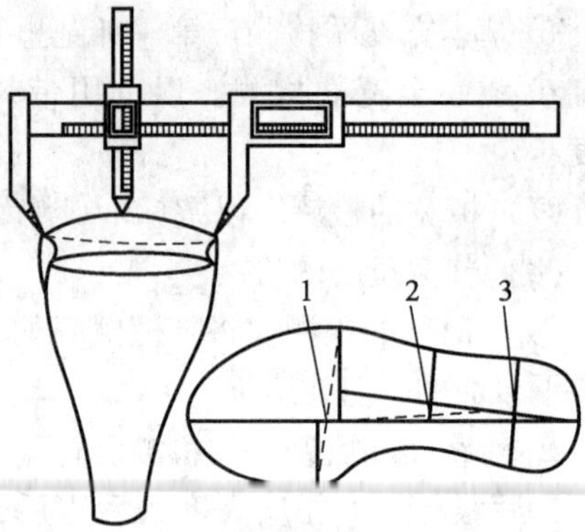

图 1－23　楦底凸凹度测量示意图
1—前掌凸点；2—底心凹点；
3—踵心凸点

① 以鞋楦上第一蹠趾边缘点与第五蹠趾边缘点两点连线为基准线，用三角平行规测量前掌凸度点相对于基准线凸起的高度值即为前掌凸度值。

② 以楦上踵心里点与踵心外点两点连线为基准线，用三角平行规测量踵心凸度点相对于基准线凸起的高度值即为踵心凸度值。

③ 以前掌凸度点与踵心凸度点两点连线为基准线，用三角平行规测量底心凹度点相对于基准线的距离即为底心凹度值。

1.7.6　检测结果与处理

（1）每项目检测都应有数据记录，单位为 mm。用鞋用带尺进行测量时，其结果精确到 1mm。用其他量具进行测量时，其结果精确到 0.1mm。

（2）记录检测尺寸应注明左右楦。

（3）详细描述在试验过程中出现的任何偏差。

1.7.7　注意事项

（1）用鞋用带尺测量有弧度的长度时，鞋用带尺要紧贴在曲线面上，不能产生空隙。

（2）在鞋楦端正的检测中，用橡皮泥等固定时应保证固定鞋楦位置不能因时间延长而发生位移现象。

1.8　帮底粘合强度A法

1.8.1　依据与适用范围

帮底粘合强度检测方法（A）依据GB/T 21396—2008《鞋类　成鞋试验方法　帮底粘合强度》，适用于以冷粘、模压、硫化、注塑等工艺制成鞋的检测。

1.8.2　仪器设备

（1）拉力试验机。① 负荷范围应有分档。② 准确度为±1%。③ 拉伸速度在（0～300）mm/min范围内可调，准确度为±2mm/min。④ 带有自动记录力－位移曲线的装置。⑤ 应安装钳形夹具或平夹具，夹持器夹口为平口，其宽度为（25～35）mm，能够牢固地夹紧试样，夹持器应能使试样在试验中不发生滑脱。

（2）切割工具。① 冲刀或锯切。用于从成鞋上割切试样。② 锋利刀片或温度可调的热刀。用于鞋面与鞋底的剥离。

（3）游标卡尺。分度值不小于0.1mm。

（4）老化试验箱（如需要）。① 箱内有强制流通空气的装置。② 温度在（40～130）℃范围内可调，并自动控制，精确到0.5℃。③ 箱内温度分布均匀度为±1℃。

1.8.3　试样要求

（1）试样鞋必须为制成48h后的成鞋。帮底粘合部位不得有明显缺陷，不得用其他方法剥离过。试样数量至少为两只成鞋。

（2）在拆解和切割试样之前，试样鞋应在温度为（23±2）℃，相对湿度为（50±5）%的环境条件下至少放置24h。

（3）如果有要求，可进行老化处理。

① 试样鞋应悬挂在老化箱内，避免接触到箱壁。

② 老化温度为（50±2）℃，放置7d；或老化温度为（70±2）℃，放置72h。

1.8.4　检测准备

（1）试样制备

根据不同样品类型进行制备，其中，a类为常规绷帮胶粘或模压外底且有一个伸出的边缘；b类为常规绷帮修剪整齐的外底；c类为常规绷帮直接注塑或硫化的外底或胶粘的中凹的外底；d类为缝制类胶粘的中凹的外底或直接注塑或硫化的外底；e类为常规绷帮或缝制的有橡胶围条和胶粘的外底；f类为机器缝制或压边的外底粘合在中底上；g类为多层结构的鞋底可以是模压的鞋底、模压的部件或结构部件。

① 帮－底粘合强度：a类，如图1－24所示。

i）从试样鞋前帮的内侧或外侧的粘合区域裁切试样。

ii）从图1－24的$X-X$和$Y-Y$处，用一个冲刀或锯切割帮面、内底或外底，制成宽约25mm的试样。帮和底的长度为自子口线起约15mm，如图1－25所示。除去内底。

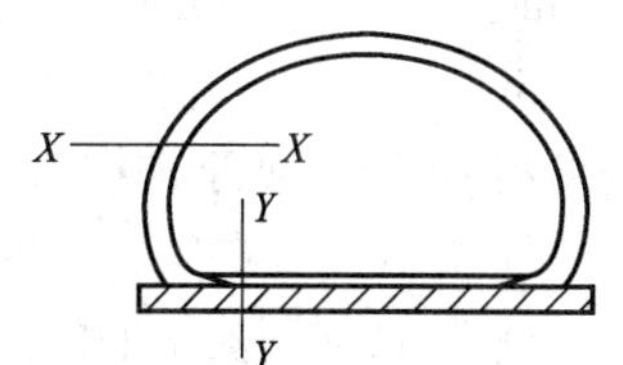

图1－24　a类结构鞋取样位置示意图

iii）将试样夹在拉力机的夹具上，用钳形夹具夹住鞋的短边沿，如图1－26所示。

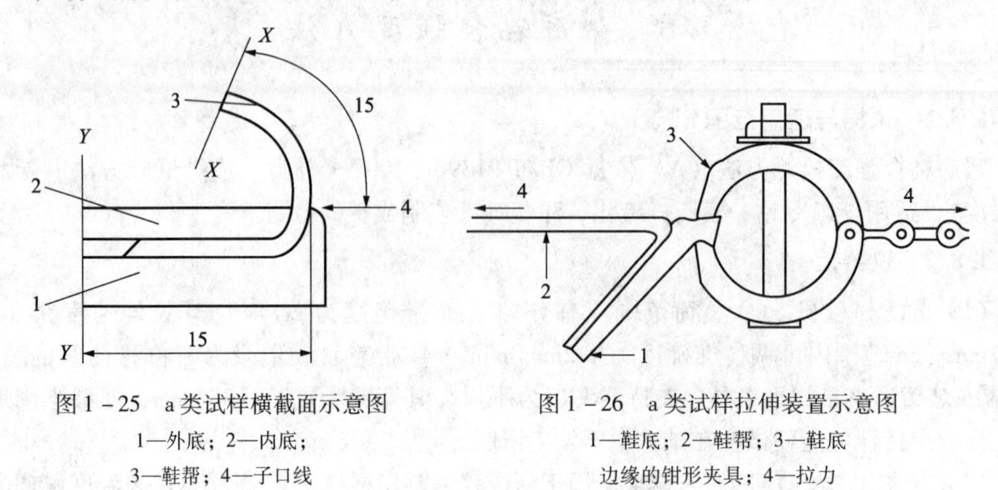

图1－25　a类试样横截面示意图
1—外底；2—内底；
3—鞋帮；4—子口线

图1－26　a类试样拉伸装置示意图
1—鞋底；2—鞋帮；3—鞋底
边缘的钳形夹具；4—拉力

②帮－底粘合强度：b，c，d和e类，如图1－27所示。

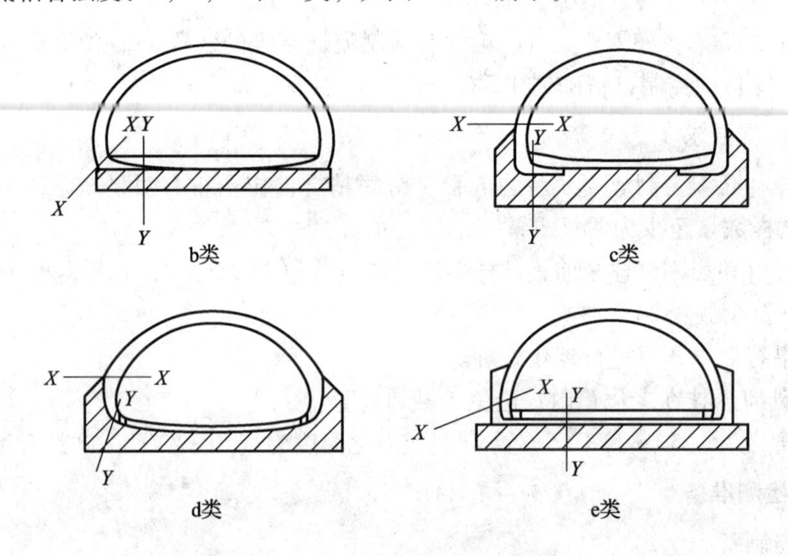

图1－27　各种结构鞋取样位置示意图

i）从试样鞋前帮的内侧或外侧的粘合区域裁切试样。

ii）从图1－27的$X-X$和$Y-Y$处切割鞋帮和鞋底，制成宽（从$X-X$到$Y-Y$处）为10mm，长不小于50mm的试样。除去内底。

iii）用锋利刀片把切割下的内外前帮修整为宽10mm，用热刀插入胶粘层将鞋帮和鞋底剥离约10mm，便于被拉力试验机的夹具夹持，如图1－28所示。

③ 鞋底－内层粘合强度：f类和g类，如图1－29所示。

i）从试样鞋前帮的内侧或外侧的粘合区域裁切试样。

ii）沿着$X-X$处的子口线切割除去鞋帮，如果有内底除去内底。与鞋底边沿平行包括鞋底边沿从$Y-Y$处切割制备一条宽约15mm，至少长50mm的条状试样。

iii）用热刀插入胶粘层之间将鞋底层分离约 10mm，如图 1－28 所示。

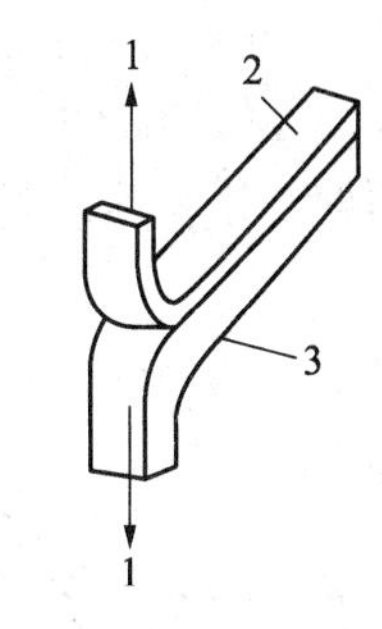

图 1－28　制备试样示意图
1—拉力；2—帮面；
3—鞋底

（2）调整试验环境温度为（23 ± 2）℃、相对湿度（50 ± 5）%。

（3）用游标卡尺测量试样宽度的 5 点，计算平均值 A，精确到 1mm。

（4）调整拉力试验机的零点，选择满足试验拉力的负荷范围（即扯断力在负荷范围 20% ～80% 之内），调整拉伸机剥离速度为（100 ±20） mm/min。

1.8.5　检测步骤

（1）根据样品类型不同选择不同的夹具夹持试样。

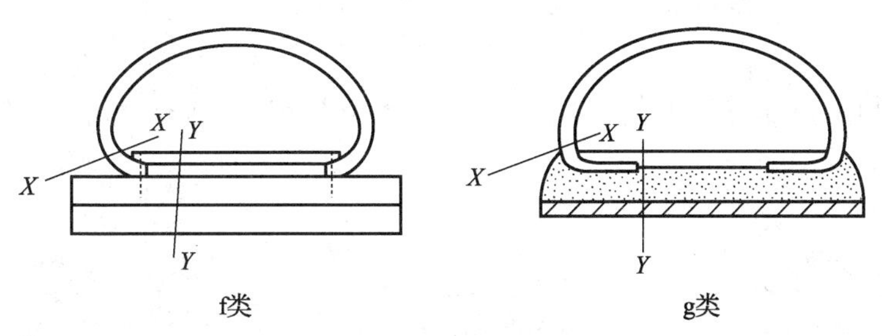

图 1－29　f 类与 g 类结构鞋取样位置示意图

（2）帮－底粘合：a 类。将试样夹在拉力试验机的夹具上，用钳形夹具夹住鞋底的短边沿，如图 1－26 所示。

（3）帮－底粘合：b、c、d、e、f、g 类。用平夹具夹住试样的剥离两端。

（4）开启拉力试验机，观察剥离面的破坏情况，记录拉力－位移曲线及破坏类型，如图 1－31 ～图 1－35 所示，直至试样断裂。

（5）读出记录装置上记录的拉力－位移曲线中的平均力值，如图 1－30 所示。

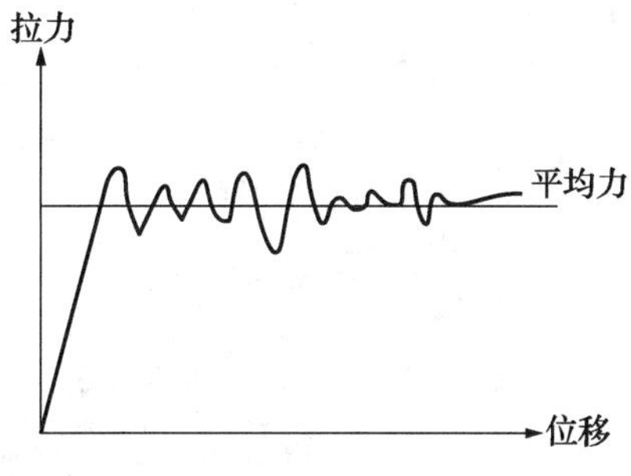

图 1－30　拉力－位移曲线

1.8.6　检测结果与处理

（1）按公式（1－2）计算帮底粘合强度 R，单位为 N/mm，精确到 0.1N/mm

$$R = \frac{F}{A} \tag{1-2}$$

式中，F 为平均力，N；A 为平均宽度，mm。

（2）取两个试样的算术平均值作为试验结果。

（3）记录每一项测定的拉力值（最大值、最小值、平均值）。

（4）记录每一个试样的宽度，记录样品的详细描述和拉力试验机夹持器移动速度。

（5）记录试样剥离或破坏的类型（代号）。

（6）记录老化处理（如有）温度、时间以及所有影响到结果的条件或细节。

（7）详细描述在试验过程中出现的任何偏差。

（8）测试后试样界面评定

根据以下代号将试样剥离面的表面情况分类：

① 胶粘层从其中一种材料上分离（粘附破坏，如图1－31所示）：代号A。

② 胶粘层分离但并未脱开（拉丝破坏，如图1－32所示）：代号C。

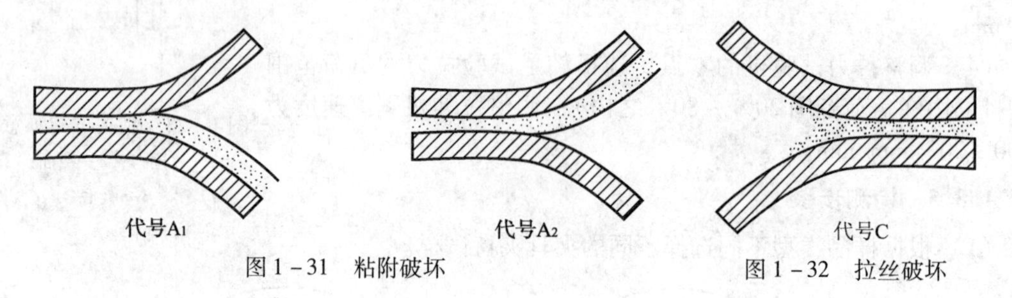

图1－31　粘附破坏　　图1－32　拉丝破坏

③ 两个胶粘层粘合不当（内聚破坏，如图1－33所示）：代号N。

④ 材料分层（如图1－34所示）：代号S。

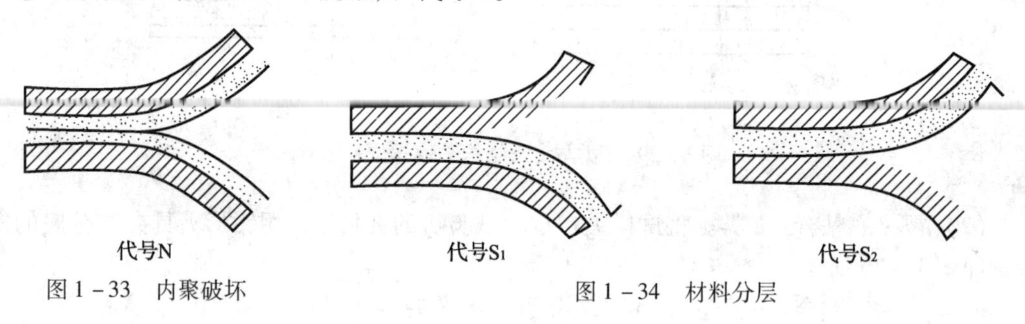

图1－33　内聚破坏　　图1－34　材料分层

⑤ 材料部分或全部破坏（如图1－35所示）：代号M。

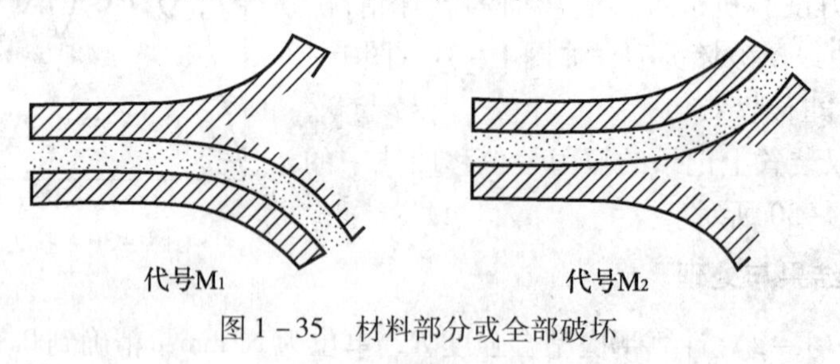

图1－35　材料部分或全部破坏

例1－6　某只外底测试获得两个粘合力为10.5N、11.9N，试样厚度为10mm，计算其粘合强度。

粘合平均力 $F=(10.5+11.9)/2=11.4$（N）

该外底的粘合强度 $R=11.4/10=1.14$（N/mm）≈ 1.1（N/mm）

1.8.7　注意事项

对试样鞋切割试样时，如果从 $X-X$ 到内底的上表面距离至少为8mm，则认为是c或d类。

1.9 帮底粘合强度B法

1.9.1 依据与适用范围

帮底粘合强度检测方法（B）依据 SN/T 1665—2005《成鞋帮底粘合强度测试方法》，适用于以冷粘、模压、硫化、注塑等工艺制成鞋的检测。

1.9.2 仪器设备

（1）拉力试验机。① 负荷范围应有分档。② 准确度为 ±1%。③ 拉伸速度在（0 ~ 300）mm/min 范围内可调，准确度为 ±2mm/min。④ 应配有自动记录力 - 位移曲线的装置。⑤ 应安装钳形夹具或平夹具，夹持器夹口为平口，宽度为（25 ~ 35）mm，能够牢固地夹紧试样，夹持器应能使试样在试验中不发生滑脱。拉力试验机应是低惯性的。

（2）切割工具。锋利刀片或温度可调的热刀，用于鞋面与鞋底的剥离。

（3）钢直尺。量程不小于 150mm，分度值为 1mm。

1.9.3 试样要求

（1）试样鞋必须为制成 48h 后的成鞋。

（2）帮底粘合部位不得有明显缺陷，不得用其他方法剥离过。试样数量至少为两只成鞋。

（3）在拆解和切割试样之前，试样鞋在温度为（23 ±2）℃，相对湿度为（50 ±5）% 的环境条件下至少放置 4h。

1.9.4 检测准备

（1）调节试验环境温度为（23 ±2）℃，相对湿度为（50 ±5）%。

（2）用切割工具以手工的方式将一只试样鞋在鞋头位置将鞋面与鞋底的粘合处剥开约 30mm，另一只在鞋跟位置将鞋面与鞋底的粘合处剥开约 30mm，被剥开部分不得有明显损伤。高跟鞋、厚底鞋或有底墙的鞋应预先进行适当切割以去掉较厚的部分，使其便于夹持。

（3）调整拉力试验机的零点，选择满足试验拉力的负荷范围（即拉力在负荷范围 20% ~80% 之内）。

1.9.5 检测步骤

（1）拉力试验机夹持器移动速度，运动鞋类设定为（200 ±20）mm/min，皮鞋类设定为（150 ±15）mm/min，其他鞋类的设定可根据鞋子在实际使用的程度情况确定，或根据个体产品规定的要求设定。

（2）将预剥开的鞋面与鞋底分别夹持于拉力试验机的上下夹持器中。将试样的鞋底部分夹于固定夹持器上，帮面部分夹于移动夹持器上，并将剥离面朝向试验者以便观察鞋底与帮面撕裂剥离情况。

（3）调整试样鞋，并夹持牢固，保证撕裂口垂直于拉力方向，使拉力分布均匀且试验过程中试样鞋不发生扭曲。

（4）启动试验机开始拉伸测试，记录整个测试过程中的拉力－位移曲线，并检查试样的剥离或破坏情况。如果出现某材料自身有撕裂情形而不是两种材料之间的剥离时，应用刀片将剥离线划割回至粘合处。注意不要割到粘合界面。

（5）根据拉力－位移曲线，手工计算帮底粘合强度。

1.9.6　检测结果与处理

（1）中位数概念

如果将几个测定值按代数递增规律排列起来，并且依次称各值为第 1 ~ n 个值，则：

当 n 为奇数时，中位数为第 $\frac{n+1}{2}$ 个数的值；

当 n 为偶数时，中位数位于第 $\frac{n}{2}$ 个值和第 $\frac{n+1}{2}$ 个值之间，等于这两个数值的算术平均值。

（2）极差

观察到的峰值中最大值与最小值之差。

（3）完整曲线

拉力－位移曲线上从第一个峰值出现时到试验结束时之间的曲线段。

（4）剥离或破坏类型

在测量粘合强度时，鞋面、鞋底以及胶粘层之间会出现不同现象的撕裂分离，用下列术语描述试样：

① AU，胶粘层与鞋面分离。

② AS，胶粘层与鞋底分离。

③ AA，胶粘层胶膜间分离。

④ UM，帮面材料撕裂。

⑤ SM，鞋底材料撕裂。

（5）对粘合部位的划分

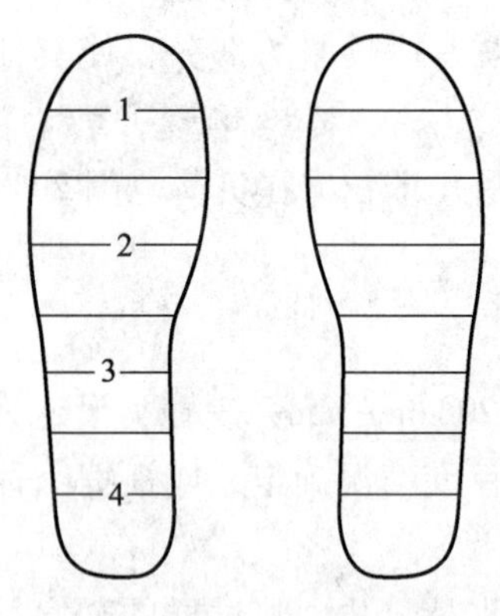

图 1－36　鞋底不同区域划分示意图

每只试样鞋分 4 个区域，即鞋头部位、鞋掌部位、鞋腰部位、鞋跟部位等，分别以 1 ~ 4 表示，如图 1－36 所示。也可以按实际要求进行更多个部位的划分。

（6）对拉力－位移曲线的分析

① 拉力－位移曲线上的峰值数少于 5。考虑全部峰值确定中位数和极差。若只有一个峰时，则该峰的值即为中位数。

② 拉力－位移曲线上的峰值数为 5 ~ 20，如图 1－37 所示，考虑完整曲线中部 80% 范围内的峰值，确定其中位数和极差。

③ 拉力－位移曲线上的峰值数大于 20 且清晰可辨、容易测量、不能自动计算时，如图 1－38 所示，过完整曲线时间轴中点画一条与时间轴垂直的直线，在该直线两侧各画 4 条与该直线平行的直线，使上述 9 条直线中每两条相邻直线的间距都相等（误差不大于 1mm）。分别计算与这 9 条直线最近的 9 个峰值的中位数和极距。

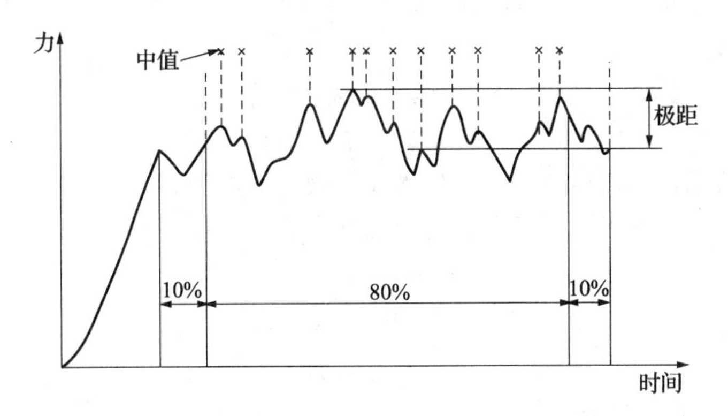

图 1－37　峰值数为 5～20 的曲线分析

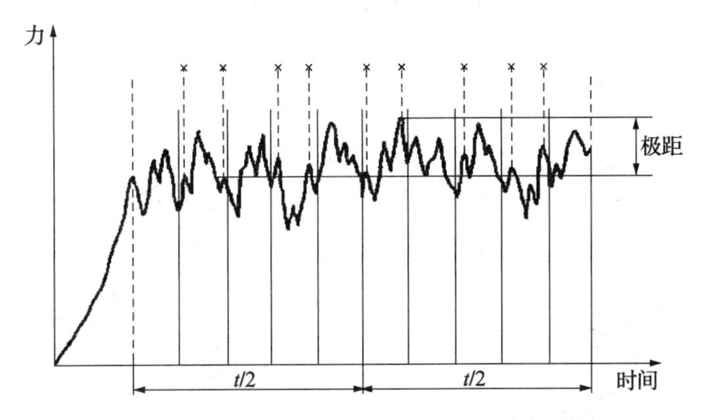

图 1－38　峰值数大于 20 且清楚可辨的曲线分析

④ 拉力－位移曲线上峰值不是明显可辩，或峰值虽然明显可辨但密度过高、不易计数时，只计算算术平均值，用经过验证的电脑程序计算曲线的平均拉力来表示试样的帮底粘合强度。也可计算不同区域上的算术平均值来表示各部位的粘合强度。

（7）每只试样的结果分别表示，结果精确到 1N。也可分别依据成鞋的不同部位将曲线分割成相应的区域以计算各个部分的粘合强度。

例 1－7　某鞋测试粘合强度，获得各力值为 105N、90N、120N、114N、104N、98N、92N，计算其粘合力和极差。

将各粘合力从小到大排列：90、92、98、104、105、114、120，中间数为 104。

该鞋的粘合力＝104（N）

该鞋的极差＝120－90＝30（N）

例 1－8　某鞋测试粘合强度，获得 8 个力值为 105N、90N、125N、114N、104N、98N、92N、100N，计算其粘合力和极差。

将各粘合力从小到大排列：90、92、98、100、104、105、114、125，中间数为两个，100 与 104，其中位数＝（100＋104）/2＝102。

该鞋的粘合力＝102（N）

该鞋的极距＝125－90＝35（N）

1.9.7 注意事项

(1) 在确定中位数时，应将用刀片划割产生影响的部分曲线剔除。

(2) 应记录样品的详细描述和拉力试验机夹持器移动速度。

(3) 应记录所采用的计算方法和试样剥离或破坏的类型。

(4) 应记录试验温度以及样品所需说明的细节。

1.10 鞋跟结合力 A 法

1.10.1 依据与适用范围

鞋跟结合力检测方法（A）依据 GB/T 11413—2005《皮鞋后跟结合力试验方法》，适用于后跟与后帮或外底粘合或钉合的成鞋的检测，不适用于后跟与外底为整体成型鞋底的成鞋的检测。

1.10.2 仪器设备

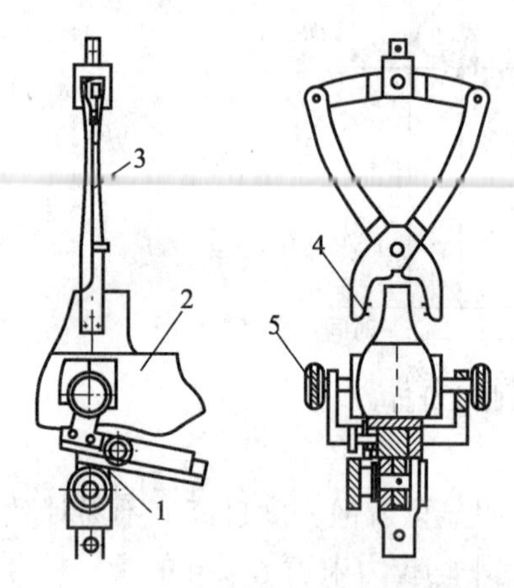

图 1－39 拉跟专用夹具示意图

1—成鞋夹具；2—试样；3—上夹具；4—上夹具抓钉；5—左右锁紧螺母

(1) 拉力试验机。① 负荷范围应有分档。② 准确度为 ±1%。③ 拉伸速度在（0～300）mm/min 范围内可调，准确度为 ±2mm/min。④ 带有自动记录力－位移曲线的装置。⑤ 具有定值负荷保持功能与时间设置装置。

(2) 拉跟专用夹具。拉跟专用夹具由夹持后跟的上夹钳和夹持成鞋的下夹具两部分组成，如图 1－39 所示。

1.10.3 试样要求

(1) 试样为制成 48h 后的成鞋。

(2) 测试部位不得有明显缺陷，后跟不得受过挤压、冲击，不得有明显形变。

(3) 对外底后跟口包粘在后跟正前部的卷跟皮鞋，试验前要将其外底和后跟分离。

(4) 试样测试前应在温度为（23 ±2）℃，相对湿度为（50 ±5）% 的环境条件下至少放置 30min。

(5) 每组试样不得少于两双鞋。

1.10.4 检测准备

(1) 调整拉力试验机的零点，选择满足试验拉力的负荷范围（即扯断力在负荷范围 20%～80% 之内），将拉力试验机拉伸速度设置为（25 ±2）mm/min。

(2) 调节试验环境温度为（23 ±2）℃，相对湿度为（50 ±5）%。

1.10.5 检测步骤

(1) 根据试样鞋的型号大小，选用相适应的鞋楦模的拉跟专用夹具，使得在左右锁紧螺母压紧后不产生后跟帮脚变型。

(2) 将拉跟专用夹具安装于拉力试验机上，上夹钳安装于上钳口联杆接口，成鞋夹具安装于下钳口联接口，后跟部位朝向操作者。

（3）将试样鞋跟向上，鞋内底紧贴在夹具鞋楦模上，不留空隙，并旋转左右锁紧螺母把试样鞋夹紧在夹具的鞋楦模上。

（4）调整试样鞋夹具位置。目测使鞋跟面处于水平状态，鞋跟与拉力试验机施力方向一致，并使上夹钳夹紧鞋跟。

（5）将拉力试验机指针调零。

（6）开动拉力试验机，直至鞋跟与后帮或外底分离，立即停止并记录最大负荷值。

（7）试验过程中，如果出现鞋帮撕裂或鞋跟分离以及鞋内底被拉出的情况，则终止试验，记录最大负荷值。

（8）试验过程中，如果由于夹具未夹紧试样或鞋跟较细出现打滑现象，经 3 次试验仍未将鞋跟与后帮外底分离，则终止试验，记录最大负荷值。

（9）试验过程中，如果由于鞋跟结合力过大，达到试验机最大负荷值时，仍未将鞋跟与后帮或外底分离，则终止试验，记录最大负荷值。

（10）如果只测试结合力是否达到合格要求，则当负荷值达到产品标准规定值时终止试验，15s ~20s 后检查鞋跟与后帮或外底是否分离。

（11）其他的试样以相同的方法进行试验。

1.10.6 检测结果与处理

（1）以试验过程中记录的最大负荷值表示试验结果，单位为牛顿（N），精确到5N。

（2）试验过程中如果出现检测步骤（7）、（8）、（9）所描述的情况，以记录的最大负荷值表示试验结果，并要注明相应情况。

（3）每只鞋的试验结果分别表示。

（4）应详细描述在试验过程中出现的任何偏差。

（5）应记录试样鞋男女型号大小、鞋跟高度、鞋跟材料以及鞋跟装配形式（粘合或钉合）等信息。

1.10.7 注意事项

（1）测试中注意调节拉力试验机标尺部位的安全螺丝，保证上夹具在自动复位的过程不会与下夹具碰撞而发生危险。

（2）在调整上夹钳的夹钳位置时，应注意上夹钳抓钉不能对准粘合缝，否则会出现将帮底粘合缝铲开的现象。

（3）上夹钳夹紧的后跟位置应是鞋跟与后帮粘合部分的中心点，从而使施加的拉力能均匀地分布在整个鞋跟的粘合部分。

1.11 鞋跟结合力 B 法

1.11.1 依据与适用范围

鞋跟结合力检测方法（B）依据 GB/T 3903.25—2008《鞋类　整鞋试验方法　鞋跟结合强度》，适用于中高跟女鞋的检测。

1.11.2　仪器设备

（1）拉力试验机。① 负荷范围应有分档。② 准确度为 ±1% 。③ 拉伸速度在(0～300) mm/min 范围内可调，准确度为 ±2mm/min。④ 带有自动记录力－位移曲线的装置。⑤ 具有定值负荷保持功能与时间设置装置。

（2）鞋跟固定装置

① 粗鞋跟的夹具。如图 1－40 所示。夹具的一端为 G 杆，直径是 6mm。G 杆可以前后移动，并且能穿过鞋跟上预先钻好的直径为 6mm 或 7mm 的孔（如图 1－42 所示）。位于夹具另一端的 H 块上有一个直径为 13mm 的孔，通过这个孔 H 块可以直接与拉力试验机连接，代替上夹具。或者，当所使用的拉力试验机的夹具不可移动时，用一个能夹在拉力试验机夹具上的部件代替 H 块。

② 细鞋跟的夹具。如图 1－41 所示，包括 U 形的 A 部分，夹持住鞋前部（跟口），B 部分和 C 部分夹持鞋跟的后曲面。

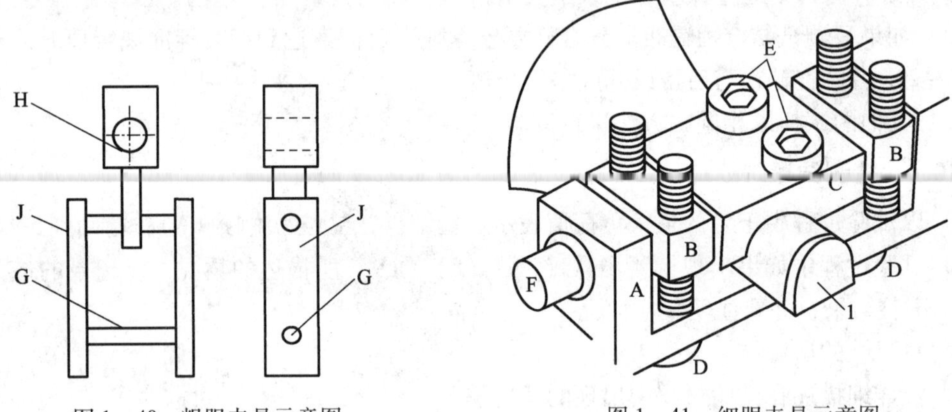

图 1－40　粗跟夹具示意图　　　　图 1－41　细跟夹具示意图

使用 4 个螺钉 D 调节 B 部分和 A 部分的距离使其适合鞋跟的尺寸，C 部分安装在两个 B 部分之间，它能将靠近鞋跟的大部分鞋跟锥面套住，两个螺钉 E 突出的尖端伸入到鞋跟中，阻止夹具滑落。夹具深 20mm。在 A 部分的每个端头有两个插销 F，直径为 6mm，中心点距 A 部分的夹持面 10mm。插销能保证夹具安装到图 1－40 所示的连接设备中，取代 G 杆。

（3）刻度仪。能够测定 100mm 的距离。在测量鞋跟的移动距离时使用。

1.11.3　试样要求

（1）通常在试验前不需要对鞋跟进行环境调节。

（2）整鞋没有受到过其他损伤。

（3）每组试样不得少于 3 个。

（4）对于粗鞋跟，按图 1－42 所示的要求事先打好孔洞。

1.11.4　检测准备

（1）调整拉力试验机的零点，选择满足试验拉力的负荷范围（即扯断力在负荷范围 20% ～80% 之内），将拉伸速度调整到（100 ± 10）mm/min。

（2）将鞋前部的帮面剪切掉，与内底相齐，这样鞋底更容易夹持到拉力试验机的夹具钳中。当鞋帮面在腰窝部位有较长的补强材料时，保留腰窝处的帮面。保留鞋跟试样的跟面、包鞋跟材料和卷跟皮。如果是使用过的鞋跟，应保证其完整性。如果鞋跟没有跟面，仍可以进行试验。

（3）对于不能安装到图 1－41 所示夹具中的矮粗鞋跟，在鞋跟上钻 6mm 或 7mm 直径的孔，位置如图 1－42 所示，与跟口和鞋跟/跟面的接触面平行，中心距离跟口和跟面均 10mm。为了提高钻孔位置的精确性，宜从鞋跟的两侧钻孔。

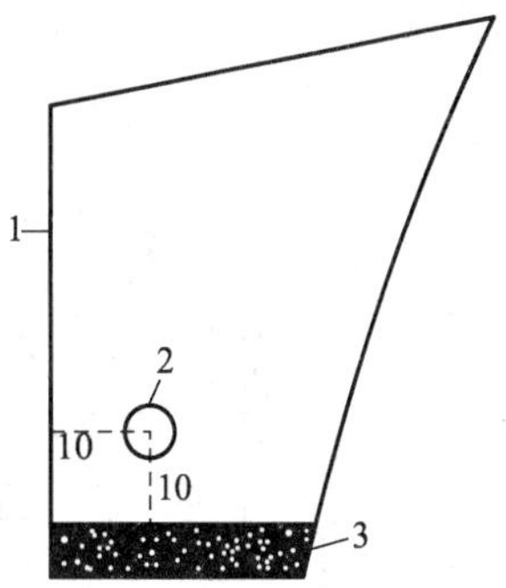

图 1－42　粗鞋跟钻孔示意图
1—跟口；2—孔洞；3—跟面

（4）将细鞋跟固定到细鞋跟夹具上，先将螺钉 E 拧松，直到它们的端头不再伸出 C 部分。拧松螺钉 D，直到在 A 部分和 C 部分之间有足够的空间插入鞋跟。将鞋跟的位置调正，跟口接触 A 部分，鞋跟与跟面的接触面与 A 部分的边相齐，见图 1－41。如果跟口明显呈曲面，最好将与夹具的上端接触的鞋跟上部磨掉一些。将 4 个螺钉均匀拧紧直到 C 部分与鞋跟的后部相吻合。在一些情况下，为了使 C 部分与鞋跟更好地吻合，应事先磨去鞋跟后部的曲面部分，这样能有效阻止很尖的鞋跟在试验中滑落。将两个螺钉 E 拧紧，直到它们的端头钻入鞋跟，阻止夹具被拉掉。

1.11.5　检测步骤

（1）将鞋的前部夹持到拉力试验机的一个夹具钳中，以规定的方法将鞋跟固定到试验机的另一个夹具钳中，夹具钳以一定的速度分开。可以使用实验室中有合适固定装置的拉力试验机。

（2）将图 1－40 所示的装置安装到拉力试验机的上夹具钳中，或将夹持块 H 或相似物夹持到夹具钳中。由于固定装置的质量与夹具钳的质量存在差异，在试验前应将力的读数归零。

（3）将事先钻孔的矮粗鞋跟的鞋描述为“预备试样鞋”。将 G 杆抽出（见图 1－40），插入鞋跟和第 2 根横棒 J 中，矮粗鞋跟通过这种方式固定到夹具上，如图 1－43 所示，固定鞋子并使鞋底面向操作者。

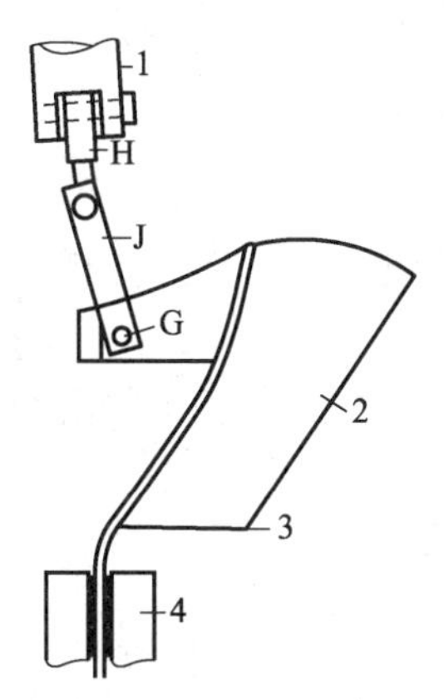

图 1－43　粗跟拉伸示意图
1—上夹具钳；2—鞋后帮面；3—剪切面；4—下夹具钳

（4）对于较细的鞋跟，安装到图 1－40 所示的夹具上，从连接设备上取下 G 杆，将夹具插入其位置上，如图 1－44 所示。将鞋的前部固定到拉力试验机的下夹具钳中，鞋底向外，从前面看鞋后部的纵向轴应与拉力试验机轴吻合。夹持鞋前部的夹具钳边缘与勾心的端头有少许距离。

（5）在鞋底上画一条与下夹具钳的上边缘平行且相距几毫米的直线。标记此线的中心点，拉力试验机的纵向轴通过此点。此标记点为图 1－45 中的 X 点。使用尖脚测量仪测定和记录鞋底上的 X 点和跟面的下边缘中心点（图 1－45 中的 Y 点）之间的距离，精确到 0.5mm。如果不能测定鞋底上的参考标记点之间的距离，可以测定下夹具钳上边缘中心点到跟面的下边缘中心点之间的距离。如果没有跟面，取鞋跟的下边缘中点。

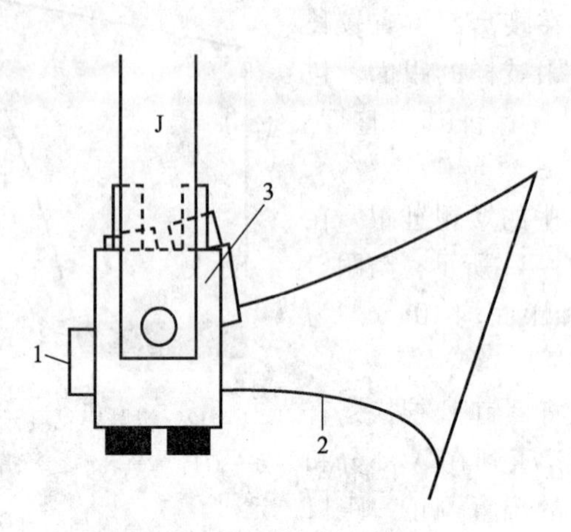

图 1-44　细跟拉伸装置示意图

1—跟面；2—跟口；3—细跟夹具

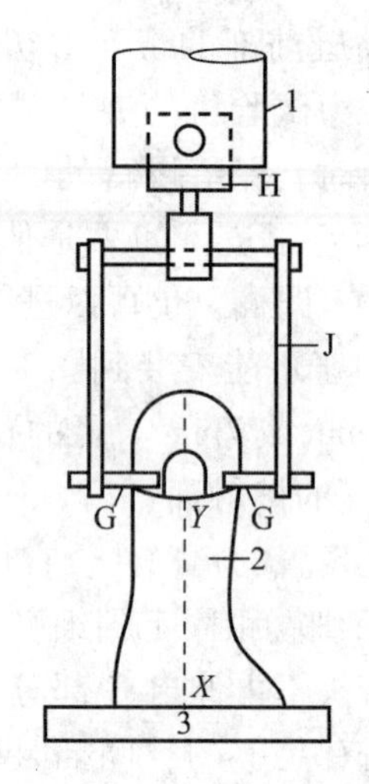

图 1-45　*XY* 位置示意图

1—上夹具钳；2—中心线；3—下夹具钳

（6）开动机器，当力达到 200N 时停止机器，在不移去力的情况下立即重新测定和记录跟面（鞋跟）下边缘中心点和 *X* 点或夹具钳边缘中点之间的距离。

（7）继续鞋跟的形变直到拉力达到 400N。向反方向驱动拉力试验机直到力回零，重新测定并记录跟面下边缘中心点和夹具钳边缘中点之间的距离。最后施加拉力使后部重新形变直到鞋跟脱落或发生另外的断裂。记录最大负荷和相应于此负荷产生断裂的类型。

如果勾心脆弱或安装位置不正，在鞋跟还未发生分离时，位于鞋跟前部的鞋后部有可能已经发生严重变形。当发生这种情况时，即使施加很大的负荷也不容易使鞋跟发生分离，因而测定不到最大力值，这种类型的鞋一般在 400N 时会有很大程度的永久形变，但这种永久形变不是有效的试验结果。所以通常在力值达到 1000N 后没有必要继续试验，以试图将鞋跟分离或出现另外类型的断裂。

1.11.6　检测结果与处理

（1）计算在力值为 200N 时鞋后部的变形，在 200N 的作用力下测定的 *X* 与 *Y* 之间的距离减去相同测量点之间的原始距离，单位为 mm。

（2）计算在力值为 400N 时鞋后部的永久形变，在施加 400N 作用力后撤销作用力使之回零，然后测定 *X* 与 *Y* 之间的距离减去相同测量点之间的原始距离，单位为 mm。

（3）记录鞋跟发生分离或出现其他断裂时的最大力值，作为鞋跟结合牢度，并记录与最大力值对应的断裂方式。

（4）测量并记录鞋跟的高度，即鞋跟后部中线上端点至跟面的垂直距离（当鞋没有跟面时，假定有 6mm 厚的跟面）。

（5）详细描述在试验过程中出现的任何偏差。

1.11.7　注意事项

（1）测定在拉力为 200N 时的鞋跟相对于鞋前部的移动距离时，200N 比正常行走中向鞋跟后部施加的力大 2～3 倍，但在此试验中产生的形变是判断测试鞋的鞋后部是否有足够硬度的有效方法。

（2）安装粗鞋跟的夹具时，应注意与拉力试验机的上下夹具钳平行，保证试样在拉伸中不出现扭曲现象。

（3）对于粗鞋跟进行钻孔时，孔中心线一定要与跟底面保持平行。

1.12 胶鞋屈挠 A 法

1.12.1 依据与适用范围

胶鞋屈挠检测方法（A）依据 HG/T 2871—2008《胶鞋整鞋屈挠试验方法》中的 A 方法，适用于胶鞋整鞋屈挠性能的试验。

1.12.2 仪器设备

（1）耐折试验机。① 屈挠角度在 35°～60°范围内可调。② 屈挠频率在（50～300）次/min 范围内可调。③ 具有预设定屈挠次数自动停机的功能。④ 具有对试样进行散热的鼓风装置。

（2）可折试验楦。可折试验楦从第一跖趾关节部位至第五跖趾部位楦底样轴线上装有 ϕ5.5mm×40mm 的钢轴，最大可折角度不小于 60°。安装钢轴后楦底表面不得产生凹凸现象。

（3）游标卡尺。分度值为 0.1mm。

1.12.3 试样要求

（1）每组试样不少于一双鞋。

（2）成鞋硫化与试验的时间间隔不少于 16h。

（3）检查试样帮面与鞋底，观察其表面是否有对试验结果产生影响的破损和外底裂纹（口）。

（4）试样在温度为（23±2）℃、相对湿度为（50±5）% 的环境条件下放置至少 16h。

1.12.4 检测准备

（1）调节试验环境温度为（23±2）℃、相对湿度为（50±5）%。

（2）将试样装在可折试验楦上，可折试验楦的鞋号一般应小于试样鞋号（以可折楦不顶紧鞋帮为准）。

（3）调节试验机的屈挠角度为 45°，屈挠频率为 250 次/min。

1.12.5 检测步骤

（1）将可折试验楦装入试样鞋，可折试验楦与试样鞋间有 5mm 的空隙，留在样鞋的后跟部位。

（2）试样在夹持时应保持在不受弯折状态，在夹持过程中应调节试样的夹持角度，使试样在夹持完成后不产生非自然状态的弯折。

（3）外底向上夹紧在夹持器上，外底面的跖趾关节屈挠部位与夹持器活动轴相重合。

（4）试验前将计数器清零，开鼓风机，然后启动主机，开始试验。

（5）试验需连续进行，达到预定的屈挠次数后停机，取下试样，并将试验楦从试样鞋中取出。

1.12.6 检测结果与处理

(1) 观察试样变化情况并测量外底的裂纹（口）长度以及围条与帮面或帮面与外底的开胶长度，观察有无围条裂纹情况及其他异常情况。测量外底裂纹（口）和测量围条与帮面或帮面与外底开胶长度时，鞋底应处于自然状态。

(2) 整鞋屈挠值以次数表示，裂纹长度及围条与帮面或帮面与外底的开胶长度精确到0.1mm。围条裂纹用“有”和“无”表示，其他异常情况可以用文字描述。

(3) 对于裂口长度、围条裂纹、围条与帮面或帮面与外底的开胶长度及帮面变化情况，每只试样应分别表示。

(4) 每只鞋的试验结果分别表示，并详细描述在试验过程中出现的任何偏差。

1.12.7 注意事项

(1) 由于鞋底裂口长度会受到鞋底弯折角度而产生一定的变化，因此在测量鞋底裂口长度时应使鞋底保持在不受外力作用而产生弯折的状态下。

(2) 耐折试验机在工作期间，观察试样鞋的夹持情况，若有松动或屈挠位置发生变化应及时停机进行调整。

1.13 胶鞋屈挠 B 法

1.13.1 依据与适用范围

胶鞋屈挠检测方法（B）依据 HG/T 2871—2008《胶鞋整鞋屈挠试验方法》中的 B 方法，适用于胶鞋整鞋屈挠性能的检测。

1.13.2 仪器设备

(1) 耐折试验机。① 屈挠角度在 0°～90°范围内可调。② 屈挠频率在（50～300）次/min 范围内可调。③ 具有预设定屈挠次数自动停机的功能。

(2) 压块。可以装在试样内用于固定试样装置，压块规格应不影响检测仪器对测试样品的弯折。

(3) 游标卡尺。分度值为 0.02mm。

1.13.3 试样要求

(1) 每组试样不少于一双鞋。

(2) 成鞋硫化与试验的时间间隔不少于 16h。

(3) 检查试样帮面与鞋底，观察其表面是否有对试验结果产生影响的破损和外底裂纹（口）。

(4) 试样在温度为（23±2)℃、相对湿度为（50±5)% 的环境条件下调节至少 16h。

1.13.4 检测准备

(1) 调节试验环境温度为（23±2)℃、相对湿度为（50±5)%。

(2) 调节试验机的屈挠角度为 50°，屈挠频率为 100 次/min。

1.13.5 检测步骤

(1) 调整压块距离，压块边缘应接近试样鞋的弯折部位，使固定压板压牢压块以保证屈挠时压块不会移动。

（2）试验前先将计数器清零，开鼓风机，然后启动主机，开始试验。

（3）试验需连续进行，达到预定的屈挠次数后停机，取下试样鞋。

1.13.6 检测结果与处理

（1）观察试样变化情况并测量外底的裂纹（口）长度以及围条与帮面或帮面与外底的开胶长度，观察有无围条裂纹情况及其他异常情况。测量外底裂纹（口）和测量围条与帮面或帮面与外底开胶长度时，鞋底应处于自然状态。

（2）整鞋屈挠值以次数表示。裂纹长度及围条与帮面或帮面与外底的开胶长度精确到0.1mm。围条裂纹用“有”和“无”表示，其他异常情况可以用文字描述。

（3）对于裂口长度、围条裂纹、围条与帮面或帮面与外底的开胶长度及帮面变化情况，每只试样分别表示。

1.13.7 注意事项

（1）由于鞋底裂口长度会受到鞋底弯折角度而产生一定的变化，因此在测量鞋底裂口长度时应使鞋底保持在不受外力作用而产生弯折的状态下。

（2）在耐折试验机工作期间，观察试样鞋的夹持情况，若有松动或屈挠位置发生变化应及时停机进行调整。

2　鞋材物理性能检测

2.1　皮革透气性

2.1.1　依据与适用范围

皮革透气性检测方法依据 QB/T 2799—2006《皮革　透气性测定方法》，适用于各种皮革的检测。

2.1.2　仪器设备

（1）透气性测定仪，如图 2－1 所示。

① 玻璃量筒。容积为 $100cm^3$，最小刻度为 $1cm^3$，上端开口，带有磨口玻璃塞，下端装有一个倒 U 型玻璃空气导管和一个排水管，排水管由一个水流控制开关控制。

② 空气测试室。由金属制成，空心圆柱形，内径 3.56cm（相当于 $10cm^2$），底部封闭，侧端开有一个导气口，上部配有一个带螺纹的空心环状盖帽，内径 3.56cm，装入试样后严密不漏气。

③ 胶皮导气管。内径（8～10）mm。

（2）秒表。分度值为 0.1s。

（3）刀模。内壁是正圆柱型，如图 2－2 所示，直径 55mm，刀口内外表面形成 20°左右的角。这个角所形成的楔形的高度应大于皮革的厚度。

（4）水。符合三级水规定的蒸馏水或去离子水。

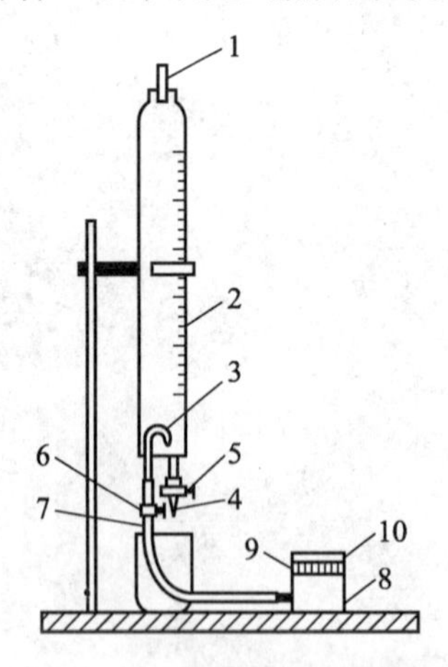

图 2－1　测试仪装置示意图

1—磨口塞；2—玻璃量筒；3—导气管；4—排水管；
5—水流控制开关；6—空气控制开关；7—胶皮导气管；
8—空气测试室；9—试样；10—盖帽

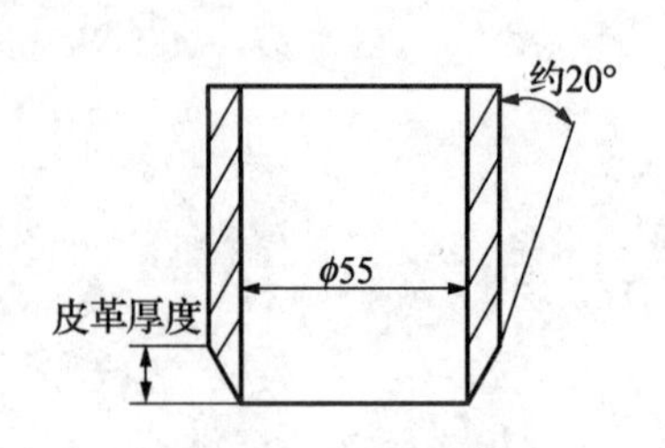

图 2－2　刀模示意图

2.1.3　试样要求

（1）试样表面应平整完好，无伤痕、损伤、杂质、污斑、气泡和针孔等缺陷。

（2）在试验前将试样放置在温度为（20±2）℃，相对湿度为（65±5）%的环境条件下至少48h。

2.1.4 检测准备

（1）调整试验环境温度为（20±2）℃、相对湿度为（65±5）%。

（2）按照图2-1把测试装置安装完毕。

2.1.5 检测步骤

（1）先不放入试样，将水流控制开关和空气控制开关关闭，拿去磨口塞，用蒸馏水装满量筒，塞紧磨口塞。然后，打开水流控制开关，如果水不从排水管中流出，表明气密性良好。

（2）做空白试验。打开水流控制开关，再打开空气控制开关，水从排水管处流出，当量筒内水位下降到刻度“0”位时，立即开动秒表，待水位降到刻度“100”（即流完100mL）时，立即停止秒表，记录所需时间，记为t_0。

（3）如果流过100mL所需时间t_0不在（20±1）s内，应反复调整空气控制开关的大小，使t_0在（20±1）s内，且两次测量之间的误差应在0.5s，并规定空气控制开关的位置。

（4）重新把量筒装满蒸馏水，关闭所有开关，将试样的外表面朝上放入空气测试室内，上紧盖帽。

（5）打开水流控制开关，把空气控制开关开到记录规定的位置，记录流完100mL水时所需时间t。

（6）一个试样重复两次，其流完100mL水时所需时间t的差值应不大于0.5s，并取两次检测结果平均值作为该试样的测定时间，保留小数点后一位有效数字。

2.1.6 检测结果与处理

（1）按公式（2-1）计算透气度K，单位为mL/(cm^2·h)，保留整数位

$$K=\frac{36000}{t-t_0}=\frac{n\times36000}{100t_1-nt_0} \quad (2-1)$$

式中：t_0——空白试验所需的时间，s；

t——试样透过100mL空气（水量）所需的时间，s；

t_1——试样透过nmL空气（水量）所需的时间，s；

n——试样透过空气（水量），mL。

（2）详细描述在试验过程中出现的任何偏差。

2.1.7 注意事项

若试样透气性很小，空气通过的时间在15min以上时，可以把量筒内所盛水的水平位置调整到“0”位以下，不用等到量筒中100mL的水流完，即记下（5~10）min内透过空气的量（水柱下降的刻度），停止试验，记录试验时间t_1及水流毫升数n。

2.2 皮革透水汽性

2.2.1 依据与适用范围

皮革透水汽性检测方法依据QB/T 1811—1993《皮革透水汽性试验方法》，适用于所有

皮革的检测。

2.2.2 仪器设备

(1) 水汽渗透试验机

① 测试瓶。如图 2－3 所示，配有带丝扣的盖子，盖子上开有直径 30mm 的圆孔，圆孔与瓶颈内径大小相等。瓶口平面与瓶颈内壁垂直。

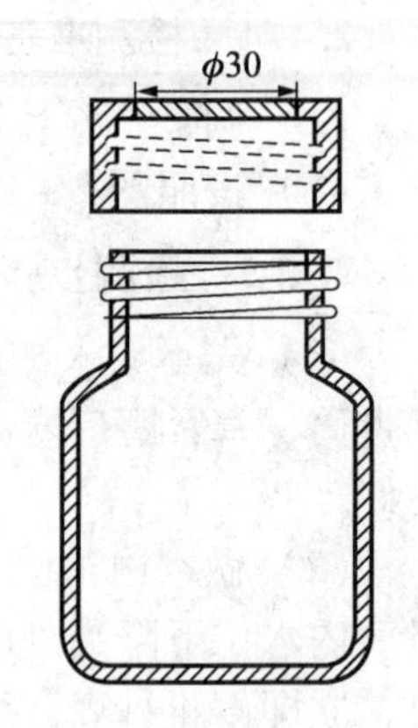

图 2－3　测试瓶示意图

②测试瓶支架。由电动机带动，转速为（75 ± 5）r/min。测试瓶放在此圆形支架上，测试瓶的轴线与圆轴线应平行，两轴线相距 67mm，如图 2－4 所示。

③ 风扇。正对测试瓶瓶口，有 3 个叶片，互为 120°角，扇叶平面与圆轴线平行，扇叶尺寸为（90 × 75）mm。运动时，扇叶距瓶颈最近距离不应小于 15mm，风扇转速为（1400 ± 100）r/min，如图 2－5 所示。

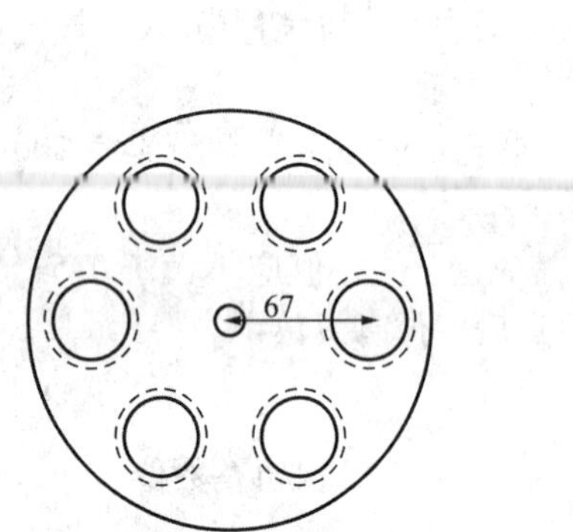

图 2－4　测试瓶支架示意图

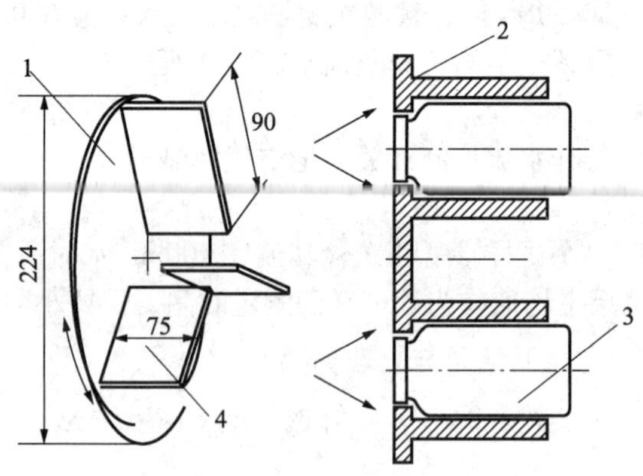

图 2－5　渗透性测试安装示意图

1—旋转盘；2—瓶旋转支架；3—测试瓶；4—叶片

(2) 干燥硅胶。硅胶颗粒的直径应大于 2mm。硅胶在（125 ± 5）℃烘箱中烘干，空气应循环流动，烘干时间至少 16h。烘干后在密闭容器中至少冷却 6h 以上备用。

(3) 天平。分度值为 0.0001g。

(4) 记时器。记录时间应大于 12h 以上，分度值为 1min。

(5) 游标卡尺。分度值为 0.1mm。

(6) 切割工具。可切取尺寸如图 2－6 与图 2－7 所示试样的冲剪切刀或剪刀。

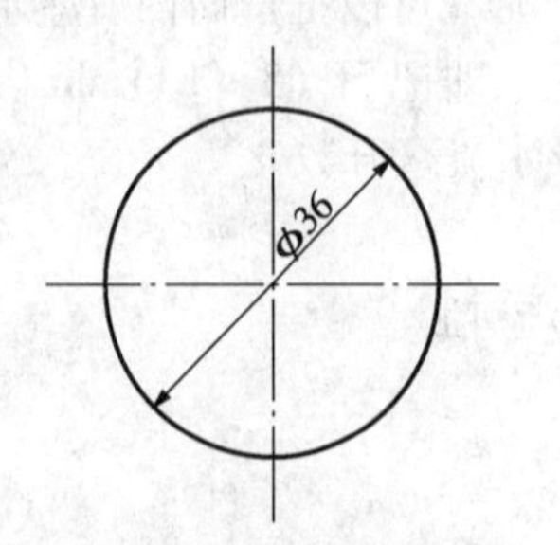

图 2－6　不做预折试样大小

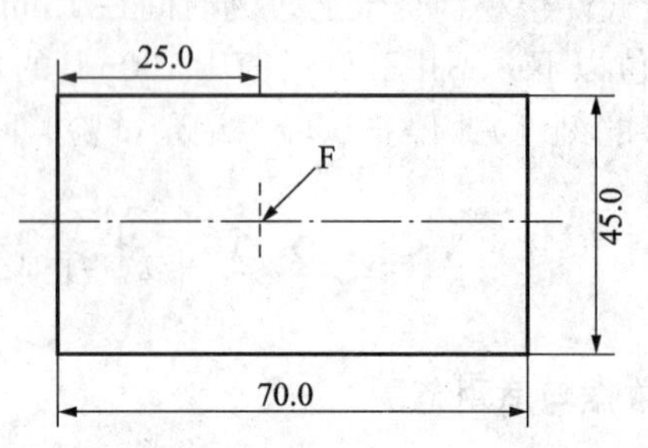

图 2－7　需预折试样大小

（7）预折装置

① 上夹具。如图 2－8 所示，由围绕转轴转动的一对平板组成。其中，一个平板为梯形（ABCD），但在 D 点有半径为 2mm 的尖圆角，有突出底边成倒 7 字形 EF，用于放置折叠试样；另一平板为 EGHCF。两块板用螺栓固定在一起，使得试样一端能夹在两板间。固定两平板的螺栓也做挡块用，防止试样一端插入夹具后部太远。

② 下夹具。如图 2－9 所示。固定并和上夹具在同一垂直平面，它由一对夹板组成，能用螺钉固定在一起夹住试样的另一端。

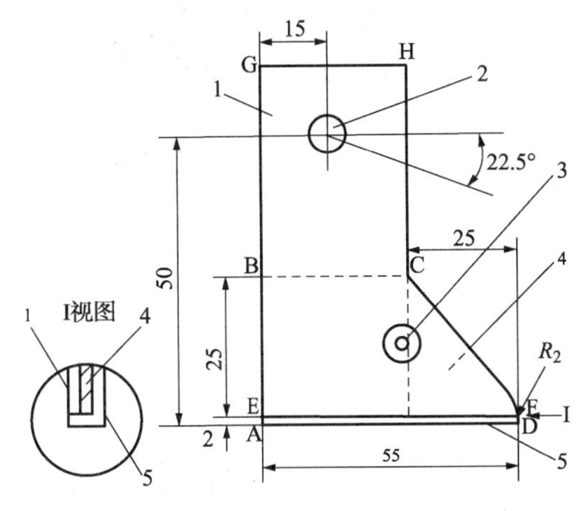

图 2－8　上夹具装置示意图

1—上左夹板；2—转轴；3—固定螺栓；
4—折叠试样；5—上右夹板

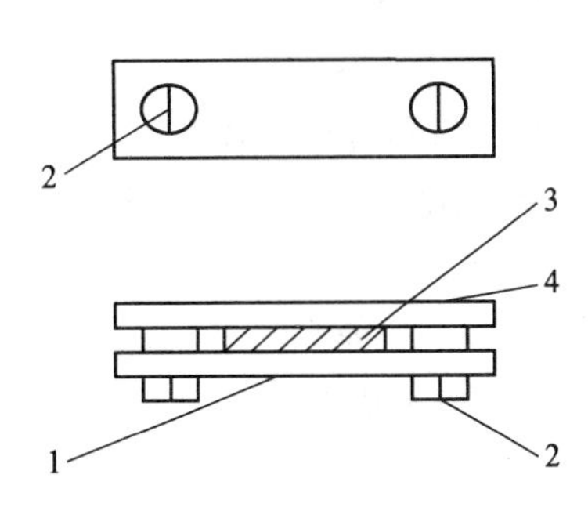

图 2－9　下夹具装置示意图

1—下左夹板；2—固定螺栓；
3—试样；4—下右夹板

2.2.3　试样要求

（1）在试验前将试样放置在温度为（23±2）℃、相对湿度为（50±5）% 的环境条件下至少 24h。

（2）试样表面应平整完好，无伤痕、损伤、杂质、污斑、气泡和针孔等缺陷。

（3）试样大小要求。

① 对试样没有预折要求的，按照图 2－6 的尺寸切取试样。

② 对试样有预折要求的，按照图 2－7 尺寸大小切取试样。经过规定次数耐折后，以试样在预折时 F 点为中心，按照图 2－6 尺寸大小切取试样。

2.2.4　检测准备

（1）硅胶颗粒的直径应大于 2mm。硅胶在（125±5）℃烘箱中烘干，空气应循环流动，烘干时间至少 16h。烘干后在密闭容器中至少冷却 6h 以上。

（2）调整试验环境温度为（23±2）℃、相对湿度为（50±5）%。

（3）在相互垂直的两个方向测量测试瓶的瓶口内直径，精确到 0.1mm，以两个数值的算术平均值作为瓶口直径，计算出瓶口面积 A。

2.2.5　检测步骤

（1）无预折要求试样

① 按照图 2－6 尺寸大小，用切割工具剪取试样。

② 在一个与测试瓶大小形状一样的预处理瓶内装入半瓶干燥过的冷硅胶，重量为（59 ±0.5)g。试样正面朝向瓶内，用螺旋盖将试样安装在瓶上。将测试瓶安装在水汽渗透试验机的旋转支架上，然后开动机器转动16h，对试样进行预渗透处理。

③ 16h后停止机器，取下预处理瓶。在测试瓶内装入半瓶刚干燥过的冷硅胶，重量为(59 ±0.5)g。立即从预处理瓶上取下试样，放到测试瓶上，试样正面朝向瓶内，用螺旋盖将试样安装在瓶上。

④ 如有必要可在测试瓶口及试样之间加一垫圈，或涂一层蜡，或采取其他防漏气措施。如果瓶口涂了蜡，将测试瓶加温到（50 ±5)℃，再装入硅胶、安装试样。

⑤ 装入试样和硅胶的测试瓶在开机试验前，尽快称量其质量，记为 M_1，精确到0.1mg，同时记下时间。将测试瓶放入水汽渗透试验机的旋转支架上，开动机器。

⑥ 达到规定的时间一般为（7 ~16)h后，停止机器，取出测试瓶再次称量测试瓶质量，记为 M_2，精确到0.1mg，并记下结束时间，精确到1min。

（2）有预折要求试样

① 按照图2 -7尺寸大小，用切割工具剪取试样，将沿着试样的中心线正面向内对折。

② 转动电机使上夹具EF处于水平状态，即上夹具钳处于曲挠的最大位置，并与下左、右夹板的平板上边缘距离为25mm处。

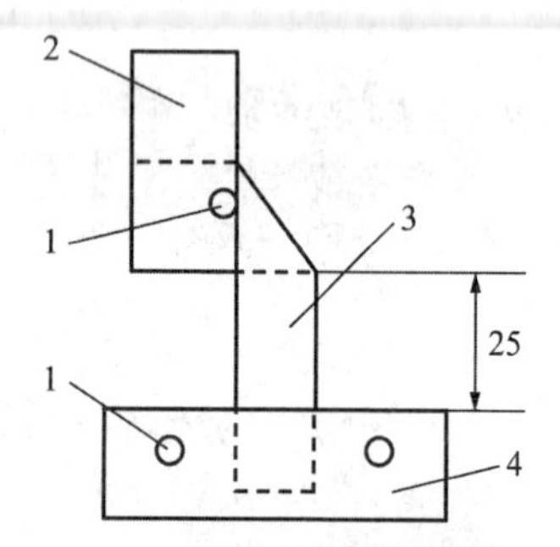

图2 -10　预折试样安装示意图
1—固定螺栓；2—上夹具；
3—试样；4—下夹具

③ 将试样以中心线正面对正面对折起来，把上夹具钳的左右夹板分开，分开距离大约为对折试样厚度的两倍。试样的对折线紧贴着EF线，在上左、右夹板之间沿着EF线伸入到固定螺栓为止，然后拧紧固定螺栓使试样平稳夹在上夹具中。

④ 将试样未夹住的自由角向外、向下移动，使原本在夹具中朝内的正面在它下方朝外。让未夹住的两个角合在一起，用不太大的力把试样拉下，并正好拉紧，最后夹入下夹具中，旋紧下夹板固定螺栓，平稳固定试样，如图2 -10所示。

⑤ 按照产品规定的要求设定预折次数，开动机器进行耐折，连续耐折直到完毕停机，从夹具中取下试样。

⑥ 取下试样并平放，以试样在预折时F点为中心，按照图2 -6尺寸大小切取试样。

⑦ 试样的透水汽性测定与无预折要求试样的步骤与方法完成一样。

2.2.6　检测结果与处理

按公式（2 -2）计算水汽渗透率 W_3，单位为 mg/(cm² · h)，精确到0.1mg/(cm² · h)

$$W_3 = \frac{M}{At} = \frac{M_2 - M_1}{\frac{\pi}{4}d^2 t} \qquad (2-2)$$

式中，M_1 为装有试样和硅胶的瓶的初始质量，mg；M_2 为装有试样和硅胶的瓶的最终质量，mg；A 为瓶口面积，cm²；d 为瓶口直径，cm；t 为第一次和第二次称量之间相距的时间，h。

2.2.7 注意事项

（1）在烘干前应对硅胶进行过滤，除去杂质和灰尘。硅胶干燥时不能超过130℃的规定温度，以免影响硅胶的吸水性。烘箱内的空气流通不一定使用风扇，但烘箱不宜密封，应保持烘箱内外空气能持续对流。硅胶使用时不能比试样温度高。

（2）操作人员在称量、拿取测试瓶时一定要带手套，避免由于手迹影响称量变化。

（3）在做预折时上下夹具安装对试样夹紧时不能用力过大，避免夹具夹伤试样而影响测定数值。

（4）在预折过程中试样在上下夹具中出现松动、滑开等现象时，试样报废重做。

2.3 皮革耐汗色牢度

2.3.1 依据与适用范围

皮革耐汗色牢度检测方法依据QB/T 2464.23—1999《皮革　颜色耐汗牢度测定方法》，适用于在各个加工阶段中的所有皮革，特别适用于服装革、手套革和衬里革，同时也适用于无衬里的鞋面革的检测。

2.3.2 仪器设备

（1）烘箱。能保持（37 ±2)℃的温度。

（2）测试装置。能使复合试样保持在1.23N/cm^2 的均匀压强装置。

（3）真空装置。① 真空干燥器。玻璃制品，能容纳装有皮革试样和多纤维织物以及玻璃板的容器。② 真空泵。能够在4min内将真空干燥器抽成为5kPa的真空。

（4）切割工具。能切割出尺寸为100mm×36mm试样大小的冲切刀模或剪刀。

（5）人造汗液溶液。每升包括：三（羟甲基）甲胺（$NH_2C(CH_2OH)_3$）：5.0g；氯化钠（NaCl）：5.0g；尿素：0.5g；次氮基三乙酸（$N(CH_2COOH)_3$）：0.5g。

在准备完成后，用2mol/L的盐酸将此溶液pH调节到（8.0 ±0.1）。

（6）评定灰色样卡。① 按GB/T 250—2008《纺织品　色牢度试验　评定变色用灰色样卡》规定。② 按GB/T 251—2008《纺织品　色牢度试验　评定沾色用灰色样卡》规定。

（7）加重物。① 配重物加一块100mm×36mm玻璃，总重量为4.5kg。② 底面平整，大小为120mm×50mm，重为1kg的配重物。

（8）砂纸。等级为P180的细颗粒砂纸。

（9）多纤维织物。由醋酯纤维、漂白棉、聚酰胺纤维、聚酯纤维、聚丙烯腈纤维、羊毛组成的DW型多纤维。① 经纱材料，纤维有光聚酯纤维长丝（不含荧光白剂），纱线为15.5texf27Z400。② 纬纱材料，技术要求见表2-1。

（10）水。符合三级水规定的蒸馏水或去离子水。

（11）游标卡尺。分度值为0.1mm。

2.3.3 试样要求

（1）试样表面应平整完好，无伤痕、损伤、破裂、杂质、污斑等缺陷。

（2）在试验前将试样放置在温度为（20 ±2)℃，相对湿度为（65 ±5)%的环境条件下至少48h。

表 2-1　纬纱材料技术要求

性能		醋酯纤维	漂白棉	聚酰胺纤维	聚酯纤维	聚丙烯腈纤维	羊毛
短纤维	光泽或等级	有光	—	半消光	半消光	半消光	澳大利亚羊毛 64's 品质
	单纤维线密度/tex	0.33	—[a]	0.333	0.17	0.28	—[b]
	长度/mm	50.8	27 ~ 25.7	38.0	38.0	38.0	82.5 ± 27
纱线	线密度/tex	30 × 2	30 × 2	30 × 2	30 × 2	30 × 2	30 × 2
	纱捻/（捻/m）	640Z	570Z	670Z	640Z	640Z	450Z
	纱捻/（捻/m）	400S	590S	400S	400S	480S	130S
白度[c]	X	0.320 ± 0.003	0.318 ± 0.003	0.320 ± 0.003	0.318 ± 0.003	0.318 ± 0.003	0.338 ± 0.003
	Y	0.338 ± 0.003	0.335 ± 0.003	0.335 ± 0.003	0.336 ± 0.003	0.335 ± 0.003	0.335 ± 0.003
	Y	80.0 ± 2.0	86.0 ± 2.0	83.0 ± 2.0	80.0 ± 2.0	82.0 ± 2.0	65.0 ± 2.0
	W_{10}	63 ± 5	76 ± 5	71 ± 5	68 ± 5	72 ± 5	—

注：a. 马克隆值：平均 4.4。b. 直径：22.22μm。c. D_{65}，10°观察者，按照 GB/T 8424.2 进行计算。

（3）将试样切割为 100mm × 36mm 大小。

2.3.4　检测准备

（1）调节环境温度为（20 ± 2）℃，相对湿度为（65 ± 5）%。

（2）如果皮革有涂层，要先去掉涂层再测试。将皮革样品切成 120mm × 50mm 大小的试样，涂层面朝下，放在一张 150mm × 200mm 的砂纸上。砂纸放在工作面上，在皮革试样上均匀地放 1kg 重的底面平整的重物，将试样在砂纸上往复移动 100mm，共进行 10 次。用刷子把粗糙面刷一下，彻底刷去脏物，从皮革的粗糙面切割出大小为 100mm × 36mm 的测试试样。

（3）切割出两片大小为 100mm × 36mm 的多纤维织物。

2.3.5　检测步骤

（1）把皮革试样和多纤维织物分别浸泡在不同容器的人造汗液中。

（2）把容器放置在真空干燥器中，在 4min 内将真空干燥器抽成为 5kPa 的真空，且保持 2min，然后恢复正常压强，重复 2 次。

（3）将皮革试样和多纤维织物从容器中取出，多纤维织物放在玻璃板上，然后将皮革试样测试面朝下，覆盖在多纤维织物上。如果两面都要测试，用第二片多纤维织物覆盖在皮革试样上，用第二块玻璃板覆盖在复合试样上。

（4）将夹有皮革试样的玻璃连同配重物一起放入到（37 ± 2）℃的烘箱中 3h。

（5）3h 后，取出皮革试样和多纤维织物，在试验环境条件下晾干。

2.3.6　检测结果与处理

（1）评定方法

① 自然光源，晴天向北（上午 9：00 ~ 下午 3：00），避免外界环境物体反射光的影响。

② 人工光源，采用标准多光源光箱。

（2）观察方法

光源的照明方向与试样表面约成45°角，观察方向接近垂直于试样表面，如图2－11所示。

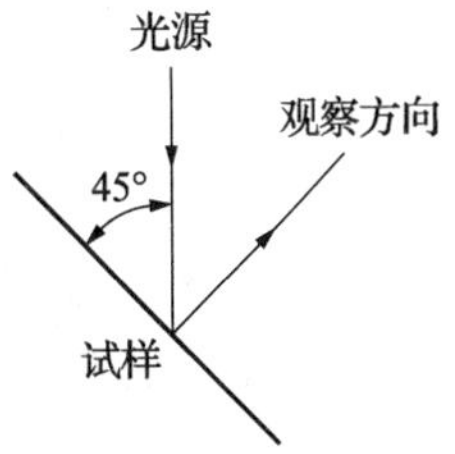

（3）如果评定在两个定级之间，取较低的定级；如果重复试验的定级不同，取两者之间较低的定级作为试验结果。

（4）对皮革试样进行描述，是否有涂层，如果有，是否涂层破了。

（5）详细描述在试验过程中出现的任何偏差。

光源

观察方向

45°

试样

图2－11　观察方法示意图

2.3.7　注意事项

（1）将皮革试样水平放置在人造汗液时，皮革试样应完全浸泡在人造汗液中。

（2）在皮革试样与多纤维织物组合的试样加配重烘干前，应将多余的人造汗液排掉，即对已加配重玻璃朝一边倾斜大约30°，让两片玻璃板之间的人造汗液流出。

（3）人造汗液在周期检查中，若发现pH不在（8.0±0.1）范围或出现肉眼可见的微生物时，应予丢弃。

（4）去掉皮革涂层，在砂纸上进行磨蹭时，1kg配重物底面要正好完全压盖在皮革样品上，在反复10次磨蹭时不能发生移位现象。

（5）如果皮革没有涂层，或有涂层但连涂层一起测试，则仅切割大小为100mm×36mm的试样进行测试。

2.4　皮革厚度

2.4.1　依据与适用范围

皮革厚度检测方法依据QB/T 2709—2005《皮革　物理和机械试验　厚度的测定》，适用于各种类型皮革的检测。

2.4.2　仪器设备

厚度仪如图2－12所示。

① 刻度表。最小刻度为0.01mm，整个量程具有±0.02mm的准确度。当测试台与压脚完全接触时，刻度表的读数为零。

② 测试台。表面水平为圆柱体，直径为（10.00±0.05）mm，高为（3.0±0.1）mm，安装在一个同轴的直径为（50.0±0.2）mm的圆形平台表面上。

③ 压脚。直径为（10.00±0.05）mm的圆形平面，与测试台同轴，能上下做垂直运动。

④ 负载。能使压脚与测试台接触时产生49.1kPa的压强。

⑤ 架子。用来支撑刻度表、测试台和压脚。

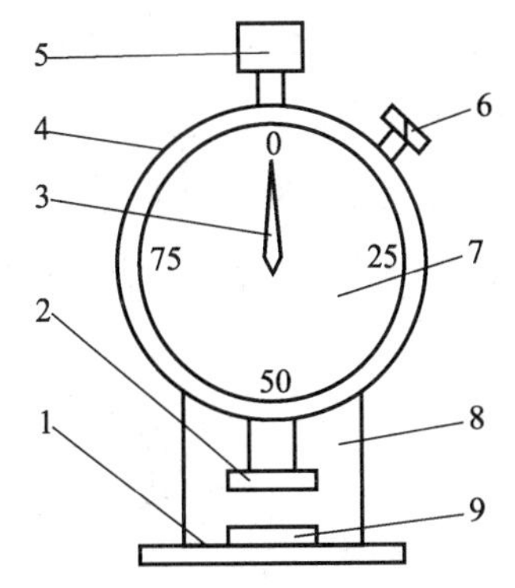

图2－12　厚度仪示意图

1—平台；2—压脚；3—指针；4—调节盘；5—负载；6—锁紧螺母；7—指示盘；8—架子；9—测试台

2.4.3　试样要求

（1）试样表面应平整完好，无伤痕、划伤、折皱、折痕、污斑等缺陷。

（2）在测试前将试样放置在温度为（20±2）℃、相对湿度为（65±5）%的环境条件下至少48h。

2.4.4　检测准备

（1）取各测试点的算术平均值，精确到0.01mm。

（2）调节试验环境温度为（20±2）℃、相对湿度为（65±5）%。

（3）将压脚与测试台完全接触后，调整调节盘使指针为零，并锁紧螺母。

2.4.5　检测步骤

（1）测量5个点的厚度，测量点应呈十字形；测量3个点的厚度，测量点应呈一字形，取算术平均值。

（2）测量点之间的距离至少在10mm以上。

（3）测量时由压脚垂直向下，轻缓放下压脚。在压脚与试样完全接触后（5±1）s内读取读数，精确到0.01mm，并记录。

2.4.6　检测结果与处理

（1）每个试样材料的试样数量不得少于3个，取其算术平均值，精确到0.01mm。

（2）注明采用十字形还是一字形测量试样厚度。

（3）详细描述在试验过程中出现的任何偏差。

2.4.7　注意事项

（1）测试仪放在水平面上，试样粒面向上放在测试台上，如果无法确定粒面，任意一面向上均可。

（2）放下压脚时注意必须轻缓放下，否则影响检测结果。

2.5　皮革表面涂层厚度

2.5.1　依据与适用范围

皮革表面涂层厚度检测方法依据GB/T 22889—2008《皮革　物理和机械试验　表面涂层厚度的测定》，适用于各种具有涂层皮革的检测。

2.5.2　仪器设备

（1）光学显微镜。① 放大倍数至少在20倍以上。② 带有显微测微尺，分度值为0.001mm。

（2）组织切片机。适用于测试时试样纵切面切片。

（3）手术刀。用于切穿皮革。

2.5.3　试样要求

（1）试样表面应平整完好，无伤痕、划伤、裂纹、折皱、折痕、污斑等缺陷。

（2）用手术刀切取3片大小为10mm×10mm的试样。

（3）在试验前将试样放置在温度为（20±2）℃，相对湿度为（65±5）%的环境条件下至少48h。

2.5.4 检测准备

（1）调整试验环境温度为（20±2）℃、相对湿度为（65±5）%。

（2）用组织切片机对试样进行纵切面切片。

2.5.5 检测步骤

（1）把制成的剖面切片放在显微镜下。调整切片位置，使显微测微尺的十字线或一个主刻度与涂层和皮革的分界（线）对齐。如果涂层和皮革的分界面（线）成波浪形，则使显微测微尺的十字线划主刻度处于涂层和皮革的波浪形分界面（线）的波峰和波谷的中间位置，如图2－13所示。读取分界面（线）至涂层外表面的刻度数，即为涂层厚度 t。

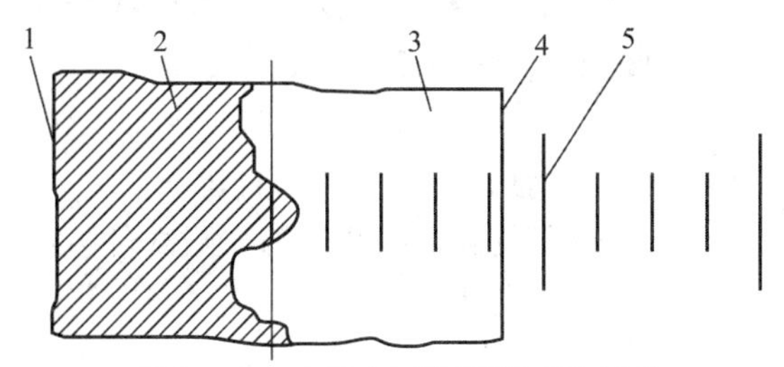

图2－13　皮革表面涂层测试示意图

1—皮革肉面；2—皮革；3—涂层；4—涂层外表面；5—显微测微尺

（2）在同一点，移动显微测微尺的十字线或一个主刻度与皮革肉面对齐。读取皮革肉面至涂层外表面的刻度数，即为皮革的总厚度 T。

2.5.6 检测结果与处理

（1）按公式（2－3）计算涂层厚度占总厚度的百分比 X，单位为%，精确到0.01%

$$X = \frac{t}{T} \times 100 \qquad (2-3)$$

式中：t——涂层厚度，mm，精确到0.001mm；

T——皮革总厚度，mm，精确到0.001mm。

（2）分别计算3个试样涂层厚度、总厚度以及涂层厚度占总厚度的百分比的算术平均值。

（3）详细描述在试验过程中出现的任何偏差。

2.5.7 注意事项

（1）在切穿皮革时，应确保在切割过程中手术刀的切边垂直于涂层面。

（2）涂层厚度与皮革总厚度的测量应在同一点上进行。

（3）在调整十字线或一个主刻度时，应从一个方向调整靠近皮革肉面或波峰和波谷的中间，不要来回调整十字线或一个主刻度的位置。

2.6 皮革抗张强度和伸长率

2.6.1 依据与适用范围

皮革抗张强度和伸长率检测方法依据QB/T 2710—2005《皮革　物理和机械试验　抗张强度和伸长率的测定》，适用于各种类型皮革的检测。

2.6.2 仪器设备

（1）拉力试验机。① 负荷范围应有分档。② 准确度为 ±1%。③ 拉伸速度在（0～300）mm/min 范围内可调，准确度为 ±2mm/min。④ 牢固的夹具钳，在金属夹具钳中有皮革衬垫，防止夹伤试样。⑤ 带有自动记录力 - 位移曲线的装置。

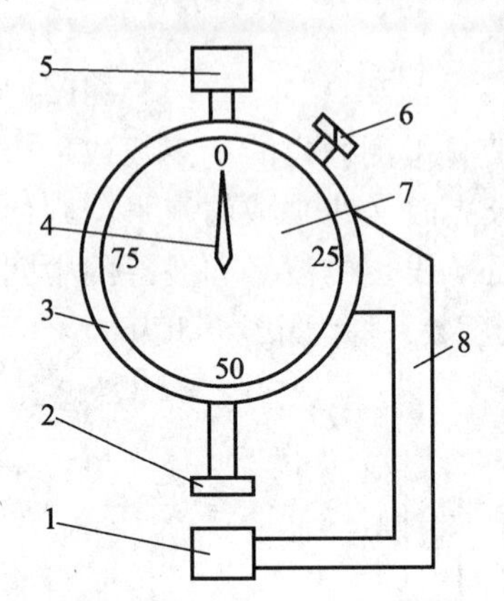

图 2 - 14　测厚仪结构示意图

1—测试台；2—压脚；3—调节盘；4—指针；5—负载；6—锁紧螺母；7—显示盘；8—支架

（2）量具。钢直尺或游标卡尺，量程不小于 170mm，分度值不小于 0.1mm。

（3）测厚仪，如图 2 - 14 所示。

① 刻度表。最小刻度为 0.01mm，当测试台与压脚完全接触时，刻度表的读数为零。

② 压脚。直径为（10.00 ±0.05）mm 的圆形平面，与测试台同轴，能上下做垂直运动。

③ 负载。能使压脚与测试台接触时产生 49.1kPa 的压强。

④ 支架。用来支撑刻度表、测试台和压脚。

（4）切割工具。冲剪刀模。

2.6.3 试样要求

（1）将皮革的粒面向上，按照图 2 - 15 规格切取 6 个试样，尺寸大小如表 2 - 2 所示。将试样等分为两组。一组的试样长边平行为于皮革的背脊线，另一组的试样长边垂直于皮革的背脊线。

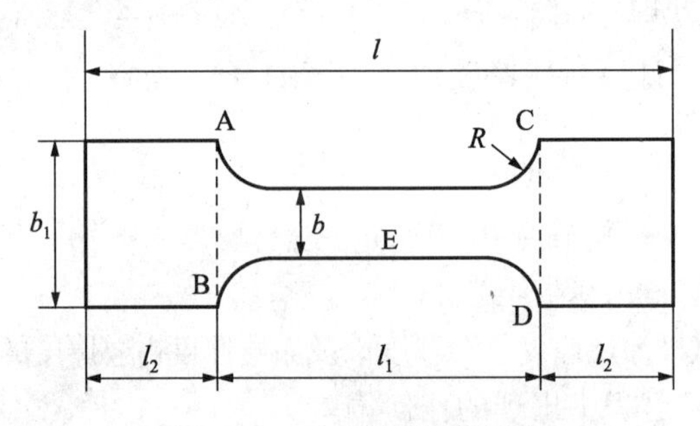

图 2 - 15　试样规格示意图

表 2 - 2　试样规格

规　格	l	l_1	l_2	b	b_1	R
标准/mm	110	50	30	10	25	5
大号/mm	190	100	45	20	40	10

（2）在每个试样距试样中心等距的位置上标记两条线（即 AB、CD），两条线与试样的长边垂直。同时，标记每个试样的材料方向。

（3）确定每个试样的 E 点（试样的中点），在 E 点及 E 点与 AB、CD 两条线的中间位置处测量厚度，用 3 个测量厚度值的算术平均作为试样的厚度，记为 t。

（4）确定每个试样的 E 位（试样的中点），在 E 点及 E 点与 AB、CD 两条线的中间位置，在粒面和肉面各测量 2 个宽度值，用 6 个测量宽度值的算术平均作为试样的宽度，记

为 w。

（5）在试验前将试样放置在温度为（20 ±2）℃，相对湿度为（65 ±5）% 的环境条件下至少为 48h。

2.6.4 检测准备

（1）调节试验环境温度为（20 ±2）℃，相对湿度为（65 ±5）%。

（2）把不同组别的试样进行标注、分类，并在试样背面角上用不伤害试样的记录笔标注材料方向的箭头，并确定需要的试验条件，以免混淆。

（3）选择满足试验拉力的负荷范围（即扯断力在负荷范围 20% ~80% 之内），调整拉伸速度为（100 ±20）mm/min。

2.6.5 检测步骤

（1）调整拉力试验机，夹具钳的分离距离约为 50mm（标准试样）或 100mm（大号试样）。

（2）将试样的一端插入到拉力试验机的上夹具钳中心线上并将其夹紧，使试样上的标记线与夹具钳边缘重合，保证试样不被拉伸或松弛。

（3）让试样自然垂直，让试样的另一端插入到拉力试验机的下夹具钳中心线上并将其夹紧，检查试样的标记线是否与夹具钳边缘重合。

（4）调整夹具上、下距离，使试样达到绷紧不受力的状态，测量上、下夹具之间的距离，记为 L_0，精确到 0.5mm。

（5）启动拉力试验机，开始拉伸。

（6）当拉力达到规定负荷时，记录上、下夹具之间的距离，记为 L_1，精确到 0.5mm。

（7）继续拉伸直至试样断裂，记录上下夹具之间的距离，记为 L_2，精确到 0.5mm；记录断裂时的力 F，单位为 N，精确到 2N。

2.6.6 检测结果与处理

（1）按公式（2 -4）计算试样的抗张强度 T_n，单位为 N/mm^2

$$T_n = \frac{F}{w \cdot t} \tag{2-4}$$

式中，F 为记录的断裂力，N；w 为试样的宽度，mm；t 为试样的厚度，mm。

（2）按公式（2 -5）计算试样的规定负荷伸长率 E_1，单位为 %。

$$E_1 = \frac{(L_1 - L_0) \times 100}{L_0} \tag{2-5}$$

式中，L_0 为初始试样距离，mm；L_1 为规定负荷时试样距离，mm。

（3）按公式（2 -6）计算试样的断裂伸长率 E_b，单位为 %。

$$E_b = \frac{(L_2 - L_0) \times 100}{L_0} \tag{2-6}$$

式中，L_2 为断裂时试样距离，mm。

（4）取 6 个测量值的算术平均值作为试验结果。

（5）详细描述在试验过程中出现的任何偏差。

2.6.7 注意事项

（1）如果在试验时试样相对夹具发生滑动，滑动距离超过夹具初始距离的1%，则此次试验结果作废，用大号试样重新测定。

（2）对于柔软的革，可以用模刀的宽度作为试样的宽度。

2.7 皮革单边撕裂强度

2.7.1 依据与适用范围

皮革单边撕裂强度检测方法依据 QB/T 4198—2011《皮革 物理和机械试验 撕裂力的测定：单边撕裂》，适用于各种类型皮革的检测。

2.7.2 仪器设备

（1）拉力试验机。① 负荷范围应有分档。② 准确度为±1%。③ 拉伸速度在（0～300）mm/min 范围内可调，准确度为±2mm/min。④ 带有自动记录力－位移曲线的装置。⑤ 具有定值负荷保持功能与时间设置装置。⑥ 夹具最小宽度为（50±2）mm。

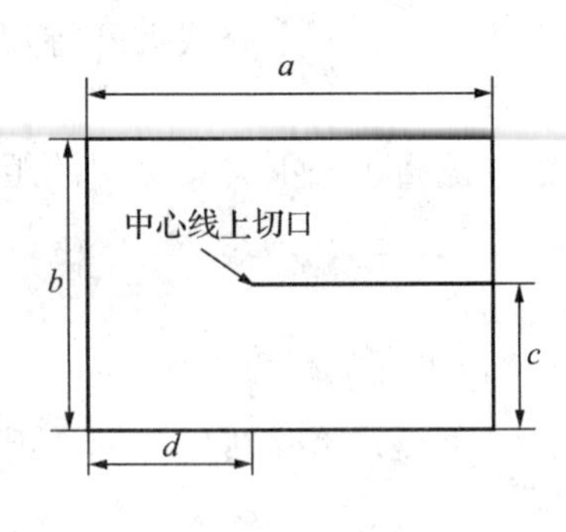

图2－16 试样规格示意图

（2）测厚仪，如图2－14所示。① 测厚仪有稳固的平台，其压脚具有定重负荷，能使压脚与测试台接触时产生49.1kPa 的压强。② 测厚仪圆形平面压脚的直径为（10.00±0.05）mm。③ 测厚仪刻度表的分度值为0.01mm。

（3）切割工具。

① 刀口内、外表面形成20°左右的角，这个角所形成的楔形的高度应大于皮革的厚度。

② 可切取如图2－16所示的试样，试样的尺寸应符合表2－3的规定，刀模的刀口应在同一个平面上。

表2－3 试样规格

规 格	a	b	c	d
小号（标准）/mm	70	40	20	20
大号/mm	100	50	25	50
误差/mm	±1			

注：人工计算法适宜采用大号试样，由于人工计算法相对难取到8个峰、谷值，因此增大了试样的尺寸，特别是撕裂长度 d。

2.7.3 试样要求

（1）试样表面应平整完好，无伤痕、划伤、裂纹、折皱、折痕、污斑等缺陷。

（2）试样切取方法：将皮革的粒面向上，按照图2－16规格切取6个试样，将试样分为两组。一组试样的切口线平行于皮革的背脊线，另一组试样的切口线垂直于皮革的背脊线。

（3）在测试前将试样放置在温度为（20±2）℃，相对湿度为（65±5）%的环境条件下至少48h。

2.7.4 试样准备

（1）调整试验环境温度为（20±2)℃，相对湿度为（65±5)%。

（2）选择满足试验拉力的负荷范围（即扯断力在负荷范围20%～80%之内），调整拉伸速度为（100±20)mm/min。

（3）调整拉力试验机夹具之间的距离，使上、下夹具的距离为50mm。

（4）用剃刀片或锋利刀在试样一端沿着试样长度方向，按图2－16在中心线上切开。

2.7.5 检测步骤

（1）用厚度仪在试样未撕裂部分沿线方向的不同部位取3点进行测量，并以其算数平均值作为试样厚度。

（2）将试样的撕裂口朝向操作者，将裤形试样的一个裤边夹到拉伸机的上夹具上，另一个裤边夹到下夹具上，如图2－17所示，切口处沿线必须与拉力方向重合。

（3）开启拉伸机直至试样撕裂为止，在试验过程中注意观察撕裂口处的裂纹走向。

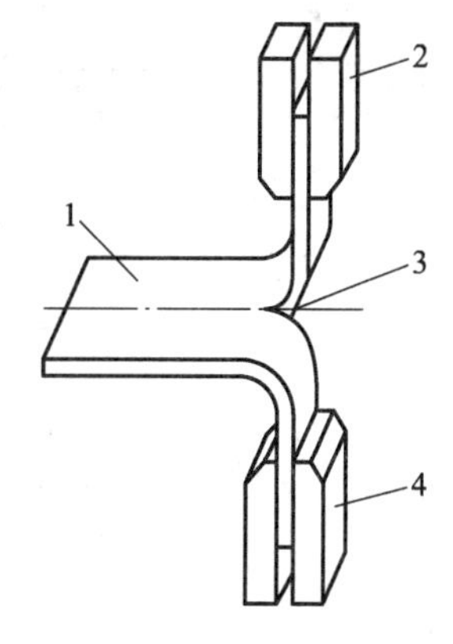

图2－17 试样测试安装示意图

1—试样；2—上夹具；3—撕裂口；4—下夹具

2.7.6 检测结果与处理

（1）将记录力－位移曲线从第一个峰到最后一个峰划成四等分，第一等分和最后一等分不用于计算力的平均值。撕裂力由中间两等分中的峰值和谷值的算术平均值求得，单位为N。

（2）试样厚度精确到0.01mm。

（3）取3个切口线平行于背脊线的试样平均值，精确到0.1N。

（4）取3个切口线垂直平背脊线的试样平均值，精确到0.1N。

（5）取6个试样的平均值，精确到0.1N。

（6）详细描述在试验过程中出现的任何偏差。

2.7.7 注意事项

（1）试验中，如果试样撕裂方向与试样纵向不平行则试验结果无效。

（2）在切试样缺口时，在切口的最后1mm处，必须垂直一刀完成，不许出现斜偏现象。

（3）在某些情况下，由于缺少可辩识的峰和谷，很难由图上取到数值，在这种情况下，试验结果作废并重新试验。

2.8 皮革双边撕裂强度

2.8.1 依据与适用范围

皮革双边撕裂强度检测方法依据QB/T 2711—2005《皮革 物理和机械试验 撕裂力测定：双边撕裂》，适用于各种类型的皮革。

2.8.2 仪器设备

（1）拉力试验机。① 负荷范围应有分档。② 准确度为 ±1%。③ 拉伸速度在（0～300）mm/min 范围内可调，准确度为 ±2mm/min。④ 牢固的夹具钳，在金属夹具钳中有皮革衬垫，以防止夹伤试样。⑤ 带有自动记录力－位移曲线的装置。

（2）测试钩。如图 2－18 所示，测试钩由钢质材料制成，条形，宽度为（10 ±0.1）mm，厚度为（2 ±0.1）mm，一端弯曲成直角钩状，弯钩部分长度至少为（12 ±0.1）mm，测试钩应适合装入拉力试验机中。

（3）切割工具。刀模，能把材料切成如图 2－19 所示规格的试样。

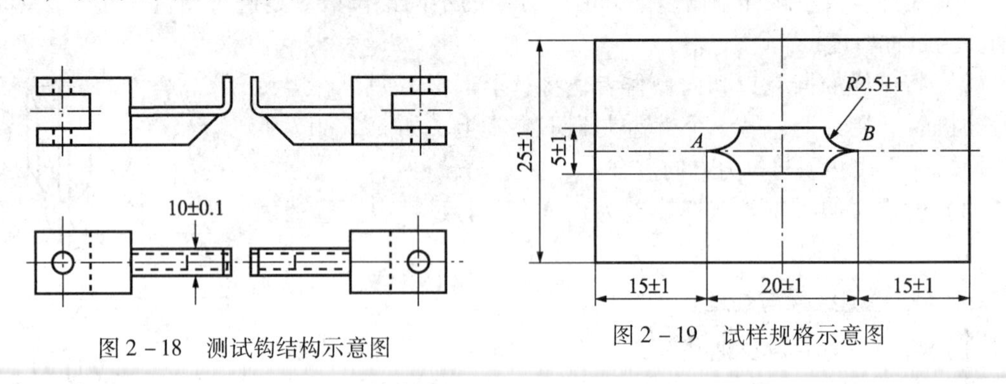

图 2－18　测试钩结构示意图

图 2－19　试样规格示意图

（4）测厚仪，如图 2－14 所示。① 刻度表。分度值为 0.01mm，当测试台与压脚完全接触时，刻度表的读数为零。② 压脚。直径为（10.00 ±0.05）mm 的圆形平面，与测试台同轴，能上下做垂直运动。③ 负载。能使压脚与测试台接触时产生 49.1kPa 的压强。④ 支架。用来支撑刻度表、测试台和压脚。

2.8.3 试样要求

（1）试样表面应无伤痕、划伤、裂纹、折皱、折痕、污斑等缺陷。

（2）试样切取方法：将皮革的粒面向上，按照图 2－19 规格切取 6 个试样，将试样分为两组。一组试样的长边平行于皮革的背脊线，另一组试样的长边垂直于皮革的背脊线。

（3）在测试前将试样放置在温度为（20 ±2）℃，相对湿度为（65 ±5）% 的环境条件下至少 48h。

2.8.4 检测准备

（1）调节试验环境温度为（20 ±2）℃、相对湿度为（65 ±5）%。

（2）对不同组别的试样进行标注、分类，并在试样背面角上用不伤害试样的记录笔标注材料方向的箭头，并确定需要的试验条件，以免混淆。

（3）选择满足试验拉力的负荷范围（即扯断力在负荷范围 20%～80% 之内），调整拉伸速度为（100 ±20）mm/min。

2.8.5 检测步骤

（1）用测厚仪在试样的 A 处与 B 处，向外水平方向各测试 3 点厚度，测量点之间距离应大于 5mm，精确到 0.1mm，取 6 个测量点的算术平均值。

（2）将测试钩对称安装到拉力试验机夹具钳上。

（3）调整拉力试验机，使测试钩的弯钩部分正好能套入试样的孔洞，测试钩的宽度边平行于试样孔洞的直边，以保证试样不脱落，也不受力变形。

（4）开动拉力试验机，直至试样撕裂为止，记录最大的力值，精确到1N。

2.8.6 检测结果与处理

（1）按公式（2-7）计算撕裂强度 P，单位为N/mm，精确到0.1N/mm

$$P=\frac{F}{D} \tag{2-7}$$

式中：F——撕裂的最大力，N，精确到1N。

D——试样的平均厚度，mm，精确到0.1mm。

（2）取3个长边平行于背脊线的试样平均撕裂强度。

（3）取3个长边垂直于背脊线的试样平均撕裂强度。

（4）取6个试样的平均撕裂强度值。

（5）详细描述在试验过程中出现的任何偏差。

2.8.7 注意事项

（1）当有足够材料时，如果一个试样在任一试验方向上出现异常，应重新进行试验，直到一个以上的试样正常撕裂，并舍去异常撕裂的试验结果。

（2）应保证试样的长边与背脊线平行（垂直），平行与垂直方向的撕裂强度应分别计算。

2.9 皮革针孔撕裂强度

2.9.1 依据与适用范围

皮革针孔撕裂强度检测方法依据GB/T 17928—1999《皮革　针孔撕裂强度测定方法》，适用于各种皮革的检测。

2.9.2 仪器设备

（1）拉力试验机。① 负荷范围应有分档。② 准确度为±1%。③ 拉伸速度在（0～300）mm/min范围内可调，准确度为±2mm/min。④ 带有自动记录力-位移曲线的装置。

（2）模刀。能冲裁出如图2-20所示规格的试样。

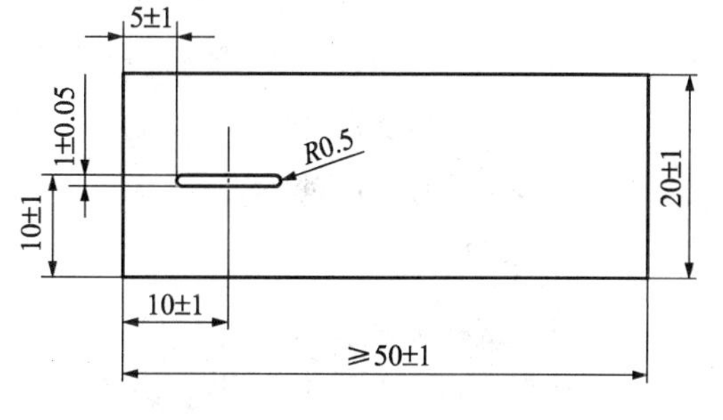

图2-20　试样规格示意图

（3）测厚仪，如图2-14所示。① 刻度表。最小分度值为0.01mm，整个量程具有±0.02mm的准确度。② 测试台。表面水平的圆柱体，直径（10.00±0.05）mm，高（3.0±0.1）mm，安装在一个同轴的直径为（50.0±0.2）mm的圆形平台表面上。③ 压脚。直径为（10.00±0.05）mm的圆形平面，与测试台同轴，能上下做垂直运动。压脚与测试台平面接触时产生的负荷为（393±10）g（即产生49.1kPa的压强）。压脚的移动距离可以直接在刻度表上读取。④ 刚性架子。用来支撑刻度表，测试台和压脚。

（4）夹具装置，如图 2－21 所示。

① U 形架子。金属制，上配有两个扁平针孔，大小为（1.5×10.5）mm，能让扁平针板通过。

② 扁平针板。金属制，如图 2－22 所示，厚度为 1.0mm。

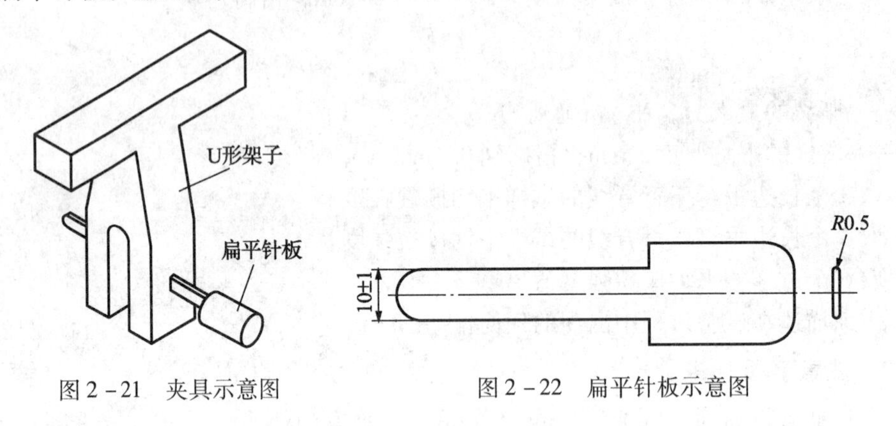

图 2－21　夹具示意图　　　　图 2－22　扁平针板示意图

2.9.3　试样要求

（1）试样表面应无伤痕、划伤、裂纹、折皱、折痕、污斑等缺陷。

（2）试样切取方法

① 将皮革的粒面向上，按照图 2－20 规格切取 6 个试样，将试样等分为两组。

② 一组 3 个试样的长边线平行于皮革的背脊线，另一组 3 个试样的长边线垂直于皮革的背脊线。

（3）非标准取样。从皮革任意部位的相互垂直的两个方向取样。

（4）在试验前将试样放置在温度为（20±2）℃，相对湿度为（65±5）% 的环境条件下至少 48h。

2.9.4　检测准备

（1）调节试验环境温度为（20±2）℃，相对湿度为（65±5）%。

（2）把不同组别的试样进行标注、分类，并在试样背面角上用不伤害试样的记录笔标注材料方向的箭头，并确定需要的试验条件，以免混淆。

（3）选择满足试验拉力的负荷范围（即扯断力在负荷范围 20% ~80% 之内），调整拉伸速度为（100±10）mm/min。

2.9.5　检测步骤

（1）测试试样测试孔两端部和两侧中部的厚度，取其算术平均值作为试样的厚度。

（2）将夹具装置的 U 形架子安装在拉力试验机的下夹具上，将扁平针板穿过 U 形架子的针孔和试样的测试孔，放入试样。

（3）将试样的下端约 20mm 夹在拉力试验机上夹具的钳口中。

（4）启动拉力试验机进行试验，直至试样被撕破，记录其撕裂力。

2.9.6 检测结果与处理

（1）按公式（2－8）计算针孔撕裂强度 T，单位为 N/mm

$$T=\frac{F}{t} \tag{2-8}$$

式中，F 为针孔撕裂力，N；t 为试样厚度，mm。

试验结果为 3 个同方向试验值的算术平均值，计算结果保留小数点后一位。

（2）注明试样方向，并详细描述在试验过程中出现的任何偏差。

2.9.7 注意事项

（1）测量试样的厚度时测量的点必须在距切口底部大约 10mm。

（2）当皮革试样厚度达到或超过 1.2mm 时，由于厚度可能会影响取样（测试孔），因此可以用 1.0mm 的钢针直接进行测试。

（3）对拉力试验机的上夹具口要进行防滑处理，保证试样在试验中不发生滑脱。

（4）将扁平针板穿过夹具的针孔和试样的测试孔时，要固定好，防止扁平针板跳开，影响拉力试验结果。

2.10 皮革往复式摩擦色牢度

2.10.1 依据与适用范围

皮革往复式摩擦色牢度检测方法依据 QB/T 2537—2001《皮革　色牢度试验　往复式摩擦色牢度》，适用于各类皮革的检测。

2.10.2 仪器设备

（1）摩擦色牢度测试仪，如图 2－23 所示。

① 测试台。a）水平金属平台。b）固定夹。将皮革固定在平台上，中间有 80mm 的空隙。c）使皮革试样沿摩擦方向拉伸 20% 的装置。

② 测试柱。a）质量（500±25）g，可左右往复移动，也可以牢固地固定。b）测试头面积为（17×17）mm，中间有一个深 2mm、大小（15×15）mm 的凹槽。c）调节测试头的装置，使毛毡可以与测试平台水平接触。d）负重块。重（500±10）g，加载后测试柱总质量为 1000g。e）调节装置。上下调节测试柱，使测试头与试样水平接触。

③ 驱动测试柱往复运动的装置。测试柱左右往复运动，运动距离为（35～40）mm，运动速率为（40±2）次/min（往、返记作一次），并有计数装置。

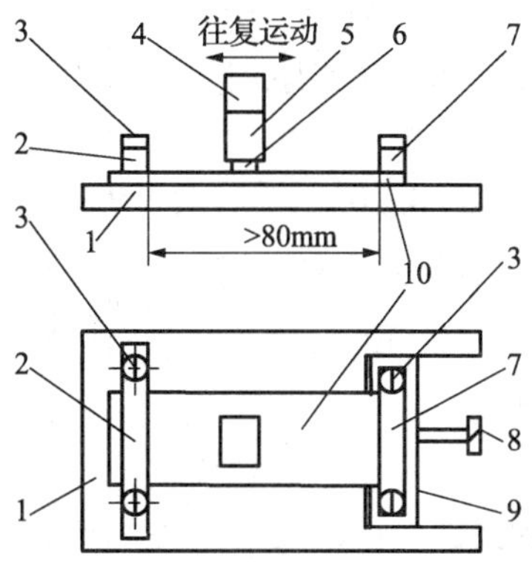

图 2－23　摩擦色牢度测试仪示意图

1—测试台；2—左固定夹；3—固定螺栓；4—负重块；5—测试柱；6—毛毡；7—右固定夹；8—拉伸螺栓；9—滑动块；10—试样

（2）摩擦材料。① 白色或黑色方形毛毡，大小为（15×15）mm。② 单位面积质量为（1750±100）g/m^2。厚度为（5.5±0.5）mm。

（3）真空干燥器，或其他适于抽真空的玻璃容器。

（4）真空泵。抽取干燥器内的空气，在4min内达到5kPa（50mbar）。

（5）水。符合三级水规定的蒸馏水或去离子水。

（6）切割工具。冲裁切刀或剪刀。

（7）评定灰色样卡

① 按GB/T 250—2008《纺织品　色牢度试验　评定变色用灰色样卡》规定。

② 按GB/T 251—2008《纺织品　色牢度试验　评定沾色用灰色样卡》规定。

2.10.3　试样要求

（1）试样外观应无伤痕、划伤、折皱、折痕、污斑等缺陷。

（2）切取试样，试样为长方形，尺寸为140mm×20mm。

（3）在测试前将试样放置在温度为（20±2）℃，相对湿度为（65±5）%的环境环境至少48h。

2.10.4　检测准备

（1）调节试验环境温度为（20±2）℃，相对湿度为（65±5）%。

（2）湿的毛毡。将毛毡放入水中，使毛毡浸透，缓慢加热至沸腾。将热水倒掉，加入冷的水，直到湿毛毡达到室温。使用前将毛毡从水中取出，放在4张吸水滤纸中间（上、下各2张，测试面与滤纸水平接触），再在滤纸上放置（900±10）g的重物，时间1min，挤去水分，使毛毡的重量达到1g左右。毛毡在水中的浸泡时间不能超过24h。

（3）湿的试样。将皮革试样放入水中，试样之间不得相互接触。将容器放入真空干燥器中，抽真空到5kPa，保持2min，然后恢复到常压下。重复这个过程2次以上。使用前，将试样从水中取出，用滤纸将皮革表面的水吸干。试样在水中浸泡不得超过24h。

（4）湿的毛毡和人造汗液

① 将毛毡用人造汗液浸润，浸泡时间不能超过24h。使用前，将毛毡从溶液中取出，放在4张吸水滤纸中间（上、下各2张，测试面与滤纸水平接触），再在滤纸上放置（900±10）g的重物，时间1min，挤去人造汗液，使毛毡的重量达到1g左右。

② 人造汗液溶液。每升人造汗液溶液中包含：氯化钠（NaCl），5.0g；三（羟甲基）甲胺（$NH_2C(CH_2OH)_3$），5.0g；尿素，0.5g；次氮基三乙酸（$N(CH_2COOH)_3$），0.5g。

加入盐酸（2mol/L）调pH，使汗液的pH为（8.0±0.1）。周期性地检查pH，丢弃pH不在（8.0±0.1）范围内的溶液。如果溶液中有肉眼可见的微生物，则予丢弃。

2.10.5　检测步骤

（1）将经过空气调节的试样平放在测试台上固定。先将试样的左面固定，然后用手轻轻抚平试样，再把试样的另一端固定在右固定夹中，使左、右固定夹之间距离为100mm。

（2）调节拉伸螺栓，使试样沿摩擦方向拉伸10%。如果试样不能伸长10%，将试样拉伸到允许伸长的最大程度；如果试样伸长10%后，在摩擦过程中不能保持平稳，继续拉伸试样，直到试样不能伸长为止。以上后两种情况，应在试验报告中记录试样的拉伸情况。

（3）如果试样为一般皮革，加载负重块，使测试头的总质量为1000g；如果试样为其他面革，如绒面革，不加载负重块，测试头总质量为500g。

（4）根据产品要求，选定干摩擦法、湿摩擦法或汗液摩擦法后，将相对不同摩擦的毛毡平整地镶嵌到测试柱上测试头的凹槽里，使测试头与试样水平接触。

（5）根据产品要求，设定摩擦次数：5，10，20，50，100，200，500。

（6）开启开关进行摩擦试验，达到规定摩擦次数后自动停机。取下试样和毡垫，对试样摩擦区域的颜色变化、毡垫的沾污情况进行评定。湿的试样和毡垫，在评定前应在室温下干燥。

（7）评定方法

① 自然光源，晴天向北（上午9:00～下午3:00），避免外界环境物体反射光的影响。

② 人工光源，采用标准多光源光箱。

③ 观察方法

a）评定无光泽试样时，光源的照明方向与试样表面约成45°角，观察方向接近垂直于试样表面，如图2－11所示。

b）评定有光泽试样时，光源的照明方向垂直于试样表面，观察方向与试样表面约成45°角，如图2－24所示。

c）评定光泽有无不明显的试样时，光源的照明、观察方向也应该在各种不同的角度上进行。

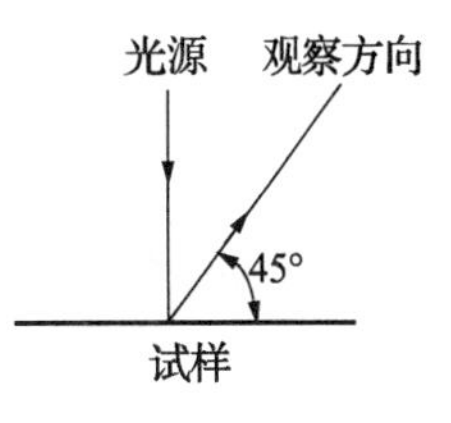

图2－24　45°角观察

2.10.6　检测结果与处理

（1）用灰色样卡评定试样颜色的变化和毡垫的沾污情况。记录试样表面任何可见的变化，如光泽的变化，上光剂使用后的变化，绒毛的变化或涂层的损坏。

（2）当用黑色毛毡测试白色或浅色皮革时，由于毛毡的摩擦作用，会使皮革表面变色。这种情况下，不能评定皮革颜色的变化。只有在用白色毡垫在新的部位测试后，才能评定。

2.10.7　注意事项

（1）在评定有涂层的皮革颜色变化前，用毛织物在皮革表面轻轻地涂一层无色的鞋油和上光剂是非常有益的。对于绒面革或类似的皮革，用刷子沿着绒毛的方向刷，也非常有用。

（2）用无色的蜡乳液涂饰效果更好。在某些情况下，蜡乳液并不合适，而只能使用含有蜡成分的光亮剂和有机溶液。如果使用了鞋油、上光剂、光亮剂，应在试验报告中说明材料的成分或其他详细情况。

（3）如果有要求，应更换新的测试毡垫，重新选择测试次数，重新选择试样未测试的部分（或新的试样）。

2.11　皮革表面摩擦色牢度

2.11.1　依据与适用范围

皮革表面摩擦色牢度检测方法依据QB/T 1327—1991《皮革表面颜色摩擦牢度测试方法》，适用于轻革的检测。

2.11.2　仪器设备

（1）摩擦牢度测试仪，如图2－25所示。

① 往复丝杆以（30±2）次/min往复的速度，带动摩擦头产生往复运动的部件。往复

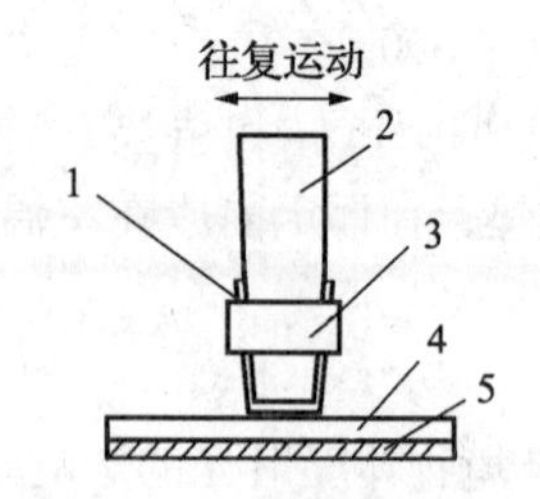

图 2-25　摩擦仪示意图
1—白棉布；2—摩擦头；3—卡环；4—试样；5—毛毡垫

运动的单向行程为 100mm。

② 摩擦头重量为（250 ±2）g，摩擦头端面半径为 10mm。距端面 20mm 处有一个卡环，用于把标准白棉布紧固在摩擦头上。

③ 试样夹能将试样牢固固定住，但不影响摩擦头自由运动。

④ 设置计数范围为（0 ~9999）次，具有自动停机装置。

（2）毛毡垫。① 尺寸和试样夹一样，厚度约为 5.5mm。② 单位面积质量为（1750 ±100）g/m^2。

（3）标准白棉布。① 优等品白棉布，使用前须经脱浆处理，并剪成直径为 70mm 的圆形。② 在温度为（23 ±2）℃，相对湿度为（50 ±5）% 环境中放置 24h，备用。

（4）水。符合三级水规定的蒸馏水或去离子水。

（5）评定灰色样卡。按 GB/T 251—2008《纺织品　色牢度试验　评定沾色用灰色样卡》规定。

2.11.3　试样要求

（1）试样从整张革或半臂背革上的标准测试区域取样，大小为（140 ×45）mm。

（2）在测试前将试样放置在温度为（20 ±2）℃，相对湿度为（65 ±5）% 的环境中至少 24h。

（3）试样表面应平整完好，无伤痕、损伤、破裂、杂质、污斑等缺陷。

2.11.4　检测准备

调节试验环境温度为（20 ±2）℃，相对湿度为（65 ±5）% 。

2.11.5　检测步骤

（1）干擦

① 设定摩擦牢度测试仪往复次数为 25 次。

② 试样的使用面向上，放至试样夹中的毛毡之上，并伸平，不得起皱，然后用试样夹夹紧，放置到摩擦头下固定好。

③ 将标准白棉布紧贴摩擦头端面包裹上，并用卡环将标准白棉布固定在摩擦头上。

④ 将裹上衬布的摩擦头放入摩擦牢度测试仪的运动臂。

⑤ 开动仪器，达到规定的往复次数后自动停机，取下标准白棉布。用样卡进行等级评定。

（2）湿擦

① 设定摩擦牢度测试仪往复次数为 20 次。

② 用蒸馏水浸泡标准白棉布，以天平称量其含水量为 70% ~75% 。

③ 摩擦步骤按照干擦操作步骤进行。

④ 湿擦后的标准白棉布应放置在背光、常温空气中自然干燥以后，再用样卡进行等级评定。

（3）评定方法

① 自然光源，晴天向北（上午 9:00 ~ 下午 3:00），避免外界环境物体反射光的影响。

② 人工光源，采用标准多光源光箱。

（4）观察方法

光源的照明方向与试样表面约成45°角，观察方向接近垂直于试样表面，如图2－11所示。

2.11.6 检测结果与处理

（1）记录摩擦形式（即干擦或湿擦），并判定等级。

（2）详细描述在试验过程中出现的任何偏差。

2.11.7 注意事项

（1）未能进行空气调节时，应记下现场的实际条件。

（2）允许对非整张皮革任意部位取样，但应予以说明。

（3）如皮革表面有光泽，在评定变色时按图2－24将光源与观察方向调换一下，以避免在观察时产生目眩，影响观察的准确性。

2.12 皮革耐折牢度

2.12.1 依据与适用范围

皮革耐折牢度检测方法依据QB/T 2714—2005《皮革　物理和机械试验　耐折牢度的测定》，适用于厚度小于3mm的各种类型皮革的检测。

2.12.2 仪器设备

（1）耐折试验机

① 上夹具。如图2－8所示。由围绕转轴转动的一对平板组成。其中，一个平板为梯形（ABCD），但在D点有半径2mm的尖圆角，有突出底边成倒7字形EF，用于放置折叠试样；另一平板为EGHCF。两块板用螺栓固定在一起，使得试样一端能夹在两板间。固定两平板的螺栓也做挡块用，防止试样一端插入夹具后部太远。上夹具钳由一对平板组成；下夹具钳固定，与上夹具钳在同一垂直面上。

② 下夹具。如图2－9所示。固定并和上夹具在同一垂直平面，它由一对夹板组成，能用螺栓固定在一起夹住试样的另一端。上夹具EF处于水平状态，与下左、右夹具的平板上边缘的距离为（25±0.5）mm。

③ 计数装置。能围绕转轴能作上下摆动，并有计数功能。摆动角度为（22.5±0.5）°，摆动速率为（100±5）r/min。

（2）放大镜。可放大4～6倍，用于观察试样曲挠部位的破坏程度等。

（3）切割工具。刀模，如图2－26所示，能切取大小为（70±1）mm×（45±1）mm的试样。

（4）真空泵。能使干燥器中的真空度至少降低到4kPa。

（5）干燥器，或其他可以抽真空的容器。

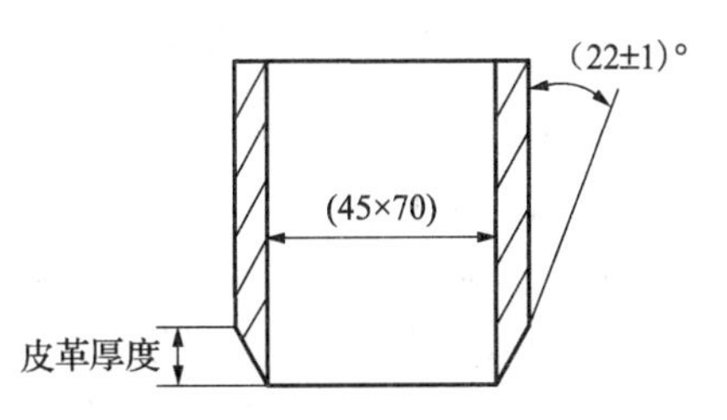

图2－26　刀模示意图

（6）水。符合三级水规定的蒸馏水或去离子水。

（7）玻璃盘。最小直径为100mm，最小深度为25mm。

2.12.3 试样要求

（1）试样表面应无伤痕、划伤、折皱、抓痕、污斑等缺陷。

（2）在试验前将试样放置在温度为（20±2）℃，相对湿度为（65±5）%的环境条件下至少48h。

（3）试样切取方法

将皮革的粒面向上，切取6个试样，大小为（70±1）mm×（45±1）mm，将试样等分为两组。其中一组试样的长边平行于皮革的背脊线，另一组试样的长边垂直于皮革的背脊线。

2.12.4 检测准备

（1）调节试验环境温度为（20±2）℃，相对湿度为（65±5）%。

（2）把不同组别的试样进行标注、分类，并在试样背面角上用不伤害试样的记录笔标注材料方向的箭头，并确定需要的试验条件，在以免混淆。

（3）推荐耐折次数

① 干态测试次数：500，1000，5000，10000，20000，50000，100000，200000，250000。

② 湿态测试次数：500，1000，5000，10000，20000，25000，50000。

2.12.5 检测步骤

（1）干试样耐折方法

① 沿着试样的中心线正面或粒面向内对折。

② 调节耐折试验仪，使上夹具钳EF处于水平位置，即上夹具钳位于曲挠的最大位置，并与下左、右夹具的平板上边缘相距25mm处。

③ 将上夹具钳的左、右夹板松开，分开距离大约为对折试样厚度的两倍。试样的对折线紧贴着EF线，在上左、右夹板之间沿着EF线伸入到固定螺栓为止，然后拧紧固定螺栓使试样平稳夹在上夹具中。

④ 将试样未夹住的自由角向外、向下移动，使原本在夹具中朝内的正面在它下方朝外。让未夹住的两个角合在一起，用不太大的力把试样拉下，并正好拉紧，最后夹入下夹具中，旋紧下夹板固定螺栓，平稳固定试样，如图2-10所示。

⑤ 开动机器进行耐折检测，直至达到设定耐折次数后停机，从夹具中取下试样。

⑥ 用肉眼或光学放大镜来评估曲挠损坏程度。

（2）湿试样耐折方法

① 将试样放入玻璃盘中，加入足够的水，最小深度为10mm。把盘子放入干燥器中，将干燥器抽真空并保持真空度在4kPa以下2min，然后释放。重新抽真空、释放2次，取出试样，用吸水纸吸走多余的水分，立刻进行湿态测试。

② 湿试样耐折检测步骤与干试样耐折检测步骤完全一样。

③ 在25000次耐折后把试样从试验机上取下，检查水的渗出情况，并重新进行浸湿，然后再放回试验机上继续测试。

④ 直至达到设定耐折次数后停机，从夹具中取下试样，用肉眼或光学放大镜来评估曲挠损坏程度。

2.12.6 检测结果与处理

（1）检查试样在折叠或平展状态有无任何损坏。检查每个试样向内的折痕（即接近上夹具钳边的中间折叠部分），记录损坏情况。如果试样被夹持部位的损坏是由于夹具钳对试样的磨损造成的，则不记录。

（2）破损情况应包括以下内容：

① 在没有破损时，涂层色泽的变化。

② 涂层的裂纹，以及裂纹延续至一个或多个涂层的趋势，如果有可能的话，应记裂纹的数量。

③ 皮革涂层黏着力的异常变化。

④ 两个涂层之间黏着力的异常变化。

⑤ 涂层出现粉末、片状的情况。

⑥ 涂层上的裂纹、粉末或片状物的颜色对比。

⑦ 如果需要确定皮革结构的松散程度，可以切开曲挠部分。

（3）试验状态：干试验或湿试验。

（4）详细描述在试验过程中出现的任何偏差。

（5）记录试验总弯折次数。

2.12.7 注意事项

（1）若试验过程中试样脱落或取下试样进行观察，需按照原夹持状态重新夹持试样。

（2）在做预折时，用上、下夹具对试样夹紧时不能用力过大，避免夹具夹伤试样而影响测定数值。

（3）切开曲挠部分对皮革结构的松散程度进行判定，应在全部试验完成后进行。

（4）如果在做湿态试验时，发现试样有过度膨胀的现象，则不再进行耐折试验，并在试验报告中记录。

2.13 皮 革 气 味

2.13.1 依据与适用范围

皮革气味检测方法依据 QB/T 2725—2005《皮革　气味的测定》，适用于对气味有要求皮革的检测。

2.13.2 仪器设备

（1）测试罐。金属罐或玻璃罐，容量大约为 1L，在室温和 65℃ 条件下都是无味的，具有封密性适合的盖子，盖子应很容易被开启和替换。

（2）试验人员。应无嗅觉缺陷，不吸烟，不用重香味化妆品。

（3）烘箱。① 加热温度在（0 ~ 120）℃ 范围内可调，有控制装置。② 箱内温度偏差在 2℃ 之内。

（4）水。符合三级水规定的蒸馏水或去离子水。

2.13.3 试样要求

（1）切取具有代表性的试样两块，试样尺寸为（125 × 100）mm。

（2）在测试前将试样放置在温度为（23±2）℃、相对湿度为（50±5）%的环境条件下至少24h。

2.13.4 检测准备

（1）清洗测试罐（包括盖子），先用热水冲洗，并用适量的试验室清洁剂清洗，再用冷水冲洗、干燥，以保持洁净。

（2）调节试验环境温度为（23±2）℃，相对湿度为（50±5）%。

（3）将烘箱温度设定为65℃。

2.13.5 检测步骤

（1）对于干态测试，将试样放入测试罐中，盖上盖子；对于湿态测试，将试样和2mL水一起放入测试罐中，盖上盖子，同时用一个空罐子做空白对比罐。

（2）将空白对比罐、测试罐一起放进预先调节到65℃的烘箱，保持1h。

（3）从烘箱中取出空白对比罐，第一个试验人员应把头贴近空白对比罐（距离约15cm），并移去盖子，然后用手轻轻扇动，引导空气进入鼻腔并慢慢吸入。取出干态测试罐，迅速重复上述操作，盖子离开测试罐不超过5s，按照表2－4的描述情况分级，记录相应级别。

表2－4 气味的等级描述

等级	描述	等级	描述
1	没有引人注意的气味	4	强烈的、讨厌的气味
2	稍有气味，但不引人注意	5	非常强烈的讨厌气味
3	明显气味，但不令人讨厌		

（4）等待2min，对湿态试样重复上述步骤进行测试。

（5）在第一次测试后，第二个试验人员应将测试罐重新放入烘箱中，烘15min后，重复第一个试验人员的测试步骤，并记录相应级别。

2.13.6 检测结果与处理

至少需要3名试验人员进行同一试样的测试，以半数以上一致的结果为评定等级。

2.13.7 注意事项

在测试过程中，试验人员不能进行讨论，避免受到他人的影响，产生错误的判定。

2.14 皮革视密度

2.14.1 依据与适用范围

皮革视密度检测方法依据QB/T 2715—2005《皮革 物理和机械试验 视密度的测定》，适用于各种类型皮革的检测。

2.14.2 仪器设备

（1）测厚仪，如图2－14所示。①应有稳固的平台，其压脚具有定重负荷，能使压脚与测试台接触时产生49.1kPa的压强。② 圆形平面压脚的直径为（10.00 ±0.05）mm。③ 刻度表的分度值为0.01mm。

（2）切割工具。刀口内、外表面形成20°左右的角，这个角所形成的楔形的高度应大于皮革的厚度。内壁为圆柱形，直径为70mm，刀模的刀口应在同一个平面上。

（3）天平。分度值为0.001g。

（4）游标卡尺。分度值为0.05mm。

2.14.3 试样要求

（1）试样表面应平整完好，无伤痕、划伤、裂纹、折皱、折痕、污斑等缺陷。

（2）用刀模切取3个试样。

（3）在试验前将试样放置在温度为（20 ±2）℃，相对湿度为（65 ±5）%的环境条件下至少48h。

2.14.4 检测准备

调节试验环境温度为（20 ±2）℃，相对湿度为（65 ±5）%。

2.14.5 检测步骤

（1）用测厚仪在试样中心测量一点，另外3个测量点距离中心大约20mm，组成一个等边三角形，以4个测量点厚度的算术平均值作为试样厚度。

（2）用游标卡尺分别在试样粒面、肉面各测量2次，2个测量方向互成直角，以4个测量直径的算术平均值作为试样直径。

（3）用天平称量试样的质量，精确到0.001g

2.14.6 检测结果与处理

（1）按公式（2－9）计算视密度 D_a，单位为 kg/m^3

$$D_a = \frac{1.273 \times 10^6 \times m}{t \times d^2} \qquad (2-9)$$

式中，t 为试样的厚度，mm；d 为试样的直径，mm；m 为试样的质量，g。

（2）以3个试样的测量平均值为计算结果，保留三位有效数字。

（3）详细描述在试验过程中出现的任何偏差。

2.14.7 注意事项

在测量试样直径时，如果任何一次测量的粒面与肉面的误差超过0.5mm，则舍弃这个试样。

2.15 皮革收缩温度

2.15.1 依据与适用范围

皮革收缩温度检测方法依据QB/T 2713—2005《皮革　物理和机械试验　收缩温度的测定》，适用于各种类型皮革的检测。

2.15.2 仪器设备

（1）收缩温度仪，如图2－27所示。

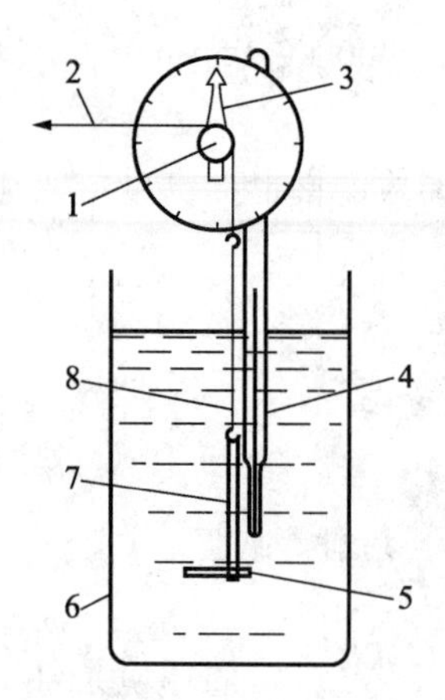

图 2-27　收缩仪装置示意图

1—滑轮；2—负荷（3g）；3—指示器；4—温度计；5—试样固定物；6—容器；7—试样；8—测试钩

① 容器。最小容积为 500mL，最小工作深度为 110mm，可在超过 100℃的温度下使用。

② 试样固定物。小钉或夹子，在容器底部上方（30±5）mm 处。

③ 测试钩。可移动的钩或夹子，一端连接在试样顶部，另一端连接在穿过滑轮的连接线上，连接线的另一端连接着一个比移动钩重 3g 的负重块。

④ 指示器。监测移动情况，测试钩的任何移动情况能通过滑轮、指示器传递和显示，至少能被放大 5 倍并在指示器上显示出来。

⑤ 温度计。分度值为 1℃，准确度为 ±0.5℃，传感器放于靠近试样中部的位置，其量程范围应适合被测试的样品。

⑥ 加热器。能够以（2±0.2）℃/min 的速度加热容器中的水。

⑦ 搅拌器。能有效搅拌容器中的水，使试样顶部和底部的温度差不超过 1℃。

（2）测厚仪，如图 2-14 所示。① 测厚仪应有稳固的平台，其压脚应具有定重负荷，能使压脚与测试台接触时产生 49.1kPa 的压强。② 测厚仪圆形平面压脚的直径为（10.00±0.05）mm。③ 测厚仪刻度表的分度值为 0.01mm。

（3）真空装置。① 真空干燥器。玻璃制品，能容纳装有试样大小的玻璃试管。② 真空泵。能够在 2min 内将真空干燥器抽成为 4kPa 的真空。

（4）水。符合三级水规定的蒸馏水或去离子水。

（5）玻璃试管。内径为（10±2）mm，最小高度为 100mm。

2.15.3　试样要求

（1）试样表面应平整完好，无伤痕、损伤、破裂、杂质、污斑等缺陷。

（2）切取 4 个试样，其中 2 个试样的长边平行于背脊线，2 个试样的长边垂直于背脊线。

（3）若试样的厚度≤3mm，切取试样大小为（50±2）mm×（3.0±0.2）mm；若试样的厚度>3mm，切取试样大小为（50±2）mm×（2.0±0.2）mm。

2.15.4　检测准备

将水加热到比预知试样的收缩温度低 10℃的温度。

2.15.5　检测步骤

（1）在玻璃试管中加入水（55±0.5）mL，将试样浸入其中，必要时，可用一根玻璃棒压住试样，保证试样被浸润。

（2）将玻璃试管放入真空干燥器中，玻璃试管保持合适的状态，开启真空泵将干燥器抽真空并保持真空度在 4kPa 以下（1~2）min。

（3）（1~2）min 后，让空气进入干燥器，继续保持试样浸润在水中（1~2）h。

（4）将试样的一端固定在试样固定物上，另一端连接在测试钩上，调整线、滑轮和负重块，使试样能够被正常拉伸。

（5）将加温的水注入到容器中，使水面至少超过试样顶部 30mm。

（6）开启加热器，保证水的升温速度为（2±0.2）℃/min。

（7）每隔30s记录一次温度和相对的指示器的读数，直到试样明显地收缩或水剧烈地沸腾或达到预期的温度。

2.15.6 检测结果与处理

（1）检查记录数据或指示器与相应温度所形成的曲线，找出试样从最大长度收缩0.3%时的对应温度，该温度为收缩温度。

（2）分别记录不同方向的平均收缩温度。

（3）详细描述在试验过程中出现的任何偏差。

2.15.7 注意事项

（1）在测试过程中，如果水沸腾了而试样没有明显收缩，则试验结果为沸腾的温度。

（2）如果测定的收缩温度不超过最初注入容器的水的温度5℃，则放弃这个测试结果，改用更低温度的水并换新试样，重新测试。

（3）在固定试样时，钩子或夹子应尽可能靠近试样的短边处。

2.16 皮革表面涂层低温脆裂温度

2.16.1 依据与适用范围

皮革表面涂层低温脆裂温度检测方法依据GB/T 22888—2008《皮革　物理和机械试验　表面涂层低温脆裂温度的测定》，适用于所有具有表面涂层并且易曲折皮革的检测。

2.16.2 仪器设备

（1）铰链样品夹持器。如图2－28所示，所有内部的安装点都应与面板平齐，确保试样夹持器合上时不会有任何障碍。

（2）耐寒试验机。① 温度在（－30～5）℃范围内可调，并可自动控制，准确度至1℃，箱内温度分布均匀度为±2℃。② 冷却箱至少高500mm，宽和深300mm，装有搁板，能保持空气循环。③ 具有时间计时装置。

（3）冲剪刀模。可制取如图2－29尺寸要求的刀模。

（4）放大镜。放大倍率为（4～6）倍。

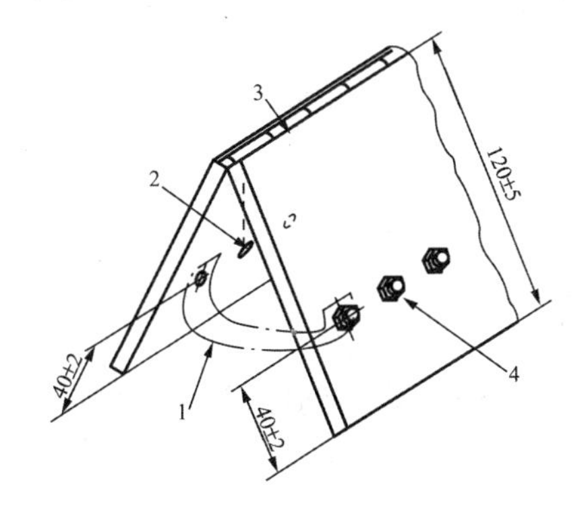

图2－28　铰链样品夹持器示意图

1—试样；2—沉头螺栓孔；3—铰链；4—螺母

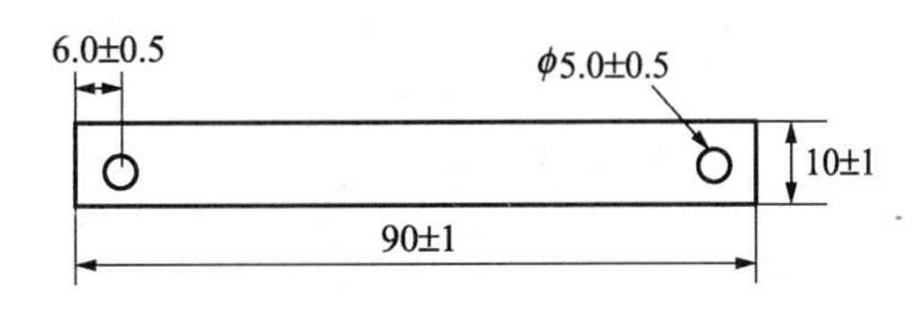

图2－29　试样尺寸示意图

2.16.3 试样要求

（1）试样表面应无伤痕、划伤、裂纹、折皱、折痕、污斑等缺陷。

（2）将样品的粒面向上，用刀模切取16个试样，每两个试样为一组（其中一个试样的长边平行于背脊线，另一个试样的长边垂直于背脊线），共8组。

（3）在试验前将试样放置在温度为（20±2）℃，相对湿度为（65±5）%的环境条件下至少48h。

2.16.4 检测准备

检查铰链样品夹持器张、合是否自如。

2.16.5 检测步骤

（1）将同一组样品安装在一个铰链样品夹持器上，试样表面涂层朝向铰链样品夹持器的开口处，铰链样品夹持器张开。

（2）将张开的铰链样品夹持器放入冷冻箱，调节温度至5℃，至少平衡10min。然后，打开冷冻箱门，在冷冻箱内尽可能快地“啪的”一声快速地合拢铰链样品夹持器。将样品夹持器从冷冻箱中取出，用放大镜检查试样的曲折部位是否有裂纹。只要两片试样中有一片产生裂纹，则认为试样出现裂纹或试样受损。

（3）如果试样表面涂层并未受损，将温度降至0℃、-5℃、-10℃、-15℃、-20℃、-25℃、-30℃进行试验，直到至少一片试样表面涂层产生裂纹，并记下试样表面涂层产生裂纹的实际温度。

2.16.6 检测结果与处理

（1）发现裂纹的温度为产生裂纹的温度。

（2）注明试样方向，详细描述在试验过程中出现的任何偏差。

（3）如果在-30℃下进行试验时试样表面涂层仍未出现裂纹，记录为“产生裂纹的温度<-30℃”。

2.16.7 注意事项

（1）裂纹通常是直线的，但是具有薄涂层的试样裂纹有可能会沿着粒面图纹。

（2）如果表面涂层在试验前就有细的裂纹（比如由于干磨产生的细裂纹），应区分裂纹是在试验中产生的，还是早已存在的。

（3）在铰链样品夹持器上安装试样时，试样的长边要与铰链轴垂直。

2.17 皮革耐磨性

2.17.1 依据与适用范围

皮革耐磨性检测方法依据QB/T 2726—2005《皮革　物理和机械试验　耐磨性能的测定》，适用于各种具有耐磨性能要求皮革的检测。

2.17.2 仪器设备

（1）耐磨测试仪，如图2-30所示。

① 旋转台。放置试样，旋转速度为（60±5）r/min。

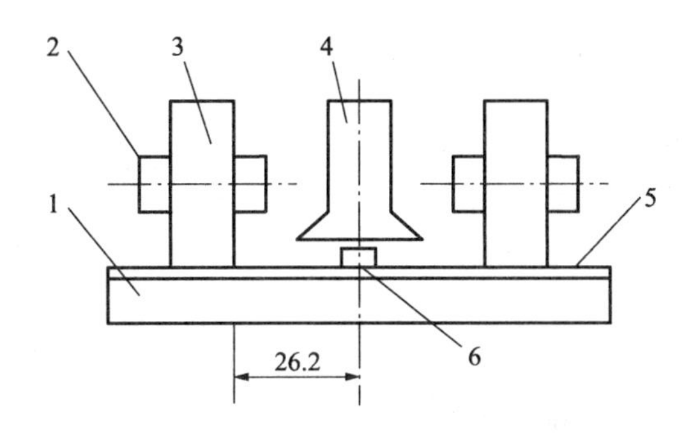

图 2－30　耐磨测试仪装置示意

1—旋转台；2—支承臂；3—磨轮；4—吸尘装置；5—试样；6—旋转轴

② 固定夹。将试样固定在旋转台上。

③ 支承臂。两个，带有磨轮，磨轮内边沿距离旋转台轴心为（26.20 ±0.25）mm，每个磨轮对被测试样施加（250 ±10）g 的力，并有可安装负载的装置。

④ 吸尘装置。能及时吸除试样表面的磨屑。

⑤ 计时器。显示旋转台旋转次数。

⑥ 磨轮。钨－碳磨轮或橡胶磨轮，宽度为（12.7 ±01）mm，直径为（51.7 ~44.0）mm，能自由旋转。

（2）配件。①负重块。分别为 500g、1000g，可安装在支承臂上，能使磨轮对试样产生压力。②砂纸。硅碳类，E150 级。③刷子。用于清洁试样与磨轮上的磨屑。

（3）评定灰色样卡。按 GB/T 250—2008《纺织品　色牢度试验　评定变色用灰色样卡》规定。

（4）切割工具。冲剪切刀或剪刀。

2.17.3　试样要求

（1）试样表面应平整完好，无伤痕、划伤、折皱、折痕、污斑等缺陷。

（2）按照图 2－31 尺寸切取 3 个试样。

（3）在测试前将试样放置在温度为（20 ±2）℃，相对湿度为（65 ±5）% 的环境条件下至少 48h。

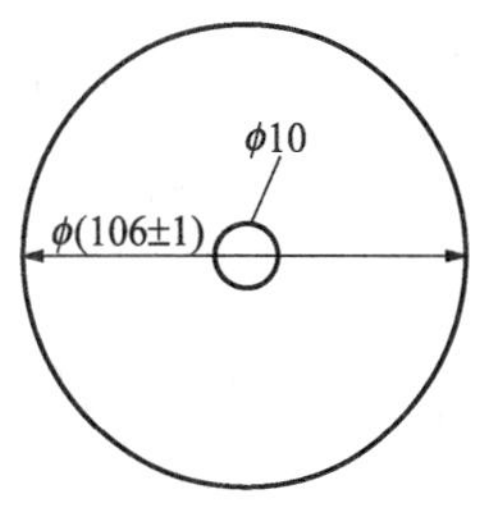

图 2－31　试样大小

2.17.4　检测准备

（1）调节试验环境温度为（20 ±2）℃，相对湿度为（65 ±5）%。

（2）根据要求选择好负重块，并选定旋转台的转数，如 100、250、500、1000、2500、5000 次。

2.17.5　检测步骤

（1）将试样平放在旋转台上，摩擦面朝上用固定夹将试样固定在旋转台上。

（2）把磨轮放到试样的表面，打开吸尘装置，开启耐磨测试仪。

（3）达到摩擦次数，耐磨测试仪自动停机。取下试样进行观察。

2.17.6 检测结果与处理

（1）测量、记录试样的损坏情况，如果需要，用灰色样卡评定试样表面的颜色变化。

（2）记录磨轮的类型、试验负重以及试验转数。

（3）详细描述在试验过程中出现的任何偏差。

2.17.7 注意事项

（1）磨轮直径 >51.7mm 或 <44.0mm 都不能使用，试验中两个磨轮的直径应保持一致。

（2）每张砂纸最多运行60转，然后必须更换。

（3）新磨轮应进行预磨调整，按照图2-30装置将试样换成砂纸，并在支承臂上加负重块，对新磨轮运行20转预磨。检查磨轮的颜色是否一致，如果颜色不一致，用新的砂纸重新处理，如果颜色仍不一致，更换该磨轮。

（4）每一次试验结束后对磨轮进行调整。对于橡胶磨轮，按照图2-30装置将试样换成砂纸，并在支承臂上加负重块，直至1000g，运行20转，用软刷刷净磨屑；对于钨-碳磨轮，用硬刷刷去钨-碳磨轮上的附着物，用砂纸磨去磨轮边缘的毛刺。

（5）在摩擦过程中，试样不能发生移位、起皱现象，否则，试样作废，重新取样进行测试。

2.18 皮革静态吸水性

2.18.1 依据与适用范围

皮革静态吸水性检测方法依据 GB/T 4689.21—2008《皮革　物理和机械试验　静态吸水性的测定》，适用于各种皮革的检测。

2.18.2 仪器设备

（1）库伯尔皿。如图2-32所示，玻璃制，最小刻度为0.1mL，分度值为0.05mL，球形部分和刻度管部分的总容积为（75±2）mL。

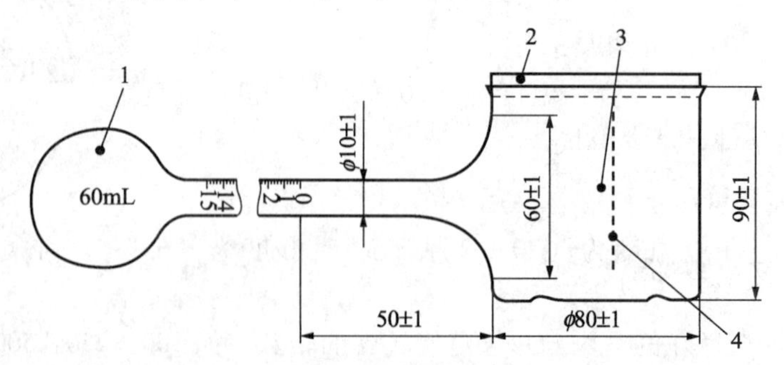

图2-32　库伯尔皿和橡胶塞装置示意图

1—球形部分；2—橡胶塞；3—杯形部分；4—镍丝或不锈钢丝

（2）橡胶塞。能封住浸泡杯形部分的开口，并能固定一根长为75mm，直径为1mm的镍丝或不锈钢丝，用于控制试样使其完全浸泡在水中。

（3）测厚仪。如图2－14所示。① 测厚仪有稳固的平台，其压脚具有定重负荷，能使压脚与测试台接触时产生49.1kPa的压强。② 测厚仪圆形平面压脚的直径为（10.00±0.05）mm。③ 测厚仪刻度表的分度值为0.01mm。

（4）冲剪刀模。内壁为圆柱形，直径为（70±1）mm。

（5）天平。最大称量大于20g，分度值为0.001g。

（6）计时器。大于24h，分度值为1s。

（7）水。符合三级水规定的蒸馏水或去离子水。

2.18.3 试样要求

（1）试样表面应平整完好，无伤痕、划伤、裂纹、折皱、折痕、污斑等缺陷。

（2）用刀模切取3个直径为（70±1）mm试样。

（3）在试验前将试样放置在温度为（20±2）℃，相对湿度为（65±5）%的环境条件下至少48h。

2.18.4 检测准备

（1）调整试验环境温度为（20±2）℃、相对湿度为（65±5）%。

（2）清洗库伯尔皿，确保其清洁、无油脂，再用水清洗库伯尔皿的内表面。

（3）用厚度仪在试样中心测量一点，另外3个测量点距离中心大约20mm，组成一个等边三角形，以4个测量点厚度的算术平均值作为试样厚度 d。

（4）用游标卡尺分别在试样粒面、肉面各测量2次，2个测量方向互成直角，以4个测量值的算术平均值作为试样直径 R。

2.18.5 检测步骤

（1）称重试样精确到0.001g，记作 m。

（2）将库伯尔皿竖立起来（即球形部分在下，杯形部分在上），注入20℃的水，使液面处于刻度部分的0mL位置。

（3）将试样粒面向上平放于库伯尔皿的杯形部分的底部，倾斜库伯尔皿使水缓慢流入杯形部分。

（4）将库伯尔皿放置在水平平面上，用橡胶塞将杯形部分的开口盖住，防止水分蒸发，并将试样全部浸没。

（5）试样浸泡到规定的时间后，抬起杯形部分，使水流入球形部分，全部流完后1min，读取水的刻度，记作 V_1。

（6）如果要求间隔性测量水的吸收量，则应迅速将库伯尔皿平放，使水流回杯形部分，再次浸没试样，并按规定的间隔时间，使水在球形部分与杯形部分之间来回流动，读取每次返复时水的刻度，记作 V_i。

例如，测量同一个试样15min、60min的吸水量，开始时间记作“0”，后续的操作时间为：

——15min，开始排水，即水从杯形部分流入球形部分。

——16min，读取水的刻度，并再次将水回流，浸没试样。

——60min，开始排水，即水从杯形部分流入球形部分。

——61min，读取水的刻度。

2.18.6 检测结果与处理

（1）按公式（2－10）计算试样的体积 V_2，单位为 cm^3（mL），精确到 $0.01cm^3$

$$V_2 = \pi d\left(\frac{R}{2}\right)^2 \tag{2-10}$$

式中：d——试样的平均厚度，cm；

R——试样的平均直径，cm。

（2）按公式（2－11）计算每100g皮革试样的吸水量 Q，单位为%，精确到0.1%

$$Q = \frac{V_1}{m} \times 100 \tag{2-11}$$

式中：V_1——试样吸水的体积为mL；

m——试样的质量，g。

（3）按公式（2－12）计算每100mL皮革试样吸水量的 P，单位为%，精确到0.1%

$$P = \frac{V_1}{V_2} \times 100 \tag{2-12}$$

式中：V_2——试样的体积，mL。

（4）每个试样分别记录，以及浸泡吸水时间、浸泡水温。

（5）详细描述在试验过程中出现的任何偏差。

2.18.7 注意事项

（1）间隔性测量水的吸收量时，水从杯形部分流入到球形部分后控水的1min，不能算作前一个时间段试样吸水的时间，而应算作下一个时间段的吸水时间。

（2）推荐的浸泡时间分别为15min、30min、60min、120min，误差为±12s。如果选用浸泡时间为24h，则误差为±6min。

（3）在浸泡时必须保证试样被完全浸泡。

（4）橡胶塞要完全封住杯形部分的开口，尤其当水从杯形部分流入球形部分时要注意水不能从杯形部分的开口处漏掉。

2.19 皮革耐水渍色牢度

2.19.1 依据与适用范围

皮革耐水渍色牢度检测方法依据GB/T 22886—2008《皮革　色牢度试验　耐水渍色牢度》，适用于各种皮革的检测。

2.19.2 仪器设备

（1）刻度移液管。规格为0.5mL。

（2）水。符合三级水规定的蒸馏水或去离子水。

（3）评定灰色样卡。按GB/T 250—2008《纺织品　色牢度试验　评定变色用灰色样卡》规定。

（4）钢直尺。分度值为1mm。

（5）过滤纸。用于吸收皮革表面上的水滴。

2.19.3 试样要求

（1）试样表面应平整完好，无伤痕、损伤、破裂、杂质、污斑等缺陷。

（2）在试验前将试样放置在温度为（20±2）℃，相对湿度为（65±5）%的环境条件下至少48h。

（3）将试样切割为100mm×50mm大小。

2.19.4 检测准备

调节试验环境温度为（20±2）℃，相对湿度为（65±5）%。

2.19.5 检测步骤

（1）将皮革试样的测试面朝上放在平台上。

（2）用刻度移液管在试样表面滴两滴相距约50mm的水滴（每滴约0.15mL）。

（3）30min后，用滤纸轻轻吸去其中一滴水滴的残余水分（若有的话），观察滴过水滴的皮革部位的任何物理变化。

（4）皮革试样继续放置16h后，用评定灰色样卡来评定皮革被第二滴水滴滴过部位的变色程度。

2.19.6 检测结果与处理

（1）观察条件

① 自然光源，晴天向北（上午9:00～下午3:00），避免外界环境物体反射光的影响。

② 人工光源，采用标准多光源光箱。

（2）用轻度、中度、严重等术语来描述第一滴水滴部位的物理变化（物理变化为膨胀、失去光泽等）情况。

（3）如图2－11所示，观察评定第二滴水滴部位的变色程度。

（4）记录测试皮革为哪一面，以及试样表面是否处理过和使用过。

（5）详细描述在试验过程中出现的任何偏差。

2.19.7 注意事项

（1）如皮革表面有光泽，在评定变色时按图2－24将光源与观察方向调换一下，避免在观察时产生目眩，影响观察的准确性。

（2）对于漆革和其他具类似涂层的皮革的耐水渍色牢度的测试，可通过浸湿该试样的内表面进行。用蒸馏水小面积弄湿，必要时在水中擦拭来浸湿，例如用一把刮勺。继续加水直到水透至涂层或产生明显膨胀为止，等待30min，然后评估皮革表面产生的物理变化。

2.20 皮革涂层粘着牢度

2.20.1 依据与适用范围

皮革涂层粘着牢度检测方法依据GB/T 4689.20—1996《皮革　涂层粘着牢度测定方法》，适用于经过涂饰的各类皮革的检测，也适用于贴膜革。

2.20.2 仪器设备

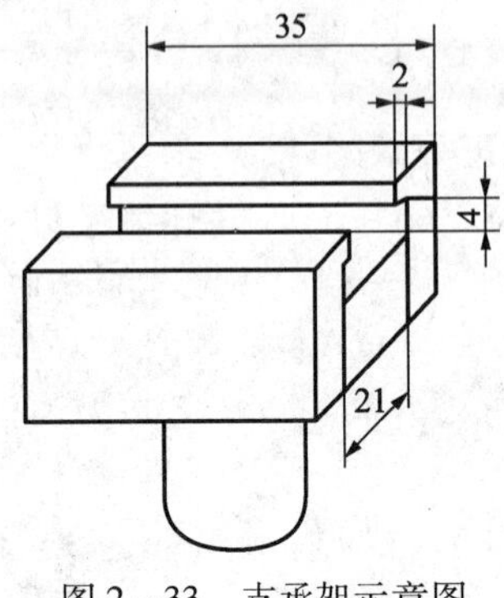

图 2－33 支承架示意图

（1）拉力试验机。① 负荷范围应有分档。② 准确度为 ±1%。③ 拉伸速度在（0～300）mm/min 范围内可调，准确度为 ±2mm/min。④ 带有自动记录力－位移曲线的装置。

（2）粘合板支承架。用金属制成，固定粘合板，如图 2－33 所示。

（3）拉力钩。用直径（1～2）mm 的钢丝制成，长约 25mm，一头连接拉力试验机的上夹头（连接应活动），另一端钩住试样夹，如图 2－34 所示。

（4）试样夹。用于夹紧试样，能被拉力钩钩住，如图 2－35 所示。

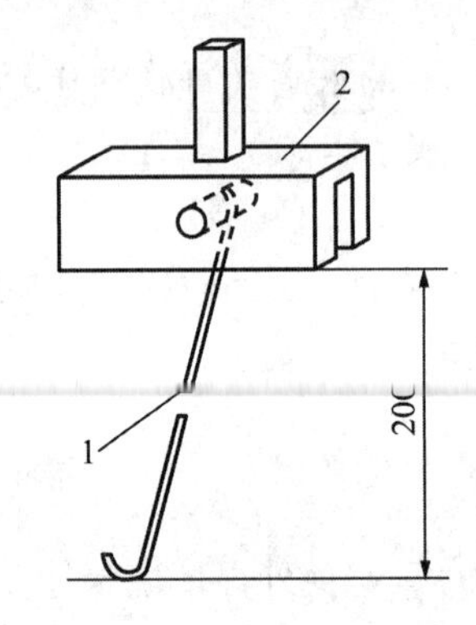

图 2－34 拉力钩装置示意图

1—拉力钩；2—上夹头

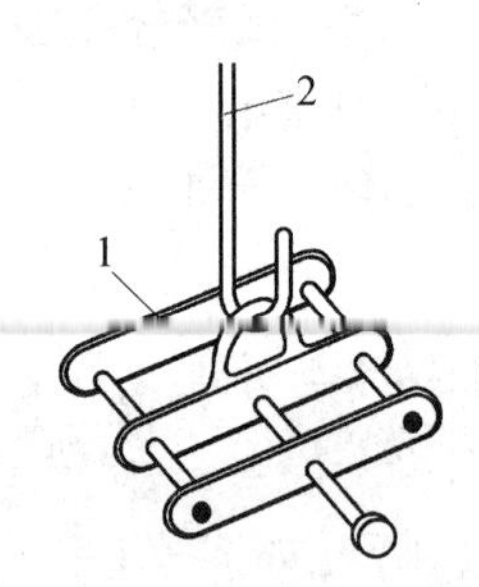

图 2－35 试样夹装置示意图

1—试样夹；2—拉力钩

（5）PVC 粘合板。尺寸为 70.0mm×20.5mm×3.5mm。

（6）真空装置。① 真空干燥器。玻璃制品，能容纳 PVC 粘合板的容器。② 真空泵。能够在 4min 内将真空干燥器抽成为 5kPa 的真空。

（7）聚氨酯（PU）粘合剂。由树脂和硬化剂组成，两种成分在 80℃时发生作用。

（8）清洗剂。己烷或石醚，用于在粘合前清洗粘合板和皮革涂饰表面。

（9）烘箱。能够保持（85±3）℃的温度。

（10）钢制模刀。内壁为长方形，大小为 100mm×10mm，用于切取试样。

（11）加重物。底面平整，大小为 70mm×10mm，重 4.5kg。

2.20.3 试样要求

（1）在测试前将试样放置在温度为（20±2）℃、相对湿度为（65±5）% 的环境条件下至少 24h。

（2）试样表面应平整完好，无伤痕、损伤、杂质、污斑、起层、气泡和针孔等缺陷。

2.20.4 检测准备

（1）调节试验环境温度为（20±2）℃，相对湿度为（65±5）%。

（2）选择满足试验拉力的负荷范围（即扯断力在负荷范围 20%～80% 之内），调整拉伸速度为（100 ±5）mm/min。

（3）用钢制模刀切取4块100mm×10mm试样，在其背面做好标记，其中两块的长边平行于背脊线，另外两块的长边垂直于背脊线。

2.20.5 检测步骤

（1）干试样试验法

① 用一块干净的布蘸清洗剂将PVC粘合板的表面和试样涂层表面擦净。

② 在粘合板的表面均匀地涂一层薄薄的粘合剂，在试验环境下保持40min，然后放入(85 ±3)℃的烘箱内加热10min。

③ 在试样涂层表面均匀地涂上一层粘合剂，然后将试样涂层朝下放在加热后的PVC粘合板上，两端各超出PVC粘合板15mm，然后将加重块压在试样上5min。

④ 将粘合板插入支承架中，测试端与支承架的一端对齐，用试样夹夹住试样测试端，并挂在拉力钩上，如图2－36所示。

⑤ 开动拉力试验机，记录下皮革与涂层分离（30～35）mm时的力－位移图，如图2－37所示。

⑥ 在支承架上将试样调换方向，按步骤⑤的要求在相反的方向上重复测试。

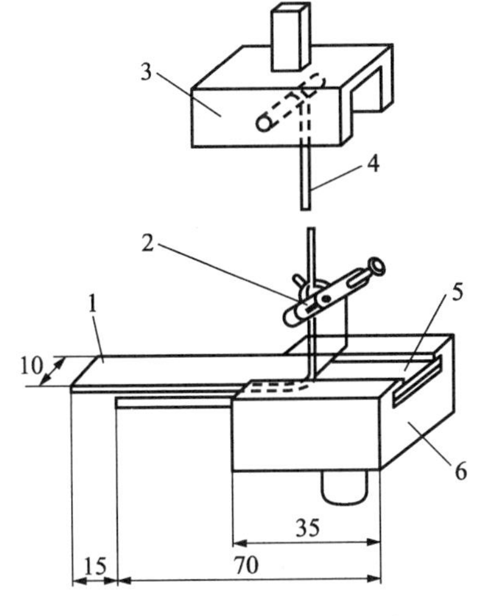

图2－36 试样拉伸试验示意图

1—试样；2—试样夹；3—上夹头

4—拉力钩；5—粘合板；6—支承架

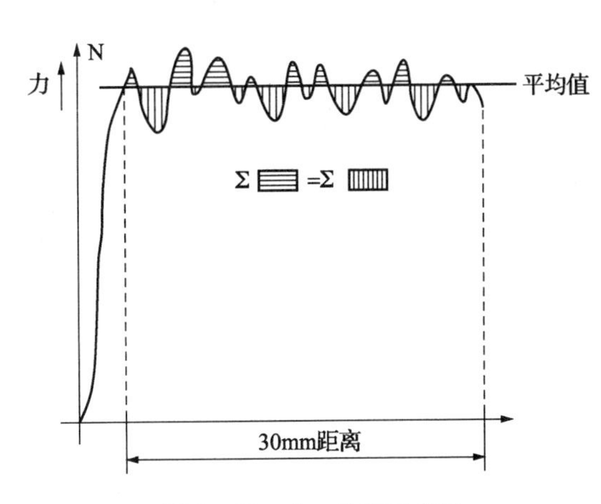

图2－37 力－位移示意图

（2）湿试样试验法

① 按照干试样试验法步骤①～③的要求，把粘好的试样放置至少16h。

② 将试样浸泡在水温为（20 ±2）℃水的烧杯中，把烧杯放入真空干燥器内，在4min内将干燥器排成5kPa的真空，保持2min，然后释放。重复排真空、释放的过程3次后，再浸泡（30～120）min，取出试样，用滤纸吸干表面的水分。

③ 按照干试样试验法步骤④～⑥的要求，对湿试样进行测试。

2.20.6 检测结果与处理

（1）由图2－37计算出涂层在约30mm长的试样上的粘合力的平均值作为粘着牢度，以

N/10mm 表示，精确到 0.1N/10mm。

（2）分别记录平行与垂直背脊方向的平均粘着牢度。

（3）详细描述在试验过程中出现的任何偏差。

2.20.7　注意事项

（1）试样中心线与 PVC 粘合板的中心线一定要重叠粘合，试样左右各有 5mm 空间未粘的 PVC 粘合板。

（2）试样与 PVC 粘合板粘合后，施加加重块时，加重块的底面应完全覆盖试样。

（3）粘合剂在硬化剂加入后的 8h 内使用，超过 8h 掺有硬化剂的粘合剂不能再使用。

（4）在将试样与 PVC 粘合板粘合在一起时，应避免试样与 PVC 粘合板之间产生气泡。

3　帮面、衬里和内垫及内底性能检测

3.1　帮面、衬里和内垫耐磨性

3.1.1　依据与适用范围

帮面、衬里和内垫耐磨性检测方法依据 GB/T 3903.16—2008《鞋类　帮面、衬里和内垫试验方法　耐磨性能》，适用于各种材料的帮面、衬里和内垫检测的耐磨性能。

3.1.2　仪器设备

（1）耐磨试验仪

① 圆形磨头，带有夹环，可将试样周边固定，使试样凸出的圆形平面面积为（645 ± 5）mm^2。

② 水平磨台，能保证有边长为 88mm 的方形试验区。一般情况下，磨台为圆形，最小直径为 125mm.

③ 磨头的凸出平面与磨台接触，磨头能够在磨台平面内自由旋转。

④ 磨头和磨台之间相对运动的轨迹如图 3－1 所示，面积为（60 ±1）mm ×（60 ±1）mm。每个如图形要求磨头有 16 个椭圆形的运动（旋转），试验仪的运行速率为（47.8 ±3.8）r/min（即耐磨仪的外轴旋转速率为（48 ±2）r/min）。

⑤ 磨头和磨台之间保持恒定压力为（12 ±0.2）kPa（即磨头和相关配件的质量为（795 ±5）g）。

⑥ 磨台表面和磨头之间的平行度在 0.05mm 内。平时可用塞尺进行测量，如有异常应请设备生产企业进行调试校准。

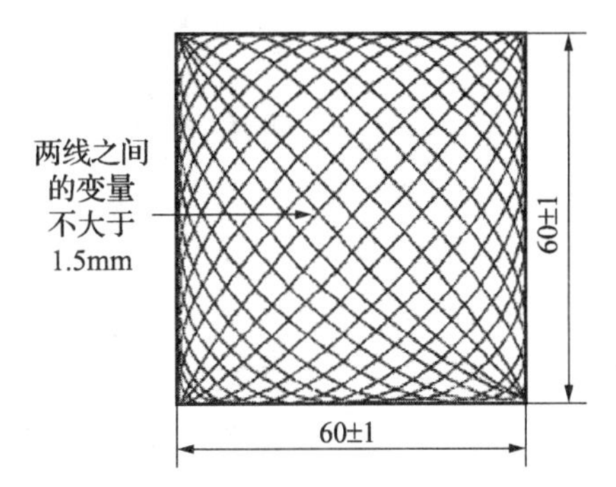

图 3－1　磨头与磨台相对运动轨迹示意图

⑦ 记数装置，记录摩擦次数。

（2）摩擦织物。一般以杂织毛纱纺、平织织布作为摩擦织物，其大小应能完全覆盖磨台。织物应符合表 3－1 要求。

摩擦织物的两个表面不必具有相同的摩擦性能，但应标注推荐使用的一面，通常为相对比较光滑的一面。应对摩擦织物的存放加以控制，保证在试验中使用同一表面。

（3）砂纸。推荐粒度为 36。

（4）将合适尺寸的重物压到水平磨台的整个表面上，使其夹持的磨料保持平整，此重物应对水平磨台施加（2 ±0.2）kPa 的压力。

表 3-1 摩擦织物要求

特 性 参 数	经纱	纬纱
纱线线密度/(tex/2)	R63 ±2	R74 ±2
单位长度纱线根数/mm	1.7 ±0.1	1.3 ±0.1
单纱捻度（捻/m“Z向”）	540 ±20	500 ±20
两根纱合并后的捻度（捻/m“S向”）	450 ±20	350 ±20
纤维直径/μm	27.5 ±2	20 ±2
单位面积的最小质量/(g/m^2)	190	

（5）切割工具。使用冲模刀等取样工具，切取直径为（38 ±2）mm 的试样。

（6）羊毛毡垫。单位面积质量为（575 ~800）g/m^2，厚度为（2 ~3.5）mm，毛毡垫的两面都可以使用。毛毡垫能重复使用直到两个表面都褪色，或者厚度减少到 2mm，但在湿试验中使用的毛毡垫只能在湿试验中重复使用。

（7）聚氨酯泡沫塑料。厚度为（3 ±1）mm，密度为（30 ±3）kg/m^3，按附录测定方法其压痕硬度为（5.8 ±0.8）kPa，用于测试单位面积质量小于 500g/m^2 的材料。

（8）天平。分度值为 0.01g。

3.1.3 试样要求

（1）用切割工具切剪出直径为 38mm 的试样 4 个，分为两组，分别用于干磨试验和湿磨试验，每组为 2 个试样。试样表面应无伤痕、损伤、破裂、杂质、缝线、穿孔和污斑等缺陷。

（2）从材料的不同位置上取样，保证试样与材料边缘的距离不少于 50mm。如在帮面材料、成型帮面或成鞋上取样，可以不受该限制。

（3）从机织面料上取样时，应保证任何两个试样的经线或者纬线不相同。

（4）从具有图案的织布上取样，每个图案都应进行试验，这样每个干试验和湿试验可能需要两个以上的试样。评定试样的任何损坏或者脱色时，需要从试验材料上取参考试样。

（5）在测试前将试样放置在温度为（23 ±2）℃、相对湿度为（50 ±5）% 的环境条件下至少 24h。

3.1.4 检测准备

（1）调节试验环境温度为（23 ±2）℃、相对湿度（50 ±5）%。

（2）检查耐磨试验仪是否水平，并调准水平点。

（3）用切割工具分别切剪出直径为 165mm 的摩擦织物、羊毛毡垫和直径为 38mm 聚氨酯泡沫塑料各 4 片。

（4）对试样进行称量，确定其质量是否大于 0.57g（即试样的单位质量为 500g/m^2），如果大于 0.57g，在将试样安装到磨头时不需要放入聚氨酯泡沫塑料作为试样的补强物；如果小于 0.57g，在将试样安装到磨头时需要放入聚氨酯泡沫塑料作为试样的补强物。一般试样质量都小于 0.57g。

3.1.5 检测步骤

（1）将试样放入圆形磨头的夹具底座内，试样的待磨面朝外，放入聚氨酯泡沫塑料，再放入试样压片，然后用固定环将试样、聚氨酯泡沫塑料一并锁紧在磨头的夹具座内，试样表面不能出现松弛、皱褶或扭曲现象。

（2）松开水平磨台上的固定螺丝和固定环，将羊毛毡垫置于底座上再铺上摩擦织物，摩擦织物较平滑的一面朝上，并在磨台上加压（2 ±0.2）kPa 使磨料平整。

（3）压平后装回固定环，锁紧固定螺丝，使摩擦织物与羊毛毡垫平整固定在水平磨台上，试样表面不能出现松弛、皱褶或扭曲现象。

（4）对于湿试验水平磨台，用喷水管对水平磨台上的摩擦织物来回喷洒，直到颜色均匀变深，达到饱和为止。注意喷水管不要向固定在耐磨试验仪的部件喷射。

（5）对于干试验水平磨台，可以根据要求选用摩擦织物或砂纸作为水平磨台的磨面。

（6）将夹具座安装到耐磨试验仪的磨头上，并使试样与摩擦织物（砂纸）相接触。

（7）对磨头施加垂直向下的力，使试样和磨料面之间的压力为（12 ±0.2）kPa。

（8）开启耐磨试验仪直到第一个检查阶段，如表 3 –2 所示。

表 3 –2　推荐检查和磨料再回湿阶段

旋转次数/次	检查试样	再回湿摩擦物
1600	是	否
3200	是	否
6400	是	是
12800	是	是
25600	是	是
38400	否	是
51200	是	否

（9）将磨头取下，在光线充足、不直射的条件下检查试样的受损程度。如有可能，对比每个试样与未经试验的参考材料，记录任何发生的损伤、织物表面起球和变色。记录试样是否出现磨透或表面层已磨掉现象。对于起毛织物或类似材料，记录是否产生斑块或脱色。

（10）如果旋转次数达到再回湿次数，将圆形磨头抬起，摩擦织物（或砂纸）和羊毡垫仍固定在水平磨台上，缓慢倒入 30g 的水到其表面上，用指尖轻轻将水抹开。停止吸水（即表面上有多余的水出现时停止倒水）后，在水平磨台放置施加（2 ±0.2）kPa 的重物（10 ±2）s，然后移动重物继续进行摩擦试验。

3.1.6　检测结果与处理

（1）对每个试样进行记录，用 7 个等级描述损伤程度，即：无、十分轻微、轻微、中等、严重、几乎完全和完全。

（2）记录使用摩擦织物或砂纸、干擦或湿擦、总摩擦旋转次数等。

（3）详细描述在试验过程中出现的任何偏差。

3.1.7　注意事项

（1）每次试验前要更换摩擦织物与砂纸。

（2）安装试样和摩擦织物（或砂纸）时，一定要安装平整，不能有皱褶，而且要紧固。

（3）装夹摩擦织物（或砂纸）前应检查羊毛毡垫的状况，如果出现破损或污染，应进行更换。如果羊毛毡垫表面只是稍有污染，可翻转过来继续使用。

（4）羊毛毡垫做过湿试验后不得用于干试验。

（5）在测试过程中，至少每2000次检查一次试样的状况，如发现试样或摩擦织物有破损，立即结束测试。

（6）摩擦织物经过一次测试后不能再次使用，必须更新。

附录　泡沫压痕硬度的测量方法

（1）试验设备

① 一套砝码（10个），每个砝码质量为（50±0.01）g。

② 已知质量（50±0.01）g的平底托盘，在托盘上可以放置砝码。

③ 测厚仪，压脚直径为（25±1）mm，施加向下的压力（2.0±0.2）kPa。

④ 试验秒表，精度为1s。

（2）步骤

① 取两个正方形的泡沫，尺寸大约为50mm×50mm。

② 将一个泡沫放在另一个泡沫上，然后将两者放在测厚仪的底座上。

③ 用测厚仪测量厚度，以T表示，单位为mm。

④ 将平底托盘放在测厚仪的定重上，在（30±1）s后，记录泡沫厚度读数，单位为mm。

⑤ 每隔（30±1）s加一个砝码，并记录泡沫厚度读数，单位为mm，直到所有的砝码都加上。

⑥ 以所加砝码的质量为横坐标（注意加上平底托盘本身的质量），单位为g，以泡沫的厚度为纵坐标，单位为mm，作图，在厚度T的60%处划一条水平线，将曲线分成两部分。

⑦ 在同样的点上再做一条垂直线，在图上读出相应的所加砝码质量。

（3）用以下公式计算此时的压强p，单位为N/mm^2

$$p=\frac{w\times 9.81}{a}$$

式中，w为在厚度降至60%时的重量，g；a为测厚仪压脚的面积，mm^2。

3.2　帮面、衬里和内垫颜色迁移性

3.2.1　依据与适用范围

帮面、衬里和内垫颜色迁移性检测方法依据GB/T 3903.42—2008《鞋类　帮面、衬里和内垫试验方法　颜色迁移性》，适用于所有紧密接触的物质和粘合物质时用的粘合剂的检测。

3.2.2　仪器设备

（1）两个光滑的玻璃板。尺寸至少为52mm×42mm，质量为（50±5）g。

（2）重物。尺寸足够大，连同玻璃板一起的质量为（1000±10）g，作为对试样产生的施压压力为（5.2±0.5）kPa。

（3）黑暗的试验环境。温度为（60 ±2）℃。可以采用没有玻璃门或玻璃板的烘箱。

（4）秒表。计时大于24h，分度值为1min。

（5）评定样卡。① 按GB/T 250—2008《纺织品　色牢度试验　评定变色用灰色样卡》规定。② 按GB/T 251—2008《纺织品　色牢度试验　评定沾色用灰色样卡》规定。

3.2.3　试样要求

（1）从两个材料中颜色较深的材料上取尺寸为（50 ±2）mm ×（40 ±2）mm的试样，颜色较浅的材料上取尺寸为（60 ±2）mm ×（50 ±2）mm的试样。

（2）当对一种材料测试粘合能力时，取尺寸为（50 ±2）mm ×（40 ±2）mm的试样。

（3）测试压合板中粘合剂效果时，从进行压合的每种材料上取尺寸为（50 ±2）mm ×（40 ±2）mm的试样。

（4）从制鞋材料、成型帮面或成鞋上取样，应保持试样厚度均匀。

（5）试样表面应无伤痕、划伤、损伤、杂质、空洞、凹陷、污斑和气泡等缺陷。

（6）在试验前将试样放置在温度为（23 ±2）℃、相对湿度为（50 ±5）%的环境条件下至少24h。

3.2.4　检测准备

（1）将待检测的粘合剂涂在试样表面的中央位置，与生产中使用粘合剂的区域相同，所涂区域面积大约是试样的75%。粘合剂用量与生产时用量相同。

（2）测定使用湿粘合剂的压合板中的粘合剂的效果时，用手压两个放置在一起的材料，使其粘合，并使粘合剂在室温下干燥。

（3）测定使用干的粘合膜粘合的压合板中的粘合剂的效果时，使用与生产工艺相类似的方法将两个材料进行粘合。

（4）调节试验环境温度为（23 ±2）℃、相对湿度为（50 ±5）%。

3.2.5　检测步骤

（1）没有使用粘合剂的两个接触材料的评估

① 将两个试样中较大的试样对称放置在玻璃板上，接触面向上。

② 将另一个试样，放置在第一个试样上，中心对称接触面向下。

③ 将另一块玻璃板重新对称地放置在最上面的试样上。

（2）对涂有粘合剂的单一材料和粘合板，将试样放置在两个玻璃板之间。

（3）将重物对称地放置在上面的玻璃板上。

（4）把试样、玻璃及重物组合的装置放置在温度为（60 ±2）℃的黑暗环境中，开始计时。(240 ±5) min后将装置从试验环境中取出。

（5）将两个材料分开，与未经试验的材料相比，注意比较两个试样相同的表面，进行评估。

（6）对于涂有粘合剂的单一材料和粘合板，将试样取出，试样没有涂粘合剂的表面与未经试验的试样进行比较，进行评估。

（7）如果没有任何变化，继续将试样放置在温度为（60 ±2）℃的黑暗环境中，（24 ±1）h后从试验环境中取出，进行评估。

（8）如果在（24 ±1）h后仍没有任何变化，继续将试样放置在温度为（60 ±2）℃的黑暗环境中，7d后或变色或沾色程度达到2 ~3级为止。

3.2.6 检测结果与处理

（1）评定方法

① 自然光源，晴天向北（上午 9:00 ~ 下午 3:00），应避免外界环境物体反射光的影响。

② 人工光源，采用标准多光源箱。

（2）观察方法

① 当评定无光泽试样时，光源的照明方向与试样表面约成 45°角，观察方向接近垂直于试样表面，如图 2 – 11 所示。

② 当评定有光泽试样时，光源的照明方向垂直于试样表面，观察方向与试样表面约成 45°角，如图 2 – 24 所示。

（3）通过比较经过试验和未经试验的材料，评估有无脱色（褪色），并使用灰色样卡对变色进行定级，使用沾色样卡对沾色进行定级。

（4）在所有情况下，评价对比最明显的区域。

3.2.7 注意事项

（1）记录每个试样的任何变色和沾色，以及相应的累计接触时间。

（2）两个材料相接触时需表面平整，受压均匀。

（3）如果没有足够大的材料，可以使用较小的试样并相应减小重物质量，但要保证接触压力为 (5.2 ±0.5) kPa。

3.3 帮面、衬里和内垫隔热性

3.3.1 依据与适用范围

帮面、衬里和内垫隔热性检测方法依据 GB/T 3903.15—2008《鞋类　帮面、衬里和内垫试验方法　隔热性能》，适用于各种材料帮面、衬里和内垫的检测。

3.3.2 仪器设备

（1）李氏圆盘试验仪，如图 3 – 2 所示。

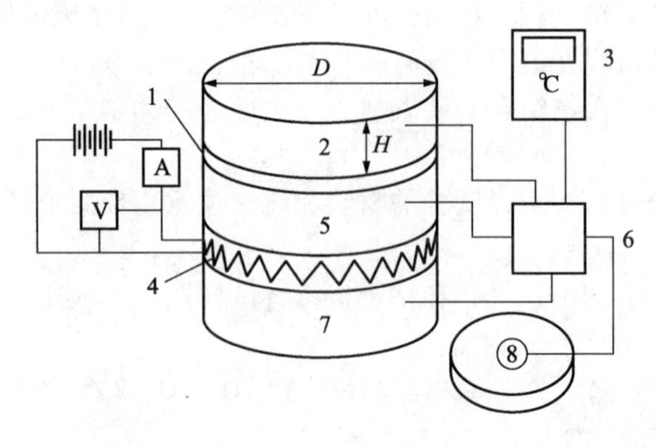

图 3 – 2　李氏圆盘试验仪示意图

1—试样；2—B1 块；3—温度显示仪；4—电子加热器；5—B2 块；6—转换装置；7—B3 块；8—B4 块

① 圆柱形铜块，以下简称 B1 块。直径为（75 ±0.2）mm，高度为（25 ±0.2）mm，中心有直径为（2 ±0.1）mm 的孔。

② K 型热电偶。插在 B1 的孔中，接头与孔的底端相接触，采用高导热性的化合物，其导热性最好大于 0.8W/(m·℃)，填充孔的剩余体积。

③ 圆形电子加热器。与铜块 B1 的直径相同，容许偏差为 ±0.5mm。从它的每个圆形表面分散功率，功率密度至少为 $400W/m^2$。将两个与 B1 块相同尺寸的圆柱形铜块和热电偶，用高导热性的粘性化合物粘合到圆形电子加热器的上、下两个表面上，这两个铜块分别称为 B2 块和 B3 块。

④ 第 4 个圆柱形铜块带有热电偶，与 B1 块的直径相同，但高度为（8 ±2）mm。用于测量周边空气的温度，以下简称为 B4 块。

⑤ 电源连接至圆形电子加热器。电源应能提供足够的功率以保证加热器的每个圆形表面分散功率密度为 $400W/m^2$。

⑥ 测定提供给加热器的功率，精度为 ±4mW。

⑦ 将加热器和铜块安装在一起，使空气能在整个装置周围自由流通。

⑧ 能测量和显示 4 个圆柱形铜块内热电偶温度的设备，精度为 ±0.2℃。

（2）切割工具。圆形冲模刀或类似的剪切设备，直径为（75 ±0.5）mm。

（3）测厚仪。能够向试样施加（2.0 ±0.2）kPa 的压力，分度为 0.01mm。

3.3.3 试样要求

（1）在取样前将材料放置在温度为（23 ±2）℃，相对湿度为（50 ±5）% 的环境条件下至少 48h。

（2）剪切两个直径为（75 ±0.5）mm 圆形试样。从帮面和衬里材料、成型鞋面或成鞋上进行取样。当衬里材料已永久粘合固定到帮面材料时，从成型鞋面上取样。

（3）试样表面应平整完好，无伤痕、划伤、缺损、裂纹、穿洞、针孔等缺陷。

3.3.4 检测准备

（1）调节环境温度为（23 ±2）℃，相对湿度为（50 ±5）%。

（2）使用测厚仪分别测定两个试样的中心位置的厚度 S，单位为 mm，精确到 0.05mm。

（3）保证加热器与铜块同轴安装，B2 块在 B3 块之上，如图 3－2 所示，其周围应没有障碍物阻挡，空气可在装置周围自由流通。

3.3.5 检测步骤

（1）将一个试样放在 B2 块的上表面，小心地将 B1 块放置在试样上面。试样在成鞋中与脚接触的一面与 B2 块接触。调整 B1 块和试样位置直至两者都与加热器同轴排列。

（2）接通加热器电源并调整到足够功率，对 B2 块和 B3 块进行加热，使 B2 块和 B3 块的温度稳定在（35 ±5）℃。一般来讲，电流为 0.14A，电压为 18V 时，能维持温度为（35 ±5）℃。

（3）每间隔 30min，记录 4 个金属块 B1、B2、B3 和 B4 的温度，精确到 0.2℃。

（4）当每个块连续 3 个温度读数的变化在 ±0.2℃ 的范围内时，停止试验。记录 4 个金属块的温度，分别记为 t_{E_1}、t_{E_2}、t_{E_3} 和 t_{E_4}，单位为℃。将试样和 B1 块从加热器上移开，试验结束。

3.3.6 检测结果与处理

（1）检测数据计算

① 按公式（3－1）、（3－2）、（3－3）分别计算 B1、B2 和 B3 的暴露面积 A_1、A_2、A_3，单位为 m^2

$$A_1 = \pi \times D[(0.25 \times D) + H] \quad (3-1)$$

$$A_3 = \pi \times D[(0.25 \times D) + H] \quad (3-2)$$

$$A_2 = H \times \pi \times D \quad (3-3)$$

式中：D——金属块 B1、B2 和 B3 的直径，m；

H——金属块 B1 的高度，m。

② 按公式（3－4）计算试样的暴露面积 A_s，单位为 m^2

$$A_s = S \times \pi \times D \quad (3-4)$$

式中：S——试样厚度，m；

D——试样的直径，m。

③ 按公式（3－5）计算提供给加热器的能量 P

$$P = V \cdot I \quad (3-5)$$

式中：V——提供给加热器的电压，V；

I——提供给加热器的电流，A。

④ 按公式（3－6）、（3－7）、（3－8）分别计算金属块 B1、B2 和 B3 的温度与周围环境温度的差值 t_1、t_2、t_3，单位为 ℃

$$t_1 = t_{E_1} - t_{E_4} \quad (3-6)$$

$$t_2 = t_{E_2} - t_{E_4} \quad (3-7)$$

$$t_3 = t_{E_3} - t_{E_4} \quad (3-8)$$

式中：t_{E_1}——B1 块温度，℃；

t_{E_2}——B2 块温度，℃；

t_{E_3}——B3 块温度，℃；

t_{E_4}——B4 块（即周围环境）温度，℃。

⑤ 按公式（3－9）计算试样的平均温度 t_s，单位为 ℃

$$t_s = 0.5 \times (t_1 + t_2) \quad (3-9)$$

⑥ 按公式（3－10）计算试样的热传导性 K，单位为 W/(m · ℃)

$$K = P \cdot S \cdot (A_s \cdot t_s + 2 \cdot A_1 \cdot t_1)/[(A_1 \cdot t_1 + A_s \cdot t_s + A_2 \cdot t_2 + A_3 \cdot t_3) \cdot 0.5 \cdot \pi \cdot D^2 \cdot (t_2 - t_1)] \quad (3-10)$$

（2）计算两个试样热传导性值的算术平均值 K_a，结果保留三位有效数字。

（3）按公式（3－11）计算试样的平均隔热性能 R，单位为（m^2 · ℃）/W

$$R = S_a / K_a \quad (3-11)$$

式中：S_a——两个试样厚度的算术平均值，m；

K_a——试样热传导性的算术平均值，W/（m·℃）。

（4）详细描述在试验过程中出现的任何偏差。

3.3.7 注意事项

（1）注意在恒温、恒湿的环境中进行测试，避免温度波动给测试结果带来影响。

（2）为了使李氏圆盘试验仪装置四周的空气能自由流通，整个装置应由三角支架支撑，使装置处于凌空状态，装置与支撑架的接触面一定要很小。

3.4 帮面、衬里和内垫撕裂力

3.4.1 依据与适用范围

帮面、衬里和内垫撕裂力检测方法依据 QB/T 2883—2007《鞋类 帮面、衬里和内垫试验方法 撕裂力》，适用于各种材料。

3.4.2 仪器设备

（1）拉力试验机。① 负荷范围应有分档。② 准确度为 ±1%。③ 拉伸速度在（0～300）mm/min 范围内可调，准确度为 ±2mm/min。④ 牢固的夹具钳，在金属夹具钳中有皮革衬垫，防止夹伤试样。⑤ 带有自动记录力－位移曲线的装置。

（2）量具。钢直尺，量程不小于 150mm，分度值不小于 1mm。

（3）切割工具。

① 对于非皮革材料，使用可制取如图 3－3 所示尺寸试样的冲剪切刀或剪刀。

② 对于鞋帮面或皮革材料，使用可制取如图 3－4 所示尺寸试样的冲剪切刀或剪刀。

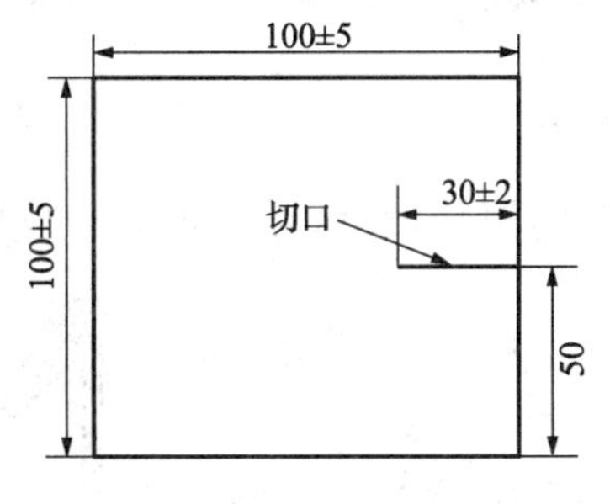

图 3－3 非皮革试样大小

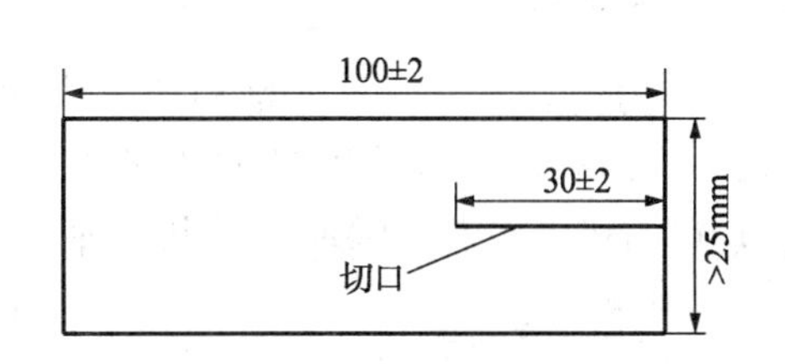

图 3－4 皮革或鞋帮试样大小

3.4.3 试样要求

（1）从帮面、衬里和内垫所用材料或成型帮面或整鞋上取样。当衬里与帮面材料牢固粘合时，从成型帮面上取样。

（2）从片材或鞋帮面上取 6 个试样。如果试样为纺织品鞋帮面，图 3－3 所示尺寸是试样的最小尺寸，建议尽量剪取较大尺寸的试样，防止纱线脱落。

（3）对于片材材料，在可用宽度和长度上随机选取试样。对于机织材料，任意两个试样不应有相同的经线或纬线。

（4）在 6 个试样上切口，其中，3 个试样切口方向与材料方向平行（对于皮革试样，材料方向为背脊线；对于非皮革材料，材料方向为经线），另外 3 个试样切口方向与材料方向垂直。对于机织纺织品，材料方向为经线方向，纬线方向为垂直方向，即使经线和纬线之间夹角不为90°。

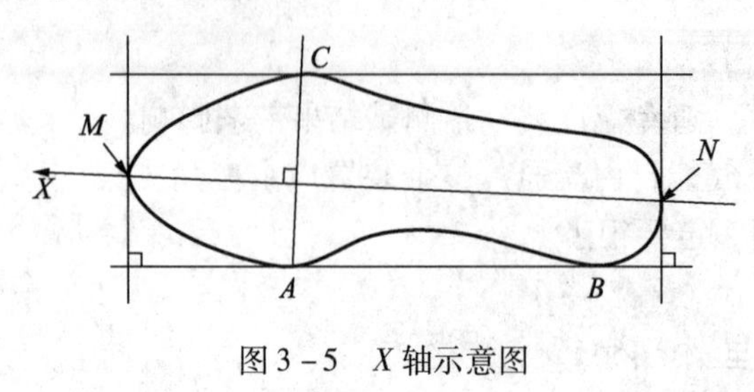

图3-5　X轴示意图

（5）对于鞋帮面，材料方向为X轴方向。确定坐标轴的方法如下：将鞋放在水平面上，靠在一个垂直板上，此垂直面与外底内侧的两个接触点为A点和B点。放置另外两个垂直板，与第一个垂直面垂直，与外底的前部和后跟部位的接触点分别为M点和N点。画一条过M点和N点的直线，此线即为坐标轴——X轴，如图3-5所示。

（6）对于鞋帮面，取6个全厚鞋面材料的试样，取样和试验过程中注意不要移动任何层压在表面材料上的衬里和夹层。3个试样的切口与材料方向平行，3个试样的切口与其垂直。

（7）标记所有试样的材料方向。

（8）在试验前将试样放置在温度为（23±2）℃、相对湿度为（50±5）%的环境条件下至少24h。

（9）试样表面应平整完好，无伤痕、划伤、缺损、裂纹、折痕、污斑等缺陷。

3.4.4　检测准备

（1）调整试验环境温度为（23±2）℃，相对湿度为（50±5）%。如果不能在此环境中进行试验，应在试样从标准环境中取出15min内进行试验。

（2）选择满足试验拉力的负荷范围（即扯断力在负荷范围20%～80%之内），调整拉伸速度为（100±10）mm/min。

3.4.5　检测步骤

（1）拉力测力系统回零，移动两个夹钳，在试样上切口，使试样一端分割成两部分（两条腿）。将两部分平放固定在拉力试验机的两个夹钳中，切口与机器中芯轴线一致并与之平行，如图3-6所示。

（2）将试样两部分折叠180°，其切口对准操作者。两个夹钳以一定速度分离，将材料撕裂，直至切口延伸到试样另一端头。记录最初撕裂所需力、持续撕裂的中值力、持续撕裂的最大力和撕裂类型。

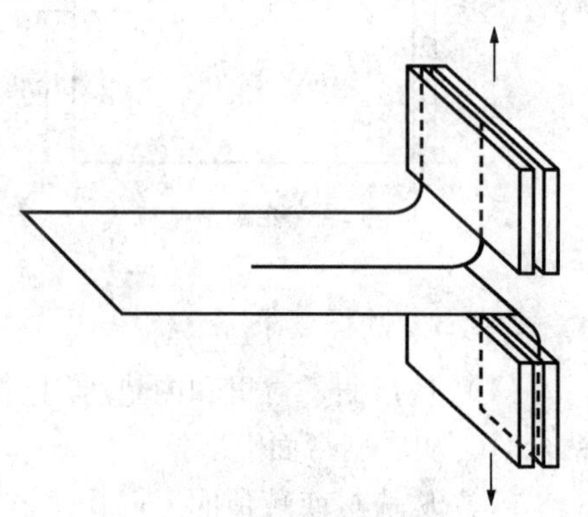

图3-6　拉伸示意图

（3）开动拉力试验机，记录撕裂的类型：

a）正常撕裂：沿着切口方向无变动撕裂；

b）异常撕裂：涂饰层和基布分开撕裂；

c）纺织物脱纱而不是撕裂；

d）试样撕裂到试样侧边。

（4）当撕裂到试样另一端头时，停止试验。

（5）从拉力试验机产生力值和位移曲线上。

① 如果在最初的撕裂时产生一个力值峰，记录此值为“最初力值”，精确到1N。
② 记录开始撕裂后持续撕裂力的最大值，作为“最大撕裂力”，精确到1N。
③ 记录持续撕裂力的平均力值，如图1－30所示，作为“中值力”，精确到1N。

3.4.6 检测结果与处理

（1）对于每个试验方向（纵向或横向）和撕裂类型，计算下列算术平均值：
① 记录的最初力值；
② 记录的最大撕裂力；
③ 记录的中值力。
（2）注明试样材料和撕裂类型。
（3）详细描述在试验过程中出现的任何偏差。

3.4.7 注意事项

（1）设置好拉力机拉力行程上、下限，避免在夹具回复过程中发生碰撞，出现危险。
（2）如果一个试样在任一试验方向上出现异常，而且有足够的材料，重新进行试验，直到一个以上的试样是正常撕裂，舍去异常撕裂的试验结果。如果两个或两个以上的试验在任一试验方向上均出现异常，当6个试验都完成试验后，停止试验，试验结果包括异常撕裂的试验结果。

3.5 帮面、衬里和内垫缝合强度A法

3.5.1 依据与适用范围

帮面、衬里和内垫缝合强度检测方法（A)依据GB/T 3903.43—2008《鞋类　帮面、衬里和内垫试验方法　缝合强度》，适用于各种鞋类帮面、衬里和内垫的检测。

3.5.2 仪器设备

（1）拉力试验机。① 负荷范围应有分档。② 准确度±1%。③ 拉伸速度在（0～300）mm/min范围内可调，准确度为±2mm/min。④ 带有自动记录力－位移曲线的装置。⑤ 具有定值负荷保持功能与时间设置装置。
（2）针列夹具，如图3－7所示。

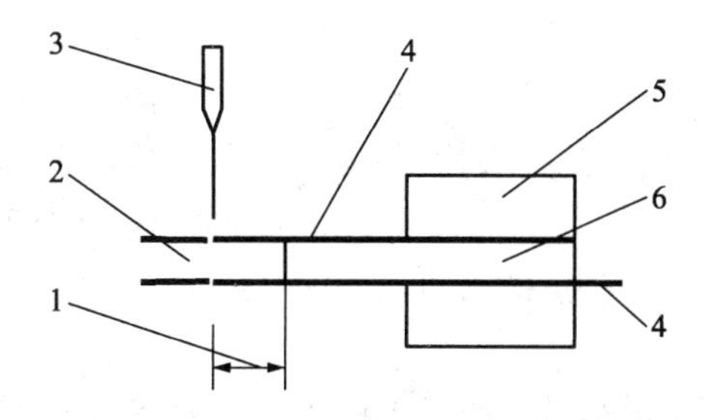

图3－7　针列夹具示意图

1—孔边距；2—试样位；3—针；4—钻孔板；5—夹具钳；6—隔板

① 两块矩形硬质板。每块板的最小宽度至少为30mm，最大厚度为6mm。每块板上均钻有17个孔，其直径为（1.1±0.1)mm。孔等距排列，距离最远的两个孔相距为（26.5±

0.5)mm，孔列与板的一边平行并保持大约5mm的距离。

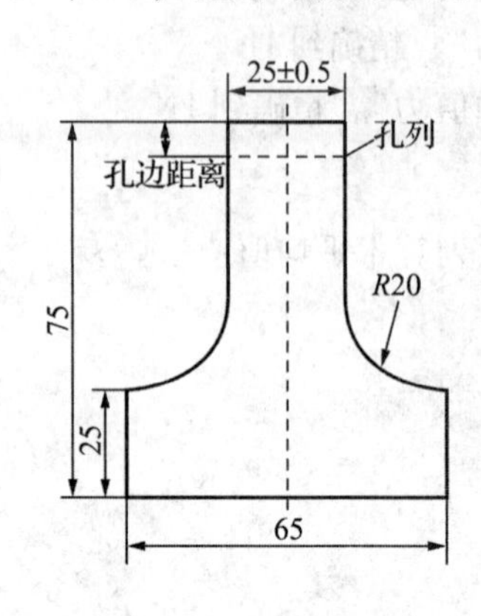

图3-8　试样规格示意图

② 隔板。宽度与钻孔板的宽度大致相等，厚度为（3.5±0.5)mm。

③ 隔板固定到一个钻孔板上，隔板端头与钻孔板上的孔的直线距离可以调节到（3.0±0.1)mm和（6.0±0.2)mm。隔板和钻孔板组成底板。

④ 另外一块钻孔板固定到隔板另一面上，作为面板，两块钻孔板上的孔对齐。板离孔较远的一端固定到拉力试验机的夹具钳上，孔形成的直线与拉力机轴线垂直。

（3）圆头针。17枚，90号圆头针，16×1。

（4）切割工具。可切取T型试样的冲剪切刀或刀模，T型试样规格如图3-8所示。

3.5.3　试样要求

（1）在试验前将试样放置在温度为（23±2)℃、相对湿度为（50±5)%环境条件下至少24h。

（2）试样表面应平整完好，无伤痕、划伤、缺损、裂纹、折痕、针孔等缺陷。

3.5.4　检测准备

（1）调节试验环境温度为（23±2)℃、相对湿度为（50±5)%。

（2）选择满足试验拉力的负荷范围（即扯断力在负荷范围20%～80%之内)，调节拉力试验机的拉伸速度为（100±10)mm/min。

（3）取尺寸如图3-8的6个试样，其中，3个试样的T型底边与材料的方向平行（皮革试样为背脊线方向；非皮革试样为织边经线或机器方向)，另外3个试样与之垂直。

① 当衬里材料与帮面材料永久粘合在一起时，从成型帮面材料上取样。

② 在原材料上取样时，从片材中长宽可用的范围内取样。对于编织材料的取样，应避免两个试样有相同的经线或纬线。

③ 从帮面上取样时，不应包括任何穿孔的区域，其中3个试样的T型底边与帮面的*X*轴方向平行；另外3个试样与*X*轴垂直，*X*轴的确定见图3-5。

④ 在每个试样上标记方向。

3.5.5　检测步骤

（1）调整针列夹具的位置，使隔板边缘与其他两块板上的孔列中心线之间的距离，即孔边距为：弹性和疏松的织品：(6.0±0.2)mm，其他材料：(3.0±0.1)mm。

（2）将一个试样放置在针列夹具中，T型底边与隔板相接，且板的中心孔在试样宽度的中心线上。

（3）用17枚缝针插透试样和另一块板上的孔眼，直到针柄不能插进为止。当针插入试样时，应保证试样的位置与针夹具的相对应位置保持不变。

（4）将针列夹具对称夹持在拉力试验机的上夹具钳中，针列与拉力机的轴线垂直，让试样自然垂直插入拉力试验机的下夹具钳中，试样夹持的不能太紧或太松，夹持长度至少为20mm。

（5）启动拉力试验机，开始拉伸直至断裂。

（6）从拉力试验机上记录试样的断裂类型和施加到夹具钳上的最大拉力，单位为 N，精确到 1N。

3.5.6 检测结果与处理

（1）计算横向和纵向的 3 个试样的最大力值的算术平均值。

（2）对每个试验方向，用最大力值的算术平均值除以试样的宽度（25mm）得出垂直于针孔的缝合强度值，单位为 N/mm。

（3）注明方法 A 及断裂类型：

a）沿着针列的方向撕裂；

b）平行于针列方向脱纱；

c）从各针孔处断裂；

d）针孔处以外断裂。

（4）详细描述在试验过程中出现的任何偏差。

3.5.7 注意事项

（1）当从某些类型的鞋靴上取样时，鞋靴的尺寸可能无法满足试样的规格要求（尤其是童鞋），此时，试样的尺寸不能缩小。如果不能从鞋帮上取得合适尺寸的试样时，应对原材料进行试验。

（2）用 17 枚缝针插入试样和另一块板上的孔眼时，应保证每一枚针都能穿透试样，并且每一枚针都落在试样 25mm 宽度之内，尤其是第一针与第十七针不能产生半个孔的位置。

3.6 帮面、衬里和内垫缝合强度 B 法

3.6.1 依据与适用范围

帮面、衬里和内垫缝合强度检测方法（B）依据 GB/T 3903.43—2008《鞋类　帮面、衬里和内垫试验方法　缝合强度》，适用于各种鞋类帮面、衬里和内垫的检测。

3.6.2 仪器设备

（1）拉力试验机。① 负荷范围应有分档。② 准确度为 ±1%。③ 拉伸速度在（0 ~ 300）mm/min 范围内可调，准确度为 ±2mm/min。④ 带有自动记录力 - 位移曲线的装置。⑤ 具有定值负荷保持功能与时间设置装置。

（2）切割工具。① 小型锋利刀、剪刀或冲模刀。② 选用宽度为（50 ±2）mm 的冲模刀。

（3）量具。钢直尺或卡尺，量程不小于 100mm，分度值不小于 0.5mm。

3.6.3 试样要求

（1）在测试前将试样放置在温度为（23 ±2）℃、相对湿度为（50 ±5）% 的环境条件下至少 24h。

（2）试样表面应平整完好，无伤痕、划伤、缺损、裂纹、折痕、针孔等缺陷。

3.6.4 检测准备

（1）调节试验环境温度为（23±2）℃、相对湿度为（50±5）%。

（2）选择满足试验拉力的负荷范围（即扯断力在负荷范围20%～80%之内），调节拉力试验机的拉伸速度为（100±10）mm/min，上、下夹具钳距离为30mm。

（3）从成鞋或帮面上取样，数量为3个。

① 用切割工具从帮面上取两个长方形的试样，尺寸为（90±10）mm×（50±2）mm，包括所有衬里材料，缝线应在试样的中间位置，如图3－9所示。

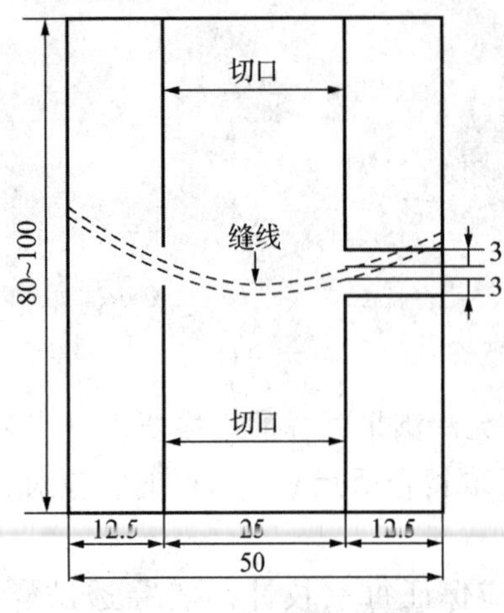

图3－9　从鞋上剪切试样

② 如果鞋帮面太小不能取样，试样的尺寸可以减小，但中间部分的宽度不应小于10mm。

③ 在距缝线3mm处进行切口，切口与试样的长边平行，并直达材料的短边末端，两个切口使试样的中间宽度为（25±0.5）mm，两个边的宽度为（12.5±0.5）mm。

（4）制备模拟缝合样，数量为3个。

① 用切割工具取样，缝合样中所用的每个材料的尺寸为（50±2）mm×（50±2）mm。可以由两片相同或不同的帮面材料缝合而成。也可能包含一种或多种衬里材料，也可能包括补强带。取足够数量的试样以保证能完成每个方向所需的3个缝合样。如果需要，试样在缝合前应进行片削打磨。

② 试验方向为横向或纵向，应与缝线的方向垂直，在试验中按横向和纵向分开。在某些情况下，试样可以从横向、纵向和斜线方向取样，但应予注明。对于编织结构的材料，应避免两个试样有相同的经线和纬线。

③ 在每个试验方向上使用缝纫机缝合正方形材料，每个试验方向缝合3条线。缝线类型、针的规格和类型、针码密度的选择应以成鞋为依据。如无法得知上述资料时可参考表3－3数据。调节缝制机器线的松紧，使缝线在合适的位置。

表3－3　缝线结构与要求

项　目		帮　面			衬　里
		皮革	涂层织物	纺织品	
针	公制尺寸(UK)	100（16）	100（16）	100（16）	100（16）
	类型	扁锥形针或其他	圆针、三角形针或特窄型扁锥针	圆针、三角形针或特窄型扁锥针	同帮面一致
线	类型	聚酰胺、聚酯或者短纤维纱	聚酰胺、聚酯或者短纤维纱	聚酰胺、聚酯或者短纤维纱	聚酰胺、聚酯或者短纤维纱
	标签号（ticket n°）	36或40	36或40	36或40	36或40
	细度/tex	85或75	—	—	—

续表

项　目		帮　面			衬　里
		皮革	涂层织物	纺织品	
每25mm的缝线		14～16	14～16	14～16	14～16
缝线	类型	压茬缝或合缝	压茬缝或合缝	压茬缝或合缝	—
	距边/mm	2	3	3	与帮面一致
衬垫物余量/mm		9	9	9	—

④ 从每片试样上的缝线迹到距离材料边缘3mm点处起作平行于试样长边的切割线，使得试样中间部分的宽度为（25±0.5）mm，而其两边的宽度为（12.5±0.5）mm，如图3－10所示。

3.6.5　检测步骤

（1）测定试样中间部分的宽度，精确到0.5mm，记此值为 W。

（2）从帮面上取样时，如果衬里没有粘合在帮面反面，应将衬里从帮面上揭下，然后将帮面夹持在拉力试验机的夹具钳上。衬里不要揭过缝隙线处。

（3）从粘合衬里的帮面上取样时，将帮面和衬里都夹持在夹具钳中。

（4）将试样的中间部分夹持在夹具钳中时，缝线与每个夹具钳之间的距离为15mm，且与夹具钳的边缘平行。不要夹持12.5mm宽的边条，应使其自由悬挂，如图3－10所示。

（5）启动拉力试验机，开始拉伸直至断裂。

（6）从拉力试验机上记录试样的断裂时的最大拉力 F，单位为N，精确到1N。

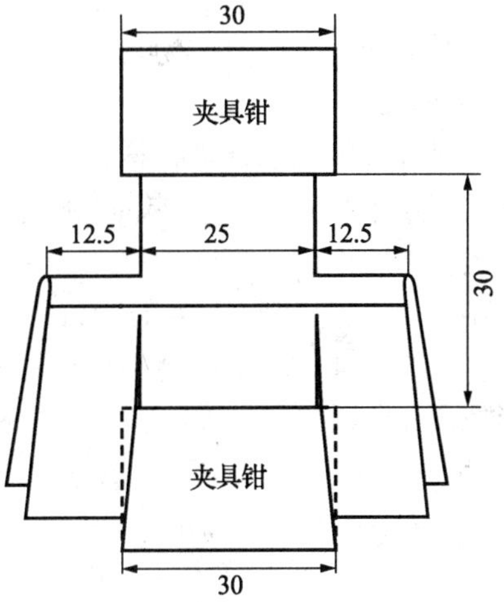

图3－10　夹持试样示意图

3.6.6　检测结果与处理

（1）按公式（3－12）计算试样缝合强度 P，单位为N/mm，精确到1N/mm

$$P=\frac{F}{W} \tag{3-12}$$

式中，W 为试样的宽度，mm；F 为试样扯断时的最大拉力，N。

（2）计算3个试样缝合强度的算术平均值。

（3）注明方法B及断裂类型的描述：

a）缝线处材料断裂；

b）缝线被拉出；

c）缝线断裂；

d）远离缝线处的材料断裂。

（4）对于制成的缝线，应描述缝线结构，包括缝线类型、材料类型（包括商业信息）、缝线尺寸和任何打磨或加固物的细节。

（5）详细描述在试验过程中出现的任何偏差。

3.6.7 注意事项

当从某些类型的鞋靴上取样时，鞋靴的尺寸可能无法满足试样的规格要求（尤其是童鞋），此时，不能缩小试样的尺寸。如果不能从鞋帮上取得合适尺寸的试样，应对原材料进行试验。

3.7 帮面、衬里和内垫摩擦色牢度A法

3.7.1 依据与适用范围

帮面、衬里和内垫摩擦色牢度检测方法（A）依据 QB/T 2882—2007《鞋类　帮面、衬里和内垫试验方法　摩擦色牢度》，适用于各种材料制成的鞋类帮面、衬里和内垫的检测。

3.7.2 仪器设备

（1）摩擦色牢度试验仪，如图 2－23 所示。① 金属平台。尺寸至少为 80mm×25mm。② 金属平台沿边长方向水平往复移动，移动距离为（35±2）mm，频率为（40±2）次/min。③ 在平台两端有一对夹具，在平台上夹持试样。夹具之间的距离至少为 80mm。④ 移动夹具。试样被线性拉伸，拉伸长度可调整到 20%。⑤ 摩擦头。底面为平面，能固定方形毛毡垫。对于平台宽度大于 25mm 的机器，摩擦头能在平台宽度范围上调整其相对位置。⑥ 方形毛毡垫。能固定到摩擦头上。⑦ 能向摩擦头施加向下（4.9±0.1）N 或（9.8±0.2）N 的作用力。⑧ 记录平台运行次数的装置。

（2）方形精梳纯毛毡垫。① 边长（15±1）mm。单位面积质量为（1750±100）g/m^2。当使用压脚直径为（10±1）mm，施加压力为（49±5）kPa 的数字测厚仪时，测定厚度为（5.5±0.5）mm。② 将 5g 研碎的毛毡垫放入聚乙烯瓶中，加入 100mL 蒸馏水或去离子水，进行震荡，然后放置 2h，水萃取物的 pH 为（6～7）。

（3）评定灰色样卡。① 按 GB/T 250—2008《纺织品　色牢度试验　评定变色用灰色样卡》规定。② 按 GB/T 251—2008《纺织品　色牢度试验　评定沾色用灰色样卡》规定。

（4）水。符合三级水规定的蒸馏水或去离子水。

（5）人工汗液。每升溶液包括：氯化钠，5g；氨水（密度为 0.880g/cm^3），6.0cm^3。

（6）石油溶剂。普通试剂级。

3.7.3 试样要求

（1）长方形试样，尺寸应足够大，能牢固夹持在试验平台上。可在材料的任何方向取样。一般情况下试样最小尺寸为 100mm×25mm。

（2）可以从片材、成型帮面或成鞋上取样。

（3）在测试前将试样放置在温度为（23±2）℃、相对湿度为（50±5）% 的环境条件下至少 24h。

（4）试样表面应平整完好，无伤痕、损伤、破裂、杂质、缝线、穿孔和污斑等缺陷。

3.7.4 检测准备

（1）调节试验环境温度为（23±2）℃，相对湿度为（50±5）%。

（2）按要求规定设定摩擦次数。

3.7.5 检测步骤

（1）干摩擦试验

① 将试样一端固定在金属平台的左夹具上，使试样平整地贴在金属平台上。

② 将试样的另一端固定在移动平具上，根据材料调节拉伸螺栓使试样伸长：

a）机织纤维和厚革，拉伸5%；

b）标准鞋类用革，拉伸10%；

c）软革，拉伸（15~20）%。

③ 将新的干羊毛毡垫固定到摩擦头底面上，毛毡垫的两个边与平台的运动方向平行，与试样边缘至少相距5mm。

④ 毛毡垫与试样接触，根据材料不同，施加不同的力：

a）反绒面革，(4.9±0.1)kPa；

b）其他材料，(9.8±0.2)kPa。

⑤ 开动机器直至达到规定次数。当摩擦次数很高时，如有需要，间隔停止机器，使试样冷却，检查是否由于摩擦产生热量而产生损坏试样表面涂饰层现象。

⑥ 将毛毡垫升起，露出试样表面，然后将从机器上移去。检测结束后，取下毛毡垫和试样进行比对评级。

（2）湿摩擦试验

① 将毛毡垫在煮沸过、已冷却的蒸馏水中（即保持沸腾（60±5)s，冷却到常温）浸泡。在试验前立即将毛毡垫从水中取出，舍去过度膨胀或柔软的毛毡垫。毛毡垫在水中的时间不应超过24h。没有使用的毛毡垫应在24h后丢弃，准备新的毛毡垫。

② 轻轻挤压毛毡垫，调节其中的水分。当固定到摩擦头上和停放在试样时，有少量的液体挤压出，形成一圈湿印，停止挤压。

③ 按干摩擦试验的操作步骤完成湿摩擦试验。

④ 毛毡垫和试样在试验环境中干燥至少16h后，进行比对评级。

（3）汗液摩擦试验

① 按湿毛毡浸湿步骤将毛毡垫浸湿。

② 轻轻挤压毛毡垫，除去多余水分，然后立即将其浸入人工汗液，时间为5min。

③ 将毛毡垫从汗液中取出，舍去过度膨胀的毛毡垫。

④ 按干摩擦试验的操作步骤完成汗液摩擦试验。

⑤ 毛毡垫和试样在试验环境中干燥至少16h后，进行比对评级。

（4）石油溶剂摩擦试验

① 将毛毡垫浸泡在石油溶剂中，时间为（30±5)s。舍去过度膨胀的毛毡垫。

② 按干摩擦试验的操作步骤完成石油溶剂摩擦试验。

③ 毛毡垫和试样在试验环境中干燥至少16h后，进行比对评级。

3.7.6 检测结果与处理

（1）为了更易于评定色迁程度，应将每个毛毡垫一分为二，将试验后的毛毡垫和未经试验的毛毡垫进行对比评级。

（2）评定方法

① 自然光源，晴天向北（上午9:00～下午3:00），避免外界环境物体反射光的影响。

② 人工光源，采用标准多光源光箱。

（3）观察方法

光源的照明方向与试样表面约成45°，观察方向接近垂直于试样表面，如图2－11所示。

（4）如果评定在两个定级之间，取较低的定级；如果重复试验的定级不同，取两者之间较低的定级作为试验结果。

3.7.7　注意事项

（1）浸湿过程只浸湿毛毡垫，不能浸湿试样，试样应为干燥状态。

（2）如果没有规定摩擦次数要求，一般摩擦100次后停止机器。

（3）如果对一个试样进行第二次试验，除换新的毛毡垫外，还应调整摩擦头位置，并与试样边缘和已摩擦部位保持相距至少5mm。

（4）如果试样有反光现象，在评级时可以调整光源为垂直试样，观察方向与试样成45°角，如图2－24所示，避免产生眩眼，影响判定。

3.8　帮面、衬里和内垫摩擦色牢度B法

3.8.1　依据与适用范围

帮面、衬里和内垫摩擦色牢度检测方法（B）依据QB/T 2882—2007《鞋类　帮面、衬里和内垫试验方法　摩擦色牢度》，适用于各种材料制成的鞋类帮衬里和内垫的检测。

3.8.2　仪器设备

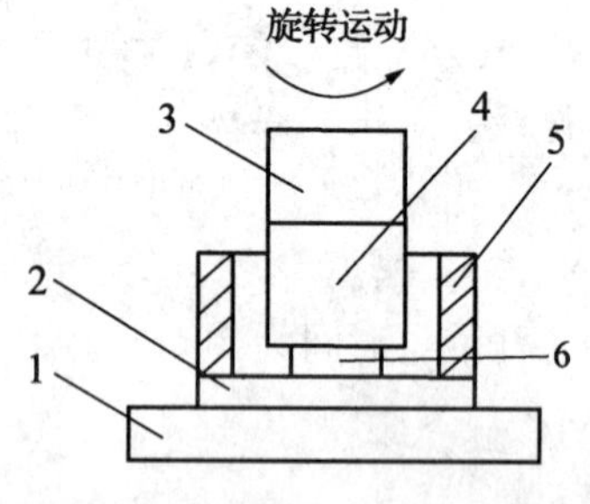

图3－11　色牢度试验机示意图
1—平台；2—试样；3—负重块；4—旋转轴；5—试样固定器；6—毛毡垫

（1）摩擦色牢度试验仪，如图3－11所示。

① 坚硬平台。最好为金属，能够夹持试样。

② 垂直旋转的轴。固定圆形毛毡垫，转速为（149±4.8）r/min。

③ 垂直旋转轴端面有一个直径为25mm，深为3mm的凹槽。凹槽内有3个1.5mm高的钉爪，用以安装夹持圆形毛毡垫。

④ 能对旋转毛毡垫施加（24.5±0.5）N和（7.1±0.2）N的作用力。

⑤ 记录旋转次数的计数器。

（2）圆形的精梳毛毡垫。① 外径（25±1）mm，内径（3±0.5）mm。② 厚度，通过表3－4的方法测定。③ 密度，（190±20）kg/m^3。

（3）评定灰色样卡。① 按GB/T 250—2008《纺织品　色牢度试验　评定变色用灰色样卡》规定。② 按GB/T 251—2008《纺织品　色牢度试验　评定沾色用灰色样卡》规定。

（4）金属盘大小为75mm×65mm，厚度为5mm，中间孔的直径为25mm。用有机溶剂从背面将试样润湿。

表3-4 毛毡垫厚度要求表

厚　度	向下压力/压脚尺寸	样　品
(6.5 ±0.5)mm	(49 ±5)kPa/(10 ±1)mm	剪切毛毡垫或没有剪切的片材
(5.0 ±0.5)mm	(2.0 ±0.2)kPa/(19 ±10)mm	剪切毛毡垫

（5）抛光铝盘。直径约为50mm，厚度约为12mm。在干擦试验中帮助试样冷却。

（6）天平。量程大于5g，分度值为10mg。

（7）水。符合三级水规定的蒸馏水或去离子水。

（8）人工汗液，每升溶液包括：氯化钠，5g；氨水（密度为0.880g/cm^3），6.0cm^3。

（9）石油溶剂。普通试剂级。

（10）有机溶剂（与溶剂型主跟中使用的有机溶剂相同）。

3.8.3 试样要求

（1）试样尺寸应足够大，能将其固定在试验平台上。试样一般应为60mm×60mm的正方形，或直径为60mm的圆形。也可使用宽度为60mm的条状试样进行试验。

（2）对于片材，从可使用的宽度和长度上随机取样。对于机织结构材料，两个试样不应有相同的经线或纬线。

（3）对于鞋帮面，应避免选取缝线、穿孔、打眼和不能取平整试样的部位。

（4）在测试前将试样放置在温度为（23 ±2）℃、相对湿度为（50 ±5）%的环境条件下至少24h。

（5）试样表面应平整完好，无伤痕、损伤、破裂、杂质、缝线、穿孔和污斑等缺陷。

3.8.4 检测准备

（1）调节试验环境温度为（23 ±2）℃、相对湿度为（50 ±5）%。

（2）按规定设定摩擦旋转次数。

3.8.5 检测步骤

（1）干摩擦试验

① 将试样固定到试验机的平台上，设定毛毡垫对试样的压力为24.5N。

② 将干毛毡垫固定到试验机的轴上。

③ 毛毡垫和试样接触，开动机器按规定次数旋转。如有必要，注意避免热量引起的损坏。

④ 升起毛毡垫，露出试样表面，然后从机器上移去。检测结束，取下毛毡垫和试样进行比对评级。

（2）湿摩擦试验

① 将试样固定到试验机的平台上，设定毛毡垫对试样的压力为7.1N。

② 将毛毡垫浸泡煮沸过、已冷却的蒸馏水中（即保持沸腾（60 ±5）s，冷却到常温）。试验前立即将毛毡垫从水中取出，舍去过度膨胀或柔软的毛毡垫。毛毡垫在水中的时间不应超过24h。没有使用的毛毡垫应在24h后丢弃，准备新的毛毡垫。

③ 轻轻挤压毛毡垫，调节其中的水分，使毛毡垫的质量在（2.9～3.2）g之间。

④ 按干摩擦试验的操作步骤完成湿摩擦试验。

⑤ 在20℃的温度下干燥毛毡垫和试样后，进行比对评级。

（3）汗液摩擦试验

① 将试样固定到试验机的平台上，设定毛毡垫对试样的压力为7.1N。将毛毡垫按湿摩擦步骤浸湿。

② 轻轻挤压出毛毡垫多余的水分，立即将其浸泡在人工汗液中5min。将毛毡垫从汗液中取出，舍去过度膨胀的毛毡垫。

③ 按湿摩擦试验步骤进行试验。

（4）石油溶剂摩擦试验

① 将试样固定到试验机的平台上，设定毛毡垫对试样的压力为7.1N。

② 将毛毡垫浸泡在石油溶剂中30s。将毛毡垫从汗液中取出，舍去过度膨胀的毛毡垫。

③ 按湿摩擦试验步骤进行试验。

（5）背面用有机溶剂润湿的干摩擦试验

① 将金属盘放在试验机器的平台上，将干毛毡垫放在盘的孔中，用（2.5±0.1）cm^3 的有机溶剂将其均匀浸湿。

② 立即将试样固定在毛毡垫上，设定毛毡垫对试样的压力为7.1N。将干毛毡垫固定到轴上。毛毡垫和试样接触（60±2）s。

③ 开动机器直至规定摩擦次数。

3.8.6 检测结果与处理

（1）为了更易于评定色迁程度，建议将每个毛毡垫一分为二，将经过试验的毛毡垫和未经试验的毛毡垫进行对比评级。

（2）评定方法

① 自然光源，晴天向北（上午9:00～下午3:00），避免外界环境物体反射光的影响。

② 人工光源，采用标准多光源光箱。

（3）观察方法

光源的照明方向应与试样表面约成45°角，观察方向接近垂直于试样表面，如图2－11所示。

（4）如果评定结果在两个等级之间，取较低的定级；如果重复试验的等级不同，取较低的定级作为试验结果。

3.8.7 注意事项

（1）浸湿的过程只浸湿毛毡垫，不能浸湿试样，试样应为干燥状态。

（2）在背面用有机溶剂润湿的干摩擦试验中，每个试样底下使用溶剂润湿的毛毡垫应是新的。

（3）如果试样有反光现象，在评级时可以调整光源为垂直试样，观察方向与试样成45°角，如图2－24所示，避免产生眩眼，影响判定。

3.9 帮面、衬里和内垫摩擦色牢度C法

3.9.1 依据与适用范围

帮面、衬里和内垫摩擦色牢度检测方法（C）依据 QB/T 2882—2007《鞋类　帮面、衬里和内垫试验方法　摩擦色牢度》，适用于各种材料制成的鞋类帮衬里和内垫的检测。

3.9.2 仪器设备

（1）玻璃仪器。① 细菌培养皿。尺寸应足够大，能容纳试样装配用的玻璃盘。② 玻璃盘。长度不小于110mm，宽度不小于55mm，对每个试样装配能施加（100 ±2）g 质量。

（2）DW 型长方形多纤维标准贴衬织物，尺寸为（100 ±5）mm ×（50 ±2）mm。

（3）烘箱。① 加热温度在（0 ~ 120）℃范围内可调，具有控制装置。② 箱内温度偏差在2℃之内。

（4）评定灰色样卡。① 按 GB/T 250—2008《纺织品　色牢度试验　评定变色用灰色样卡》规定。② 按 GB/T 251—2008《纺织品　色牢度试验　评定沾色用灰色样卡》规定。

（5）天平。量程为100g，分度值为0. 1g。

（6）水。符合三级水规定的蒸馏水或去离子水。

（7）人工汗液

① 碱性人工汗液，每升包括：L－盐酸组氨酸一水化合物（$C_6H_9N_3O_2 \cdot HCl \cdot H_2O$），5. 00g；氯化钠，5. 00g；磷酸氢二钠二水化合物（$Na_2HPO_4 \cdot 2H_2O$），2. 50g。

准备好后，用0. 1mol/L 的氢氧化钠将溶液 pH 调到 8。将溶液放置在（4 ±1）℃的温度下。

② 酸性人工汗液，每升包括：L－盐酸组氨酸一水化合物（$C_6H_9N_3O_2 \cdot HCl \cdot H_2O$），5. 00g；氯化钠，5. 00g；磷酸二氢钠二水化合物（$NaH_2PO_4 \cdot 2H_2O$），2. 50g。

准备好后，用0. 1mol/L 的氢氧化钠将溶液 pH 调到 5. 5。将溶液放置在（4 ±1）℃的温度下。

3.9.3 试样要求

（1）从片材或帮面上剪切试样 6 个。

① 对每种试验方法，剪切一个（110 ±10）mm ×（55 ±5）mm 的长方形试样。如果没有足够的材料，剪切几个小的试样然后将其连接成符合尺寸的长方形试样。

② 如果试验材料有图案，取足够试样，保证图案的所有颜色与多纤维标准贴衬织物的 6 个部件接触。

③ 将多纤维标准贴衬织物与试样表面接触，使试样表面与多纤维标准贴衬织物的 6 个部件都能接触，制成试样装配。如果试样两个表面均要进行试验，将试样夹在多纤维标准贴衬织物之间。

（2）纱线或松散纤维

① 对每个试验，用纱线或纤维将一个多纤维标准贴衬织物的表面完全覆盖。

② 将纱线或纤维剪切成（100 ±5）mm 的长度。

③ 将纱线或纤维放在两个多纤维标准贴衬织物之间，使数量大致相同的纱线或纤维与多纤维标准贴衬织物的 6 个部件接触。纱线或纤维可能在一定程度上重叠，应将这种重叠减少到最低，避免因厚度不均对试样产生不均匀的压力。

（3）保留部分材料，作为目测试样颜色变化的参照物。

（4）在测试前将试样放置在温度为（23 ±2）℃、相对湿度为（50 ±5）% 的环境条件下至少 24h。

（5）试样表面应平整完好，无伤痕、损伤、破裂、杂质、缝线、穿孔和污斑等缺陷。

3.9.4 检测准备

（1）调节试验环境温度为（23 ±2）℃、相对湿度为（50 ±5）%。

（2）调节烘箱温度为（37 ±2）℃。

3.9.5 检测步骤

（1）将每个试样与多纤维标准贴衬织物装配对称放在细菌培养皿中。

（2）将每个装配试样分别放入水中、碱性汗液溶液中、酸性汗液溶液中。

（3）用玻璃盘的边轻轻刮擦每个试样装配，使试样装配完全润湿，排除所有气泡。

（4）玻璃盘中心对称放在每个试样装配上，将装有试样装配的细菌培养皿在试验环境中放置（30 ±2）min。如果试样为纱线或松散纤维，在试验环境下放置（15 ±1）min。

（5）将每个细菌培养皿中的水或人工汗液溶液倒出，试样装配和玻璃盘仍保持在原位。注意不要挤压试样装配和移动玻璃盘，放置在烘箱内（4.0 ±0.1）h。

（6）将试样和多纤维标准贴衬织物分开，放置在不吸水的表面上分别进行干燥，温度不超过 60℃。

3.9.6 检测结果与处理

（1）评定方法

① 自然光源，晴天向北（上午 9:00 ~ 下午 3:00），避免外界环境物体反射光的影响。

② 人工光源，采用标准多光源光箱。

（2）观察方法

光源的照明方向与试样表面约成 45°角，观察方向接近垂直于试样表面，如图 2 – 11 所示。

（3）如果评定在两个定级之间，取较低的定级；如果重复试验的定级不同，取两者之间较低的定级作为试验结果。

3.9.7 注意事项

（1）人工汗液应在试验前进行调整。如果放置时间超过一周，应重新检查 pH；如果出现固体沉淀物，应舍去此液。

（2）如果试样有反光现象，在评级时可以调整光源为垂直试样，观察方向与试样成 45°角，如图 2 – 24 所示，避免产生眩眼，影响判定。

3.10 帮面层间剥离强度

3.10.1 依据与适用范围

帮面层间剥离强度检测依据 GB/T 3903.39—2008《鞋类　帮面试验方法　层间剥离强度》，适用于鞋类帮面材料层间剥离强度的检测。

3.10.2 仪器设备

（1）拉力试验机。① 负荷范围应有分档。② 准确度为 ±1%。③ 拉伸速度在（0～300）mm/min 范围内可调，准确度为 ±2mm/min。④ 带有自动记录力－位移曲线的装置。

（2）快速平板压机。能在（50×70）mm 的面积上施加（550±50）kPa 的压力。

（3）橡胶板。厚度至少为 10mm，硬度为（40±10）IRHD。

（4）辐射加热器。能在 15s 内将树脂橡胶上的干燥胶膜加热到（80～90）℃。通常将胶膜放置在离 3kW 加热器约（100～150）mm 的位置，加热面积为 0.06m^2。宜采用在制鞋生产中使用的外底和帮面的活化设备。

（5）测温装置。热敏笔或测温枪，检查胶膜温度在（80～90）℃的设备。宜使用融化温度为 83℃的热敏笔或红外线测温枪。

（6）树脂橡胶。厚度为（3.5±0.2）mm，硬度为（95±2）IRHD，表面剥离强度大于待测试样。

（7）粘合剂。溶剂型聚氨酯粘合剂，在树脂橡胶和试样涂层上有很好的粘合性。

（8）胶粘处理剂。如卤化剂，用于鞋靴生产或橡胶制品，可有效增加粘合牢度。

（9）切割设备。① 冲刀或剪刀。能裁取大小为（50±1）mm×（70±1）mm 的长方形试样。另外，如果对水解试样进行试验，需要另一个剪切工具裁取边长为（70±1）mm 的正方形试样。② 锐利刀或圆盘刀。可从粘合材料上取样。此设备不应过分压缩或在取样时将试样边缘部位分层，所以不宜使用冲刀。

（10）计时器。计时时间不小于 1min，分度值为 0.5s。

（11）水。符合三级水规定的蒸馏水或去离子水。

3.10.3 试样要求

（1）在测试前将试样放置在温度为（23±2）℃、相对湿度为（50±5）% 的环境条件下至少 24h。

（2）试样表面应平整完好，无伤痕、损伤、杂质、污斑、起层、气泡和针孔等缺陷。

3.10.4 检测准备

（1）调节试验环境温度为（23±2）℃，相对湿度为（50±5）%。

（2）选择满足试验拉力的负荷范围（即扯断力在负荷范围的 20%～80% 之内），调整拉伸速度为（100±10）mm/min。

（3）对于干试验，用切割设备切取 6 个大小为（70±1）mm×（50±1）mm 试样，在其背面做好标记，其中，2 个试样的长边与机器方向（或皮背脊线方向或帮面 *X* 轴方向）平行，另外 4 个试样的长边与上述方向垂直。

（4）对于湿试验，用切割设备切取 2 个大小为（70±1）mm×（50±1）mm 试样，使

50mm 长的边与干试验中粘合强度最低（如果已知）的方向一致。

（5）对于水解试验，用切割设备切取两个正方形，边长为（70±1）mm，边与 X 轴平行（X 轴方向按图 3－5 规定的方法确定），并做好标记。

（6）试样的粘合准备

① 将一个条形纸片（75mm×15mm）放置在每片材料长边的涂饰层面，把两片试样分隔开来，用卡钉（或类似设备）将其两个端头固定，卡钉的位置如图 3－12 所示。

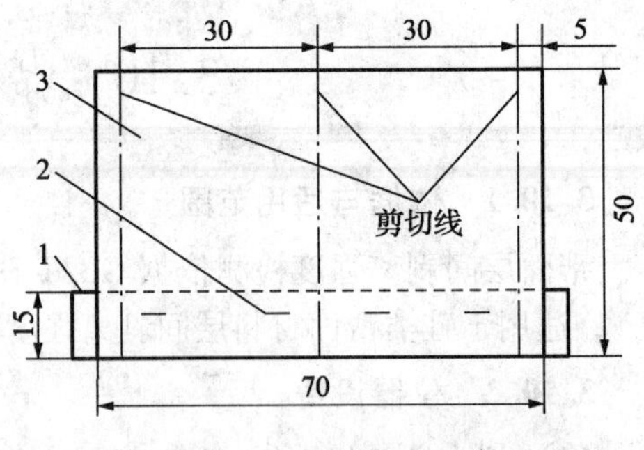

图 3－12　粘合装配试样示意图

1—纸片条；2—卡针；3—粘合试样

② 如果可以使用处理剂，应按照供应商的使用说明将其涂在剪切下来的树脂橡胶的整个面上。

③ 按照使用要求让橡胶完全干燥。

④ 按供应商的使用说明在每个树脂橡胶的整个面上刷上聚氨酯粘合剂。

⑤ 在每片材料上（包括纸条上）涂抹粘合剂。粘合剂至少干燥 1h。

⑥ 如果辐射加热器将粘合层加热到 80℃～90℃ 所用的时间未知，使用额外剪切的两个橡胶测定所需要时间和检测粘合层的温度。如果时间大于 15s，则增加辐射加热器的温度或缩小加热器和树脂橡胶之间的距离，直到时间小于 15s。记录将粘合层加热到规定温度 T_a 所需要的时间，精确到 1s。

（7）粘合试样的制备

① 将一个涂有粘合剂的树脂橡胶放在辐射加热器中，粘合层表面面向加热源，加热到 T_a（在数秒内）。

② 快速仔细地将一个帮面材料的粘合层表面与树脂橡胶的粘合层表面接触，使两个表面的边缘对齐（以下称为试验装配）。立即将试验装配放置到快速平板压机上，并使树脂橡胶一面朝向橡胶板。向装置施加（550±50）kPa 的压力，时间为（15±1）s。

（8）将粘合装配放置在温度为（23±2）℃、相对湿度为（50±5）% 的环境条件下至少 24h。

3.10.5　检测步骤

（1）干试样试验

① 使用切割设备，按照图 3－12 所示的剪切线将“装配试样”剪成两个宽度为 30mm，长度为 50mm 拉伸试样。

② 打开每个试样的未粘合区域，注意不要破坏粘合线，沿中心对称地将其夹持到拉力试验机中。未粘合的树脂橡胶和帮面材料分别夹在拉力试验机的两个夹具钳中。

③ 启动拉力试验机，记录分离类型。

④ 拉伸时剥离面朝向操作者，观察层间剥离情况。

（2）湿试样试验

① 计算得出干试验中最小的剥离强度方向，作为湿试样的分离剥离方向。

② 将做湿试验的试样浸入温度为（23±2）℃的水中，时间为（6.0±0.5）h。

③ 将试样从水中取出，轻轻地将表面多余的水擦去，立即按照干试样试验方法进行剥

离试验。

（3）水解试样试验

① 使试样在环境温度为（70±2）℃，相对湿度为100%的环境下水解（168±2）h。

② 试样在老化完毕后放置在温度为（23±2）℃、相对湿度为（50±5）%环境条件中至少24h。

③ 从每个水解材料上剪切两个（70±1）mm×（50±1）mm的长方形试样，50mm长的边与干试验中最低的剥离强度的方向一致。

④ 按照干试样试验方法对水解后的试样进行试验。

3.10.6 检测结果与处理

（1）记录分离类型：

a）底基织物层的粘合破坏；

b）底基织物层破坏；

c）底基织物的深度破坏；

d）微孔凝结涂层与顶层涂饰层之间的粘合破坏；

e）微孔或凝结涂层之间的破坏；

f）在微孔或凝结层和底基织物之间的分离。

（2）在拉力试验机力的轨迹与夹具钳运动关系曲线图上测定：

① 涂层破坏的初始最大力值，单位为N。

② 将涂层从底基上分离所需要的平均力值（初始最大力值后的所有力值的算术平均值），单位为N。

（3）由初始最大剥离力值除以试样的宽度得到初始最大剥离强度，单位为N/mm，准确至0.1N/mm。

（4）平均力值除以试样的宽度得到平均剥离强度，单位为N/mm，准确至0.1N/mm。

（5）每个试验方向均需计算初始最大剥离强度的算术平均值和平均剥离强度的算术平均值。

（6）详细描述在试验过程中出现的任何偏差。

3.10.7 注意事项

（1）将树脂橡胶从加热器取出到放置试样至平板压机之间的时间不应超过7s。

（2）如果分离发生在表面涂层和树脂橡胶之间，应立即停止试验（但不需将试样从拉力试验机上取出），用锋利的割刀小心沿紧贴涂层面的分离点割开，以便分离发生在涂层与支撑材料之间。

（3）在试样水解处理时标记容易掉色，可在试样边角以切角的形式进行方向的标记。

3.11 帮面和衬里耐折性

3.11.1 依据与适用范围

帮面和衬里耐折性检测方法依据GB/T 3903.41—2008《鞋类　帮面和衬里试验方法　耐折性能》适用于各种鞋类用帮面和衬里的检测。

3.11.2 仪器设备

(1) 耐折试验机

① 上夹具。如图2-8所示。

② 下夹具。如图2-9所示。

③ 计数装置。能围绕转轴作上、下摆动，并有计数功能。摆动角度为 (22.5±0.5)°，摆动速率为 (100±5)r/min。

(2) 低温装置。对于低温耐折试验，冷柜至少能保持内部空气温度在 (-5±2)℃。冷柜内空间应足够大，能放置耐折试验设备。如有需要，可将温度降至-30℃。

(3) 切割工具。能取大小为70mm×45mm试样的冲剪切刀或剪刀。

(4) 润湿试样装置。① 移液管，容量大于1mL。② 洁净、平整、防水的坚硬平面板，尺寸大于71mm×65mm。③ 清洁的蒸馏水或去离子水。④ 玻璃棒或刮板。

(5) 光学放大器。放大倍数约为10倍，用于观察试样裂纹等。

3.11.3 试样要求

(1) 试样表面应平整完好，无伤痕、划伤、折皱、折痕、污斑等缺陷。

(2) 测试前将试样放置在温度为(23±2)℃、相对湿度为(50±5)%的环境条件下至少24h。

(3) 试样切取方法

① 按要求尺寸切取试样，误差为±1mm。将试样等分为两组，其中，一组试样的长边平行于材料方向（皮革为背脊线方向；非皮革材料为经线方向或机器压出方向）；另一组试样垂直于材料方向。

② 对于从帮面上取样，材料方向为 X 轴方向，X 轴按图3-5确定。

③ 对于帮面，从前帮的中心位置取样，以确保试样的中心为成鞋弯曲程度最大的位置。

(4) 对于片材，在可用的整个宽度和长度上取样。对于机织织物，应避免任意两个试样有相同的经线或纬线。

(5) 对于特殊类型的鞋，尤其是童鞋，可能无法从鞋上取足够大尺寸的试样。此时试样的尺寸可以略微缩小，但建议使用原材料进行试验。如有必要，可以在试样上进行凿孔、缝线（或其他设计特征）等与鞋前部相类似的操作。

(6) 试样数量按表3-5的要求执行。

表3-5 不同材料的试样数量

材料类型	试验方法		
	干样	湿样	低温
粒面革	2	2	—
修面革	2	2	2
绒面革	—	2	—
涂层织物	4	—	4
织物	4	—	—

3.11.4 检测准备

（1）调节试验环境温度为（23±2）℃、相对湿度为（50±5）%。

（2）对不同组别的试样进行标注、分类，并在试样背面角上用不伤害试样的记录笔标注材料方向的箭头，并确定需要的试验条件，以免混淆。

（3）如果要进行湿试验，将试样放置在防水的坚硬平面板上，试样反面向上。用移液管吸取1mL水，滴到试样的背面，用玻璃棒将水搅均匀并使之渗入到材料中，浸润区域距试样边缘约5mm。通常材料吸收水的时间在1min～2min。

（4）如果要进行低温试验，应保证耐折试验仪周围空气的温度符合规定温度（－5±2）℃，且试样放置在低温环境中（10±1）min后开始试验。因此，将试样安装到耐折试验仪上的时间为（10±1）min。

3.11.5 检测步骤

（1）干试样耐折方法

① 沿着试样的中心线正面或粒面向内对折。

② 调节耐折试验仪，使上夹具钳EF处于水平位置，即上夹具钳处于曲挠的最大位置，并与下夹具的平板上边缘距离为25mm处。

③ 将上夹具钳的左、右夹板松开，分开距离大约为对折试样厚度的两倍。试样的对折线紧贴着EF线，在上左、右夹板之间沿着EF线伸入到固定螺栓为止，然后拧紧固定螺栓使试样平稳夹在上夹具中。

④ 将试样未夹住的自由角向外、向下移动，使原本在夹具中朝内的正面在它下方朝外。让未夹住的两个角合在一起，用不太大的力把试样拉下，并正好拉紧，最后夹入下夹具中，旋紧下夹板固定螺栓，平稳固定试样，如图2－10所示。

⑤ 开动机器进行耐折。需要时，按表3－6规定的次数对试样进行检查，直至达到耐折次数后停机，从夹具中取下试样。

表3－6 合适的检查阶段

试验次数/次	干 样	湿 样	低 温
1000	—	检查	检查
2000	—	检查	检查
5000	—	检查	检查
10000	检查	检查	检查
25000	检查	—	—
50000	检查	—	—
100000	检查	—	—

⑥ 用肉眼或光学放大镜来评估曲挠损坏程度。

（2）湿试样耐折方法

① 湿试样耐折检测步骤与干试样耐折方法的检测步骤完全相同。

② 除常规的检查阶段外，试样应在每6000次后从机器上移去检查，将试样按要求步骤再润湿前，评估盐析情况。

（3）低温试样耐折方法

低温试样耐折检测步骤与干试样耐折方法的检测步骤完全相同。

3.11.6 检测结果与处理

（1）检查试样在折叠或平展状态下有无任何损坏。检查每个试样向内的折痕（即接近上夹具钳边的中间折叠部分），记录损坏情况。如果试样被夹持部位的损坏是由夹具钳对试样的磨损造成的，则不在记录范围内。

（2）对于表面有涂层的材料，记录：

① 试样折叠处是否有较轻或较重的折痕。

② 折叠处裂纹的数量。

③ 描述最深裂缝的深度：

a）裂缝深入表面涂层但未穿透；

b）裂缝穿透了表面涂层，并且暴露出下面一层，记录该层的颜色是否与表层不同；

c）裂缝穿透了表面涂层，并且暴露出了材料的底基层。

④ 是否有表面涂层的脱落或分层现象

（3）对于纺织品，记录纱线的断裂数量，并说明纱线是经线还是纬线断裂，以及损坏发生在折叠的外侧还是里侧。

（4）评估皮革试样，肉眼观察盐析情况并进行分级，分为“轻微”、“明显”或“严重”三级。

（5）试验报告至少应包括以下内容：

① 试验状态：干试验、湿试验或低温试验。

② 试验环境温度与相对湿度。

③ 试验材料方向与试样表面朝上还是朝下。

④ 每个检查阶段的屈挠损坏程度或盐析程度以及弯折次数。

⑤ 试验总弯折次数。

3.11.7 注意事项

（1）若试验过程中试样脱落或取下观察，试样需按照原夹持状态重新夹持。

（2）在做预折时上、下夹具对试样夹紧时不能用力过大，避免夹具夹伤试样而影响测试结果。

3.12 帮面和衬里水蒸气吸收性

3.12.1 依据与适用范围

帮面和衬里水蒸气吸收性检测方法依据 GB/T 20991—2007《个体防护装备 鞋的检测方法》，适用于鞋类帮面和衬里的检测。

3.12.2 仪器设备

（1）水蒸气吸收性试验仪，如图 3-13 所示。

圆形金属容器，容量为 100mL，上端有一圆环顶盖，在它们之间用夹具夹持非透气性的材料与试样。容器和环的内直径应为 35mm，圆环顶盖用 3 个铰链螺栓固定在容器上。

（2）分析天平。量程大于100g，分度值为1mg。

（3）计时装置。秒表，时间应大于24h以上，分度值为1s。

（4）密封垫。直径为55mm的不透水材料制成的圆片。

（5）切割工具。冲剪刀模。

（6）水。符合三级水规定的蒸馏水或去离子水。

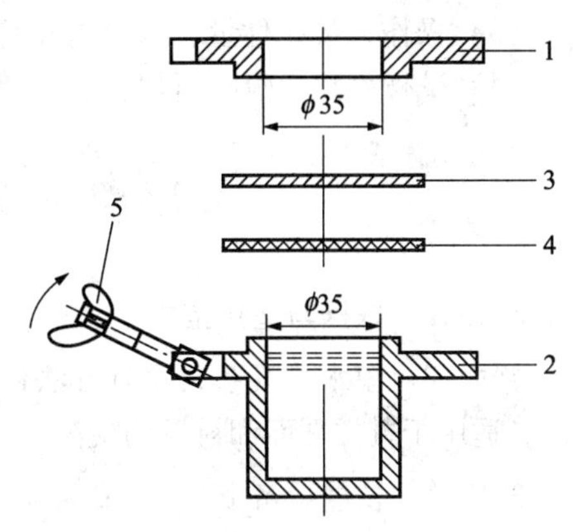

图3－13　水蒸气吸收性试验仪示意图

1—顶盖；2—容器；3—密封垫；4—试样；5—蝶形螺母

3.12.3　试样要求

（1）在测试前将试样放置在温度为（23±2)℃、相对湿度为（50±5)%的环境条件下至少24h。

（2）试样表面应平整完好，无伤痕、损伤、破裂、杂质、污斑等缺陷。

3.12.4　检测准备

（1）调节试验环境温度为（23±2)℃、相对湿度为（50±5)%。

（2）用切割工具切取3块试样，试样为圆形，直径为43mm。

（3）取水约50mL。

3.12.5　检测步骤

（1）用天平称出每个试样的质量，记做M_0，精确到1mg。

（2）向圆形金属容器中倒入（50±5)mL的水。

（3）在试样的正上方放置一片密封垫，然后在不透水的密封垫上放置顶盖，用蝶形螺母把顶盖与容器锁紧，使试样被顶盖紧固在测试瓶口上，同时密封瓶口。

（4）安装好的水蒸气吸收性试验仪在温度（23±2)℃条件下放置（8.0±0.1）h后，取下试样。

（5）用天平称出试样的质量，记做M_1，精确到1mg。

3.12.6　检测结果与处理

（1）按公式（3－13）计算水蒸气吸收率W_1，单位为mg/cm²，精确到0.1mg/cm²

$$W_1=\frac{m_1-m_0}{A} \tag{3-13}$$

式中：m_0——测试前试样的质量，mg；

m_1——测试后试样的质量，mg；

A——试样表面积，cm²。

（2）详细描述在试验过程中出现的任何偏差。

（3）取3块试样的算术平均值作为测试结果。

3.12.7　注意事项

（1）操作过程中需保持瓶子垂直放置，避免急速晃动测试瓶而使水溅到试样上。

（2）在安装、试验后取下试样时，注意不要使水溅到试样上。

（3）操作人员在称量、拿取试样时一定要带手套，避免由于手迹影响称量变化。

（4）试样面积为吸收面积，即 $A=9.62\text{cm}^2$。

3.13 帮面和衬里水蒸气系数

3.13.1 依据与适用范围

帮面和衬里水蒸气系数检测方法依据 GB/T 20991—2007《个体防护装备　鞋的检测方法》，适用于鞋类帮面和衬里的检测。

3.13.2 仪器设备

采用 3.12 节及 2.2 节中的设备。

3.13.3 试样要求

同一材料，分两组试样，分别按 3.12 节及 2.2 节的要求进行裁剪。

3.13.4 检测准备

分别按照 3.12 节及 2.2 节的要求进行准备。

3.13.5 检测步骤

（1）按照 3.12 节的要求测得水蒸气吸收率 W_1，单位为 mg/cm^2，精确到 0.1mg/cm^2。

（2）按照 2.2 的要求测得水汽渗透率 W_3，单位为 $\text{mg/(cm}^2\cdot\text{h)}$，精确到 $0.1\text{mg/(cm}^2\cdot\text{h)}$。

3.13.6 检测结果与处理

按公式（3-14）计算水蒸气系数 W_2，单位为 mg/cm^2，精确到 0.1mg/cm^2。

$$W_2=8h\cdot W_3+W_1 \tag{3-14}$$

式中：W_3——试样的水汽渗透率，$\text{mg/(cm}^2\cdot\text{h)}$；

W_1——试样的水蒸气吸收率，mg/cm^2。

3.13.7 注意事项

试样应是同一材料，并在短时间内分别测得 W_3 和 W_1 值。

3.14 帮面断裂强度和伸长率

3.14.1 依据与适用范围

帮面断裂强度和伸长率检测方法依据 QB/T 4118—2010《鞋类　帮面试验方法　断裂强度和伸长率》，适用于各种鞋类帮面材料的检测。

3.14.2 仪器设备

（1）拉力试验机。① 负荷范围应有分档。② 准确度为 ±1%。③ 拉伸速度在（0～300）mm/min 范围内可调，准确度为 ±2mm/min。④ 牢固的夹具钳，在金属夹具钳中有皮革衬垫，防止夹伤试样。⑤ 带有自动记录力-位移曲线的装置。

（2）量具。钢直尺或游标卡尺，量程不小于 170mm，分度值不小于 0.5mm。

（3）切割工具。冲剪切刀或剪刀。

3.14.3 试样要求

（1）从鞋上取样时，取样的区域不应含有缝线或孔洞等。如果不能从一定类型的鞋上取样，特别是儿童鞋，而且试样的尺寸不能减小，应从原材料上取样。当衬里永久固定在帮面材料上时，应从成型帮面上取样，试样大小为（160 ± 10）mm ×（25 ± 2）mm。

（2）对于纱线可能位移的试样（例如，纺织品）：

① 取 6 个长方形试样，尺寸为（160 ± 10）mm ×（35 ± 2）mm。其中，3 个试样的长边平行于材料方向（片材为机织方向）；另外 3 个试样的长边与其垂直，*X* 轴方向依图 3 – 5 规定。

②从每个试样里的两个长边抽取大致相同数量的线，直至试样的宽度为（25.0 ± 0.5）mm。

（3）对于纱线不会位移的材料，取 6 个长方形试样，尺寸为（160 ± 10）mm ×（25.0 ± 0.5）mm，其中，3 个试样的长边平行于材料方向，或鞋帮的 *X* 轴方向；另外 3 个试样的长边与其垂直，*X* 轴方向按图 3 – 5 规定。

（4）对于皮革材料，取样位置为皮或半张皮的臀背部，材料方向为背脊线的方向。

（5）对于每个试样，在距试样中心等距的位置上标记两条线，它们与试样的长边垂直，且相距（100 ± 1）mm。同时，标记每个试样的材料方向。

（6）在试验前将试样放置在温度为（23 ± 2）℃、相对湿度为（50 ± 5）% 的环境条件下至少 48h。

3.14.4 检测准备

（1）调整试验环境温度为（23 ± 2）℃、相对湿度为（50 ± 5）%。

（2）选择满足试验拉力的负荷范围（即扯断力在负荷范围 20% ~ 80% 之内），调整拉伸速度为（100 ± 5）mm/min。

3.14.5 检测步骤

（1）调整拉力试验机，夹具钳的分离距离为（100 ± 5）mm。

（2）将试样的一端插至拉力试验机的上夹具钳中心线上并将其夹紧，使试样上的标记线与夹具钳边缘重合，保证试样不被拉伸或松弛。

（3）让试样自然垂直，令试样的另一端插至拉力试验机的下夹具钳中心线上并将其夹紧，检查试样的标记线是否与夹具钳边缘重合。

（4）启动拉力试验机，开始拉伸。

（5）当试样断裂时停机，检查断裂的类型及标记线与夹具钳边缘的重合性。若试样任一处从夹具钳中滑出的长度超过 2mm，或在距任一夹具钳 5mm 的范围内断裂，则舍弃该试验结果，另取试样进行试验；若同一方向的 3 个试样均在夹具钳 5mm 范围内断裂，则不要舍弃试验结果，同时应在试验报告中记录此情况，说明材料的强度比之后计算出来的平均强度要高或者相等。

（6）从力 – 位移图上记录：

① 断裂力 F，单位为 N，精确到 2N；

② 断裂时的长度 E，单位为 mm，精确到 1mm。

3.14.6　检测结果与处理

（1）按公式（3－15）计算试样的断裂强度 P，单位为 N/mm

$$P=\frac{F}{W} \tag{3-15}$$

式中：F——记录的断裂力，N；

W——试样的宽度，mm。

（2）按公式（3－16）计算每个试样的伸长率 X，单位为 %

$$X=\frac{E}{L}\times 100\% \tag{3-16}$$

式中：E——记录的断裂时的长度，mm；

L——拉力试验机夹具钳最初相距距离，mm。

（3）取每个方向上 3 个断裂强度的算术平均值作为检测结果。

（4）详细描述在试验过程中出现的任何偏差。

3.14.7　注意事项

为防止试样从夹具钳中滑出或在夹持处断裂，在试验中有必要选择与试样相应的夹持。

3.15　鞋面材料低温耐折性

3.15.1　依据与适用范围

鞋面材料低温耐折性检测方法依据 QB/T 2224—2012《鞋类　帮面低温耐折性能要求》，适用于正鞋面革、修饰鞋面革、贴膜鞋面革、人造鞋面材料和天然织物鞋面材料等各种鞋面材料的检测。

3.15.2　仪器设备

（1）耐寒耐折试验机

① 温度在（－50～0）℃范围内可调，并可自动控制，精确至 0.5℃，箱内温度分布均匀度为 ±2℃。

② V 形夹具装置，如图 3－14 所示。

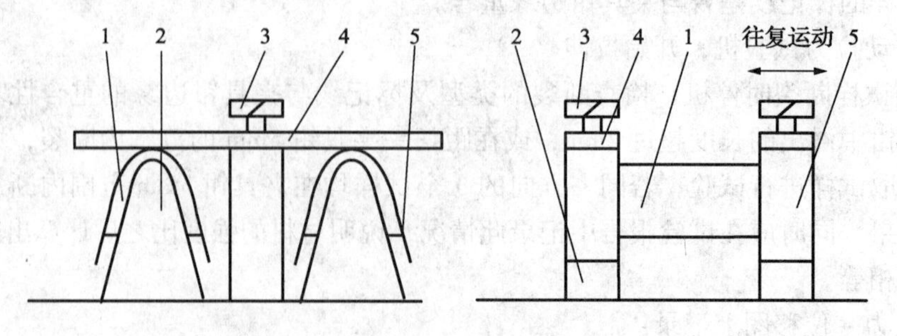

图 3－14　V 形夹具装置示意图

1—试样；2—V 形模座；3—固定螺丝；4—压紧固定片；5—V 形压片

a）装置具有若干对V形夹具，安装在同一轴线上，每对夹具可夹持一个试样片。

b）每对夹具由一个固定V形夹具和一个活动V形夹具组成，仪器运转时，活动V形夹具做往复运动，使两个V形夹具间的距离反复变化，从而使试样反复受到屈挠。

c）两个V形夹具远离时，相距（28.5±1.0）mm，靠近时，相距（9.5±1.5）mm，从而产生（19.0±2.5）mm的冲程。

d）V形夹具运动频率（试样屈挠频率）为90次/min。

e）V形夹具的V形夹角为（40±1）°。

f）V形夹具的V形顶端是圆弧形，其曲率半径为6.4mm。

（2）切割工具。冲剪切刀或剪刀。

（3）钢直尺。量程大于150mm，分度值为1mm。

3.15.3 试样要求

（1）试样表面应无伤痕、折皱、折痕、污斑等缺陷。

（2）在试验前将试样放置在温度为（23±2）℃、相对湿度为（50±5）%的环境条件下至少24h。

（3）一种试样不得少于4片（纵向、横向各2片），试样长度为70mm，宽度为65mm。厚度按实际厚度（如有衬里，不去掉衬里），但不大于2.5mm，否则要用砂纸轻磨里层至2.5mm。

3.15.4 检测准备

（1）将测试温度设定为（－10±2）℃，优等品屈挠次数不少于6万次，合格品屈挠次数不少于3万次。

（2）对样品进行横纵方向的确定，按试样尺寸要求在横向与纵向各裁剪2片试样，并做好记录。

（3）检查试样表面，不应有伤痕、杂质、污斑及擦伤等缺陷，试样厚度不大于2.5mm。

3.15.5 检测步骤

（1）将活动V形夹具调到远离位置，松开固定螺丝，取下压紧固定片和V形压片，将试样平服、对称地安装在V形模座上，用V形压片与压紧固定片压上，拧紧固定螺丝夹紧试样。

（2）试样的外层要朝外，试样的长度方向要与活动V形夹具的运动方向平行，试样两半部的边缘要在同一水平面上。

（3）用手将每对V形夹具合拢到最近位置，检查每个试样折叠时是否有一条对称地横跨试样的向里的皱折，且该皱折被一个由4条向外的皱折形成的菱形所环绕。必要时用手协助形成这种形式的皱折。

（4）经过手工返复移动活动V形夹具后，观察试样每次应出现由四条向外的皱折形成的凹向菱形。

（5）整个试样安装完毕后，待制冷箱内的温度达到产品标准规定温度（即－10℃）时，启动仪器开始屈挠试验。

（6）当试片出现裂纹或达到规定屈挠次数时停机。

3.15.6　检测结果与处理

（1）试样达到规定屈挠次数后，取下试片，观察试样表面破裂及裂纹（包括裂浆或裂面）情况。

（2）对每一试样都应单独记录其破裂及裂纹情况。

（3）详细描述在试验过程中出现的任何偏差。

3.15.7　注意事项

（1）观察在试验过程中试样的形变是否保持初始的凹向菱形。

（2）如果试验过程中需取出试样进行观察，应在试样被夹住的位置作标记，以确保试样被放回时能够被固定在初始位置上。

（3）在拧紧固定V形夹具端的固定螺丝时，要确保试样不会松动；在拧紧活动V形夹具端的固定螺丝时，不能使试样产生皱折、扭曲等不平整现象。

3.16　帮面可绷帮性

3.16.1　依据与适用范围

帮面可绷帮性检测方法依据GB/T 3903.38—2008《鞋类　帮面试验方法　可绷帮性》，适用于各种鞋类帮面的检测。

3.16.2　仪器设备

（1）可绷帮性试验仪，如图3－15所示。

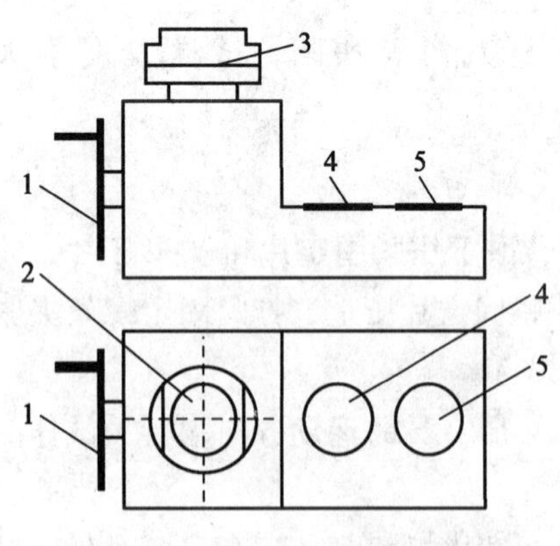

图3－15　可绷帮性试验仪示意图
1—摇轮；2—试样；3—组合夹具；
4—顶杆位移表；5—顶力指示表

① 组合夹具。能夹持试样周边，使试样中间自由的圆形区域的直径为（25.0±0.5）mm。夹头的设计应保证试样在试验中不会滑落、移动，并且夹持试样时试样的中间区域不会受到拉伸或压缩，如图3－16所示。

② 可移动顶杆。顶杆的端头有直径（6.25±0.05）mm的顶球。

③ 顶杆与试样夹具的相对运动速度为（0.20±0.05）mm/s。

④ 能够监测伸展高度（顶球从零点开始的位移），精确到0.05mm。

⑤ 能够监测顶杆上的力，范围0～800N，准确度为±10N。

（2）取样工具。能冲剪试样的专用刀模，用于取样。

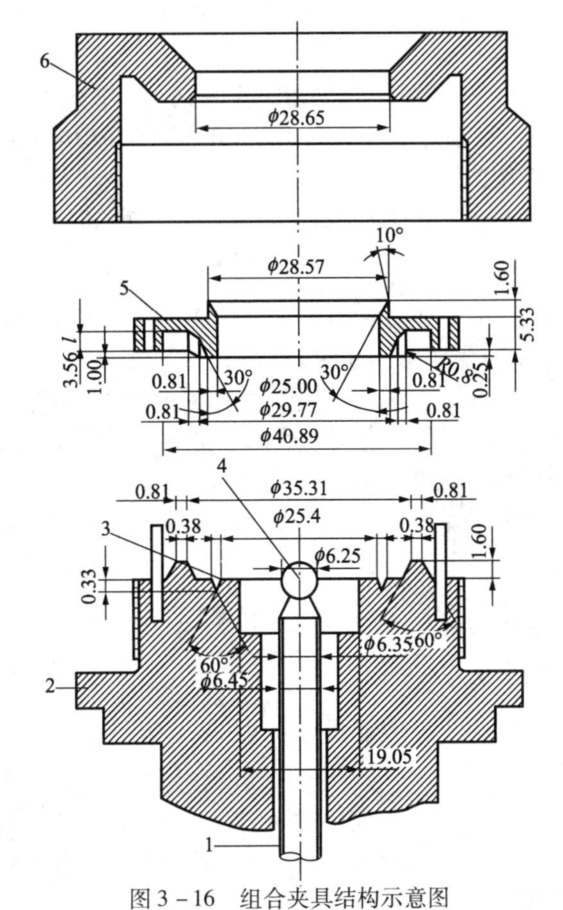

图 3－16　组合夹具结构示意图

1—顶杆；2—下夹具；3—放置试样面；4—顶球；5—上夹具；6—固定帽

3.16.3　试样要求

（1）按照图 3－17 尺寸从样品中裁切 3 个试样。

① 对于皮革试样，应从整张皮或半张皮的臀部取样。

② 对于非皮革试样，应从片材可用的整个宽度和长度上裁取试样。

③ 对于机织结构的材料，任意两个试样不应有相同的经线或纬线。

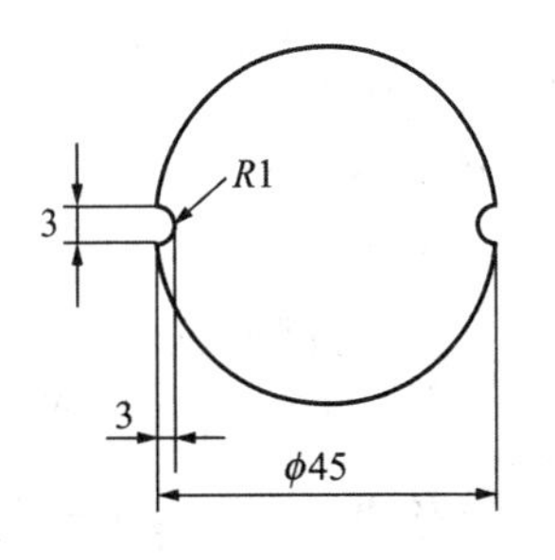

图 3－17　试样规格示意图

④ 对于从帮面上剪切的试样，不应有缝线或穿孔、打眼和任何影响到试样厚度均匀性的部位。而且，试样不能从成鞋帮面上在绷帮时试样已受到拉伸形变处进行剪切，尤其是鞋尖和后帮部位。当衬里材料已永久粘合在帮面材料上时，应从成型帮面上取样。

⑤ 对于特殊类型的鞋，尤其是童鞋，当从帮面上无法裁取足够大的试样时，试样的尺寸也不能减小，出现这种情况时，应对原材料进行试验。

（2）在测试前将试样放置在温度为（23±2）℃、相对湿度为（50±5）% 环境条件下至少 24h。

（3）试样表面应平整完好，无伤痕、损伤、杂质、凹陷和气泡等缺陷。

3.16.4 检测准备

（1）调节试验环境温度为（23±2）℃、相对湿度为（50±5）%。

（2）控制摇轮的速度，使顶杆上升的速度为（0.20±0.05）mm/s。

（3）调整顶力指示表为零。

（4）旋转摇轮，使顶球的上端切线正好与放置试样面重合，并调整顶杆位移表为零位。

3.16.5 检测步骤

（1）将试样正面朝向，平整地放到组合夹具的下夹具的放置试样面上，放入下夹具，再盖上固定帽，用扳手将固定帽锁紧，如图3－18所示。

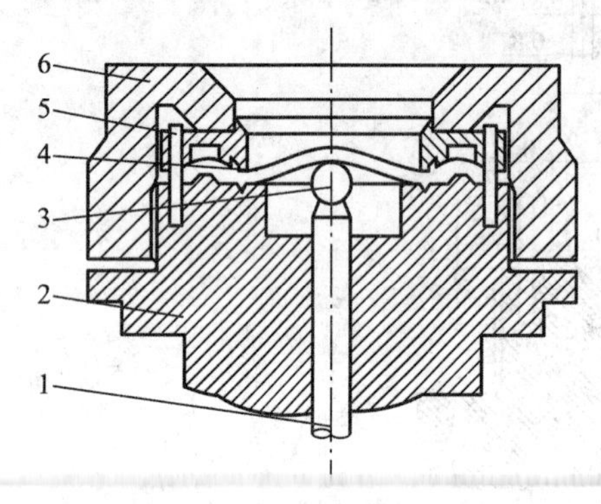

图3－18 试样安装示意图

1—顶杆；2—下夹具；3—顶球；4—试样；5—上夹具；6—固定帽

（2）对于厚的试样，锁紧固定帽时应有足够大的力；对于薄的试样，应注意不要将夹具镶入试样内，造成试样断裂。

（3）按照已控制摇轮的速度，保证顶杆速度为（0.20±0.05）mm/s，试验开始。

（4）注意观察试样表面，当有以下变化时，作为第一个损坏点。

① 皮革试样进行试验时，第一个损坏点通常发生在涂饰层或粒面表面。因此，在试验期间，应持续观察试样中心位置发生最大伸展的表面。如果出现表面裂纹，应立即记录柱塞施加的力值和试样的伸展高度。若粒面依然完整，继续试验直至粒面产生裂纹为止，同时记录此时的伸展高度和施加的力值。

② 非皮革样品进行试验时，如果是涂层面料，第一次损坏通常发生在材料内部，而在表面看不出任何损坏，因此在试样伸展过程中应注意观察柱塞的力。当试样的某层发生损坏时，柱塞施加的力会在瞬间停止升高甚至下降。记录此时的压力值和此点的伸展高度。

③ 漆皮是一个特殊的情况，因为通常在表面漆膜破裂以前皮革粒面已发生破裂，所以观察漆皮需要特别注意。粒面破裂的两个迹象为破裂上方的漆膜发生小浅穴以及柱塞力在短时间内下降。漆膜破裂时，不管粒面是否产生可见裂纹，均被认为是“粒面破裂”。

（5）继续进行试验并观察试样，当金属球刚刚露出试样时，记录此时的伸展高度和作用力，并将此作为试样的崩裂点。

（6）退回摇轮，使顶杆收回，移去试样。

3.16.6 检测结果与处理

（1）计算以下阶段3个试样的位移和压力的算术平均值：

① 第一个损坏点；

② 表面没有损坏，试样内部已破裂；

③ 崩裂点。

（2）详细描述在试验过程中出现的任何偏差。

3.16.7 注意事项

（1）检查试样被夹具夹过所留下的痕迹。如果试样上有明显模糊的夹环印迹或被夹持边缘出现撕裂，说明试验中试样发生了滑落，应舍去此次试验结果，另取新试样重新进行试验。

(2) 应注意试样的厚薄以及绷裂的强度，在锁紧夹持力时既要把试样夹紧，又不能把试样夹伤，用力原则是厚的、强度大的试样夹持力要大，而薄的、强度小的试样的夹持力要小。

3.17 帮面形变性

3.17.1 依据与适用范围

帮面形变性检测方法依据 GB/T 3903.40—2008《鞋类　帮面试验方法　形变性》，适用于各种鞋类用帮面的检测。

3.17.2 仪器设备

(1) 球体顶裂形变试验仪。

① 组合夹具装置。能夹持试样周边，使试样中间自由的圆形区域的直径为 (25.0 ± 0.5) mm。夹头的设计应保证试样在试验中不会滑落、移动，并且夹持试样时试样的中间区域不会受到拉伸或压缩，如图 3 - 19 所示。

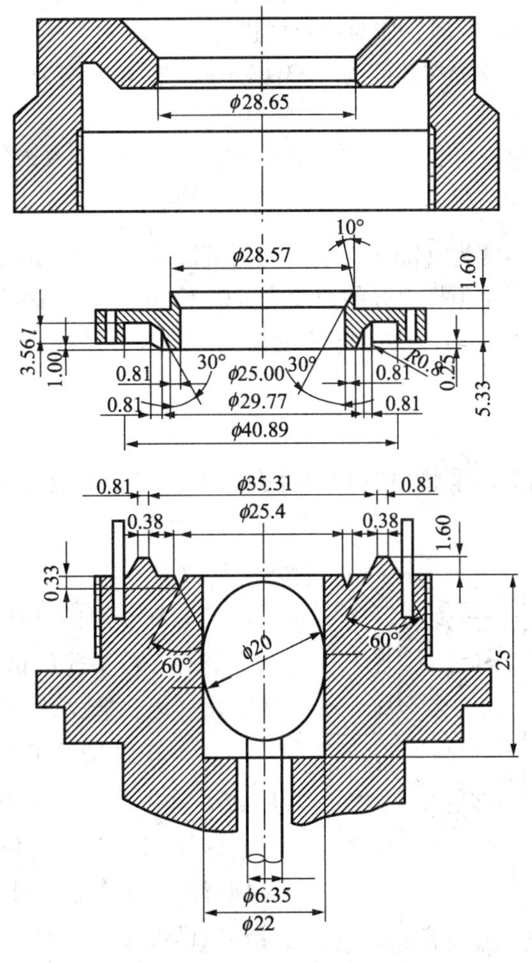

图 3 - 19　夹头及头部结构示意图

② 可移动顶杆。顶杆的端头有直径（20.0 ±0.2）mm 的顶球。

③ 顶杆与试样夹具的相对运动速度为（0.20 ±0.05）mm/s。

④ 能够监测伸展高度（顶球从零点开始的位移），精确到 ±0.05mm。

⑤ 能够监测顶杆上的力，范围（0 ~800）N，准确度为 ±10N。

（2）取样工具。能冲剪试样，如图 3 –17 所示大小的专用刀模，用于取样。冲模刀或相似的设备，用于取样。

3.17.3　试样要求与检查

（1）按照图 3 –17 尺寸从样品中裁切 3 个试样。

① 对于皮革试样，应从整张皮或半张皮的臀部取样。

② 对于非皮革试样，应从片材可用的整个宽度和长度上裁取试样。

③ 对于机织结构的材料，任意两个试样不应有相同的经线或纬线。

④ 对于从帮面上剪切的试样，不应有缝线或穿孔、打眼和任何影响到试样厚度均匀性的部位。而且，试样不能从成鞋帮面上在绷帮时试样已受到拉伸形变处进行剪切，尤其是鞋尖和后帮部位。当衬里材料已永久粘合在帮面材料上时，应从成型帮面上取样。

⑤ 对于特殊类型的鞋，尤其是童鞋，当从帮面上无法裁取足够大的试样时，试样的尺寸也不能减小。出现这种情况时，应对原材料进行试验。

（2）在测试前将试样放置在温度为（23 ±2）℃、相对湿度为（50 ±5）% 的环境条件下至少 24h。

（3）试样表面应平整完好，无伤痕、损伤、杂质、凹陷和气泡等缺陷。

3.17.4　检测准备

（1）调节试验环境温度为（23 ±2）℃、相对湿度为（50 ±5）% 。

（2）设定顶杆速度，使顶杆上升的速度为（0.20 ±0.05）mm/s。

（3）调整顶杆上、下移动，使顶球的上端切线正好与放置试样面重合，顶杆位移表回零。

3.17.5　检测步骤

（1）将试样正面朝上，平整地放到组合夹具的下夹具的放置试样面上，放入下夹具，再盖上固定帽，用扳手将固定帽锁紧，如图 3 –20 所示。

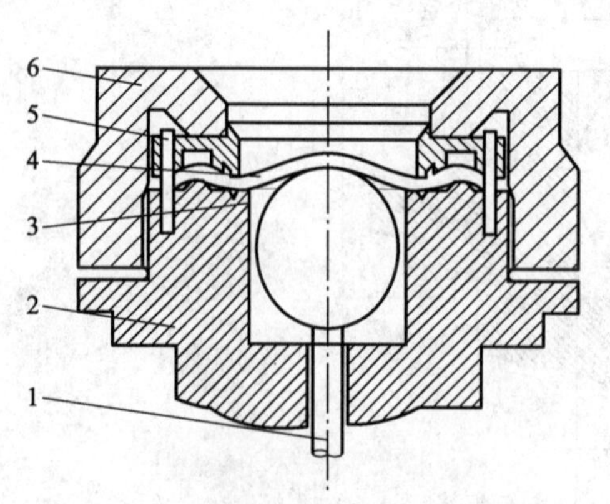

图 3 –20　球体顶裂形变试验仪安装示意图

1—顶杆；2—顶球；3—头部；4—试样；5—夹头；6—帽

（2）对于厚的试样，锁紧固定帽时应有足够大的力；对于薄的试样，应注意不要将夹具镶入试样内，造成试样断裂。

（3）开启试验开关，试验开始，试验仪自动记录移动顶杆所需要的力和移动距离。

（4）当柱塞的总位移为 10mm（从顶球与试样背面接触点开始计）或试样被损坏（即顶球将试样顶破）时停止试验。

（5）将顶杆与顶球回零，取出试样。

3.17.6 检测结果与处理

（1）在顶杆移动所需力和位移的图上，标
记从顶球与试样背面接触点起每 2mm 位移时的力。

（2）计算 3 个试样测定力的算术平均值，精确到 10N。

（3）详细描述在试验过程中出现的任何偏差。

3.17.7 注意事项

（1）检查试样被夹具夹过所留下的痕迹。如果试样上有明显模糊的夹环印迹或被夹持边缘出现撕裂，说明试验中试样发生了滑落，应舍去此次试验结果，另取新试样重新进行试验。

（2）应注意试样的厚薄以及绷裂的强度，在锁紧夹持力时既要把试样夹紧，又不能把试样夹伤，原则是厚的、强度大的试样夹持力要大，而薄的、强度小的试样夹持力要小。

（3）若试验结果的力值大于最大量程 800N，记录试验结果为大于 800N。

3.18 内底、衬里和内垫耐汗性

3.18.1 依据与适用范围

内底、衬里和内垫耐汗性检测方法依据 GB/T 3903.11—2005《鞋类 内底、衬里和内垫试验方法 耐汗性》，适用于人体出汗引起内底、衬里和内垫老化的检测。

3.18.2 仪器设备

（1）烘箱。① 加热温度在（0～120）℃范围内可调，具有控制装置。② 控制温度在 ±1℃。

（2）游标卡尺。分度值为 0.1mm。

（3）玻璃仪器。尺寸足以将试样放到底部的平底容器。

（4）切割工具。能切割出尺寸为（60±20）mm×（60±20）mm 试样的冲切刀模或剪刀。

（5）碱性汗液，每升包括：一水盐酸羟胺，5.00g；氯化钠，5.00g；二水磷酸氢二钠，2.5g。准备完成后，此溶液用 0.1mol/L 的氢氧化钠调节 pH 到 8.0。

（6）水。符合三级水规定的蒸馏水或去离子水。

3.18.3 试样要求

（1）试样表面应平整完好，无伤痕、损伤、破裂、杂质、污斑等缺陷。

（2）在测试前将试样放置在温度为（23±2）℃、相对湿度为（50±5）% 的环境条件下至少 24h。

3.18.4 检测准备

（1）调节试验环境温度为（23±2）℃，相对湿度为（50±5）%。

（2）从待测鞋试样上取样两个，尺寸大小为（60±20）mm×（60±20）mm。

（3）试样切口方向与材料方向平行：对于皮革试样，材料方向为背脊线；对于非皮革材料，材料方向为经线；对于鞋帮面，材料方向为 X 轴方向，X 轴方向按图 3－5 规定。

（4）将烘箱温度调节到（35±1）℃、（40±1）℃两档。

3.18.5 检测步骤

（1）经环境调节的试样，沿各边向内5mm处平行标记画线，如图3-21所示。

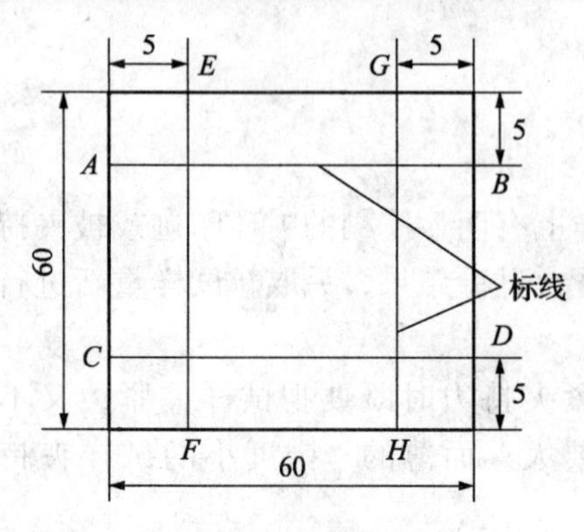

图3-21 试样规格及标线位置示意图

（2）用游标卡尺测量 $A-B$、$C-D$、$E-F$ 和 $G-H$ 间的距离，精确到0.1mm。

（3）将试样放入装有人工汗液的容器中，在试样上放上适当的重物，使试样完全浸入人工汗液中并处于平放状态。然后，将容器（装有试样和人工汗液）放置到（35±1）℃的烘箱中24h。

（4）24h后，将试样从人工汗液中取出，用蒸馏水洗涤后，平摊放入（40±1）℃的烘箱中，烘干时间为24h。

（5）从烘箱中取出试样，试样应在试验环境下放置24h。

（6）重复（3）~（5）的步骤，连续进行5次。

（7）5次循环后，用游标卡尺测量 $A-B$、$C-D$、$E-F$ 和 $G-H$ 间的距离，精确到0.1mm。

3.18.6 检测结果与处理

（1）按公式（3-17）计算横向线性收缩率 K_a，单位为%，精确到0.5%

$$K_a = \frac{L_{1a} - L_{2a}}{L_{1a}} \times 100 \qquad (3-17)$$

式中：L_{1a}——试验前 $A-B$ 和 $C-D$ 的平均长度，mm；

L_{2a}——试验后 $A-B$ 和 $C-D$ 的平均长度，mm。

（2）按公式（3-18）计算纵向线性收缩率 K_b，单位为%，精确到0.5%

$$K_b = \frac{L_{1b} - L_{2b}}{L_{1b}} \times 100 \qquad (3-18)$$

式中：L_{1b}——试验前 $E-F$ 和 $G-H$ 的平均长度，mm；

L_{2b}——试验后 $E-F$ 和 $G-H$ 的平均长度，mm。

（3）详细描述在试验过程中出现的任何偏差。

3.18.7 注意事项

（1）将试样水平放置在人工汗液中时，应保证试样表面各处都被人工汗液均匀浸泡到。

（2）在样品允许的范围内尽可能取尺寸足够大的试样。

（3）试样在浸泡或烘干过程中应保持平整，不能折叠。

（4）对试样所作平行标线要尽量细，且在人工汗液中不能退色。

（5）测量各标线距离在试验前后应在同一位置，不能更换，并在测试时则先将试样平展开来。

3.19 内底层间剥离强度

3.19.1 依据与适用范围

内底层间剥离强度检测方法依据 GB/T 3903.8—2005《鞋类 内底试验方法 层间剥离强度》，适用于鞋类内底材料层间剥离强度的检测。

3.19.2 仪器设备

（1）拉力试验机。① 负荷范围应有分档。② 准确度为 ±1%。③ 拉伸速度在（0～300）mm/min 可调，准确度为 ±2mm/min。④ 带有自动记录力－位移曲线的装置。

（2）试样剥离装置，如图 3－23 所示。

① 圆柱体对。每个圆柱体的直径（38.92 ±0.02）mm，圆柱体应连接到拉力试验机上。圆柱体的两端面与轴垂直。检测每一个试样需要一对圆柱体。

② 定位筒。定位筒内径尺寸为（39.00 ±0.03）mm。

③ 粘合剂。粘性聚合物，溶剂型氯丁二烯橡胶类。

（3）切割工具。圆刀刀模，直径为（38.0 ±1.0）mm。

（4）压合装置。能在圆柱体与试样粘合时施加（5.00 ±0.25）kN 的压力。

（5）游标卡尺。分度值为 0.1mm。

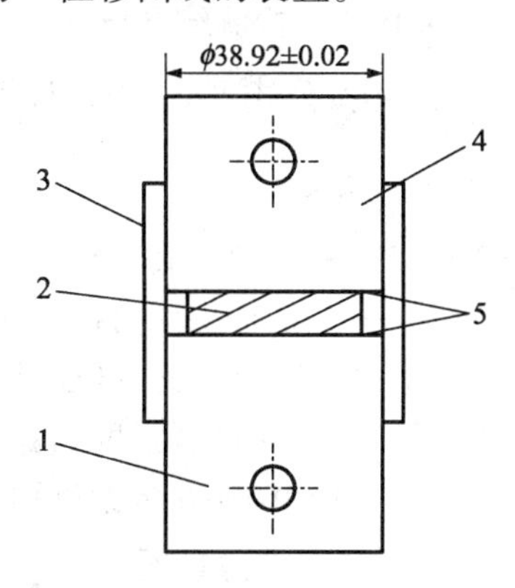

图 3－22 剥离装置示意图

1—下圆柱体；2—试样；3—定位筒；4—上圆柱体；5—粘合剂

3.19.3 试样要求

（1）在测试前将试样放置在温度为（23 ±2）℃、相对湿度为（50 ±5）% 的环境条件下至少 24h。

（2）试样表面应平整完好，无伤痕、损伤、破裂、杂质、凹陷和污斑等缺陷。

（3）冲剪 3 个直径为 38mm 的圆形试样。

3.19.4 检测准备

（1）调整试验环境温度为（23 ±2）℃、相对湿度为（50 ±5）%。

（2）选择满足试验拉力的负荷范围（即扯断力在负荷范围 20% ～80% 之内），调整拉伸速度为（25 ±2）mm/min。

（3）用游标卡尺测量每个试样的直径，精确到 0.1mm，计算出试样面积 S。

（4）清洁圆柱体端面，除去前次试验留下的内底材料和粘合剂的残留物和油污。

（5）在每对圆柱体的底面和试样两表面都涂上粘合剂，干燥 20min。将定位筒套在一个圆柱体的端面，将试样放在定位筒内并轻轻地压紧在圆柱体端面上。将另一个圆柱体的底面插到定位筒中，并轻轻地与试样压紧。

（6）将已装配好的圆柱体、试样和定位筒整套装置放在压合设备上，保持定位筒位置不变，对试样和圆柱体实施（5.00 ±0.25）kN 的压力。

（7）移去定位筒，进行层间剥离试验前，将整套装备放置在温度为（23 ±2）℃，相对湿度为（50 ±5）% 环境调节 24h。

3.19.5　检测步骤

（1）干试验法

① 将已粘好试样的圆柱体装到拉力试验机上，开动拉力试验机，直到粘合区域破坏、断开，记录最大的拉力值。

② 按同样的方法，测量另外 2 个试样的最大拉力值，单位为 N。

（2）湿试验法

① 将已粘好试样的圆柱体浸泡在蒸馏水中（6.0 ±0.5）h。

② 从水中取出带有试样的圆柱体，立即按干试验法进行拉力试验，并记录最大的拉力值。

3.19.6　检测结果与处理

（1）按公式（3－19）计算试样的层间剥离强度 R，单位为 N/mm^2

$$R = \frac{F}{S} \tag{3-19}$$

式中：F——拉伸力值，N；

S——试样平均面积，mm^2。

（2）注明干试验强度还是湿试验强度。

（3）以 3 个断裂强度的算术平均值作为检测结果。

（4）详细描述在试验过程中出现的任何偏差。

3.19.7　注意事项

（1）将试样和圆柱体涂上粘合剂后，要在试验环境下进行干燥。

（2）如果粘合剂之间粘合分离，或试样与圆柱体分离，应舍去该检测结果，重新检测。

3.20　内底尺寸稳定性

3.20.1　依据与适用范围

内底尺寸稳定性检测方法依据 GB/T 3903.10—2005《鞋类　内底试验方法　尺寸稳定性》，适用于鞋类内底材料在水中浸泡后其尺寸稳定性的检测。

3.20.2　仪器设备

（1）烘箱。① 加热温度在室温至 120℃ 范围内可调，具有控制装置。② 控制温度在 ±1℃。

（2）测厚仪。① 有稳定的平台，其压脚具有定重负荷，能施加（50 ±5）kPa 的压强。② 圆形平面压脚的直径为 10.0mm。

（3）游标卡尺。测量长度，分度值为 0.1mm。

（4）切割工具。能切割出尺寸为（60 ±20）mm ×（60 ±20）mm 试样的冲切刀模或剪刀。

（5）玻璃仪器。尺寸足以将试样放入底部的平底容器。

（6）水。符合三级水规定的蒸馏水或去离子水。

3.20.3　试样要求

（1）试样表面应平整完好，无伤痕、损伤、破裂、杂质、污斑等缺陷。

（2）在测试前将试样放置在温度为（23 ±2）℃、相对湿度为（50 ±5）% 的环境条件下至少 24h。

3.20.4 检测准备

（1）调节试验环境温度为（23 ±2）℃、相对湿度为（50 ±5）%。

（2）从鞋类内底材料上剪切两个（60 ±20）mm ×（60 ±20）mm 的正方形试样，其中，一个试样用于测量增厚率和尺寸增加率，另一个试样测量收缩率。

（3）试样 $A-B$ 方向（图 3－23）与材料方向平行：对于皮革试样，材料方向为背脊线；对于非皮革材料，材料方向为经线；对于鞋帮面，材料方向为 X 轴方向，X 轴方向按图 3－5 规定。

（4）将烘箱温度调节到（35 ±1）℃。

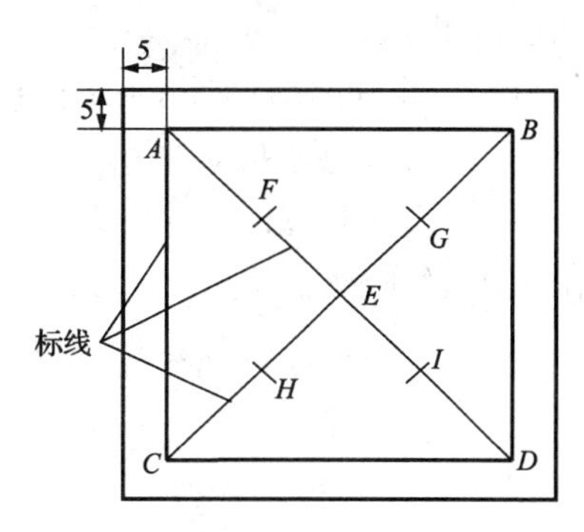

图 3－23 试样规格及标线位置示意图

3.20.5 检测步骤

（1）增厚率和尺寸增加率

① 试样经环境调节后，沿试样各边向内 5mm 处平行标记画线。将正方形或长方形的 4 个角分别标记为 A、B、C 和 D，如图 3－23 所示，画出对角线 AD 和 BC，标出其中心点 E，并找出 AF、BE、CE 和 ED 的中点，分别标记为 F、G、H、I。

② 用游标卡尺测量 $A-B$、$C-D$、$A-C$ 和 $B-D$ 之间的距离。

② 用测厚仪测量 E、F、C、H 和 I 点的厚度。

③ 在试样上放上适当的重物，使试样完全浸入到蒸馏水中的玻璃仪器，并处于平放状态，放置时间为 6h。

⑤ 6h 后，将试样从蒸馏水中取出，用吸纸将试样表面的水吸干。

⑥ 用游标卡尺再次测量 $A-B$、$C-D$、$A-C$ 和 $B-D$ 之间的距离，用测厚仪再次测量 E、F、C、H 和 I 点的厚度。

（2）收缩率

① 对另一块经环境处理的试样，同样按图 3－23 的要求画线，用游标卡尺测量 $A-B$、$C-D$、$A-C$ 和 $B-D$ 之间的距离。

② 将测量后的试样平放在 35℃烘箱中 24h。

③ 24h 后，用游标卡尺再次测量 $A-B$、$C-D$、$A-C$ 和 $B-D$ 之间的距离。

3.20.6 检测结果与处理

（1）增厚率

① 计算试样未浸水前 5 个点的平均厚度 e_0。

② 计算试样浸水后 5 个点的平均厚度 e_1。

③ 按公式（3－20）计算增厚率 H，单位为 %，精确到 0.5%

$$H = \frac{e_1 - e_0}{e_0} \times 100 \qquad (3-20)$$

式中：e_1——试样处于湿态时的厚度，mm；

e_0——试样处于干态时的厚度，mm。

（2）尺寸的增加率

① 计算试样未浸水前 $A-B$ 和 $C-D$ 之间的平均距离，记为 a_1；计算 $A-C$ 和 $B-D$ 之间的平均距离，记为 b_1。

② 计算试样浸水后 $A-B$ 和 $C-D$ 之间的平均距离，记为 a_2；计算 $A-C$ 和 $B-D$ 之间的平均距离，记为 b_2。

按公式（3-21）、（3-22）计算 X 方向增加率 V_a 和非 X 方向增加率 V_b，单位为%，精确到0.5%

$$V_a=\frac{a_2-a_1}{a_1}\times 100 \quad (3-21)$$

$$V_b=\frac{b_2-b_1}{b_1}\times 100 \quad (3-22)$$

式中：a_2——试样处于湿态时 X 方向的距离，mm；

a_1——试样处于干态时 X 方向的距离，mm；

b_2——试样处于湿态时非 X 方向的距离，mm；

b_1——试样处于干态时非 X 方向的距离，mm。

（3）收缩率

① 计算烘干前 $A-B$ 和 $C-D$ 之间的平均距离，记为 a_0；计算 $A-C$ 和 $B-D$ 之间的平均距离，记为 b_0。

② 计算烘后 $A-B$ 和 $C-D$ 之间的平均距离，记为 a_3；计算 $A-C$ 和 $B-D$ 之间的平均距离，记为 b_3。

③ 按公式（3-23）、（3-24）计算 X 方向收缩率 S_a 和非 X 方向收缩率 S_b，单位为%，精确到0.5%

$$S_a=\frac{a_0-a_3}{a_0}\times 100 \quad (3-23)$$

$$S_b=\frac{b_0-b_3}{b_0}\times 100 \quad (3-24)$$

式中：a_0——试样烘干前时 X 方向的距离，mm；

a_3——试样烘干后时 X 方向的距离，mm；

b_0——试样烘干前时非 X 方向的距离，mm；

b_3——试样烘干后时非 X 方向的距离，mm。

（4）详细描述在试验过程中出现的任何偏差。

3.20.7 注意事项

（1）将试样水平放置在烘箱中时，应保证支撑试样的各个方面都有空气流通，加热均匀。

（2）在样品允许的范围内尽可能取尺寸足够大的试样。

（3）试样在浸泡或烘干过程中应平整放置，不能折叠。

（4）对试样所作平行标线要尽量细，且在水中或烘干时不能退色。

（5）试验前后测量各标线距离应在同一位置，不能更换，测试时应先将试样平展开来。

3.21　内底缝线撕破力

3.21.1　依据与适用范围

内底缝线撕破力检测方法依据 GB/T 3903.32—2008《鞋类　内底试验方法　缝线撕破力》，适用于各种鞋类用内底的检测。

3.21.2　仪器设备

（1）拉力试验机。① 负荷范围应有分档。② 准确度为 ±1%。③ 拉伸速度在（0～300）mm/min 范围内可调，准确度为 ±2mm/min。④ 带有自动记录力－位移曲线的装置。⑤ 具有定值负荷保持功能与时间设置装置。

（2）夹具钳。

① 上夹具是一个可安装试样的钢性托盘，托盘上有一个长方形的孔，尺寸为（12.0±0.5）mm×（6.0±0.5）mm，能够连接到测量力系统上，力的作用方向通过孔的中心，并垂直于托盘，如图 3－24 所示。

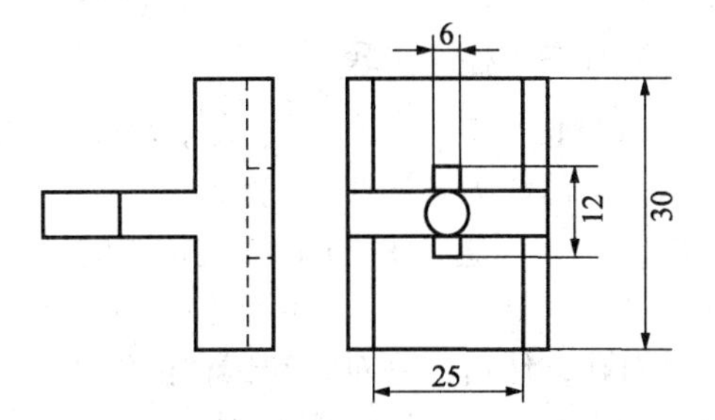

图 3－24　上夹具示意图

② 下夹具钳能将 U 形钢丝的两臂夹紧，并能保持两臂距离为 8mm，与试样上的两个孔距相等，在试验过程中两臂的施加力相等。

（3）钻。装有螺旋形钻头，钻头直径为（1.60±0.01）mm。

（4）钻模。保证试样上每对孔的中心距离为（8.0±0.2）mm，如图 3－25 所示。

（5）U 形钢丝。长度为 150mm，直径为（0.90±0.01）mm（20SWG）。将其沿着直径为 7mm 的芯轴弯曲，通过对钢丝的两端施加（1.5～2）kN 的力制成两个平行、长度相等的臂的 U 形钢丝，U 形钢丝的弧度与芯轴一致，如图 3－26 所示。

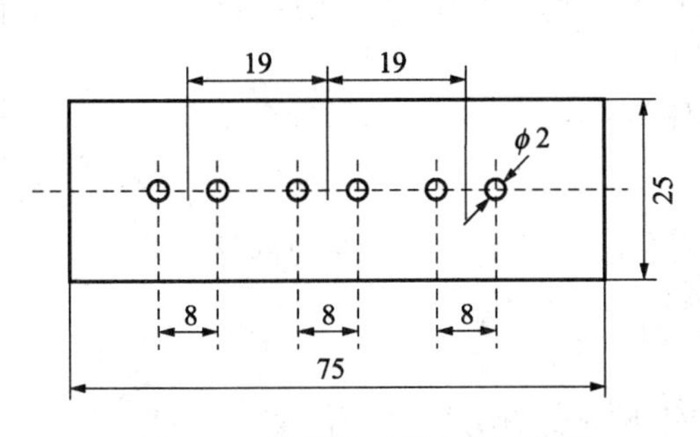

图 3－25　钻模及试样大小示意图

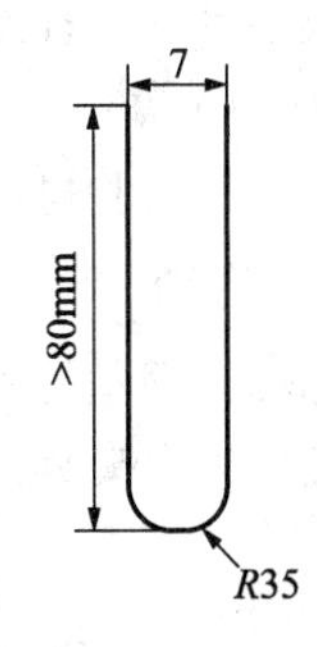

图 3－26　U 形钢丝示意图

（6）测厚仪。测厚仪有稳固的平台，圆形平台压脚直径为 10.0mm，具有定量，能施加（49±5）kPa 的压强，分度值为 0.01mm。

3.21.3　试样要求

（1）在测试前将试样放置在温度为（23±2）℃、相对湿度为（50±5）% 的环境条件下至少 24h。

（2）试样表面应平整完好，无划伤、碰伤、折皱、缺损、裂口等缺陷。

（3）按图3－26尺寸要求剪取试样。

3.21.4 检测准备

（1）调整试验环境温度为（23±2）℃、相对湿度为（50±5）%。

（2）选择满足试验拉力的负荷范围（即扯断力在负荷范围20%～80%之内），调整拉力试验机的拉伸速度为（100±20）mm/min。

（3）取样方法

① 从提供的材料上剪出两个长方形试样，尺寸大约为75mm×25mm，两个试样的取样方向相互垂直，同时标记两个试样的方向。

② 从鞋内底、成型内底 X 轴的方向，剪出两个与 X 轴平行的长方形试样，尺寸大约为75mm×25mm，X 轴方向按图3－5规定。

3.21.5 检测步骤

（1）使用测厚仪测量与试样75mm长的边平行的中心线上等距离的3个点的厚度，以其算术平均值作为试样厚度。

（2）使用直径1.6mm螺旋钻头的钻，从每个试样的正面钻孔，在与75mm长的边平行的中心线上打3对孔，使用钻模保证每对孔的中心距离为（8.0±0.2）mm。在试样中心位置钻一对孔，然后在这对孔和试样的端头的中间打另外两对孔。

（3）将U形钢丝的两臂从试样正面穿到一对孔中。保持U形钢丝的两臂平行，将穿有U形钢丝的试样通过上夹具的长方形的孔平整地安放到上夹具上，U形钢丝的两臂垂直向下。

（4）调整穿有U形钢丝的试样位于上夹具的长方形孔的中心，将U形钢丝的两臂夹到下夹具上。

（5）启动拉力试验机直到内底材料破裂。记录施加力的最大值（N）。

3.21.6 检测结果与处理

（1）对于每个试样，计算3个值的算术平均值，作为该取样方向上的缝线撕破力，单位为N，精确到0.1N。

（2）详细描述在试验过程中出现的任何偏差。

3.21.7 注意事项

（1）通过芯轴将钢丝的不规则部分除去，可重复使用变形的钢丝。

（2）拉力应除去上夹具的质量。

3.22 内底跟部持钉力

3.22.1 依据与适用范围

内底跟部持钉力检测方法依据GB/T 3903.9—2005《鞋类　内底试验方法　跟部持钉力》，适用于带跟的组装内底，也适用于用钉固定的外装后跟的内底的检测。

3.22.2 仪器设备

（1）钻子。钻头直径为（2.0±0.1）mm的螺旋钻。

（2）拉力试验机。① 负荷范围应有分档。② 准确度为 ±1%。③ 拉伸速度在（0～300）mm/min 范围内可调，准确度为 ±2mm/min。④ 带有自动记录力－位移曲线的装置。⑤ 具有定值负荷保持功能与时间设置装置。

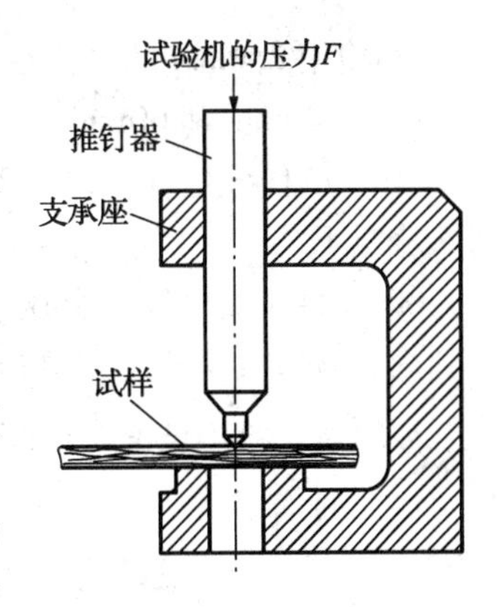

图 3－27　拉力试验机附件示意图

（3）拉力试验机的附件，如图 3－27 所示。

① 刚性的试样支承座，可固定安装在拉力试验机机座上，座中央有一个直径为 12mm 的圆孔，试验过程中施力方向垂直于支承座平面，并通过该圆孔的中心。

② 推钉器。推动模拟钉穿过试样的动力装置。模拟钉的导向头直径为 2mm，钉身直径为（4 ±0.2）mm，形成的轴肩与钉的轴线垂直。附件应当设计成能保证模拟钉轴线通过试样支承座的孔中心。

（4）测厚仪。有稳固的平台，其压脚具有定重负荷，能施加（3.85 ±0.10）N 的压力。测厚仪的圆形平面压脚的直径为 10.0mm，其运动方向应与铁砧面垂直。铁砧为直径 10.0mm 的水平面圆柱体。压脚、平台和突出铁砧的轴线应该一致，与压脚的运动方向相同。压脚面和铁砧表面平行，误差不超过 0.005mm。测厚仪刻度盘的分度值为 0.01mm。

（5）水。符合三级水规定的蒸馏水或去离子水。

（6）矩形刀模。能制取大小为 80mm ×20mm 的长方形试样。

3.22.3　试样要求

（1）从鞋内底材料上切割下 80mm ×20mm 的长方形试样 2 个，其中，一个试样做干试验，另一个试样做湿试验。

（2）假如试样从鞋内底或成型鞋底内底上切割，试样的长边应与鞋的 X 轴方向平行。

（3）在测试前将试样放置在温度为（23 ±2）℃、相对湿度为（50 ±5）% 的环境条件下至少 48h。

3.22.4　检测准备

（1）调节试验环境温度为（23 ±2）℃、相对湿度为（50 ±5）%。

（2）选择满足试验拉力的负荷范围（即压力在负荷范围 20% ～80% 之内），调整拉伸速度为（100 ±20）mm/min。

3.22.5　检测步骤

（1）干试验

① 使用测厚仪在平行于与 80mm 长的边的中央线上测量 3 个点的厚度，距短边的距离分别为 20mm、40mm 和 60mm。

② 使用 2.0mm 的钻头在平行于 80mm 长的边的中央线上打 3 个孔，距短边的距离分别为 20mm、40mm 和 60mm。

③ 将导向头放入一个孔中，且钉头在材料正面。启动拉力试验机，连续记录力的大小直到内底被钉头穿透。记录最大的力。

（2）湿试验

① 使用测厚仪在平行于 80mm 长的边的中央线上测量 3 个点的厚度，距短边的距离分别为 20mm、40mm 和 60mm。

② 使用2.0mm的钻头在平行于80mm长的边的中央线上打3个孔，距短边的距离分别为20mm、40mm和60mm。

③ 将试样浸泡在（23±2）℃的蒸馏水中，时间为6h。然后将试样从水中取出，将表面的水分吸干。

④ 将导向头放入一个孔中，且钉头在材料正面。启动拉力试验机，连续记录力的大小直到内底被钉头穿透。记录最大的力。

3.22.6 检测结果与处理

（1）计算3个干（湿）试样其最大值的算术平均值为跟部持钉力，单位为N，精确到1N。

（2）计算试样的算术平均值，单位为mm，精确到0.01mm。

（3）详细描述在试验过程中出现的任何偏差。

3.22.7 注意事项

（1）制备试样时不要损伤试样的边缘。

（2）使用拉力试验机的附件时，不应对压力产生影响，假如出现影响的应对其进行修正。

（3）如果采用不同的老化时间，应注明老化时间和类型。

3.23 内底耐磨性

3.23.1 依据与适用范围

内底耐磨性检测方法依据GB/T 3903.31—2008《鞋类　内底试验方法　耐磨性能》，适用于任何鞋类用内底的检测。

3.23.2 仪器设备

（1）摩擦脱色试验机，如图2-23所示。① 试样装载器。有一金属平台和能固定试样的夹具。当试样被夹持时，试样在摩擦方向能保持轻微张力。未夹持部分的试样长度为80mm。② 摩擦头。质量为（500±10）g，可拆换，能牢固固定，底座尺寸为（15±0.5）mm×（15±0.5）mm。有能将毛毡垫固定到底座的设备，此设备质量为（500±10）g。有达到满负荷（总质量为（1±0.1）kg）时能够将摩擦头平放在试样上的设备。③ 驱动试样装载器往复运动的设备。运动位移为（35±1）mm，频率为（40±2）r/min。

（2）毛毡垫。① 尺寸为（15×15）mm纯白色毛毡垫。② 单位面积质量为（1750±100）g/m^2。③ 平均吸水量为（1.0±0.1）mL。④ 将5g研磨碎的毛毡制品放在装有100mL蒸馏水的聚乙烯瓶中振荡2h，萃取物的pH为（5.5~7.0）。

（3）纱布。要足够大，能覆盖毛毡垫。将纱布固定到摩擦头上，具体要求见表3-7。

表3-7　纱布要求

特性参数	经　纱	纬　纱
纱线线密度/（tex/2）	R63	R74
单位长度纱线根数/（根/cm）	17	12

续表

特性参数	经 纱	纬 纱
单纱捻度（“Z向”）/(捻/m)	540 ±20	500 ±20
两根纱合并后的捻度（“S向”）/(捻/m)	450 ±20	350 ±20
纤维直径/μm	27.5 ±2.0	29.0 ±2.0
单位面积的最小质量/(g/m^2)	195	
油脂含量/%	0.9 ±0.2	

（4）天平。分度值为0.01g。

（5）水。符合三级水规定的蒸馏水或去离子水。

3.23.3 试样要求

（1）在测试前将试样和毛毡垫放置在温度为（23 ±2）℃，相对湿度为（50 ±5）% 的环境条件下至少24h。

（2）从鞋内底、成型内底或者所提供的材料上取尺寸最少为120mm ×20mm 的长方形试样，其长边方向与 *X* 轴方向相同。*X* 轴方向按图3 －5 规定。

（3）试样表面应无伤痕、划伤、裂纹、折皱、折痕、污斑等缺陷。

（4）每组试样不得少于3 个。

3.23.4 检测准备

（1）调节环境温度为（23 ±2）℃，相对湿度为（50 ±5）% 。

（2）对经环境调节的每块毛毡垫进行称量，并分别做好记录。

（3）把试样，4 片毛毡垫和4 张纱布放在蒸馏水中，加热至沸腾，继续加热使水保持轻沸状态直到毛毡垫和纱布沉入水中，慢慢倒出热水，换成冷蒸馏水。冷却毛毡垫和纱布至室温备用。

（4）设定摩擦次数为100 次。

3.23.5 检测步骤

（1）从水中取出一个毛毡垫和纱布，在烧杯的边缘挤压或擦拭使其不再滴水。

（2）通过称量确定每片毛毡垫的吸水量为（1 ±0.1）g。

（3）将试样固定在摩擦脱色试验机上，用轻微的张力使其保持平整。

（4）将一片湿毛毡垫固定在摩擦头上，用一张长方形湿纱布覆盖在湿毛毡垫上，并将湿纱布用橡皮带或圈固定到摩擦头上，将摩擦头放在离试样边缘5mm 处，将500g 的重物放在摩擦头上。覆盖毛毡垫区域的纱布不应有任何褶皱。

（5）摩擦100 次后，将摩擦头升起，检查试验部位的摩擦情况。

（6）换上新的毛毡垫和纱布，再摩擦100 次。

（7）每摩擦100 次更换一次毛毡垫和纱布，与相应的“参考试样”中的“可接受”程度相比较，试样的磨损程度与之相等或比之更严重时，或摩擦400 次后，结束试验。

3.23.6 检测结果与处理

（1）将试样和与试样同一种材料的“参考试样”进行对比，通过感官检查试样的摩擦表面，评估试样的磨损程度。

（2）取 3 个试样中磨损程度最大的作为试验结果。

（3）详细描述在试验过程中出现的任何偏差。

3.23.7 注意事项

（1）毛毡垫和纱布在水中的浸泡时间不应超过 24h。

（2）在摩擦头上安放毛毡垫与纱布一定要平整，有轻微的张力。

（3）一个试样最多可以摩擦两道迹（即检测 2 个试验数据）。

3.24 内底和内垫吸水率和解吸率 A 法

3.24.1 依据与适用范围

内底和内垫吸水率和解吸率检测方法（A）依据 GB/T 3903.33—2008《鞋类 内底和内垫试验方法 吸水率和解吸率》，适用任何鞋类内底和内垫的检测。

3.24.2 仪器设备

（1）天平。最大称重不小于 100g，分度值为 0.01g。

（2）切割工具。方形刀，能制取大小为 (50 ± 1) mm × (50 ± 1) mm 的正方形试样。刀模的刀刃有大约 5°向外的导角。

（3）过滤纸。

（4）水。符合三级水规定的蒸馏水或去离子水。

（5）烧杯或容器。平底、体积合适。

（6）量具。游标卡尺，量程不小于 150mm，分度值为 0.2mm。

3.24.3 试样要求

（1）试样表面应平整完好，无划痕、空洞、凹陷、杂质、污斑等缺陷。

（2）在测试前将试样放置在温度为 (23 ± 2)℃、相对湿度为 (50 ± 5)% 的环境条件下至少 24h。

（3）每组试样不得少于两个，正方形，尺寸为 (50 ± 1) mm × (50 ± 1) mm，厚度为原材料厚度。

3.24.4 检测准备

（1）调节试验环境温度为 (23 ± 2)℃、相对湿度为 (50 ± 5)%。

（2）按试样尺寸要求，用切割工具从鞋内底或内垫、成型内底或内垫所提供的材料上冲剪试样。

3.24.5 检测步骤

（1）测定试样的长度和宽度，取两边和中间各 3 个点的算术平均值，精确到 0.2mm。计算其面积，记为 S，单位为 m^2。

（2）对试样称重，精确到 0.01g，记为 m_0。

（3）将试样放置在温度为 (23 ± 2)℃的蒸馏水中 6h 后取出，用过滤纸吸掉多余的水分，使试样不再滴水，称其重量，记为 m_F。

（4）在温度为 (23 ± 2)℃，相对湿度为 (50 ± 5)% 环境条件下将试样再放置 16h 后，再称其重量，记为 m_R。

3.24.6 检测结果与处理

（1）按公式（3－25）计算吸水率 C_A，单位为 g/m²

$$C_A = \frac{m_F - m_0}{S} \tag{3-25}$$

式中：m_F——湿态下试样的最终质量，g；

m_0——干态下试样的原始质量，g；

S——试样的面积，m²。

结果准确至 1g/m²，取两次试验结果的算术平均值作为检测结果。

（2）按公式（3－26）计算解吸率 W_D，单位为 %

$$W_D = \frac{(m_F - m_R) \times 100}{m_F - m_0} \tag{3-26}$$

式中：m_F——试样的最终质量，g；

m_R——试样浸水晾干后的质量，g；

m_0——试样的原始质量，g。

结果精确到 1%，取两次试验结果的算术平均值作为检测结果。

（3）详细描述在试验过程中出现的任何偏差。

3.24.7 注意事项

试样浸水后，不能用挤压的方式弄干试样。

3.25 内底和内垫吸水率和解吸率 B 法

3.25.1 依据与适用范围

内底和内垫吸水率和解吸率检测方法（B）依据 GB/T 3903.33—2008《鞋类　内底和内垫试验方法　吸水率和解吸率》，适用任何鞋类内底和内垫的检测。

3.25.2 仪器设备

（1）内底吸水试验机，如图 3－29 所示。

①滚筒。直径为（120±1）mm，宽度为（50±1）mm，有条 45mm 长的凹槽。内有夹具，能将试样一短边固定到滚筒上，被夹持的短边与滚筒的轴平行。夹具通过弱弹簧进行固定，使试样保持轻微张力。

②平台。上表面粗糙，有足够的孔眼使水能流过平台，并配备水的进出孔，出水速度约（7.5±2.5）mL/min，能使平台表面保持湿润。平台的上表面用棉纱布覆盖。

③夹具。夹持试样短边，使其在平台上保持水平。

④滚筒轴。沿着 $X-X$ 轴往复运动，位移为（50±2）mm，中心点为试样的中点，速率为（20±1）次/min。轴

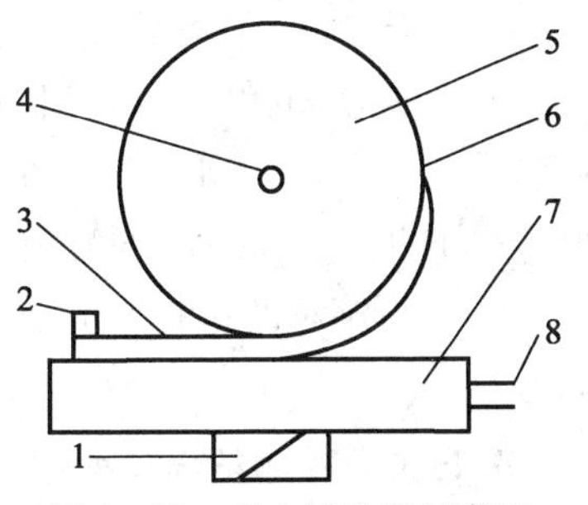

图 3－28　吸水试验机示意图

1—调整器；2—夹具；3—试样；4—滚筒轴；5—滚筒；6—滚筒夹；7—平台；8—水进出口

的运动带动滚筒在试样上往复运动，试样的弯曲程度与滚筒的形状一致。

⑤ 调整器。能对平台、试样和滚筒施加（80±5）N的力。

（2）切割工具。能制取大小为（110±1）mm×（40±1）mm的长方形试样。刀模的刀刃有大约5°向外的导角。

（3）天平。最大称重不小于100g，分度值为0.001g。

（4）秒表。时间大于12h，分度值为1s。

（5）硅脂。用于封试样切边横断面，阻止水从切口的横断面浸入。

3.25.3 试样要求

（1）试样表面应平整完好，无划痕、空洞、凹陷、杂质、污斑等缺陷。

（2）在测试前将试样放置在温度为（23±2）℃、相对湿度为（50±5）%环境条件下至少24h。

（3）每组试样不得少于两个，长方形，大小为（110±1）mm×（40±1）mm，厚度为原材料厚度。如果从鞋上取样，应从内底前部沿纵向方向进行取样；如果从片材上取样，应沿相互垂直的两个主方向进行取样。

3.25.4 检测准备

（1）调节试验环境温度为（23±2）℃、相对湿度为（50±5）%。

（2）用硅脂涂封在试样边上，以阻止水从试样边上渗入到试样中。

3.25.5 检测步骤

（1）测定试样的长度和宽度，取两边和中间各3个点的算术平均值，精确到0.2mm。计算其面积，记为S，单位为m^2。

（2）对试样进行称量，精确到0.001g，记为m_0。

（3）将试样放置在平台上，用平台上的夹具固定试样的一端，拧动调整器使平台、试样和滚筒施加（80±5）N压力，然后将试样的另一端夹到滚筒夹上。

（4）将进水阀门打开，调节平台上水的流速为7.5mL/min。

（5）开启试验机，记录试验开始时间。

（6）每隔一定的时间后，如15min，仪器运行停止前的1min停止供水，将试样取出，称其重量，精确到0.001g。

（7）将称重后的试样重新放到试验设备上，打开进水阀门，继续试验。

（8）直至8h的试验时间，在仪器停止前1min停止供水。取出试样再次称量，记录此时重量，记为m_F。如果试样在8h之前已达到饱和，则可以停止试验。连续两次称量之差在20mg以内时，可认为试样已达到饱和。

（9）将饱和的试样放置在试验环境条件下晾干16h后，再称其重量，精确到0.001g，记为m_R。

3.25.6 检测结果与处理

（1）按公式（3－27）计算吸水率W_A，单位为g/m^2

$$W_A = \frac{m_F - m_0}{S} \tag{3-27}$$

式中：m_F——湿态下试样的最终质量，g；

m_0——干态下试样的原始质量，g；

S——试样的面积，m^2。

结果准确至1g/m^2，取两次试验结果的算术平均值作为检测结果。

（2）按公式（3－28）计算解吸率 W_D，单位为％。

$$W_D = \frac{(m_F - m_R) \times 100}{m_F - m_0} \tag{3-28}$$

式中：m_F——试样的最终质量，g；

m_R——试样浸水晾干后的质量，g；

m_0——试样的原始质量，g。

结果精确到1％，取两次试验结果的算术平均值作为检测结果。

（3）详细描述在试验过程中出现的任何偏差。

（4）记录未到达试验时间前的饱和时间。

3.25.7　注意事项

（1）试样切边上不能漏涂硅脂，硅脂不能太多也不能太少，以免影响试样的夹持。

（2）每次称量试样重量时，注意不能将水弄到未与水接触的试样表面上。

3.26　衬里和内垫静摩擦力A法

3.26.1　依据与适用范围

衬里和内垫静摩擦力检测方法（A）依据GB/T 3903.37—2008《鞋类　衬里和内垫试验方法　静摩擦力》，适用于各种鞋类用衬里和内垫的检测。

3.26.2　仪器设备

（1）摩擦测试仪，如图3－29所示。

① 滑动装置。长度为（150±1）mm，宽度为（100±1）mm，质量为（700±15）g。可固定衬里和内垫试样。滑动装置的表面应光滑平整或经过抛光，边缘应光滑洁净。

② 试样支撑物。泡沫橡胶或者塑料材料，长度为（150±1）mm，宽度为（100±1）mm，厚度为3mm，中等表面密度。

③ 驱动装置。用来驱动滑动装置，能保持滑动装置运动速率稳定在（800±100）mm/min。

④ 平台。刚性结构，光滑或抛光的表面。将比对材料固定在平台上。平台的长度能允许试验中表面的相对移动大约有400mm的距离，宽度能允许与滑动装置的边缘和障碍物的任何边缘大约有50mm的距离。

⑤ 测力设备。以应变计的形式，连有自动记录

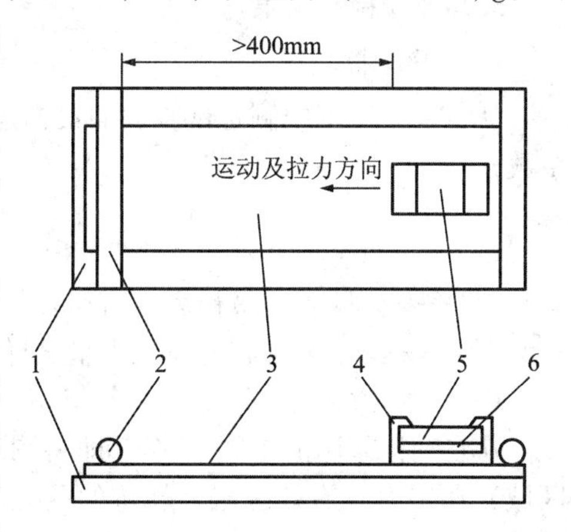

图3－29　摩擦测试仪装置示意图

1—平台；2—固定装置；3—比对试样；4—试样；5—滑动装置；6—支撑物

力设备，准确测定起始运动所需要的力以及之后保持稳定速率所需要的力。记录的反应时间小于0.25s。

⑥ 带有自动记录拉力－位移曲线的记录装置。

（2）比对试样。可以是试样本身或毛织物、皮革等材料。

（3）天平。分度值为0.1g。

（4）量具。钢直尺，量程不小于650mm，分度值不小于1mm。

3.26.3 试样要求

（1）在试验前将衬里或内垫试样和对比试样放置在温度为（23±2）℃、相对湿度为（50±5）%的环境条件下至少24h。

（2）试样表面应平整完好，无伤痕、损伤、杂质、污斑等缺陷。

3.26.4 检测准备

（1）调整试验环境条件温度为（23±2）℃、相对湿度为（50±5）%。

（2）分别在衬里或内垫材料的纵向和横向上取样，尺寸为250mm×100mm。

（3）选择对比试样，剪切宽为200mm，长大于650mm的对比试样。

3.26.5 检测步骤

（1）将对比试样完全覆盖平台，平整地固定在平台上，固定时拉伸对比材料到刚好消除皱纹和没产生非永久性形变的程度。

（2）把试样连同支撑物固定在滑动装置上，保证在测试时试样不会产生滑动、脱落、皱纹或褶皱等现象。

（3）称量连带试样和支撑物的滑动装置的质量，单位为kg。

（4）把滑动装置安放在平台的一端，并连接到测力设备上。

（5）在没有施加任何额外的向下力的情况下，将滑动装置放在平台上，使自动记录测力设备回零。

（6）设定滑动设备的速度为600mm/min，开动驱动装置。

（7）试验完成后将试样放置回原位。

3.26.6 检测结果与处理

（1）静摩擦系数（μ_s）

从自动记录图中测定试验表面最初运动所需要的最大力。按公式（3－29）计算静摩擦系数μ_s

$$\mu_s = \frac{F}{m} \tag{3-29}$$

式中：F——试验表面最初运动所需要的最大力，N；

m——滑动装置和衬里或内垫试样的质量，kg。

（2）动摩擦系数（μ_k）

从自动记录图的中间50%（即将图表等分成四部分时，取中间的第二部分和第三部分区域）测定力（有效区域）轨迹的最大值和最小值，计算平均值S，见图3－30。

按公式（3－30）计算动摩擦系数的平均值μ_k

$$\mu_k = \frac{S}{m} \tag{3-30}$$

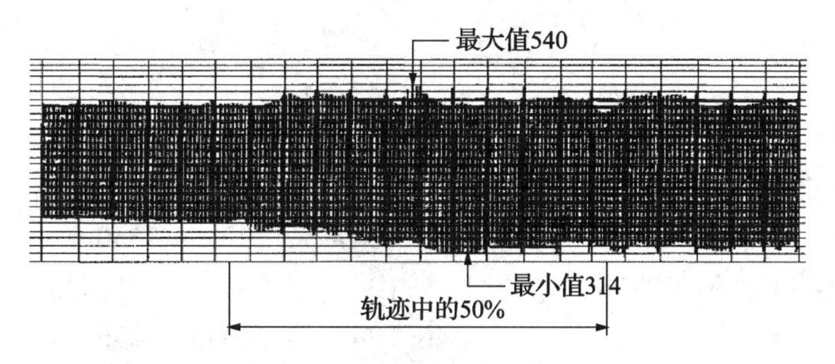

图 3-30　某试样测定力的自动记录轨迹

式中：S——有效测定的平均力值，N；

m——滑动装置和衬里或内垫试样的质量，kg。

（3）动摩擦力变化的百分比（V_k）

将自动记录曲线长度平均分成10份，记录自动记录曲线上的最大值和最小值，单位为N，按公式（3-31）计算动摩擦力变化的百分比 V_k

$$V_k = \frac{\sqrt{\frac{(F_n - S)^2 + (S - f_n)^2}{20}}}{S} \times 100 \tag{3-31}$$

式中：F_n——在 F_1，F_2，F_3，…，F_{10} 处的动摩擦力的最大值，N；

f_n——在 f_1，f_2，f_3，…，f_{10} 处的动摩擦力的最小值，N。

S——测定的有效平均力值，N。

（4）记录每个试样的试验温度与湿度。

（5）详细描述在试验过程中出现的任何偏差。

例 3-1　某涂层纺织物和毛织物的摩擦试验中，滑动装置的质量为682.7g，涂层纺织试样的质量为24g，试验后自动力值记录如图 3-31 所示。求静摩擦系数 μ_s、动摩擦系数 μ_k 和动摩擦力变化的百分比 V_k。

解：（1）查图 3-31，得到最大力 $F = 400 \times 9.8 \times 10^{-3} = 3.92$N，代入公式（3-29），得

$$\mu_s = 3.94/(682.7 + 24) \times 10^{-3} = 0.555$$

（2）查图 3-31，得到中间 50% 的最大力 $= 400 \times 9.8 \times 10^{-3} = 3.92$N，最小力 $f = 295 \times 9.8 \times 10^{-3} = 2.89$N，有效平均值 $S = (3.92 + 2.89)/2 = 3.41$N，代入公式（3-30），得

$$\mu_k = 3.41/(682.7 + 24) \times 10^{-3} = 0.483$$

（3）查图 3-31，得到 F 为 430g、410g、400g、400g、400g、395g、400g、390g、390g、390g，f 为 310g、310g、295g、297g、295g、300g、305g、305g、305g、305g，有效平均值 $S = (3.92 + 2.89)/2 = 3.41$N，则

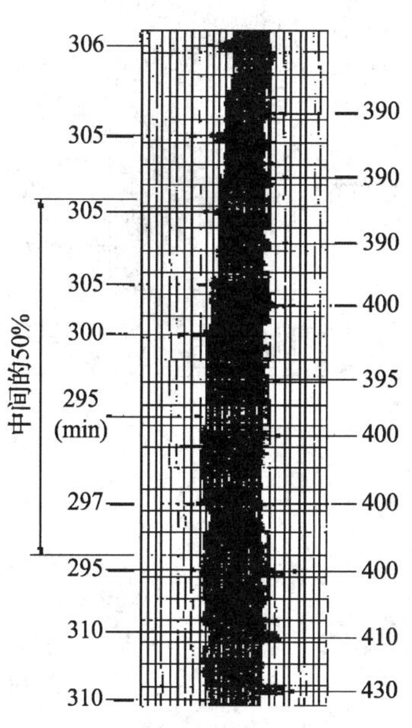

图 3-31　涂层纺织和毛织物摩擦记录曲线

$(F_n - S)^2$ + $(S - F_n)^2$

$(430-347.5)^2=6806.25$ $(347.5-310)^2=1406.25$

$(410-347.5)^2=3906.25$ $(347.5-310)^2=1406.25$

$(400-347.5)^2=2756.25$ $(347.5-295)^2=2756.25$

$(400-347.5)^2=2756.25$ $(347.5-297)^2=2550.25$

$(400-347.5)^2=2756.25$ $(347.5-295)^2=2756.25$

$(395-347.5)^2=2256.25$ $(347.5-300)^2=2256.25$

$(400-347.5)^2=2756.25$ $(347.5-305)^2=1806.25$

$(390-347.5)^2=1806.25$ $(347.5-305)^2=1806.25$

$(390-347.5)^2=1806.25$ $(347.5-305)^2=1806.25$

$(390-347.5)^2=1806.25$ $(347.5-305)^2=1806.25$

(29412.5) + (20356.5)

将以上数据代入公式（3－30），得

$$V_k = \frac{\sqrt{\frac{29412.5+20356.5}{20}\times(9.8\times10^{-3})^2}}{347.5\times9.8\times10^{-3}}\times100\% = 14.35\%$$

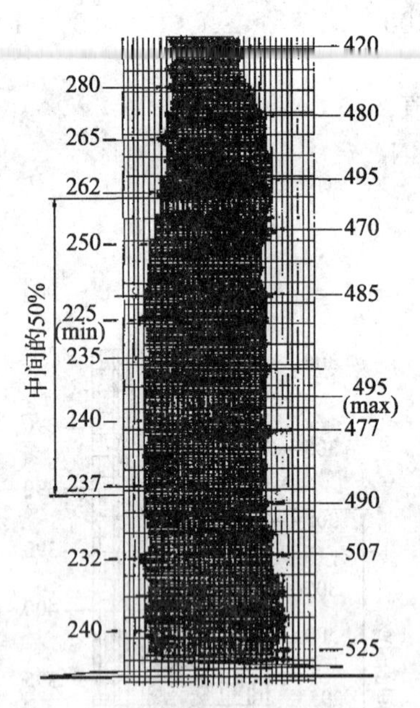

图 3－32 涂层表面和涂层表面摩擦记录曲线

例 3－2 某涂层表面和涂层表面的摩擦试验中，滑动装置的质量为 682.7g，涂层纺织试样的质量为 24g，试验后自动力值记录如图 3－32 所示。求静摩擦系数 μ_s、动摩擦系数 μ_k 和动摩擦力变化的百分比 V_k。

解：（1）查图 3－32，得到最大力 $F=495\times9.8\times10^{-3}=4.85\text{N}$，代入公式（3－29），得

$$\mu_s = 4.85/(682.7+24)\times10^{-3} = 0.686$$

（2）查图 3－32，得到中间 50% 的最大力 $=495\times9.8\times10^{-3}=4.85\text{N}$，最小力 $f=225\times9.8\times10^{-3}=2.20\text{N}$，有效平均值 $S=(4.85+2.20)/2=3.52\text{N}$，代入公式（3－30），得

$$\mu_k = 3.52/(682.7+24)\times10^{-3} = 0.498$$

（3）查图 3－32，得到 F 为 525g、507g、490g、477g、495g、485g、470g、485g、480g、420g，f 为 240g、234g、237g、240g、235g、225g、250g、262g、265g、280g，有效平均值 $S=(4.85+2.20)/2=3.525\text{N}$，则

$(F_n - S)^2$ + $(S - F_n)^2$

$(525-360)^2=27225$ $(360-240)^2=14400$

$(507-360)^2=21609$ $(360-232)^2=16384$

$(490-360)^2=16900$ $(360-237)^2=15129$

$(477-360)^2=13689$ $(360-240)^2=14400$

$(495-360)^2=18225$　　$(360-235)^2=15625$
$(485-360)^2=15625$　　$(360-225)^2=18225$
$(470-360)^2=12100$　　$(360-250)^2=12100$
$(485-360)^2=15625$　　$(360-262)^2=9604$
$(380-360)^2=14400$　　$(360-265)^2=9025$
$(420-360)^2=3600$　　$(360-280)^2=6400$
(158998)　　$+$　　(131292)

将以上数据代入公式（3-31），得

$$V_k=\frac{\sqrt{\frac{158998+131292}{20}\times(9.8\times10^{-3})^2}}{360\times9.8\times10^{-3}}\times100\%=33.47\%$$

3.26.7 注意事项

（1）将对比试样放置在水平试验台上后，应确保滑动装置的滑动面与平台完全贴服，滑动过程中试样、对比试样不能发生任何形变。

（2）每次试验必须注意平台是否处于水平状态。

（3）滑动装置放置的位置，应位于平台的中心线上，其运动轨迹与拉力方向平行。

3.27 衬里和内垫静摩擦力B法

3.27.1 依据与适用范围

衬里和内垫静摩擦力检测方法（B）依据 GB/T 3903.37—2008《鞋类　衬里和内垫试验方法　静摩擦力》，适用于各种鞋类用衬里和内垫的检测。

3.27.2 仪器设备

（1）静态摩擦测试仪，如图3-33所示。

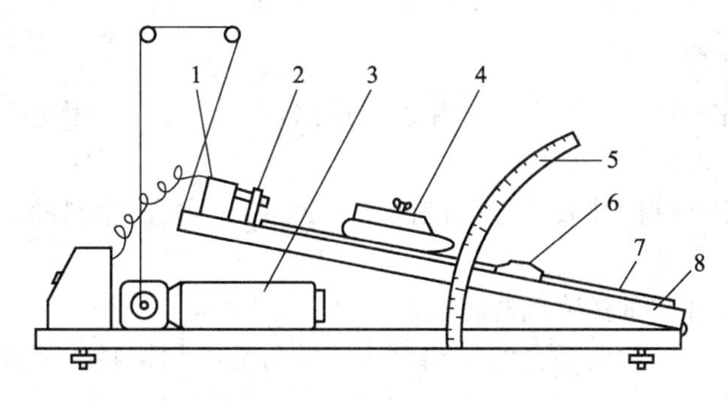

图3-33　静态摩擦测试仪装置示意图

1—开关；2—制动装置；3—马达；4—试样装载器；5—量角器；6—水平仪；7—毛织物；8—平台

① 平台。长度不小于300mm，宽度不小于100mm，用铰链与带有调整安装水平用螺丝的基板连接在一起。刚性平台应有水平仪，测定倾斜表面角度，分度值为0.5°。

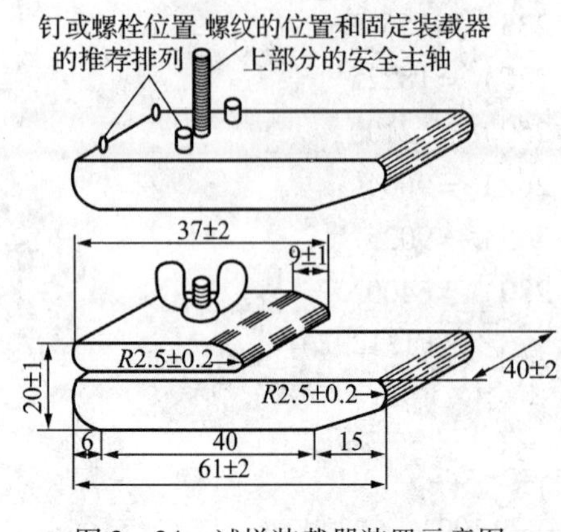

图 3－34　试样装载器装置示意图

② 毛织物。a）纤维含量：毛 90%、棉 10%，编织为 3/1 破斜纹，单位质量至少为 650g/m^3。b）单位长度线数：纬线至少为 14.6/cm，经线至少为 11.0/cmm。c）断裂强度：纬线至少为 355N/50mm，经线至少为 325N/50mm。d）尺寸变化最大为 2.0%。

③ 试样装载器。由金属制成，在装载器上部对称打孔，调节装载器和夹紧螺钉的总质量为 300g，如图 3－34 所示。

④ 马达。以（15±2）°/min 的速率使平台的平面机械倾斜。

⑤ 开关。包括与电力马达对应的一系列电路，安装在平台的上端。当试样装载器开始滑动时，能切断马达电源，使平台的平面停止倾斜。

⑥ 能对试样装载器的背面施加大约 3N 的力。

（2）天平。分度值为 0.1g。

（3）量具。钢直尺，量程不小于 650mm，分度值不小于 1mm。

3.27.3　试样要求

（1）在试验前将衬里或内垫试样和对比试样放置在温度为（23±2）℃、相对湿度为（50±5）% 的环境条件下至少 24h。

（2）试样表面应平整完好，无伤痕、损伤、杂质、污斑等缺陷。

3.27.4　检测准备

（1）调整试验环境温度为（23±2）℃、相对湿度为（50±5）%。

（2）在材料宽度的中间部分，距离材料边缘大于 50mm 的位置上进行取样，剪切宽 50mm、长 120mm 的 6 个试样，在材料的横向上取样。

（3）剪切取毛织物，长度不小于 250mm，宽 100mm，长边为横向。

3.27.5　检测步骤

（1）将毛织物完全覆盖在平台上，并平整地固定在平台上。固定时拉伸毛织物到刚好消除皱纹且未产生非永久性形变的程度。

（2）把试样固定在试样装载器上，使试样在测试时不会产生滑动、脱落、皱纹或褶皱等现象。

（3）称量连带试样和试样装载器的质量，单位为 kg。

（4）把试样装载器安放在平台的一端，使试样与毛织物接触，装载器的背面紧靠制动装置，打开微型开关。

（5）开动马达，开始试验。当平台的倾角足够使得试样和装载器沿着毛织物滑下时，释放微型开关的起动杆，停止马达。记录平台的倾角，精确到 0.5°，该倾斜角就是表面阻力的静态角度（D_s）。

（6）将试样装载器放在平台上，其背面紧靠制动装置。

（7）将平台上升到比 D_s 小 5°的角度，开启制动装置，给试样装载器施加 3N 的推力，记录试样装载器是否沿着平台自由下滑大于200mm，该角度（即 D_s-5）就是表面阻力的动态角度（D_k）。

（8）如果试样装载器不能自由滑动或下滑距离小于200mm，倾斜角度应增加1°，重复此操作直到试样装载器能自由滑动200mm以上，该角度（即 D_s – 增加的角度）就是表面阻力的动态角度（D_k）。

3.27.6 检测结果与处理

（1）计算3个值的算术平均值。

（2）记录每个试样的试验温度与湿度。

（3）详细描述在试验过程中出现的任何偏差。

3.27.7 注意事项

（1）给出的结果不以绝对摩擦系数表示，而是以倾斜平台的倾斜角度表示。

（2）毛织物放置在水平试验台上后，应确保试样装载器的滑动面与平台完全贴合。滑动过程中试样、毛织物不应发生任何形变。

（3）每次试验必须注意平台是否处于水平状态。

（4）一个试样只能进行一次测定，即测定表面阻力的静态角与动态角的试样不能重复使用。

4　部件性能检测

4.1　外底尺寸稳定性

4.1.1　依据与适用范围

外底尺寸稳定性检测方法依据 GB/T 3903.13—2005《鞋类　外底试验方法　尺寸稳定性》，适用于鞋类外底材料在加热后尺寸线性收缩率的检测。

4.1.2　仪器设备

（1）钢直尺。① 用于测量切口间的距离，以毫米为刻度，精度为 0.1mm。② 装有可调显微镜或 ×5 倍放大镜。

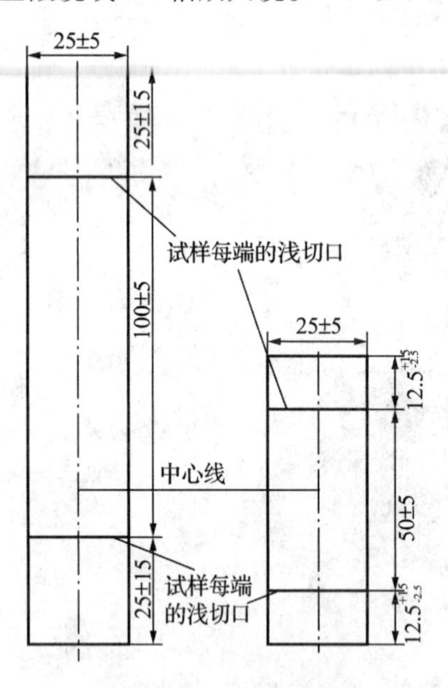

图 4－1　长、短试样大小及切口示意图

（2）切割工具。① 冲切刀模或锋利刀。能切割出如图 4－1 所示大小的试样。② 能在试样上切出相距（100 ±5）mm 或（50 ±5）mm 的平行切口线，如图 4－1 所示，深度为 0.5mm 的装置。

（3）烘箱。① 加热温度在（0～120）℃范围内可调，具有控制装置。② 箱内温度均匀偏差在 2℃之内。

（4）测厚仪。① 有稳固的平台，其压脚具有定重负荷，能施加（10 ±3）kPa 的压强。② 压脚圆形平面的直径为（10.0 ±0.01）mm。③ 最小分度值为 0.01mm。

4.1.3　试样要求

（1）试样表面应完好，无伤痕、损伤、破裂、杂质、污斑等缺陷。

（2）试样数量至少为 3 个。

（3）在试样外表面整体宽度上横向切口，其深度不超过 0.5mm。

（4）测试前将试样放置在温度为(23 ±2)℃、相对湿度为(50 ±5)% 的环境条件下至少 24h。

4.1.4　检测准备

（1）设定烘箱温度为（70 ±2）℃。

（2）调节试验环境温度为（23 ±2）℃、相对湿度为（50 ±5）%。

4.1.5　检测步骤

（1）沿着试样中心线测量两个参考切口之间的距离，测量试样加热前的长度，误差在

±0.2mm 之内，记为 L_0。

（2）将试样水平放置（保证试样的各个方面都有空气流通）在烘箱（24 ±0.5）h，进行加热老化。

（3）加热老化时间到后，将试样从烘箱中取出，在试验环境条件中放置至少 30min。如果试样卷缩，将其弄平整再进行测量。

（4）沿着试样中心线再一次测量两个参考切口之间的距离，如果测量的切口变宽，将切口宽度的中心点作为测量点，误差在 ±0.2mm 之内，记为 L。

4.1.6 检测结果与处理

（1）按公式（4-1）计算试样收缩率 S，单位为 %

$$S = \frac{L - L_0}{L_0} \times 100\% \tag{4-1}$$

式中：L_0——老化前切口间的距离，mm；

L——老化后切口间的距离，mm。

（2）取 3 个试验值中绝对值最大的数据作为试验结果。

（3）详细描述在试验过程中出现的任何偏差。

4.1.7 注意事项

（1）将试样水平放置在烘箱中时，应保证试样的各个方面都有空气流通，加热均匀。

（2）对于花纹很深的鞋底，要注意参考切口的裁剪，应保持在一条直线上。

4.2 外底抗张强度和伸长率

4.2.1 依据与适用范围

外底抗张强度和伸长率检测方法依据 GB/T 3903.22—2008《鞋类　外底试验方法　抗张强度和伸长率》，适用于各种鞋类外底的检测。

4.2.2 仪器设备

（1）拉力试验机。① 负荷范围应有分档。② 准确度为 ±1%。③ 拉伸速度在（0～300）mm/min 范围内可调，准确度为 ±2mm/min。④ 带有自动记录力－位移曲线的装置。⑤ 具有定值负荷保持功能与时间设置装置。

（2）刀模和裁刀。制备哑铃状试样的刀模，按图 4-2 所示和表 4-1 的要求。刀模窄部的平行度不应超过 0.05mm。

表 4-1　制备哑铃状试样的刀模尺寸　　单位：mm

尺　寸	Ⅰ型	Ⅱ型
L_1 总长度（最短）	115	75
L_2 端部宽度	25.0 ±1.0	12.5 ±1.0
L_3 窄部长度	33.0 ±2.0	25.0 ±1.0
L_4 窄部宽度	$6.0^{+0.4}_{0.0}$	4.0 ±0.1
L_5 外倒角半径	14.0 ±1.0	8.0 ±0.5
L_6 内倒角半径	25.0 ±2.0	12.5 ±1.0

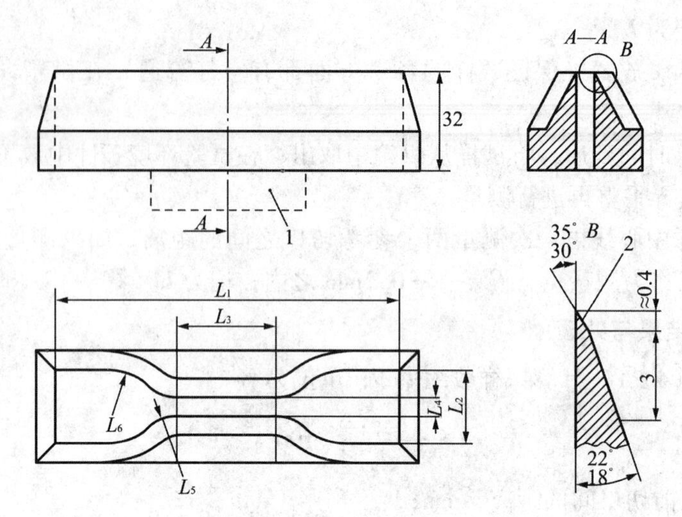

图4－2　哑铃状刀模示意图

1—与机器装配的型式；2—抛光；3—6mm（研磨）

（3）测厚仪。① 有稳固的平台，其压脚具有定重负荷，能施加（10±3）kPa 的压强。② 圆形平面压脚的直径为（10.0±0.1）mm。③ 刻度表的分度值为 0.01mm。

4.2.3　试样要求

（1）试样厚度

① 聚合材料和弹性材料的高密度外底，厚度为（2.0±0.2）mm。

② 发泡微孔底，厚度为（4.0±0.2）mm。

③ 皮革外底，厚度为外底厚度。

（2）每个试验试样数量至少为 3 个。试样的厚度通过合适的片皮机器或打磨来获得。如果可行，应保留样品的平滑原始“表皮”。有 3 种可能的试样类型：

a）两面均保留原始“表皮”的样品，记为 S_2；

b）只有保留一面原始“表皮”的样品，记为 S_1；

c）没有原始“表皮”的样品，记为 S_0。

（3）试样表面应无划伤、碰伤、折皱、缺损、裂口等缺陷。

（4）在测试前将试样放置在温度为（23±2）℃、相对湿度为（50±5）% 的环境条件下至少 24h。

4.2.4　检测准备

（1）调节试验环境温度为（23±2）℃、相对湿度为（50±5）%。

（2）选择满足试验拉力的负荷范围（即扯断力在负荷范围 20%～80% 之内），调整拉伸速度为（100±10）mm/min。

4.2.5　检测步骤

（1）标记试样。如果采用非接触式的测量器，用合适的划线器在试样上划出两条参考标线，以此确定试样的试验长度，如表 4－2 所示。在试样的窄部标记两条与试样中心等距且和试样轴线垂直的参考标线，如图 4－3 所示。标记时，试样应处于未拉紧状态。

表 4-2　哑铃状试样的试验长度　　单位：mm

试样类型	Ⅰ型	Ⅱ型
试验长度（L）	25.0 ±0.5	20.0 ±0.5

（2）测量试样厚度。用测厚仪测量试样长度的中点和两端的厚度。用 3 次测量的算术平均值计算横截面的面积。

（3）将试样的一端插到拉力试验机的上夹具钳中，使试样上的标记线与夹具钳边缘平行，保证试样不被拉伸或松弛。

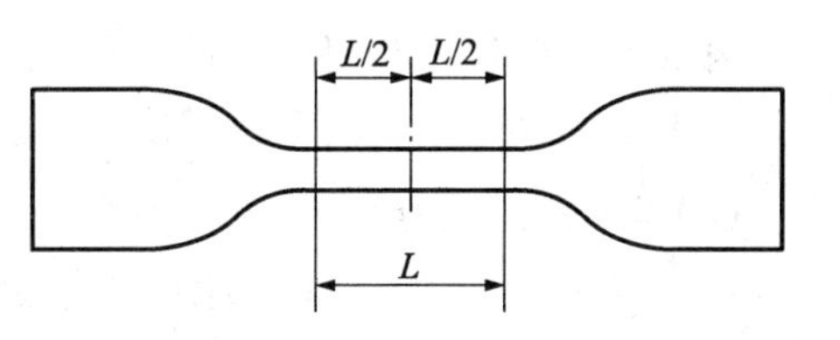

图 4-3　哑铃状试样示意图

（4）让试样自然垂直，将试样的另一端插到拉力试验机的下夹具钳中并夹紧，检查试样的标记线是否与夹具钳边缘平行。

（5）启动拉力试验机，开始拉伸，连续监控两条参考标线间长度的增量和抗张力的变化情况。

4.2.6　检测结果与处理

（1）按公式（4-2）计算抗张强度 S_{tb}，单位为 MPa

$$S_{tb}=\frac{F_b}{W\times t} \tag{4-2}$$

式中：F_b——试样断裂时的力值，N；

W——刀模窄部的宽度，mm；

t——试样在试验长度内的厚度，mm。

（2）按公式（4-3）计算断裂伸长率 E_b，单位为 %

$$E_b=\frac{100(L_b-L_0)}{L_0} \tag{4-3}$$

式中：L_b——试样断裂时的长度，mm；

L_0——试样的原始长度，mm。

（3）按公式（4-4）计算规定伸长率下的应力 S_e，单位为 MPa

$$S_e=\frac{F_e}{W\times t} \tag{4-4}$$

式中：F_e——试样达到规定伸长率时的力值，N。

（4）取 3 个试验值的算术平均值作为试验结果。

4.2.7　注意事项

（1）监控两条参考标线间长度的增量和抗张力的变化情况时，应注意避免视差引起的误差。

（2）报告中应明确标明试样的规格，以免造成混淆。

（3）如果发现试样断裂发生在两条参考标线之外，则试验数据无效，应裁取试样重新测试。

4.3　外底剖层撕裂力和层间剥离强度

4.3.1　依据与适用范围

外底剖层撕裂力和层间剥离强度检测方法依据 GB/T 3903.29—2008《鞋类　外底试验方法　剖层撕裂力和层间剥离强度》，适用于各种鞋类外底的检测。

4.3.2　仪器设备

（1）拉力试验机。① 负荷范围应有分档。② 准确度为 ±1%。③ 拉伸速度在（0～300）mm/min 范围内可调，准确度为 ±2mm/min。④ 带有自动记录力－位移曲线的装置。

（2）切割设备。① 能裁出长大于 70mm，宽为（25 ±0.2）mm 试样的冲刀或剪刀。② 能对称分割试样厚度的锋利刀片。③ 热刀。用于多层外底粘合层的分离。

（3）测厚仪。① 有稳固的平台，其压脚具有定重负荷，能使压脚与测试台接触时产生 49.1kPa 的压强。② 圆形平面压脚的直径为（10.00 ±0.05）mm。③ 刻度表的分度值为 0.01mm。

4.3.3　试样要求

（1）每组试样不得少于 3 个，试样长度至少为 75mm，宽度为（25 ±0.2）mm，并对试样厚度进行对称预割分离，分切长度为 15mm。对于多层外底，在粘合层之间插入一个加热过的刀，分切长度为 10mm。

（2）试样的长边方向应与鞋帮的 *X* 轴方向一致，*X* 轴方向按图 3－5 规定。

（3）用厚度仪测量试样的宽度。沿着长度方向，从撕裂口处向未预切割分离方向每隔 10mm 测量一点，取三点测量数值的算术平均值为试样的宽度值。

（3）在试验前将试样放置在温度为（23 ±2）℃、相对湿度为（50 ±5）% 的环境条件下至少 24h。

4.3.4　检测准备

（1）调节试验环境温度为（23 ±2）℃，相对湿度为（50 ±5）%。

（2）调整拉力试验机的零点，选择满足试验拉力的负荷范围（即扯断力在负荷范围 20%～80% 之内）。

（3）设定拉力试验机的拉伸速度为（100 ±10）mm/min。

4.3.5　检测步骤

（1）将已分开的两层向后翻转，分别夹持到拉力试验机的上、下夹具钳中，撕裂口朝向操用者。

（2）启动拉力试验机，记录试验过程中力值的轨迹，如图 1－30 所示，取平均力值。

4.3.6　检测结果与处理

（1）按公式（4－5）计算层间剥离强度 D_s，单位为 N/mm

$$D_s = \frac{F}{d} \tag{4-5}$$

式中，F 为平均力值，N；d 为试样宽度，mm。

试验结果为 3 个试验值的算术平均值。

（2）详细描述在试验过程中出现的任何偏差。

4.3.7　注意事项

（1）剖层时，对于多层外底，在粘合层之间插入一个加热过的刀，热刀温度视具体鞋底材料而定，先尝试较低温度，逐渐升高，找到最佳温度。

（2）对于多层外底，取试样的厚度应使两层的厚一样或强度低层应该厚一些。

（3）试样的撕裂线应与拉力试验机的夹具口平行。

4.4　外底撕裂强度

4.4.1　依据与适用范围

外底撕裂强度检测方法依据 GB/T 3903.12—2005《鞋类　外底试验方法　撕裂强度》，适用于鞋类外底材料的检测。

4.4.2　仪器设备

（1）拉力试验机。① 负荷范围应有分档。② 准确度为 ±1%。③ 拉伸速度在（0 ~ 300）mm/min 范围内可调，准确度为 ±2mm/min。④ 带有自动记录力 - 位移曲线的装置。⑤ 具有定值负荷保持功能与时间设置装置。

（2）测厚仪。① 有稳固的平台，其压脚具有定重负荷，能施加（10 ±3）kPa 的力。② 圆形平面压脚的直径为（10 ±0.1）mm。③ 刻度表的分度值为 0.01mm。

（3）切割工具。① 能制取如图 4 -4 大小试样的冲剪切刀或剪刀。② 刹刀片或锋利刀。用于在试样上产生切口或者缺口。③ 片皮机器或磨片机。用于获取适当厚度的试样。

4.4.3　试样要求

（1）试样的厚度

① 合成和橡胶实芯外底，厚度为（2.0 ±0.2）mm。

② 发泡微孔外底，厚度为（4.0 ±0.2）mm。

③ 皮革外底，厚度为原始厚度。

（2）试样的宽度

① 皮革外底，宽度为 40mm。

② 其他材料外底，宽度为 15mm。

（3）试样表面应平整完好，无划伤、折皱、缺损、裂口等缺陷。

（4）在测试前将试样放置在温度为（23 ±2）℃、相对湿度为（50 ±10）% 的环境条件下至少 24h。

4.4.4　检测准备

（1）调整试验环境温度为（23 ±2）℃、相对湿度为（50 ±5）%。

（2）选择满足试验拉力的负荷范围（即扯断力在负荷范围 20% ~80% 之内），调整拉伸速度为（100 ±10）mm/min。

（3）每个试验试样数量至少为 3 个。试样的厚度通过合适的片皮机器或磨片机来获得。

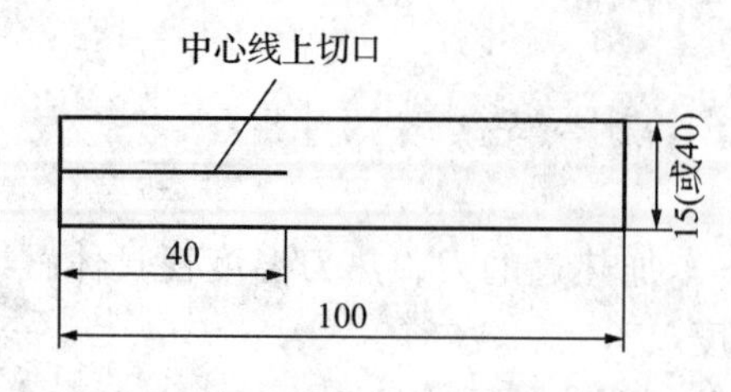

图4－4　裤形试样示意图

如果可行，应保留样品的平滑原始“表皮”。有3种可能的试样类型：

a）两面均保留原始“表皮”的样品，记为S_2；

b）只有保留一面原始“表皮”的样品，记为S_1；

c）没有原始“表皮”的样品，记为S_0。

（4）用剃刀片或锋利刀，在试样一端沿着试样长度方向在中心线上切开约40mm长的缺口，如图4－4所示。

4.4.5　检测步骤

（1）用厚度仪在试样未撕裂部分沿中心线方向的不同部位各取3点进行测量，并以其算术平均值作为试样厚度。

（2）将试样的撕裂口朝向操作者，将试样裤形中的一裤夹到拉伸机的上夹具上，另一裤夹到下夹具上，如图2－17所示，切口处沿线必须与拉力方向重合。

（3）开启拉伸机直至试样撕裂为止。在实验过程中注意观察撕裂口处的裂纹走向。

4.4.6　检测结果与处理

（1）按公式（4－6）计算撕裂强度T_S，单位为N/mm。

$$T_s = \frac{F}{d} \tag{4-6}$$

式中，F为拉伸力的中位数，N；d为试样平均厚度，mm。

（2）取3个试样的算术平均值作为试验结果。

（3）拉伸力的中位数计算

① 在力－位移曲线上的峰值数少于5时，通过全部峰值确定中位数。若只有一个峰时，则该峰的值即为中位数。

② 在力－位移曲线上的峰值数为5～20时（如图1－37所示）通过完整曲线中部80%范围内的峰值，确定其中位数。

例4－1　某外底测试试验中，从力－位移曲线上获得7个撕裂力为10.5N、9.0N、12.0N、11.4N、10.4N、9.8N、9.2N，试样厚度为2mm，计算其撕裂强度。

解：把撕裂值从小到大排列：9.0、9.2、9.8、10.4、10.5、11.4、12.0，中间数为10.4，其中位数为10.4N。

该外底的撕裂强度＝10.4/2＝5.2（N/mm）

例4－2　某外底测试试验中，从力－位移曲线上获得8个撕裂力为10.5N、9.0N、12.0N、11.4N、10.4N、9.8N、9.2N、10.0N，试样厚度为2mm，计算其撕裂强度。

解：把撕裂值从小到大排列：9.0、9.2、9.8、10.0、10.4、10.5、11.4、12.0。中间数为两个，10.0与10.4，其中位数＝(10.0＋10.4)/2＝10.2（N）。

该外底的撕裂强度＝10.2/2＝5.1（N/mm）

4.4.7　注意事项

（1）如果试验中出现试样撕裂方向与试样长向不平行现象，则试验结果无效。

（2）切试样缺口时，在切口的最后1mm处，必须垂直一刀完成，不允许出现斜偏现象。

4.5 外底压缩能

4.5.1 依据与适用范围

外底压缩能检测方法依据 GB/T 3903.28—2008《鞋类 外底试验方法 压缩能》，适用于各种鞋类外底的检测。

4.5.2 仪器设备

（1）拉力机。① 负荷范围应有分档。② 准确度为 ±1%。③ 压缩速率在（0～300）mm/min 范围内可调，准确度为 ±2mm/min。④ 带有自动记录力－位移曲线的装置。⑤ 具有定值负荷保持功能与时间设置装置。

（2）试验压头。用聚乙烯制成标准鞋楦的后部（即试验压头）。鞋楦在与底边缘垂直且与后部轴线成 90°的平面上被剖开，如图 4－5 所示。压头的长度与鞋号的关系见表 4－3。

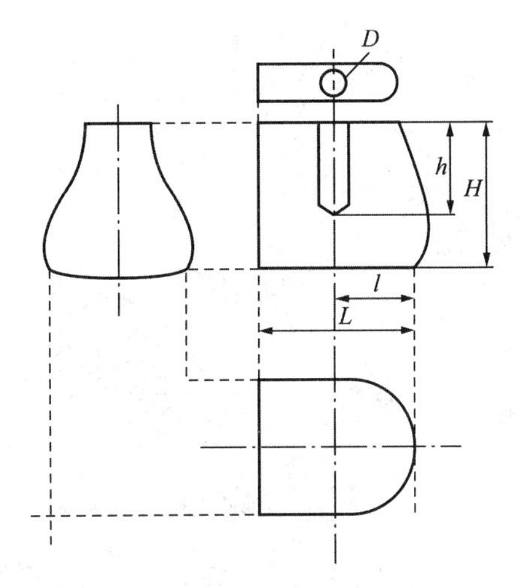

图 4－5 试验压头示意图

表 4－3 压头与鞋号的关系表

鞋号			尺寸				
世界鞋号	法国鞋号	英国鞋号	L/mm	l/mm	H/mm	h/mm	D/mm
235	36	3	65.0 ±1	32.5 ±1	60 ±1	40 ±1	14 ±0.5
245	37/38	4/5	67.5 ±1	33.7 ±1			
255	39/40	6	70.1 ±1	35.0 ±1			
265	41/42	7/7，5/8	72.5 ±1	36.2 ±1			
275	43/44	9/10	75.5 ±1	37.7 ±1			
285	45 以上	11 以上	77.5 ±1	38.5 ±1			

4.5.3 试样要求

（1）在试验前将试样放置在温度为（23 ±2）℃、相对湿度为（50 ±5）% 的环境条件下至少 24h。

（2）试样数量至少为同一尺码的外底 2 只。

4.5.4 检测准备

（1）调节试验环境温度为（23 ±2）℃，相对湿度为（50 ±5）%。

（2）调整压缩速率为（10 ±2）mm/min，定值负荷为 5000N 压力。

4.5.5 检测步骤

（1）将带有后跟的外底，水平地放在钢制拉伸试验机的平台上。

（2）按表 4－3 选用与试样鞋底相应的试验压头后跟，放置到外底内部的鞋跟中心部位上。

（3）开启拉力试验机，直至达到5000N的压力。

4.5.6　检测结果与处理

（1）对每个试验做出负荷－压缩曲线，如图4－6所示。

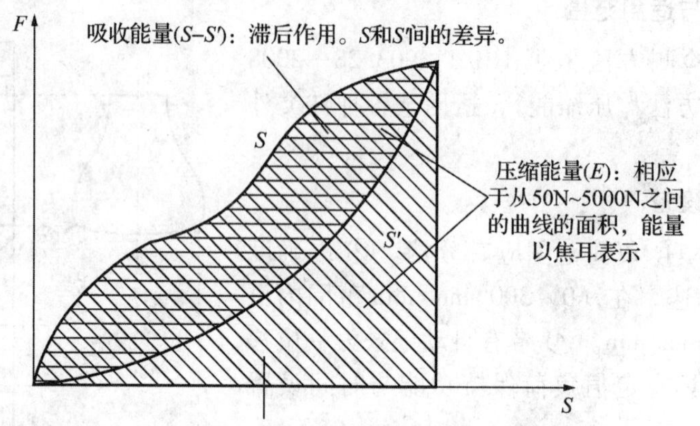

图4－6　负荷－压缩曲线

按公式（4－7）进行计算压缩能量E，单位为J，精确到整数位

$$E = \int F \cdot ds \tag{4-7}$$

式中：F——应用力，N；

s——变形量，m。

取两个试样值的算术平均值作为试验结果。

（2）详细描述在试验过程中出现的任何偏差。

4.5.7　注意事项

试验时试验压头后跟要对准外底内部的鞋跟中心部位，否则会影响试验结果。

4.6　外底针撕破强度

4.6.1　依据与适用范围

外底针撕破强度检测方法依据GB/T 3903.14—2005《鞋类　外底试验方法　针撕破强度》，适用于鞋类外底材料针撕破强度的检测。

4.6.2　仪器设备

（1）拉力试验机。①负荷范围应有分档。②准确度为±1%。③拉伸速度在（0～300）mm/min范围内可调，准确度为±2mm/min。④带有自动记录力－位移曲线的装置。⑤具有定值负荷保持功能与时间设置装置。

（2）针。直径为（1±0.01）mm的平滑表面的钢针，或者弹性钢丝，将其端头磨尖。

（3）测厚仪。①有稳固的平台，其压脚具有定重负荷，能施加（10±3）kPa的力。②圆形平面压脚的直径为（10±0.1）mm。③刻度表的分度值为0.01mm。

（4）夹具。吊钩装置之间的距离可以调到试样的厚度。夹具钳应有合适的保护装置，防止针跳出，如图 4－7 所示。

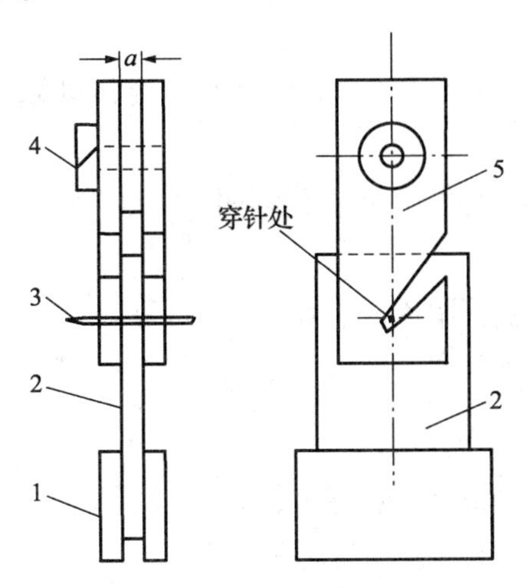

图 4－7　夹具装置示意图

1—下夹具；2—试样；3—针；4—固定螺栓；5—吊钩装置

4.6.3　试样要求

（1）试样为条状，长度为（50±1）mm，宽度为（20±1）mm，如图 4－8 所示。

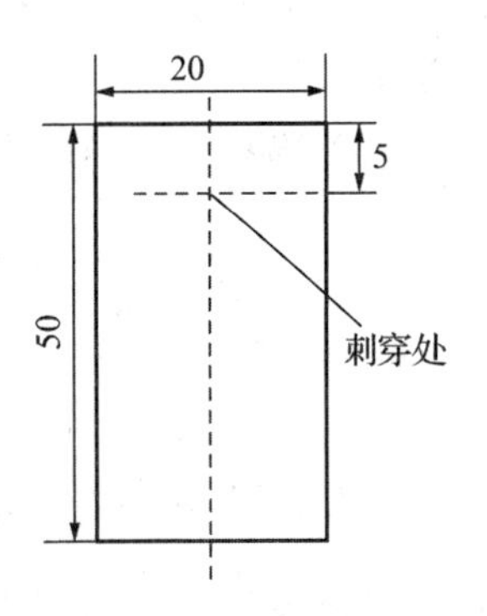

图 4－8　试样大小

（2）试样的厚度要求

① 合成和橡胶实芯外底，厚度为（2.0±0.2）mm。

② 发泡微孔外底，厚度为（4.0±0.2）mm。

③ 皮革外底，厚度为原始厚度。

（3）试样表面应平整完好，无划伤、碰伤、折皱、缺损、裂口等缺陷。

（4）在测试前将试样放置在温度为（23±2）℃、相对湿度为（50±5）% 的环境条件下至少 24h。

4.6.4　检测准备

（1）调整试验环境温度为（23±2）℃、相对湿度为（50±5）%。

（2）每个试验试样数量至少为 3 个。试样的厚度通过合适的片皮机器或打磨来获得。如果可行，应保留样品的平滑原始“表皮”，有 3 种可能的试样类型：

① 两面均保留原始“表皮”的样品，记为 S_2。

② 只有保留一面原始“表皮”的样品，记为 S_1。

③ 没有原始“表皮”的样品，记为 S_0。

（3）选择满足试验拉力的负荷范围（即扯断力在负荷范围 20% ~80% 之内），调整拉伸速度为（100±10）mm/min。

4.6.5　检测步骤

（1）用测厚仪在试样刺穿处周围的不同部位各取 3 点进行测量，并以其算术平均值作为试样厚度。

（2）在距离试样边缘5mm的中心部位用针刺穿试样，保持针与试样面垂直，一次性刺穿，将带针试样放置在夹具钳中。

（3）调节吊钩装置之间的距离（a），使其与试样初接触。将试样底部夹持在下夹具钳中。

（4）开启拉伸机直至试样拉断为止，读取试样被针撕破的最大力值，单位为N。

4.6.6 检测结果与处理

按公式（4-8）计算针撕破强度 S_a，单位为N/mm

$$S_a = \frac{F}{d} \tag{4-8}$$

式中，F 为最大撕破力值，N；d 为试样厚度，mm。

为取3个试样的算术平均值作为试验结果。

4.6.7 注意事项

（1）需打磨的试样，鞋底应顺着外底方向裁取，并按外底方向打磨，打磨后的试样应符合试样厚度的要求。

（2）将打磨后的试样在温度为（23±2℃），相对湿度（50±5）%下至少调节24h后方可试验。

（3）调整 a 的值略大于试样的宽度，但不能夹住试样。

4.7 外底不留痕迹性

4.7.1 依据与适用范围

外底不留痕迹性检测方法依据GB/T 24129—2009《胶鞋、运动鞋外底不留痕试验方法》，适用于各类胶鞋、运动鞋外底不留痕迹性能判别的检测。

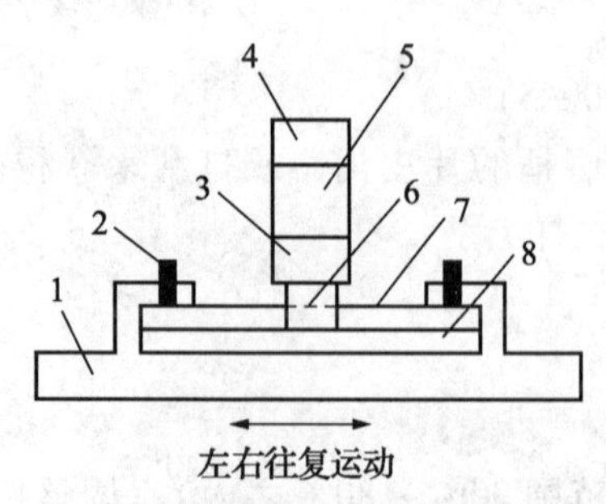

图4-9 不留痕试验装置示意图
1—平台；2—夹具螺钉；3—试验头；4—砝码；5—试验柱；6—试样；7—压板；8—标准板

4.7.2 仪器设备

（1）不留痕试验仪，如图4-9所示。

① 水平金属平台。带有固定夹，能将标准面板固定在平台上。

② 试验柱及试验头。试验柱和试验头总质量为(300±5）g。试验柱上装负荷加载装置，下装试验头，可上下自由活动；试验头用于夹持试样，试样槽为圆柱形，直径为（$11.4^{+0.2}_{0}$）mm，槽深（4.0±0.2）mm。

③ 调节试验头的装置，能使试样表面与试验平台上的标准板接触，并保持平行。

④ 砝码。质量为（600±5）g。加载后使试样负荷总质

量为（900 ±10）g。

⑤ 调节装置。调节试验柱，使试验头上的试样与 PU 标准板保持水平接触。

⑥ 驱动试验往复运动装置，能保证金属平台进行左右往复运动，行程为（100.0 ±2.0）mm，频率为（40 ±2）次/min（往返记作一次）。

⑦ 可预置计数的记数装置。

（2）标准板。白色或黑色 PU 板，尺寸为（175 ±5）mm ×（70 ±5）mm，静态摩擦系数为（0.6 ±0.02），硬度为（80 ±2）度（邵氏 A）。

（3）裁刀。旋转裁刀，裁刀的内径为（$11.4_{-0.1}^{0}$）mm，转速大于 1000r/min。

（4）游标卡尺。分度值为 0.02mm。

（5）评定灰色样卡。按 GB/T 251—2008《纺织品　色牢度试验　评定沾色用灰色样卡》规定。

4.7.3 试样要求

（1）从外底前掌取 2 个试样，如图 4 –10 所示。从外底的跖趾部位，距边沿（12 ±1）mm 处内外侧各裁取一个试样，再从外底鞋跟中央距最后端（12 ±1）mm 处裁取一个试样。

（2）每组试样不应少于 6 个，试样为圆柱形，直径为（$11.40_{-0.1}$）mm，高度为（6.0 ±0.2）mm。

（3）在测试前将试样放置在温度为（23 ±2）℃，相对湿度为（50 ±5）% 的环境条件下至少 6h。

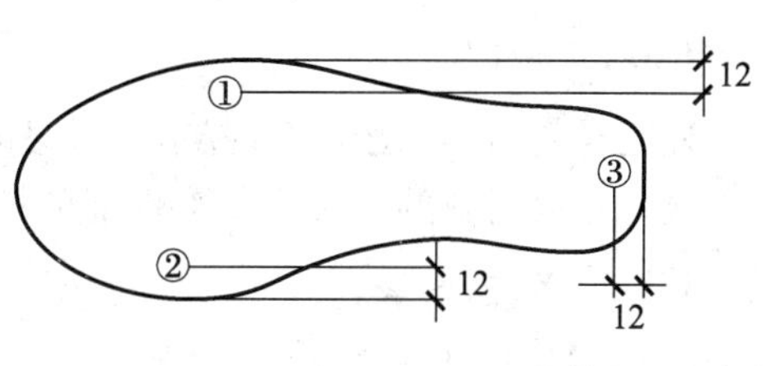

图 4 –10　试样取样部位示意图

4.7.4 检测准备

（1）按图 4 –10 要求切取试样 6 个。

（2）调节试验环境温度为（23 ±2）℃，相对湿度为（50 ±5）% 。

（3）根据要求设定摩擦次数，一般为 20 次。

4.7.5 检测步骤

（1）根据试样颜色选择标准板，白色试样用黑色标准板，其他颜色试样用白色标准板。

（2）将经过环境调节的试样装进试验头的凹槽内。

（3）在试验柱上加载砝码，使试验头的总质量为（900 ±10）g。

（4）使试样与摩擦平台上的标准板保持水平接触。

（5）启动开关，开始试验，达到规定摩擦次数后停机，试验结束，取下试样进行比对评级。

4.7.6 检测结果与处理

（1）按沾色灰色样卡评定试样在标准板上的留痕程度。

（2）评定方法

① 自然光源，晴天向北（上午 9:00 ~ 下午 3:00），避免外界环境物体反射光的影响。

② 人工光源，采用标准多光源光箱。

（3）观察方法

光源的照明方向与试样表面约成 45°角，观察方向接近垂直于试样表面，如图 2 – 11

所示。

（4）以留痕程度最严重的为最终结果。

4.7.7 注意事项

（1）从鞋底上裁取的试样必须磨平，否则试样不能与摩擦平台上标准板保持水平接触，影响试验结果。

（2）经过打磨的试样表面须重新放置在温度为（23 ±2）℃，相对湿度为（50 ±5）% 环境条件下至少 6h。

（3）如果鞋底厚度不够，可将试片粘在同类材料的基片上，达到试样规定的厚度（6.0 ±0.2）mm。

（4）如果试样有反光现象，在评级时可以调整光源为垂直试样方向，观察方向与试样成 45°角，如图 2－24 所示，避免产生眩目现象，影响判定。

4.8 外底材料 90°屈挠性

4.8.1 依据与适用范围

外底材料 90°屈挠性检测方法依据 HG/T 2411—2006《鞋底材料 90°屈挠试验方法》，适用于测定鞋底材料的耐屈挠龟裂性能的检测。

4.8.2 仪器设备

（1）屈挠试验机

① 试样夹具装置，如图 4－11 所示。

② 屈挠频率在（0 ~5）Hz 可调，温度在（－10 ~0）℃范围内可调，并自动控制准确至 0.5℃，箱内温度分布均匀度为 ±1℃。

③ 有温度设定控制屈挠开启装置。

④ 有照明装置，及能从外面观察试样割口处的视窗。

（2）刺穿凿刀。用来在试样上割出一个初始割口，凿刀刀刃为 2mm，如图 4－12 所示。

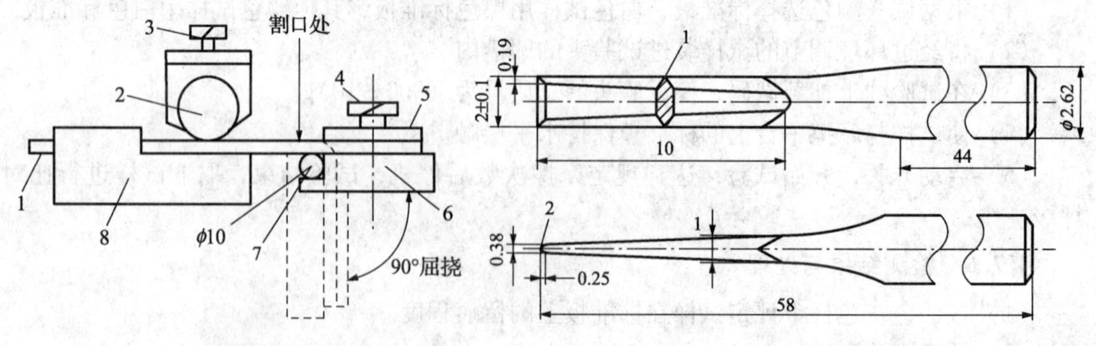

图 4－11 试样屈挠安装示意图

1—试样；2—可调上辊轴；3—提升辊轴螺母；4—夹具螺母；5—夹具；6—屈挠臂；7—固定芯轴；8—导向凹槽

图 4－12 刺穿凿刀示意图

1—从锥形到顶尖的刀刃两面的直角锐边；2—锐边

（3）直径为 15mm 的芯轴，用于测量割口长度时弯曲试样。

（4）游标卡尺。量程不小于 125mm，分度值不小于 0.05mm。

（5）切割工具。能制取如图 4－13 大小试样的冲剪切刀或剪刀。

4.8.3　试样要求

（1）成品（鞋底）成型 96h 后方可制成试样进行试验，试样宽度为 25mm，长度为 150mm，厚度为（5.0 ±0.2）mm，如图 4－13 所示。每一鞋底材料制备 3 个试样。

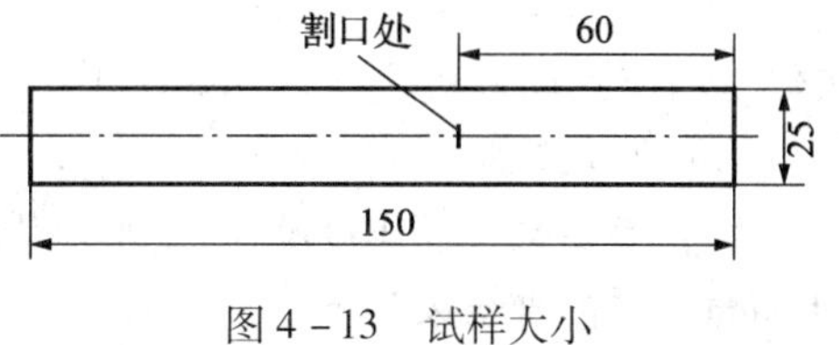

图 4－13　试样大小

（2）如果成品厚度超过 5mm，切割并轻轻打磨试样的两面，除去花纹，将试样厚度减至标准厚度。

（3）如果成品厚度不到 5mm，按实际厚度作为试样厚度。

（4）试样表面应无伤痕、损伤、杂质、污斑和气泡等缺陷。

4.8.4　检测准备

（1）在穿着面（外面）距试样的一端 60mm 处，用刺穿凿刀对每个试样割口。割口长度位于试样的中心线上，并垂直于中心线，刺穿凿刀应将试样垂直割透，在试样的另一面伸出 15mm，并停留 15s 以上。

（2）试样在温度为（23 ±2）℃、相对湿度为（50 ±5）% 的环境条件下放置 24h 后，在温度为（－5 ±2）℃下进行试验。

（3）将试样围绕在一根直径为 15mm 的芯轴上弯曲 45°，用游标卡尺测量割口的长度，并记录每个试样的初始割口长度，精确到 0.1mm。

（4）屈挠频率设定在（1.0 ±0.1）Hz，温度设定在（－5 ±2）℃。

4.8.5　检测步骤

（1）用手转动屈挠试验机的驱动轮，使屈挠臂处于水平位置，拧动提升辊轴螺母升起辊轴，拧动夹具螺母松开固定试样的夹具。

（2）将试样的正面（即穿着面）朝上放入导向凹槽中，通过辊轴将试样插到屈挠臂与夹具之间，保证试样的割口处正好处在固定芯轴左边缘切线的正上方，左、右偏差不超过 0.5mm。

（3）锁紧屈挠臂与夹具上的夹具螺母，把试样平稳地固定在屈挠臂上。

（4）调整辊轴上的提升辊轴螺母，使辊轴与导向凹槽之间的距离正好为试样的厚度。在屈挠过程中始终保持辊轴与导向凹槽之间的距离不变，并保证在屈挠试样时试样的另一端能在辊轴与导向凹槽之间自由移动。

（5）试样安装好后开启降温模式，到达试验温度后立即进行屈挠试验。

（6）在屈挠开始后，每隔一段时间（比如开始时每隔 1h）检查试样初始割口长度的增长或新裂纹形成的情况。

（7）试样屈挠已达到规定次数后，或当初始割口增长 6mm 或以上时，停止屈挠试验，并把试样从低温箱中取出。

（8）取出试样后，将试样绕直径为 15mm 的芯轴弯曲 45°，测量裂口长度，并作好记录，精确到 0.1mm。

4.8.6 检测结果与处理

（1）如果未达到规定屈挠次数而割口增长已达过6mm停止试验，用屈挠次数表示结果。

（2）如果达到规定屈挠次数（即在此屈挠次数后割口增长小于6mm），用达到规定屈挠次数时的割口增长量表示结果。

（3）当观察到割口增长略小于及略大于6mm时的屈挠次数时，割口增长6mm时的屈挠次数可用作图插入法或计算插入法求出。

（4）记录试验温度。

例4－3 某鞋底10000次的90°屈挠性能检测。经试验检测9000次后，割口增长已达到6mm，则报告结果为：

温度－5℃，屈挠9000次，割口增长6mm。

例4－4 某鞋底10000次的90°屈挠性能检测。经试验检测10000次后，割口增长为4.6mm，则报告结果为：

温度－5℃，割口增长为4.6mm。

例4－5 某鞋底10000次的90°屈挠性能检测。经试验检测9000次后，割口增长为7.3mm，用计算插入法，得割口增长到6mm的次数＝(9000×6.0)/7.3＝7500，则报告结果为：

温度－5℃，屈挠7300次，割口增长6mm。

4.8.7 注意事项

（1）夹持试样时，应注意调整辊轴，不能将试样压死又不能太松，要松紧适宜。

（2）割口长度应垂直于试样的中心线，割口应处于中心线上，安装时割口长度方向应与芯轴轴心线平行。

4.9 外底耐折性

4.9.1 适用范围

外底耐折性检测方法依据QB/T 2885—2007《鞋类　外底试验方法　耐折性能》，适用于纵向刚度小于30N外底的检测。

4.9.2 仪器设备

（1）外底纵向刚度测定仪，如图4－14所示。

① 测力范围在（0～50）N，允差为1%

② 夹持装置。将待测鞋外底的前部夹持到底座上。

（2）测定外底耐折设备，如图4－15所示。

① 芯轴，直径为（30±0.1）mm，外底围绕芯轴弯曲。

② 外底围绕芯轴轴线弯曲，频率为（135～150）次/min，屈挠角度为（90±2）°。

③ 记录屈挠次数的计数器。

（3）测量设备。游标卡尺，准确至0.1mm，或使用标有刻度的光学放大镜。

（4）割口刀

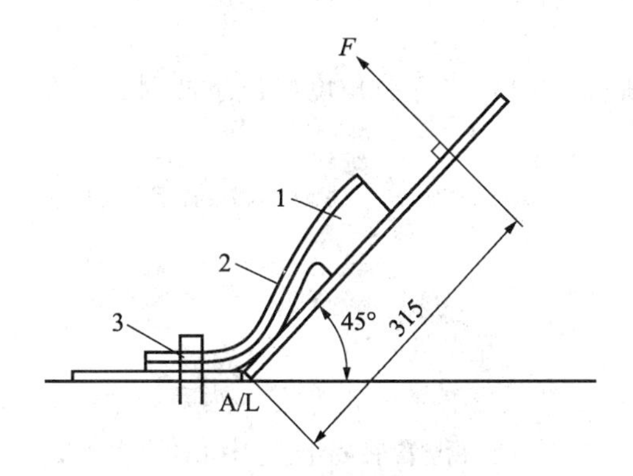

图 4 - 14　外底纵向刚度检测仪示意图

1—外底；2—标准内底；3—夹持装置；
A/L—底座铰链轴；F—施加的力

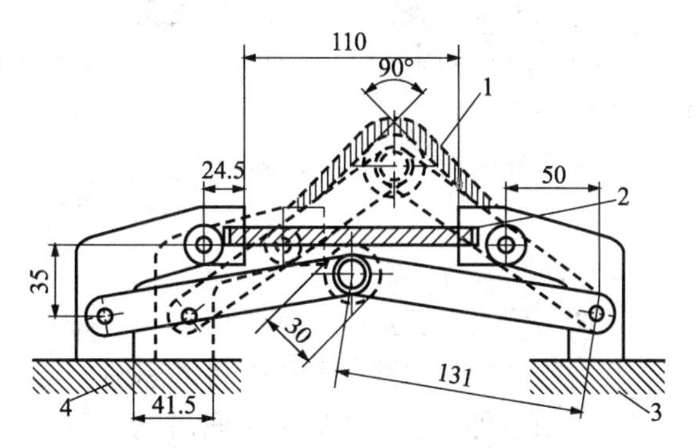

图 4 - 15　外底耐折试验示意图

1—最大屈挠位置时的试样；2—未进行屈挠时
的试样；3—固定支座；4—可移动支座

4.9.3　试样要求

（1）取样

① 从整鞋上取样

a）从子口处分离鞋或靴的帮面和外底，保留内底和粘合绷帮区域；

b）如果外底底墙上升到帮面上，比如梗或假沿条，应将前部打磨平，但不要超过内底。

② 试样为成型外底

在进行刚度和耐折性能试验之前，外底试样不应少于 3 个（如果有可能，应使用粘合剂粘合合适尺寸和形状的标准内底，干燥 24h。每组涵盖整个尺寸范围）。

③ 试样准备所需内底要求

材料为纤维板，厚度为（2 ±0. 1）mm，层积紧度为（0. 55 ±0. 05）g/cm^3。

（2）在测试前将试样放置在温度为（23 ±2）℃、相对湿度为（50 ±10）% 的环境条件下至少 24h。

4.9.4　检测准备

（1）调整试验环境温度为（23 ±2）℃、相对湿度为（50 ±10）% 。

（2）标注试样试验线，如图 3 - 5 所示。

① 将外底放在水平面上，靠在一个垂直板上，此垂直面与外底内侧的两个接触点为 *A* 点和 *B* 点。放置另外两个垂直板，与第一个垂直面垂直，与外底的前部和后跟部位的接触点分别为 *M* 点和 *N* 点。画一条过 *M* 点和 *N* 点的直线，此线即为外底的中心线——*X* 轴。

② 经 *A* 点与 *MN* 线垂直画线，延伸到外底边缘 *C* 点，*AC* 连接线即为外底的屈挠线（即试验线）。在 *AC* 线上做割口标记。

4.9.5　检测步骤

（1）测量外底刚度

① 使外底的屈挠线 *AC* 与刚度测定仪底座上的铰链轴 A/F 平行，并在铰链轴的正上方。

② 外底前部由夹持装置固定在底座上。

③ 以（100±10）mm/min 的弯曲速度弯曲外底，至 45°的弯曲角度，记录此时的力值，单位为 N，精确到 1N。

④ 如果外底弯曲 45°所需要的力大于 30N 时，则不做耐折试验，整个试验结束，直接出具报告单。

（2）外底耐折试验

① 调整耐折试验设备，使外底弯曲至最大角度位置，见图 4－15。

② 将鞋底的屈挠线与耐折设备的芯轴平行，并尽量位于芯轴的正上方，然后夹紧鞋底。

③ 在固定外底上用肥皂和水润滑割口刀进行透割，割口位置在标记的中心位置，割口与屈挠线平行。使用测量设备测定切口的长度，记录此长度为 L_0，精确到 0.1mm。

④ 开动机器，外底屈挠次数为 30000 次。在完成规定屈挠次数后，停止试验仪器，试验仪器不要在最大屈挠状态停放。

4.9.6 检测结果与处理

（1）调节仪器使外底在最大屈挠角度时，使用测量工具再次测定切口长度。记录此长度为 L_f，精确到 0.1mm。

（2）计算切口增长长度 $L_f - L_0$。

（3）在外底仍然处于最大屈挠状态时，检查形成的其他裂纹，记录裂纹数量和最大裂纹长度，精确到 0.5mm。同时，检查自然产生的裂纹，记录最大裂纹的长度。

4.9.7 注意事项

（1）在测量外底刚度时，可在鞋跟下添加润滑剂，避免由于摩擦而额外增加施加的力，影响测量精度。

（2）如果在外底的屈挠线 *AC* 上正好有防滑块，确定距离 *AC* 线中心位置最近的两个防滑块，在这两个防滑块的中间进行割口。

（3）在进行耐折试验时，如果试样在夹具中松动、脱落，应及时停机，重新调整安装试样。

4.10 胶鞋外底屈挠性

4.10.1 依据与适用范围

胶鞋外底屈挠性检测方法依据 HG/T 2873—2008《胶鞋鞋底屈挠试验方法》，适用于胶鞋鞋底、橡胶鞋底、橡塑冷粘鞋鞋底、橡塑凉拖鞋鞋底和注塑鞋鞋底的屈挠性能检测。

4.10.2 仪器设备

（1）屈挠试验机。① 上、下夹持器最大间距为（95.0±0.5）mm，最小间距为（60.0±0.5）mm。② 夹持器行程为（35.0±1.0）mm。③ 下夹持器往复频率（300±10）次/min。④ 具有计数装置。

（2）游标卡尺。分度值为 0.02mm。

（3）切割工具。标准切刀或剪刀。

4.10.3 试样要求

（1）每组试样为一双鞋底，鞋号应取200以上。

（2）成鞋硫化与试验的时间间隔不少于16h。

（3）在测试前将试样放置在温度为（23±2）℃、相对湿度为（50±10）%的环境下至少16h。

（4）试样表面应无伤痕、损伤、杂质、污斑和气泡等缺陷。

4.10.4 检测准备

（1）调整试验环境温度为（23±2）℃、相对湿度为（50±10）%。

（2）试样为成鞋，沿试样鞋底前掌的全宽截取垂直于弯曲处跖趾部位的试样（带海绵中底或硬中底），其长度为（150±2）mm，橡胶鞋底则直接按上述要求取样。

（3）使用橡塑冷粘鞋、橡塑凉拖鞋鞋底试样，用切割工具在两只鞋底前掌部位各裁取长（150±2）mm，宽（25±1）mm，厚（5±0.5）mm的试样。厚度不到5mm的鞋底，按实际厚度取样，如图4－16所示。

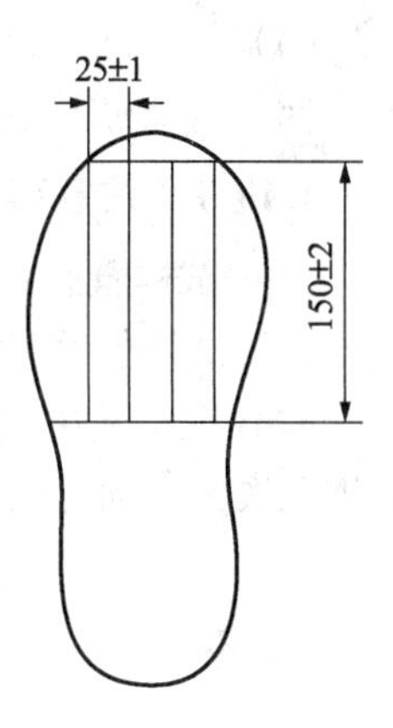

图4－16 取样位置示意图

（3）按要求预置屈挠次数，将试验机计数器清零。

4.10.5 检测步骤

（1）调整夹持器行程为最大95mm时，先将试样鞋底在上夹持器上夹平，使试样鞋底的花纹最深处处于行程的中间位置，拧紧上夹持器上的固定螺丝，夹紧试样鞋底。

（2）让试样鞋底自由垂直地夹在下夹持器上，使鞋底前掌弯曲部位朝向操作者，如图4－17所示，钮紧下夹持器上的固定螺丝，夹紧试样鞋底。

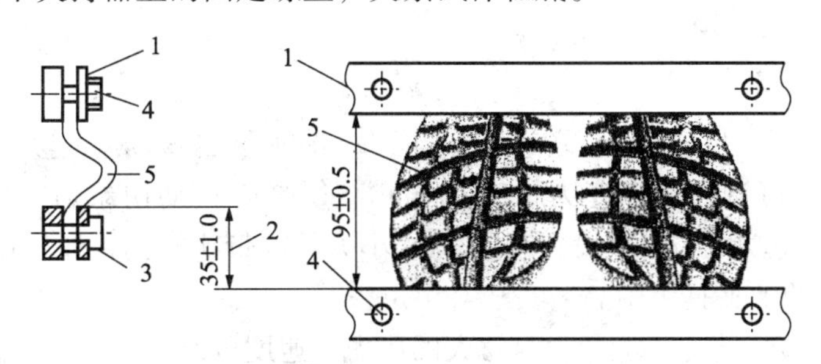

图4－17 夹持试样鞋底的示意图

1—上夹持器；2—行程；3—下夹持器；4—固定螺丝；5—试样鞋底

（3）启动试验机，开始试验。

（4）试验必须连续进行，并保持花纹向外弯曲，每屈挠10000次停机检查一次，屈挠累计数超过30000次，每增加5000次停机检查一次。

（5）试验达到预定的屈挠次数后停机，松开固定螺丝，取下试样鞋底观察。

4.10.6 检测结果与处理

（1）观察试样变化情况，若有裂纹（口）则用游标卡尺测量裂纹（口）长度。测量裂纹（口）长度时，试样的屈挠角度应在屈挠最大角度。

（2）若试样在试验中产生裂纹（口）时，记录屈挠次数及裂纹（口）长度，裂纹（口）长度精确到0.1mm，每只试样分别表示。

（3）若试样在规定的屈挠次数内未产生裂纹（口），则记录屈挠次数并注明试样不裂。

（4）每双鞋底如果其中有一只出现裂口则该双鞋底按出现裂口处理。

（5）记录每个试样鞋底的试验温度与湿度。

（6）详细描述在试验过程中出现的任何偏差。

4.10.7 注意事项

（1）试样鞋底在夹持时应为使试样鞋底的花纹最深处处于试验机弯折处，可适当切割试样，使试样能够夹入弯折试验机。

（2）在试验中应保持花纹（即外底面）向外弯曲，如果花纹向里弯曲，应由操作者给试样鞋底一个向外的引导力，使鞋底的花纹向外弯曲。在给予向外引导力时操作者应注意安全。

4.11 鞋跟持钉力

4.11.1 依据与适用范围

鞋跟持钉力检测方法依据 GB/T 3903.24—2008《鞋类　鞋跟试验方法　持钉力》，适用于所有塑料和木制女鞋鞋跟的检测。不适用于由若干层纤维板或皮革制成的鞋跟和塑料制成的男鞋矮跟。

本方法使用标准钉和规定的插入方法来测定鞋跟材料的持钉力，本方法也可对工业生产的鞋跟钉进行评定。

4.11.2 仪器设备

（1）拉力试验机。① 负荷范围应有分档。② 准确度为 ±1%。③ 拉伸速度在（0～300）mm/min 范围内可调，准确度为 ±2mm/min。④ 带有自动记录力－位移曲线的装置。⑤ 具有定值负荷保持功能与时间设置装置。⑥ 小夹具或带槽挂钩，通过可屈挠连接器将其连接到拉力试验机的上夹具钳中。

（2）钉跟机。液压传力，能产生足够大的压力，速度可调。

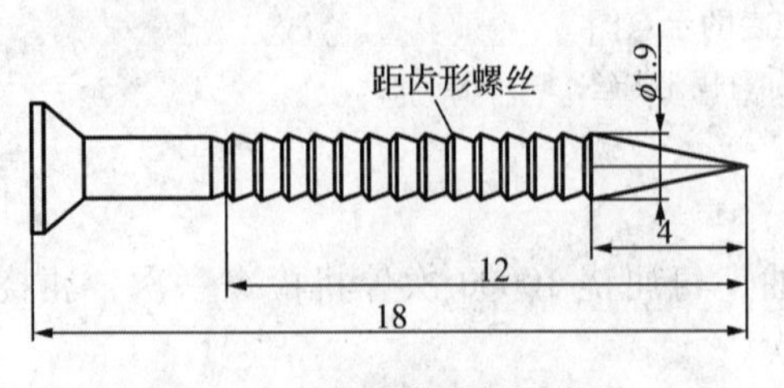

图 4－18　标准鞋跟钉示意图

（3）标准鞋跟钉，如图 4－18 所示。

① 长度为（18 ±0.5）mm。

② 锯齿形钉身直径为 1.9mm。

③ 完整的矩齿形螺纹（矩齿形边与钉轴几乎呈直角），最少为 13 个。

④ 从钉头起第一个矩齿形螺纹到钉尖之间的距离为 12mm。

⑤ 最后一个矩齿形螺纹到钉尖之间的距离为 4mm。

（4）量具。游标卡尺，量程不小于 100mm，分度值不小于 0.1mm。

4.11.3 试样要求

（1）准备3个鞋跟，每个鞋跟上带有6个已钉入的鞋跟钉。当鞋跟不能钉6个鞋跟钉时，准备4个鞋跟，每个鞋跟上带有4个已钉入的鞋跟钉。

（2）如果对已固定到成鞋上的鞋跟进行试验，条件允许时，同样准备3个鞋跟，每个有6个鞋跟钉；或4个鞋跟，每个鞋跟有4个鞋跟钉。

（3）鞋跟钉之间距离应大于10mm，鞋跟钉未钉入鞋跟的长度（包括钉头）应在5mm～8mm之间。

（4）鞋跟装钉面应平整，无缺料、空洞、凹陷、裂缝等缺陷。

4.11.4 检测准备

（1）选择满足试验拉力的负荷范围（即扯断力在负荷范围20%～80%之内），调整拉伸速度为（40±10）mm/min。

（2）把鞋跟安装在专用鞋跟座上，如图4－19所示，使鞋跟装钉面处于水平状态，放入钉跟机上。

（3）按照每排中相邻的鞋跟钉相距10mm要求，钉入6个钉，每排3个，共两排（或4个钉，每排2个共两排），并保证鞋跟钉未钉入鞋跟的长度（包括钉头）为（5～8）mm。

（4）对于整鞋，剪切跟座和腰窝部位的帮面，使之与内底相齐，裁断跟口之前的外底。当跟座的纤维板既厚又硬，不能一次将其移去时，可以在边缘处对其剖层，将其一层一层移去，留下完整的鞋跟。

（5）测定未钉入鞋跟的长度，精确到0.1mm。计算出鞋跟钉钉入的深度，记为d。

4.11.5 检测步骤

（1）将装有鞋跟钉的鞋跟连同专用鞋跟座固定到拉力试验机的下夹具上。调整专用鞋跟座的螺母，使被拉伸的鞋跟钉与拉力试验机拉伸方向重合，如图4－20所示。

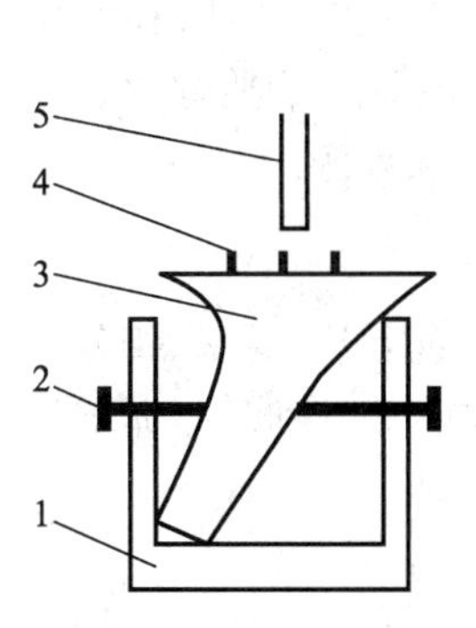

图4－19 安装鞋跟钉装置示意图

1—专用鞋跟座；2—固定螺栓；3—鞋跟；4—鞋跟钉；5—钉跟机冲头

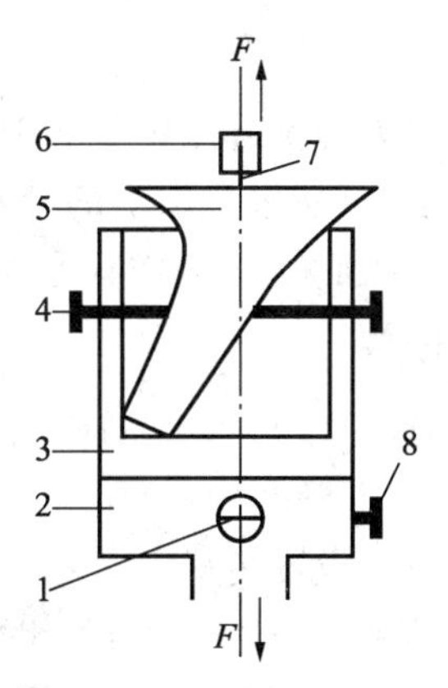

图4－20 拔出鞋跟钉示意图

1—前后调节扭；2—试验机下夹头；3—专用鞋跟座；4—固定螺栓；5—鞋跟；6—试验机上夹具；7—鞋跟钉；8—左右调节扭

（2）开动机器，拔出鞋跟钉，记录将鞋跟钉从鞋跟拔出所需要的最大力值。

（3）测量第二枚鞋跟钉的拔出拉力时，应重新调整专用鞋跟座的螺母，使被拉伸的鞋跟钉与拉力试验机拉伸方向重合，保证在拉伸过程中不产生分力，否则会影响测试的准确性。

（4）以同样的方法测定每一枚鞋跟钉的拔出拉力。

4.11.6 检测结果与处理

（1）按公式（4-9）计算鞋跟持钉力 H，单位为 N/mm，精确到 0.1N/mm

$$H=\frac{F}{d-4} \tag{4-9}$$

式中，F 为从鞋跟中拔出鞋跟钉所需的最大力，N；d 为鞋跟钉钉入的深度，mm。

计算所有有效试验结果的持钉力，将这些持钉力的算术平均值作为鞋跟材料的持钉力。

（2）鞋跟钉钉入的平均深度

计算所有有效试验结果的鞋跟钉钉入深度的算术平均值。

（3）详细描述在试验过程中出现的任何偏差。

4.11.7 注意事项

（1）对于非正确钉入的钉，记录每个鞋跟钉的拔出力和非正确钉入类型。

（2）测定未钉入鞋跟的长度之前应先测量对应的鞋跟长度并记录。

（3）如果有需要，生产中的带钉鞋跟，可以直接拔出并计算所有鞋跟钉拔出力的算术平均值，记录此值为“实际鞋跟钉平均拔出力”。

（4）将鞋跟钉的鞋跟固定在专用鞋跟座上时一定要牢固。在做鞋跟钉拔出试验时，要注意鞋跟钉是否位于拉伸的轴线上。

4.12 鞋跟和跟面结合力

4.12.1 依据与适用范围

鞋跟和跟面结合力检测方法依据 GB/T 3903.23—2008《鞋类 鞋跟和跟面试验方法 跟面结合力》，适用于从成鞋上取下的带有跟面的鞋跟、带跟面的单独鞋跟、在一些情况下鞋跟与可插入的单独跟面的检测。不适用于钢销加固的细跟和堆跟。

4.12.2 仪器设备

（1）拉力试验机。① 负荷范围应有分档。② 准确度为 ±1%。③ 恒定加速在（0～50）N/s 范围内可调，准确度为 ±5N/s。④ 带有自动记录力－位移曲线的装置。⑤ 具有定值负荷保持功能与时间设置装置。

（2）钻头。配有直径（2～10）mm 螺旋钻头若干。

（3）螺钉。用于中高跟试验，长度为 40mm 或更长，钉头上焊有一个小金属环或圈；用于矮跟试验，则螺钉的长度不超过 20mm。

（4）杆或绳。直径为 2mm，长度适当，用于连接夹具钳与螺钉或试样。

4.12.3 试样要求

（1）试样的形状根据鞋跟的高度而变化。对于中高跟，连接装置的形状如图 4－21 所示，鞋跟用一根杆或绳固定。

（2）对于跟高低于 20mm 的鞋跟，杆或绳可能会妨碍跟面上的螺钉，应使用如图 4－22、图 4－23 所示的连接装置。

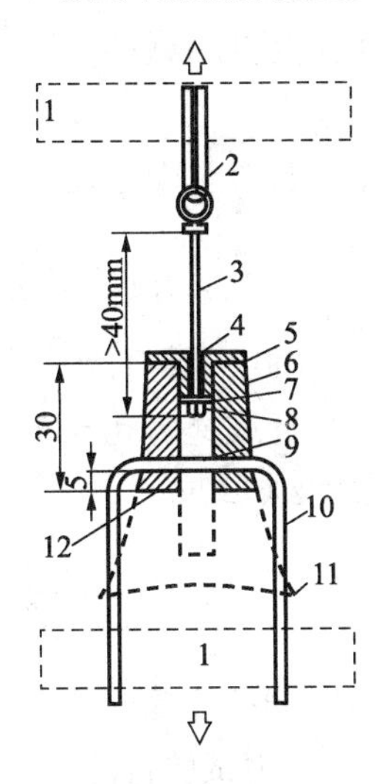

图 4－21　中高鞋跟内部及拉伸装置示意图

1—夹具钳；2—连接绳；3—螺钉；4—跟面钻孔；5；跟面；6—鞋跟；7—垫圈；8—螺母；9—鞋跟钻孔；10—连接杆或绳；11—剪切的鞋跟；12—剪切鞋跟面

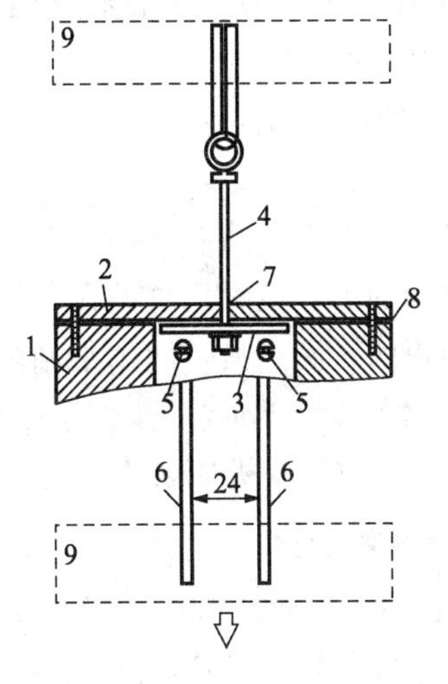

图 4－22　矮鞋跟内部及拉伸装置示意图

1—鞋跟；2—跟面；3—垫圈；4—螺钉；5—鞋跟钻孔；6—绳或杆；7—跟面钻孔；8—跟面与鞋跟固定件；9—夹具钳

（3）试样可以从成鞋上取下，也可以按生产中相同的工艺将跟面与鞋跟固定形成。

（4）试样不得有其他任何外力作用过或已变形情况。

4.12.4　检测准备

（1）中高跟

① 如果在实验室中能采用与生产中相同的工艺将跟面与鞋跟固定，可取单独的鞋跟和跟面作为试样，并事先根据跟面插入部分的直径大小对跟面进行钻孔，便于安装拉力用的螺钉。

② 插入式跟面能通过气压完全插入鞋跟，有些插入式跟面要用短钉插入跟面中的成型孔再与鞋跟结合。也可以在实验室中通过锤打或气压的方式插入，但要使用正确的鞋钉。另外，如果实验室用钉与生产用钉相同，跟面也可以使用钉跟机固定到鞋跟上。

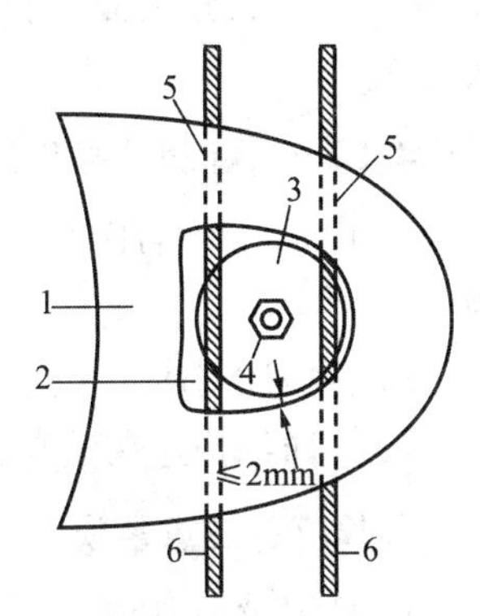

图 4－23　矮鞋跟安装装置示意图

1—鞋跟；2—跟面；3—垫圈；4—螺钉；5—鞋跟钻孔；6—绳或杆

③ 为了在试验操作中能够接触到鞋跟内腔及其内表面或跟面销，在距跟面大约 30mm 处，平行于跟面剪切鞋跟的上部分。对于成鞋上的鞋跟，可以直接剪切鞋跟，也可以先拔去鞋跟钉将鞋跟从成鞋上分离后再剪切鞋跟，但应确保有足够空间放置螺钉上的螺母。

④ 在鞋跟有“自动锁紧”型跟面结合的情况下，鞋跟没有足够高度的内腔，应沿着鞋跟的中心线从剪切面到“自动锁紧”孔或鞋跟下部的凹槽钻孔，孔的直径不应小于 10mm。

⑤ 在跟面的中心位置垂直钻孔，所钻孔应刚好容纳所述类型的螺钉。

⑥ 距鞋跟剪切面大约5mm 处水平地从鞋跟的一边到另一边钻孔，如图4－21 所示，孔的直径应刚好容纳杆或绳，所钻孔与跟口平行，并通过跟面的垂直中心线。

（2）矮跟

① 准备试样，如图4－22、图4－23 所示。当从成鞋上取样时，先拔掉鞋跟钉将鞋跟取下。

② 将鞋跟内腔上的凸起物剪掉，注意不要损坏跟面。

③ 从跟面的中心位置垂直钻孔，孔的直径应刚好容纳拉力用的螺钉。

④ 从鞋跟的一面到另一面水平钻两个孔，直径刚好容纳杆或绳。孔与跟口平行，距鞋跟/跟面的接触面大约6mm，每个孔的中心距跟面的中心线大约12mm。

（3）调节拉力试验机加载速度为（15±5）N/s。

4.12.5 检测步骤

（1）按照图4－21、或图4－22 和图4－23 所示的要求，安装连接好各个装置。

（2）将弯曲成U型的杆或绳穿过螺钉上的环后，连接到拉力试验机的上夹具钳中。

（3）对于中高跟，将杆或绳水平穿过鞋跟中的孔后两端对称地夹在拉力试验机的下夹具钳中；对于矮跟，在两个水平孔中穿入两根同样的杆或绳后将4 个端头对称夹持在下夹具钳中，使鞋跟保持水平。

（4）开动拉力试验机，记录跟面从鞋跟上拔出时的最大力值。对于许多大跟面的矮跟，当一部分跟面被拉出时会出现一个初始峰，记录此值和跟面完全被拉出时的最大力值。

4.12.6 检测结果与处理

（1）对每个鞋跟试样，记录将跟面完全从鞋跟分离的最大力值和初始峰力值，单位为N。

（2）描述对应于上述力值的跟面和鞋跟破坏的类型和位置。

（3）详细描述在试验过程中出现的任何偏差。

4.12.7 注意事项

（1）记录力值时，一些跟面完全被拉出的最大力值也就是初始力值（这里指一些情况下，初始峰力值就是最大力值，并不绝对）。

（2）应具体描述鞋跟破坏类型时，在一些特殊情况下最好附上照片。

（3）使用的垫圈应尽可能同鞋跟内腔一样大，垫圈与鞋跟内壁之间的最小间隙不应超过2mm。

（4）从跟面外部将螺钉穿过跟面上预先钻好的孔时，应垫上垫圈并拧上螺母，使螺钉的端头刚刚露出螺母即可，注意螺钉的端头不要妨碍穿入水平孔中的杆或绳。

（5）在对中高跟跟面插入部分钻孔时，钻孔洞应与插入部分是同芯轴，不能有偏差。

（6）在拉力试验机的下夹具中夹两根或四根杆或绳时，一定要以夹具中心对称地夹到下夹具钳上，并保持夹具两边杆或绳的松紧一致。在拉伸过程中鞋跟的钻孔应保持水平状态。

4.13 鞋跟横向抗冲击性

4.13.1 依据与适用范围

鞋跟横向抗冲击性检测方法依据 QB/T 2863—2007《鞋类 鞋跟试验方法 横向抗冲击性》，适用于所有类型、任何结构的高跟，以及用于注塑成型的带钢定位销加固的塑料鞋跟的检测。

4.13.2 仪器设备

（1）横向抗冲击试验机，如图 4-24 所示。

① 冲摆。包括一个直径为（108±1）mm、厚度为（49±2）mm 的圆形冲锤，冲锤通过一个直径为（25±0.5）mm 的摆臂固定到支撑轴承的轴上。支撑轴承的直径为（75±1）mm。冲锤与轴的中心距为（432±2）mm。在水平方向冲摆的力矩为（17.3±0.2）Nm。

② 冲头。包括一个厚度为（6.0±0.5）mm、宽度为（25.0±0.5）mm、长度为（35±2）mm 的金属条，圆角半径为（3.0±0.5）mm。冲头固定在冲摆的冲锤上，其顶端和冲锤中心在冲摆的同一摆动圆上，两者相距（89±2）mm。

③ 能量刻度盘。能量范围为（0～18.3）J，以 0.68J 的能量递增。冲摆上的指针沿着此刻度盘移动，可将冲摆设定在所需冲击能量的位置上。

④ 底座夹具。夹持金属安装托盘，能进行垂直和水平调节，使鞋跟位于正确位置。

⑤ 安装鞋跟的金属托盘，如图 4-25 所示，用于鞋跟通过低熔点金属合金固定在此托盘上，便于安装在试验机上。

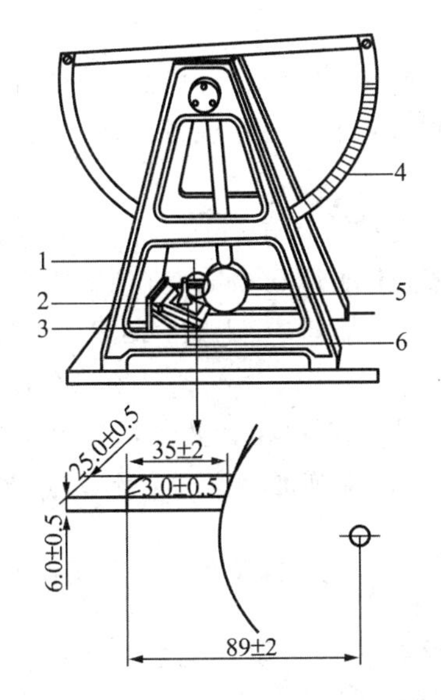

图 4-24 横向抗冲击试验机示意图

1—冲头；2—试样安装托盘；3—底座夹具；4—能量刻度盘；5—冲摆；6—试样鞋跟

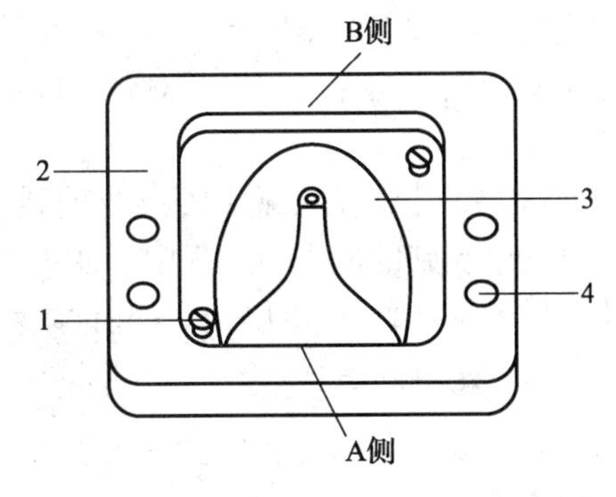

图 4-25 带有鞋跟的安装托盘

1—盘内螺栓；2—金属托盘；3—试样鞋跟；4—安装螺孔

（2）金属合金。熔点范围为（100～150）℃，用于固定试样鞋跟。

（3）电炉、铁勺等，用于熔化金属合金。

4.13.3 试样要求

（1）取3个鞋跟，鞋跟不能有裂纹、划痕、缺料、凹陷等缺陷。

（2）去掉鞋跟上的装饰物，如包皮、跟面等。

（3）在测试前将鞋跟放置在温度为（23±2）℃、相对湿度为（50±5）%的环境条件下至少24h。

4.13.4 检测准备

（1）将试样鞋跟安装到一个干燥的金属安装托盘上，将跟面向上平放到金属托盘上，试样鞋跟的中心线与金属托盘的中心线重合，试样鞋跟的跟口紧靠金属底座托盘平端A侧，如图4-25所示。

（2）将金属合金加热至合金能流动的最低温度，从图4-25所示的B侧注入熔融合金，使试样鞋跟周围注满距托盘上端3mm以下的空间。金属合金冷却后，使试样鞋跟与金属托盘成为一体。

（3）观察鞋跟抗疲劳性试验机上水平仪，检查并调整鞋跟抗疲劳性试验机，使之处于水平状态。

（4）如果试样鞋跟是矮跟，即鞋跟高度低于40mm，冲摆的底部有可能接触或卡在底座装置上，因此跟座的后部应紧靠底座平端B侧安装，必要时可将鞋跟后部剪切一部分，使鞋跟更靠近B侧。然后，将熔化的金属合金从图4-25所示的A侧注入熔融合金，使试样鞋跟周围注满距托盘上端3mm以下的空间。金属合金冷却后将试样鞋跟与金属托盘成为一体。

4.13.5 检测步骤

（1）冲摆垂直静止时，将试样装配托盘放置在横向冲击试验机上，试样鞋跟的中心线与冲摆垂直线平行，移动底座夹具使试样鞋跟的背面与冲头刚好接触，跟面高于冲头6mm，并将其固定锁紧。

（2）将冲摆升到0.68J的位置上，然后放下，使冲头冲击鞋跟。将冲摆固定在弹回位置，防止第二次冲击。重复此步骤，每次冲击增加冲击能量0.68J，直到鞋跟断裂，或因鞋跟弯曲而使冲摆不能冲击鞋跟，对鞋跟施加的最大冲击能量应不超过18.3J。记录总共的冲击次数。

（3）如果冲击点上出现了裂纹或破裂等损坏，此试验视为无效，这是因为在模拟鞋跟在穿用过程中受到的冲击的过程中，冲头的作用是给鞋跟施加冲击力而不是使鞋跟破裂。如果发生这样的损坏，连同此解释一起记录。

4.13.6 检测结果与处理

（1）记录试样鞋跟破损时的冲击次数（或在27次冲击后没有发生破损）和最终冲击能量，单位为J。

（2）对于试样鞋跟的破损类型，应记录第几次冲击和冲击能量是多少。

（3）对于试样鞋跟在冲击点上出现的裂纹或破裂等损坏情况，应记录出现裂纹或破裂时冲击次数和能量。

（4）详细描述在试验过程中出现的任何偏差。

4.13.7 注意事项

（1）试样安装托盘应牢固安装在横向冲击试验机底座夹具上，如有松动现象，在试验时就会造成部分冲击能量的损失，产生错误结果。

（2）试样鞋跟安装在金属托盘之前，应先将两个螺栓装在金属托盘的两个螺栓孔上，然后再慢慢地注入金属合金，等合金冷却后再拧紧螺丝。

（3）必须用铁勺将熔化金属合金一次性注入金属托盘中来固定试样鞋跟，不能将熔化金属合金分多次注入。

（4）用熔化金属合金来固定试样鞋跟时，不可覆盖金属盘内的两颗固定螺栓。

（5）熔化金属合金时，尽可能使熔化金属合金处于最低温度注入到金属托盘，来固定试样鞋跟。操作人员应带好防护装备，以免被烫伤。

4.14 鞋跟抗疲劳性

4.14.1 依据与适用范围

鞋跟抗疲劳性检测方法依据 QB/T 2864—2007《鞋类　鞋跟试验方法　抗疲劳性》，适用于所有类型、任何结构的高跟，以及注塑成型的带钢定位销加固的塑料鞋跟的检测。

4.14.2 仪器设备

（1）鞋跟抗疲劳性试验机，如图 4－26 所示。

① 冲摆。包括一个直径为（57 ±1）mm、厚度为（20 ±1）mm 的圆形冲锤，冲锤通过一个直径为（12.5 ±1.0）mm 的摆臂固定到支撑轴承的轴上。冲锤与轴的中心距为（152 ±2）mm。水平方向上冲摆的力矩为（0.68 ±0.02）Nm。

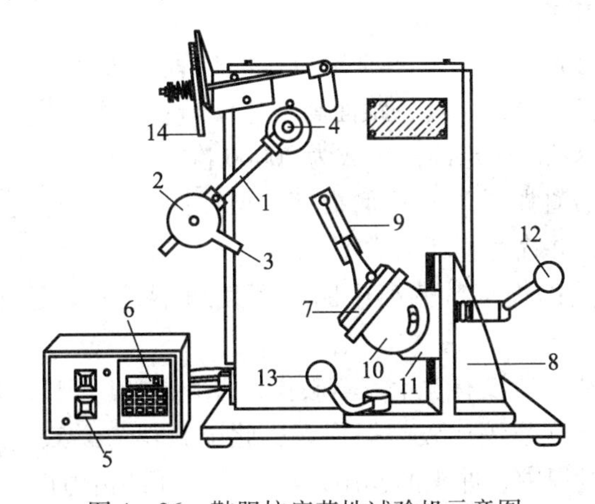

图 4－26　鞋跟抗疲劳性试验机示意图

1—摆臂；2—冲锤；3—冲头；4—轴；5—开关；6—计数器；7—试样安装托盘；8—垂直定位盘；9—定位鞋跟的测视盘；10—转动定位的底座夹具；11—垂直定位的夹具；12—将 10 和 11 固定在 8 上的设备；13—水平定位设备；14—冲摆回弹减震器

② 冲头。包括一个厚度为（6.0 ±0.5）mm、宽度为（20.0 ±1）mm、长度为（35 ±2）mm 的金属条。圆角半径为（3.0 ±0.5）mm。冲头固定在冲摆的冲锤上，冲头顶端和冲锤

中心在冲摆的同一摆动圆上，两者相距（63.5 ±2）mm。

③ 底座夹具。夹持金属安装托盘，能进行垂直和水平方向的调节，使鞋跟位于正确位置。

④ 计数器。记录冲击的次数。

⑤ 冲击速度为60 次/min。

⑥ 偏离中断装置。在鞋跟完全破损或断裂后，能阻止冲锤冲过轴的垂直线而继续冲击的功能。

（2）安装鞋跟的金属托盘，如图 4 –25 所示，用于鞋跟通过低熔点金属合金固定在此托盘上，便于安装在试验机上。

（3）金属合金。熔点范围为（100 ~150）℃，用于固定试样鞋跟。

（4）电炉、铁勺等，用于熔化金属合金。

4.14.3 试样要求

（1）取 3 个鞋跟，鞋跟不能有裂纹、划痕、缺料，凹陷等缺陷。

（2）去掉鞋跟上的装饰物，如包皮、跟面等。

（3）在测试前将鞋跟放置在温度为（23 ±2）℃、相对湿度为（50 ±5）% 的环境条件下至少 24h。

4.14.4 检测准备

将试样鞋跟安装到金属安装托盘上，方法参见 4.13 节。

4.14.5 检测步骤

（1）摆臂静止时，将试样安装托盘通过其上面的四颗螺栓安装到抗疲劳试验机底座夹具上，鞋跟背面面对摆臂上的冲头。试样装配与水平呈一定的角度放置，使鞋跟中心线与定位鞋跟的测视盘上的线平行。

（2）调整试样装配在底座夹具上垂直定位盘的位置，直到鞋跟与冲头刚好接触，锁紧水平定位设备，调整垂直定位的夹具、跟面高于冲头 6mm。

（3）将计数器“归零”，设定冲击次数为 20000 次，开动机器。

（4）冲击过程中检查鞋跟是否有任何损坏，但冲摆试验仍然能继续进行。如果有，记录鞋跟破损时的冲击数，并描述损坏的类型。

（5）如果发生很严重的损坏，偏离中断装置使机器停止，记录冲击次数并描述损坏类型。

（6）如果 20000 次冲击后没有发生完全破损，停止试验。记录出现的所有损坏。

（7）如果冲击点上出现裂纹或破裂等损坏，此试验视为无效。这是因为在模拟鞋跟在穿用过程中受到冲击的过程中，冲头的作用是给鞋跟施加冲击力而不是使鞋跟破裂。

4.14.6 检测结果与处理

（1）最初检查到损坏时的冲击次数。

（2）完全破损时的冲击次数。

（3）20000 次冲击后没有发生完全破损的情况。

（4）任何在冲击点上出现的损坏，包括裂纹或破裂的情况。

（5）详细描述在试验过程中出现的任何偏差。

4.14.7 注意事项

(1) 如果试样安装托盘没有牢固安装在抗疲劳试验机底座的夹具上，有松动现象，在试验时就会造成部分冲击能量的损失，产生错误结果。

(2) 试样鞋跟安装在金属托盘之前，应先将两个螺栓装在金属托盘的两个螺栓孔上，然后再慢慢地注入金属合金，等合金冷却后再拧紧螺丝。

(3) 必须用铁勺将熔化金属合金一次性注入金属托盘中来固定试样鞋跟，不可将熔化金属合金分多次注入。

(4) 用熔化金属合金来固定试样鞋跟时，不可覆盖金属盘内的两颗固定螺栓。

(5) 熔化金属合金时，尽可能使熔化金属合金处于最低温度注入到金属托盘，来固定试样鞋跟。操作人员应带好防护装备，以免被烫伤。

4.15 勾心抗疲劳性

4.15.1 依据与适用范围

勾心抗疲劳性检测方法依据 GB/T 3903.35—2008《鞋类　勾心试验方法　抗疲劳性》，适用于加固鞋类腰窝部位的各种钢勾心的检测。

4.15.2 仪器设备

(1) 抗疲劳试验机。施加恒定的力以一定往复频率对钢勾心进行作用，来测定勾心的抗疲劳性能。

① 下夹具钳。固定可移动，有硬钢平面，高度为 (32 ±2) mm，宽度能牢固夹住勾心为宜。

② 上夹具钳。可以调节并可作往复运动，有硬钢平面，对勾心实施力值在 (0 ~ 60) N 范围内可调，此力垂直于下夹具钳的平面，往复运行频率为 (0 ~ 260) r/min，可调。施加的力使勾心做往复运动，往复运动一次构成一个完整循环。上、下夹具钳及安装如图 4 - 27 所示。

③ 应用往复的计数装置，并有试样断裂时停止功能。

④ 下夹具钳的上端面和上夹具钳的中心距离为 (70 ± 2) mm。

(2) 扭矩扳手。扭矩不小于 10000N · mm，能使上、下夹具钳的夹持力为 (4900 ± 50) N · mm。

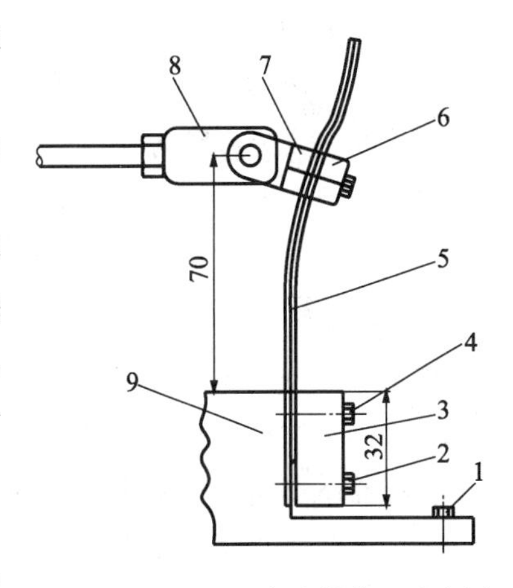

图 4 - 27　上、下夹具钳装置示意图

1—锁定螺栓；2—下端螺栓；3—下夹具前半钳；4—上端螺栓；5—试样勾心；6—上夹具前半钳；7—上夹具后半钳；8—施力杆；9—下夹具钳

4.15.3 试样要求

(1) 试样为完整勾心，不得有明显的裂纹、碰伤以及变形。

(2) 每种类型勾心至少需要 4 个试样。

(3) 在测试前将试样放置在温度为 (23 ± 2)℃、相对湿度为 (50 ± 5)% 环境条件下至少 48h。

4.15.4 检测准备

（1）调整试验环境为（23±2）℃、相对湿度为（50±5）%。

（2）当试验环境不能实现时，试样应从试验调节环境中取出后，在15min内进行试验。

4.15.5 检测步骤

（1）应分清勾心前后端，与勾心在鞋内一样，伸入到鞋前掌部位的为勾心前端，位于鞋跟部位的为勾心后端。

（2）按试验要求或标准规定，抗疲劳试验机设定往返次数为240r/min，施加力值为（49±2）N。

（3）调节下夹具钳的高度，使得下夹具钳的上端面和上夹具钳的中心距离为（70±2）mm。

（4）将勾心后端对称放入下夹具钳，勾心后端端面与夹具钳下端相齐，勾心夹持长度为32mm，试样与下夹具钳施加的夹持力垂直。

（5）使用扭矩扳手先将下夹具钳上端螺栓拧紧，保证下夹具钳上端螺栓施加的力矩是（4900±50）N·mm。下夹具钳的下端螺栓要夹紧，使夹具钳的端面保持平行。

（6）松开下夹具钳支架的位置锁定螺栓，轻轻推动下夹具钳的支架，使得钢勾背面刚好垂直于上夹具钳的后半钳口，然后装上上夹具钳的前半钳口，旋紧钳口螺栓。

（7）装上上夹具钳的前半钳，用扭矩扳手将上夹具钳拧紧，保证施加的总力矩为（4900±50）N·mm。

（8）开启运行开关，开始试验。

4.15.6 检测结果与处理

（1）记录每个试样断裂时的总循环次数。

（2）记录每个试样断裂时的循环次数，计算4个试验结果的算术平均值。

4.15.7 注意事项

（1）如果试验不是在规定的环境条件下进行的。应记录实际的试验环境条件。

（2）如果试样数量不是4个，应记录试样的数量。

（3）与试验有任何偏差之处都应详细描述。

（4）试验人员要注意抗疲劳试验时勾心出现断裂时的安全保护。

（5）应注意勾心安装的正反面。

（6）对于有标志的勾心，如果勾心断在标志处，需重新取样进行检测。

4.16 勾心纵向刚度

4.16.1 依据与适用范围

勾心纵向刚度检测方法依据GB/T 3903.34—2008《鞋类　勾心试验方法　纵向刚度》，适用于各种鞋类用勾心的检测。

4.16.2 仪器设备

（1）试验仪，如图4-28所示。

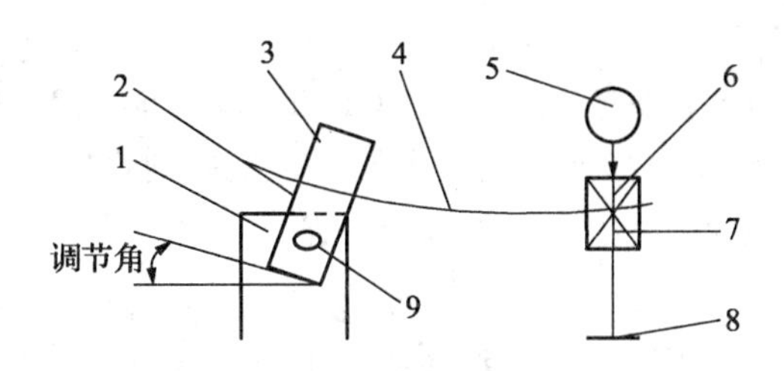

图 4－28　试验仪结构示意图

1—支座；2—下夹具；3—上夹具；4—勾心；5—千分表；
6—V 型上夹具；7—V 型下夹具；8—载负盘；9—调节角螺母

① 勾心的固定夹具。由上夹具与下夹具组成，能夹持带筋的勾心后端（位于跟部位置）而不损坏筋，夹持长度为（32 ±1）mm。

② 调节角螺母能使夹具钳的角度调整到夹具口与向勾心施加力点处水平。

③ V 型夹具。既能保证夹着勾心的前端，又能通过负荷向勾心施加向下的力，分别为 2N，4N，6N 和 8N，允差为 ±5% 。

④ 在施加力的点上，测定勾心的垂直形变长度，允差为 ±0. 025mm。

⑤ 百分表。记录勾心受力下的位移大小，分度值为 0. 01mm。

（2）记时器。秒表，时间应大于 12h 以上，分度值为 0. 1s。

（3）量具。游标卡尺或不锈钢尺，量程不小于 150mm，分度值为 0. 5mm。

4. 16. 3　试样要求

（1）样品应为完整勾心，不得有明显的裂纹、碰伤以及变形。

（2）每种类型勾心至少需要 3 个试样。

（3）在测试前将试样放置在温度为（23 ±2）℃、相对湿度为（50 ±5）% 的环境条件下至少 48h。

4. 16. 4　检测准备

（1）调整试验环境温度为（23 ±2）℃、相对湿度为（50 ±5）% 。

（2）当试验环境不能实现时，试样从试验调节环境中取出后，应在 15min 内进行试验。

4. 16. 5　检测步骤

（1）夹持住勾心的后端，在勾心的前端施加压力，使勾心像悬臂一样弯曲。测量其弯曲的程度，计算勾心的屈挠刚度，以此值作为勾心刚度。勾心刚度取决于勾心金属材质和横截面而不是长度。

（2）勾心的背面向上（通常是带筋的一面），将勾心后端放置在夹具钳的中心部位，加持长度为 32mm，勾心的尾端与夹具钳的末端相齐，勾心的纵向轴与夹具钳的边缘相垂直。将夹具钳拧紧，固定勾心。

（3）安装 V 型夹具，使 V 型夹具的中心点距离勾心头部端面 6mm，距离另一端夹具口 60mm。

（4）调整夹具钳的角度，使 V 型夹具的中心点与上、下夹具口的前端处于一个水平面。

（5）调整百分表的高度，使百分表刚好接触到 V 型夹具的上端，并不给 V 型夹具施力，同时调整百分表为零。

（6）向勾心的头部（即 V 型夹具上）均匀缓和地施加向下 2N 的砝码（包括载包盘），5s 后在百分表上读出勾心的垂直形变长度，记为 a_1，精确到 0.01mm。

（7）将 2N 力移去，施加 4N 的力。施加第一个力与第二个力的间隔时间为 10s，在 5s 后测量形变长度，记为 a_2。

（8）将 4N 力移去，施加 6N 的力。施加第二个力与第三个力的间隔时间为 10s，在 5s 后测量形变长度，记为 a_3。重复此步骤，施加 8N 的力得到 a_4

（9）通过检查 a_4-a_3，a_3-a_2，a_2-a_1 的值是否大致相同来判断这些读数的准确性。

（10）将力从勾心上移去，使用仪器测量从上、下夹具钳的前端面到 V 型夹具中心点的力臂，单位为 mm。

4.16.6 检测结果与处理

（1）按公式（4-10）计算抗弯刚度 S，单位为 kN·mm²

$$S=\frac{FL^3}{3a} \tag{4-10}$$

式中：F——负荷，N；

L——力臂长度（即上、下夹具钳的前端面到 V 型夹具中心点的长度），mm；

a——每 2N 力产生的形变量（挠度），mm。

（2）按公式（4-11）计算 2N 力时挠度（形变量）a，单位为 mm

$$a=\frac{1}{10}(3a_4+a_3-a_2-3a_1) \tag{4-11}$$

式中：a_4——在 8N 力产生的形变量，mm；

a_3——在 6N 力产生的形变量，mm；

a_2——在 4N 力产生的形变量，mm；

a_1——在 2N 力产生的形变量，mm。

分别计算 3 个勾心的 S 值，并计算平均值，试验结果取整数。

4.16.7 注意事项

（1）对于高跟鞋的勾心，调整 V 型夹具的中心点距离勾心头部端面为 11mm。

（2）如果试样数量不是 3 个，应记录试样的数量。

（3）如果在试验过程中出现夹具钳位移，应重新开始测试。

4.17 勾心弯曲性

4.17.1 依据与适用范围

勾心弯曲性检测方法依据 GB 28011—2011《鞋类钢勾心》，适用于由金属材料制成的鞋（含靴）用钢勾心的检测。

4.17.2 仪器设备

（1）勾心弯曲性能试验机。有固定夹持管及活动夹持管，活动夹持管可绕直径为 10mm

中心立柱旋转180°，如图4－29所示。

（2）量具。钢直尺，量程不小于150mm，分度值不小于1mm。

4.17.3 试样要求

（1）试样应完整，不得有损坏、锈蚀、开裂、变形等现象。

（2）如果试样为从成品鞋中取出应注意在取样时避免造成勾心的变形。

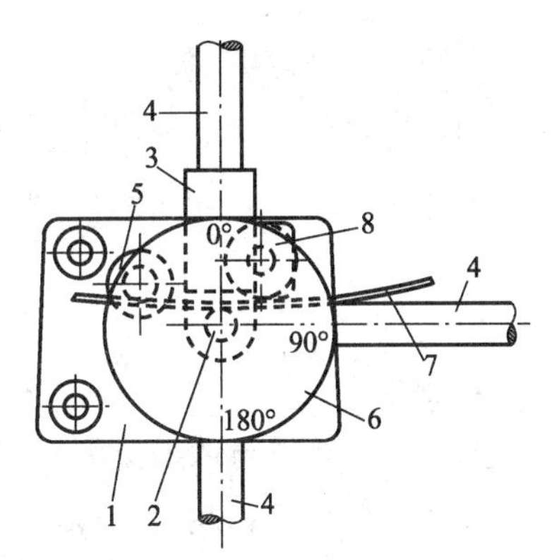

图4－29　勾心弯曲试验夹持示意图

1—底座；2—中心立柱；3—加载头；4—加载杆；5—支点；6—刻度盘；7—钢勾心；8—辊轮

4.17.4 检测准备

（1）试样在温度为（20±5）℃的环境条件下进行试验。

（2）试样数量为一条，应选取所有试样中勾心硬度最大的一条进行测试。

（3）在所选取进行试验的样品勾心长度方向的中心处做一记号，如图4－30所示。

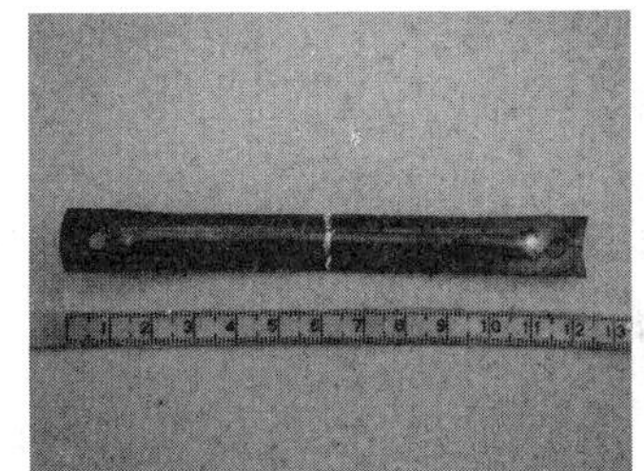

I型勾心试样中心点

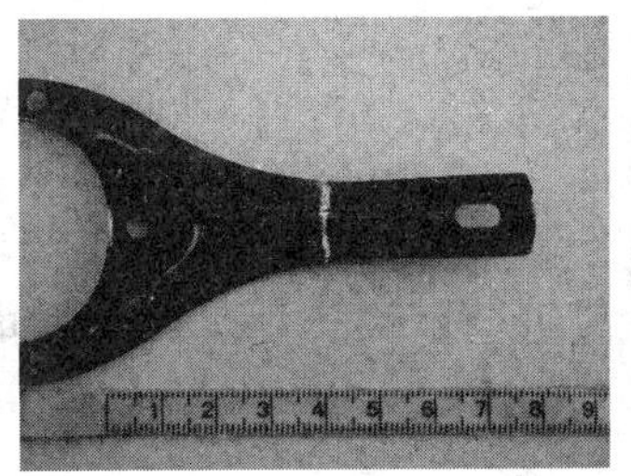

Y型勾心试样中心点

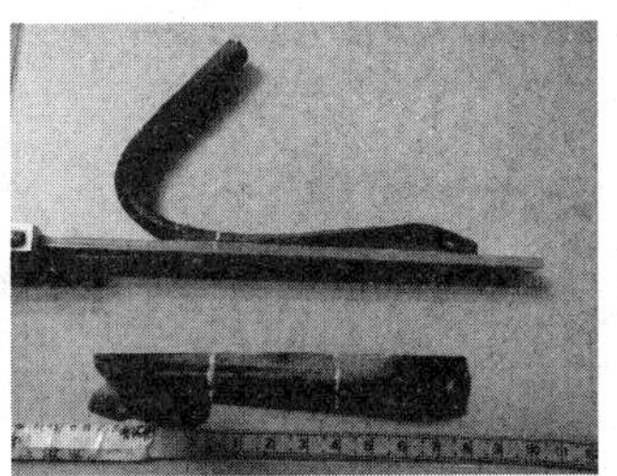

L型勾心试样中心点

图4－30　勾心弯曲试验点取样图

4.17.5 检测步骤

（1）将试样勾心的筋面朝上放入勾心弯曲试验机。

（2）以试样标志处作为勾心弯曲点，与勾心弯曲性能试验机的中心立柱相接触，勾心的长度方向应与勾心弯曲性能试验机的中心立柱、加载杆、支点、辊轮位于同一直线上。

（3）调整加载杆角度，使加载头与勾心试样相接触，但不应使勾心受力。调整刻度盘刻度，使“0”位与加载杆中心对齐，并锁紧刻度盘。

（4）对加载杆施加均匀的力，使其作用于钢勾心并使之弯曲。当加载杆与刻度盘“180”位置重合时，停止试验。

（5）将加载杆回复到“0”位，取出弯曲的勾心试样，观察试验结果。

4.17.6 检测结果与处理

（1）观察试样出现的裂纹、断裂等情况并记录。

（2）详细描述在试验过程中出现的任何偏差。

4.17.7　注意事项

可按照试样裂纹在光线下是否透光来界定试样的微小裂纹，如果试样中出现不透光的裂纹可归为微小裂纹，如果试样裂纹透光属于裂纹。

4.18　包头长度测定

4.18.1　依据与适用范围

包头长度测定检测方法依据 GB/T 20991—2007《个体防护装备　鞋的测试方法》，适用于安全鞋、防护鞋和职业鞋的检测，也适用于其他用于个体防护的鞋类。

4.18.2　仪器设备

（1）检测平台。大小能够保证保护包头及测量装置自由移动。

（2）测量装置，如图 4－31 所示。

① 带标尺刻度的钢针尺，分度值为 1mm。

② 标尺座。能够调节钢针尺上、下 3mm ~ 10mm 距离的装置。

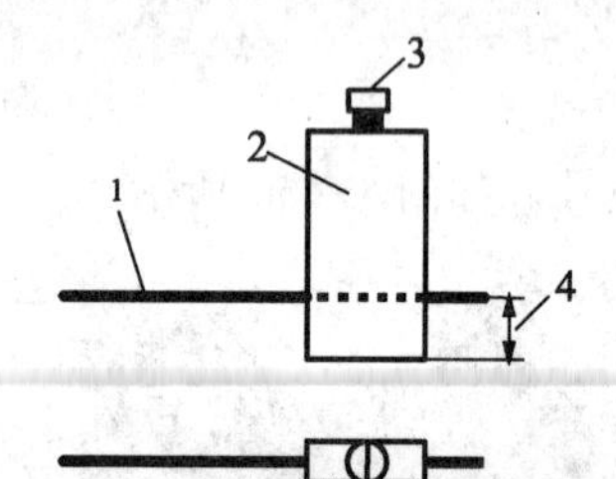

图 4－31　测量装置示意图

1—钢针尺；2—标尺座；
3—升降钢针尺螺母；
4—钢针尺高度

4.18.3　试样要求

（1）从一双未测试过的鞋内小心地取出保护包头并除去贴在上面其他物质，或取一双新的相同的保护包头。

（2）保护包头要完整无损，不得有变形、缺料、凹陷等缺陷。

（3）在测试前将保护包头放置在温度为（23 ±2）℃、相对湿度为（50 ±5）% 的环境条件下至少 48h。

4.18.4　检测准备

（1）将左保护包头的后边缘对准一个基准线并画出其外形轮廓，用同样方法画出右保护包头的外形轮廓。两包头足尖端和基准线处轮廓重叠。

（2）标出左、右保护包头轮廓线与基准线相交的 4 个点 A、B、C 和 D。从 AB 和 CD 的中点画基准线的垂线，即保护包头的测试轴线，如图 4－32 所示。

（3）调节试验环境温度为（23 ±2）℃、相对湿度为（50 ±5）%。

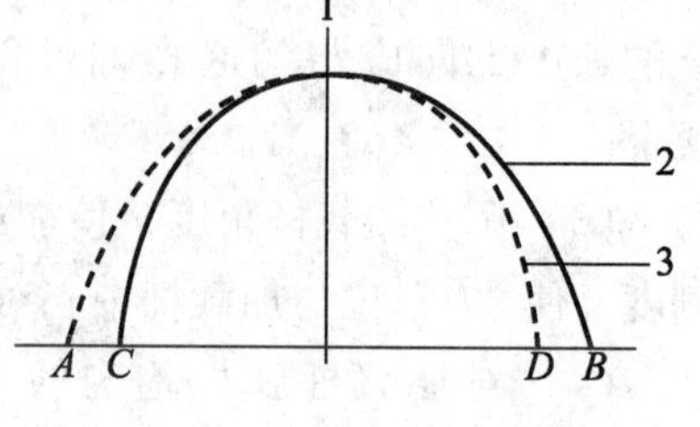

图 4－32　标注测试轴线示意图

1—测试轴线；2—右保护包头；
3—左保护包头

4.18.5　检测步骤

（1）调节钢针尺的高度，使钢针尺的针尖处于包头内部最深点。

（2）把保护包头的测试轴线转移到测试平台上。

（3）将保护包头开口朝下放在平台上，把保护包头搁置在对应轮廓线上方。

（4）将测量装置的标尺座靠紧保护包头的后边缘，钢针尺沿测试轴线测量足尖到后边缘的内部长度 I，如图 4－33 所示，单位为 mm。

4.18.6 检测结果与处理

（1）I 为保护包头内部长度，单位为 mm。

（2）标注钢针尺测量高度。

（3）详细描述在试验过程中出现的任何偏差。

4.18.7 注意事项

（1）在测量包头内部长度时一定要保证量具平行于测试平面，且是最大长度。

（2）对于内部有变形的包头应该另外取样，保证试样的完好性。

（3）画左、右保护包头轮廓线时，两个基准线要重合，使 AB 的中点的垂线正好是保护包头的最高点。

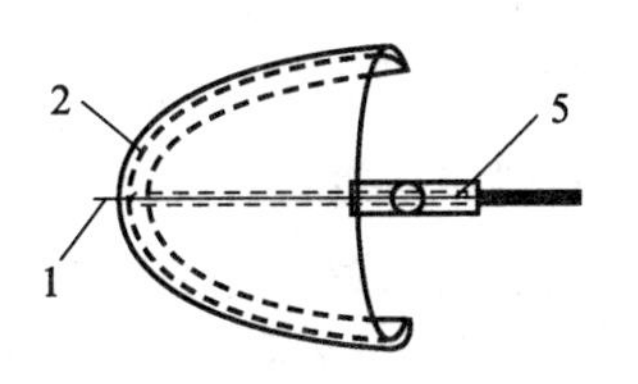

图 4－33　保护包头内部长度测量示意图

1—测试轴线；2—保护包头；3—检测平台；4—钢针尺；5—标尺座

4.19　包头耐腐蚀性

4.19.1 依据与适用范围

包头耐腐蚀性检测方法依据 GB/T 20991—2007《个体防护装备　鞋的测试方法》，适用于安全鞋、防护鞋和职业鞋，以及其他用于个体防护的鞋类的检测。

4.19.2 仪器设备

（1）测试溶液。质量分数为 1% 的氯化钠溶液。

（2）密封容器。该容器能容纳试样鞋、架子，用于整鞋的测试，如图 4－34 所示。

（3）半开放式容器。容器盖上有一个 105mm×5mm 开口，可将滤纸伸入到测试溶液中，用于保护包头的测试，如图 4－35 所示。

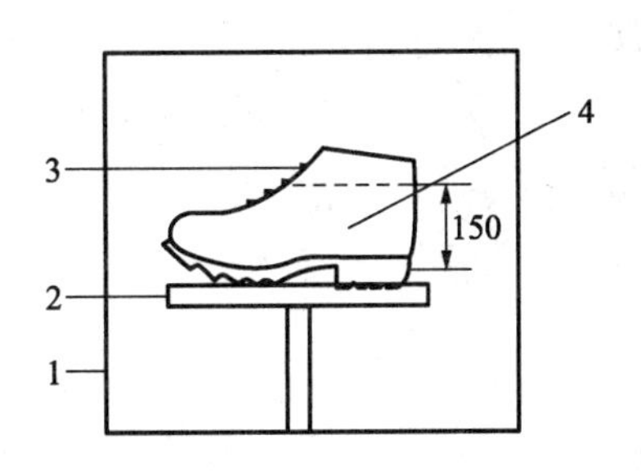

图 4－34　整鞋测试装置示意图

1—密封容器；2—支架；3—试样鞋；4—测试溶液

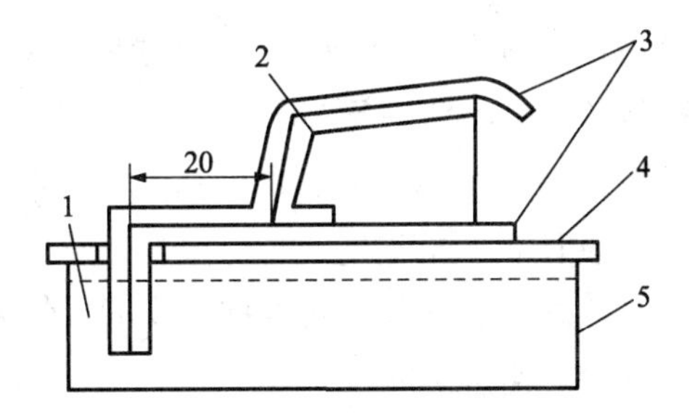

图 4－35　保护包头测试装置示意图

1—测试溶液；2—试样；3—滤纸；4—容器盖；5—容器

4.19.3 试样要求

（1）从鞋中取出保护包头或用一只完全相同的新包头，用于Ⅰ类鞋的金属保护包头耐腐蚀性的测定。

（2）用整只鞋作为试样，用于Ⅱ类鞋的金属保护包头耐腐蚀性的测定。

（3）其他为金属的防刺穿垫，从鞋中取出或用一只完全相同的新垫。

4.19.4 检测准备

（1）调节试验环境温度为（23±2）℃、相对湿度为（50±5）%。

（2）目测检查保护包头的内外表面是否有腐蚀痕迹，如果已有腐蚀痕迹就不能用于腐蚀测试。

（3）如果腐蚀痕迹处是刷涂层时使用了支撑夹具，检查时可以忽略夹具接触点周围直径8mm的圆形区域，但要记录这样面积的数量。

（4）整只鞋作为试样的，应是未经过穿着的完好的新整鞋。

（5）防刺穿垫作为试样的，应是未经过穿着的完好的新垫。

4.19.5 检测步骤

（1）Ⅰ类鞋的金属保护包头耐腐蚀性的测定

① 在一个盘内装入约200mL测试溶液，将两张宽为100mm，长为150mm的白色滤纸的一端浸入测试溶液，通过容器盖的开口使滤纸被溶液渗透，另一端放在玻璃上。

② 保护包头卷边朝下放在一张滤纸的未浸泡端上，让整个卷边和湿滤纸接触。另一张滤纸覆盖在保护包头上表面上，让保护包头前端和上表面尽可能大的区域与滤纸接触，如图4－35所示安装放置。测试期间应确保滤纸被溶液渗透。

③ 48h后，移开滤纸，检查保护包头是否有腐蚀痕迹，并做好记录。

④ 如果试样为防刺穿垫，按照图4－35安装放置，只用一张滤纸（去掉上表面的滤纸），测试过程与保护包头一样。

（2）Ⅱ类鞋的金属保护包头耐腐蚀性的测定

① 将足量的测试溶液倒入试样鞋内约150mm深，将试样鞋放入密封容器内并将密封容器盖好，使容器成为密封状态。

② 放置7d后，倒掉测试溶液，取出试样鞋。

③ 从鞋中取出保护包头或防刺穿垫并检查是否有腐蚀痕迹，并做好记录。

4.19.6 检测结果与处理

（1）测量每处腐蚀的面积（mm^2）大小，记录这样面积的数量。

（2）注明试验的温度、相对湿度以及保护包头与容器开口的距离。

（3）详细描述在试验过程中出现的任何偏差。

4.19.7 注意事项

（1）试样不需要进行预调节。

（2）从鞋中取出的包头时，要注意检查包头涂层完好，以免影响试验结果。

（3）在进行半密封容器测试中，测试溶液的液面应尽可能达到大容器盖的位置。

（4）在对保护包头进行测试时，滤纸要与保护包头表面充分接触。

4.20　金属附件耐腐蚀性

4.20.1　依据与适用范围

金属附件耐腐蚀性检测方法依据 GB/T 3903.19—2008《鞋类　金属附件试验方法　耐腐蚀性》，适用于各类鞋类金属附件的检测。

4.20.2　仪器设备

（1）硫化氢气体源。

（2）通风橱。① 排风量不小于 $900m^3/h$，阻力小于 70Pa，控制浓度小于 $0.5mL/m^3$。② 排风柜大小能满足操作需要。

（3）玻璃容器。能够密封，有足够的空间放置试样。

（4）玻璃试管。容量约为玻璃容器体积的千分之一。

（5）聚乙烯（PE）袋。能放置细棉布和试样，并可以密封。

（6）棉布。退浆和漂白的半成品细棉布，细棉布为细支平织纺织品。

（7）氯化钠溶液。浓度为 30g/L，其用量应能充分浸透细棉布。

4.20.3　试样要求

（1）需要两个试样，一个用于试验，另一个用做比对。

（2）试样表面应完好，不能有磨损、刮痕、锈点和斑污等现象。

4.20.4　检测准备

（1）如果只有一个试样，可将此试样剪切成两部分，一部分用于试验，另一部分用做比对。

（2）如果不能剪切试样，在试验前详细记录试样的瑕疵、痕迹和整体外观等细节。

（3）从部件上剪切的试样大小要合适，应尽可能剪切部件中耐腐蚀性最差的部位。

（4）将剪切部分的剪切边缘用环氧树脂密封，树脂在试验前至少进行 24h 的硬化。

（5）试验环境没有特殊要求，温度为室温。

4.20.5　检测步骤

（1）（方法一）硫化氢锈蚀试验

① 把玻璃试管装满水，然后将水倒入玻璃容器中。

② 将玻璃容器密封，至少放置 1h，使玻璃容器内的湿度升高后稳定。

③ 打开玻璃容器，放入一个试样，使用缝纫线或者是塑料支撑物来悬挂或支撑试样，使之不与容器壁或水接触。

④ 干燥玻璃试管，使之充满硫化氢气体，密封玻璃试管。

⑤ 打开玻璃试管密封塞的同时将试管放入玻璃容器当中，立即将玻璃容器密封。

⑥ 在（60 ± 5）min 后将试样从容器中取出。

⑦ 将经过试验的试样与未经试验的试样进行比对定级。

（2）（方法二）盐水腐蚀试验

① 取一块面积大约为试样表面面积 5 倍的细棉布，用氯化钠溶液将细棉布浸泡至饱和。

② 用浸泡过的细棉布轻轻包裹试样，保证细棉布和试样接触面积最大。

③ 将细棉布包裹的试样放入聚乙烯（PE）袋中。袋封闭时不用将袋中的空气赶出，以使聚乙烯（PE）袋有一定程度的膨胀。

④ 将聚乙烯（PE）袋在室温下放置（24±1）h。把细棉布包裹的试样从袋中取出，取下试样上的细棉布。

⑤ 用流动的自来水对试样和细棉布进行充分洗涤，然后将两者干燥。

⑥ 将经过试验的试样与未经试验的试样进行比对定级，同时记录细棉布的受污染情况。

4.20.6 检测结果与处理

评定工作应至少由3人参加，按少数服从多数原则定级。

（1）硫化氢锈蚀试验分为5个等级：

5级——没有改变；

4级——发生均匀的轻微改变；

3级——发生弱斑状改变；

2级——明显改变；

1级——严重改变。

（2）盐水腐蚀试验分为5个等级：

5级——没有改变；

4级——发生均匀的轻微改变；

3级——发生弱斑状改变或轻微腐蚀；

2级——明显改变或明显腐蚀；

1级——严重改变（颜色改变或腐蚀）。

4.20.7 注意事项

（1）硫化氢气体是剧毒气体，应特别注意不要吸入此气体，试验应在通风橱中进行。

（2）在本试验中镀镍材料性能可能表现相对较差。如果试样变化均匀，则可忽略其颜色变化。

（3）在细棉布包裹的试样与试样之间，不应该相互接触。

（4）试样应完好，试样表面不能有磨损、刮痕、锈点和斑污等。若试样表面有缺陷应事先说明，并做好记录。

（5）将试样悬挂在玻璃容器中，使气体能在试样的周围自由流动。

（6）对于小试样，用缝纫线悬挂在玻璃容器中；对于大试样则要在试样下面使用塑料支撑物，并尽可能把认为耐腐蚀性最差的部分与反应物接触。

4.21 鞋带耐磨性能A法

4.21.1 依据与适用范围

鞋带耐磨性能检测方法（A）依据GB/T 3903.36—2008《鞋类　鞋带试验方法　耐磨性能》，适用于各种鞋类用鞋带的检测。

4.21.2 仪器设备

（1）鞋带耐磨试验机

① 可移动夹具钳。可进行往复运动，移动距离为（35 ±2）mm，往复速率为（60 ±6）r/min。能牢固固定鞋带的两端，两端的距离为（25 ±5）mm。

② 静止夹具钳。在与可移动夹具钳同一水平面上固定，夹持鞋带一端。静止夹具钳和可移动夹具钳最短相距距离为（280 ±50）mm。

③ 在与静止夹具钳同一水平面上相距（35 ±5）mm 的地方用拉力设备将鞋带固定，施加一个恒定的（2.45 ±0.03）N 的力（即将鞋带穿过一个滑轮后，在鞋带较低的垂直部分的末端悬挂(250 ±3)g 重物来施加拉力）。

④ 计数器。当鞋带断裂时记录摩擦次数。

（2）定位样板，如图 4 –36 所示。

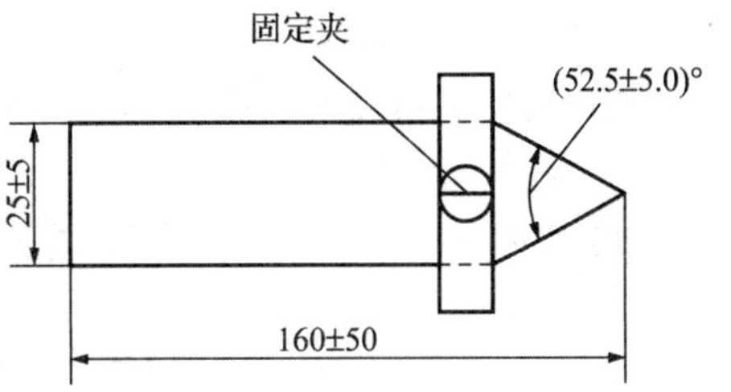

图 4 –36　定位样板示意图

4.21.3 试样要求

（1）试样表面应完好，无伤痕、划伤、断线、缺料、针孔等缺陷。

（2）剪切 6 个鞋带试样，长度至少为 360mm。如果有足够的成品鞋带，分别从独立鞋带上剪切试样。

（3）在试验前将试样放置在温度为（23 ±2）℃、相对湿度为（50 ±5）% 的环境条件下至少 48h。

4.21.4 检测准备

（1）调节试验环境温度为（23 ±2）℃、相对湿度为（50 ±5）%。

（2）将可移动夹具钳与静止夹具钳的距离调整为最近的（280 ±50）mm。

（3）将试验机的计数器回零。

4.21.5 检测步骤

（1）将定位样板靠紧可移动夹具钳，让鞋带围绕着定位样板使之固定在可移动夹具钳上，并使用定位样板上的固定夹把鞋带夹紧，形成固定夹的一端鞋带平行，另一端鞋带为等腰三角形，其顶角为（52.5 ±0.5）°。

（2）用另一条鞋带穿过等腰三角形，一端固定在静止夹具钳上，另一端施加恒定的（2.45 ±0.03）N 的拉力，如图 4 –37 所示。

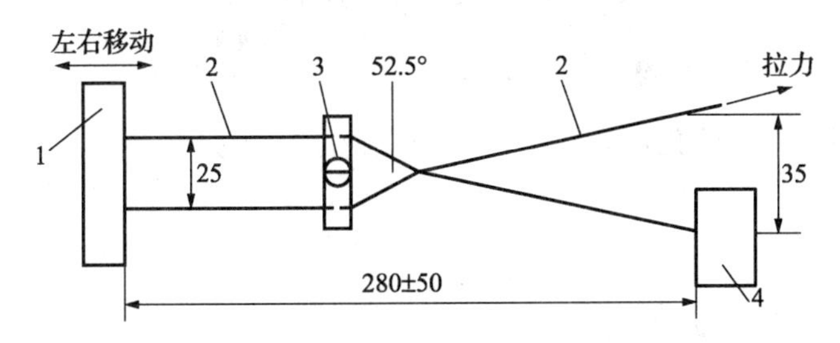

图 4 –37　鞋带耐磨安装示意图

1—可移动夹具；2—试样；3—固定夹；4—静止夹具

（3）启动试验机，直至鞋带断裂为止。

4.21.6 检测结果与处理

（1）计算3对6个试样中试样断裂时的摩擦次数的算术平均值。

（2）记录每个鞋带断裂时的循环次数、断裂类型和摩擦方法。

（3）详细描述在试验过程中出现的任何偏差。

4.21.7 注意事项

（1）在夹持试样时应注意不要使试样扭曲变形，要使试样平直。

（2）试样夹持完成后需对试样的试验过程进行试运行，并观察砝码在运行过程中的状态，使砝码能始终保持在施重状态。

（3）如果鞋带长度不够，可以将鞋带接长，但接口处不能处于相互摩擦的位置。

4.22 鞋带耐磨性能B法

4.22.1 依据与适用范围

鞋带耐磨性能检测方法（B）依据GB/T 3903.36—2008《鞋类　鞋带试验方法　耐磨性能》，适用于各种鞋类用鞋带的检测。

4.22.2 仪器设备

（1）鞋带耐磨试验机。① 可移动夹具钳。可进行往复运动，移动距离为（35±2）mm，往复速率为（60±6）r/min。能牢固固定鞋眼孔装置。② 静止夹具钳。在与可移动夹具钳同一水平面上固定，夹持鞋带一端。静止夹具钳和可移动夹具钳最短相距（280±50）mm。③ 在与静止夹具钳同一水平面上相距（35±5）mm的地方用拉力设备将鞋带固定，施加一个恒定的（2.45±0.03）N的力（即将鞋带穿过一个滑轮后，在鞋带较低的垂直部分的末端悬挂（250±3）g重物来施加拉力）。④ 计数器。当鞋带断裂时记录摩擦次数。

（2）可装鞋眼孔的装置，如图4-38所示。

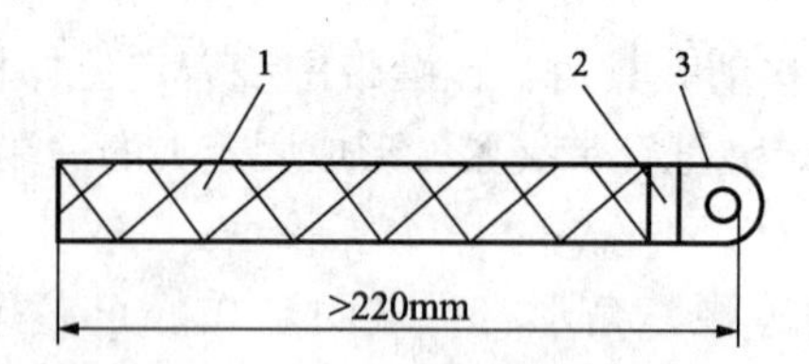

图4-38　安装鞋眼孔装置示意图

1—安装板；2—鞋眼孔夹；3—鞋眼孔

① 标准鞋眼孔。鞋眼孔材料为铜。鞋眼孔的公称直径为4.5mm，整体公称长度为5.5mm。

② 实际鞋上的鞋眼孔。

4.22.3 试样要求

（1）试样表面应完好，无伤痕、划伤、断线、缺料、针孔等缺陷。

（2）剪切6个鞋带试样，长度至少为500mm。如果有足够的成品鞋带，分别从独立鞋带上剪切试样。

（3）在测试前将试样放置在温度为（23±2）℃、相对湿度为（50±5）% 环境条件下至少48h。

（4）从整鞋上剪下的鞋眼孔，鞋眼孔应完整无缺，不得有破边、撬边、缺料等现象。

4.22.4 检测准备

（1）调节试验环境温度为（23±2）℃、相对湿度为（50±5）%。

（2）将可移动夹具钳与静止夹具钳的距离调整为最近的（280±50）mm。

（3）将试验机的计数器回零。

4.22.5 检测步骤

（1）将装鞋眼装置夹在可移动夹具钳中，保证鞋眼孔到可移动夹具钳的距离为60mm。

（2）将试样鞋带穿过鞋眼孔，一端固定在静止夹具钳上，另一端施加恒定的（2.45±0.03）N 的拉力，如图 4－39 所示。

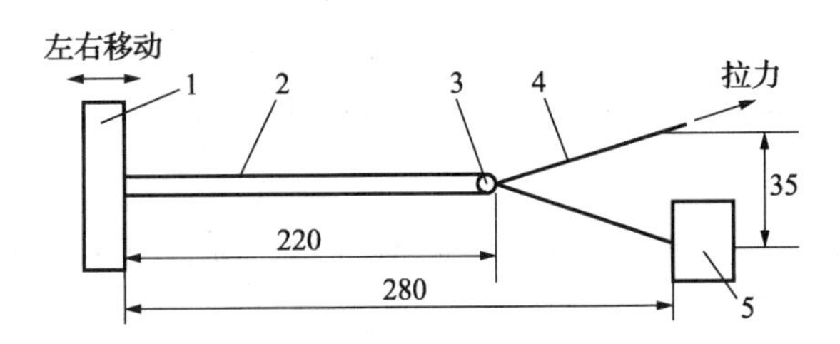

图 4－39　鞋带耐磨安装示意图

1—可移动夹具；2—装鞋眼装置；3—鞋眼孔；4—试样；5—静止夹具

（3）启动试验机，直至鞋带断裂为止。

4.22.6 检测结果与处理

（1）计算 6 个试样中试样断裂时摩擦次数的算术平均值。

（2）记录检测中使用的鞋眼孔是标准鞋眼孔还是从成鞋上剪下的鞋眼孔。

（3）记录每个鞋带断裂时的循环次数和断裂类型。

（4）详细描述在试验过程中出现的任何偏差。

4.22.7 注意事项

（1）在夹持试样时应注意不要使试样扭曲变形，要使试样平直。

（2）试样夹持完成后需对试样的试验过程进行试运行，并观察砝码在运行过程中的状态，使砝码能始终保持在施重状态。

（3）如果鞋带长度不够，可以将鞋带接长，但接口处不能处于相互摩擦的位置。

4.23 鞋带扯断力

4.23.1 依据与适用范围

鞋带扯断力检测方法依据 QB/T 2675—2004《鞋带扯断试验方法》，适用于各种不同材料的鞋带断力检测。

4.23.2 仪器设备

（1）拉力试验机。① 负荷范围应有分档。② 准确度为 ±1%。③ 拉伸速度在（0～300）mm/min 范围内可调，准确度为 ±2mm/min。④ 带有自动记录力－位移曲线的装置。⑤ 具有定值负荷保持功能与时间设置装置。⑥ 牢固的夹具钳。在金属夹具钳中有皮革衬垫，防止夹伤试样。

（2）量具。钢直尺，量程不小于 150mm，分度值不小于 1mm。

（3）水。符合三级水规定的蒸馏水或去离子水。

4.23.3 试样要求

（1）试样数量应不少于 5 根，长度应大于 250mm。

（2）试样应无伤痕、断线、扭曲、损伤、杂质和污斑等缺陷。

（3）试样不得被任何的拉力作用过。

（4）干样测定时，将试样放置在温度为（20±2）℃、相对湿度为（65±2）% 的环境条件下至少 48h。

（5）湿样测定时，将试样浸入温度为（20±2）℃的水中 1h。

4.23.4 检测准备

（1）选择满足试验拉力的负荷范围（即扯断力在负荷范围 20%～80% 之内），调整拉伸速度为（100±10）mm/min。

（2）调节试验环境温度为（20±2）℃、相对湿度为（65±2）%。

（3）调整拉伸的上夹具钳下边缘与下夹具钳上边缘的间距为（150±2）mm。

4.23.5 检测步骤

（1）干样测定

① 把试样一端夹入上夹具钳中心，让试样自然垂直。

② 将试样的另一端平稳地夹入下夹具钳中心。

③ 将拉力机调零。

④ 开动拉力试验机，记录试样断裂时的力值。

（2）湿样测定

① 将试样从水中取出，放在吸水纸上，用手轻轻地挤压多余的水。

② 装入拉力试验机，拉伸的方法与干样测定方法完全一样。

4.23.6 检测结果与处理

（1）试验有效数据应不少于 3 个。

（2）取试验有效数据的算术平均值，单位为 N，有效数字至个位。

（3）如果试样在夹具钳处打滑或断裂，试验数据无效，试样报废，重新试验。

（4）试样的扯断力相对于算术平均值的最大允许偏差不超过 10%，否则无效。

例 4－6 某组试样测试得到了 300N、310N、295N、250N、290N 等 5 个检测值，计算结果。

解： 算术平均值 =（300+310+295+290+250）/5=289

验证 5 个检测值是否有效：

第一个值的偏差 =(300 -289)/289 =0.038 <0.1，该检测值有效；

第二个值的偏差 =(310 -289)/289 =0.073 <0.1，该检测值有效；

第三个值的偏差 =(295 -289)/289 =0.021 <0.1，该检测值有效；

第四个值的偏差 =|(250 -289)/289| =0.135 >0.1，该检测值无效，舍去；

第五个值的偏差 =(290 -289)/289 =0.003 <0.1，该检测值有效。

新的算术平均值 =(300 +310 +295 +290)/4 =299

重新验证 4 个检测值是否有效：

第一个值的偏差 =(300 -299)/299 =0.003 <0.1，该检测值有效；

第二个值的偏差 =(310 -299)/299 =0.037 <0.1，该检测值有效；

第三个值的偏差 =|(295 -299)/299| =0.013 <0.1，该检测值有效；

第四个值的偏差 =|(290 -299)/299| =0.030 <0.1，该检测值有效。

因此，测试值 =299N。

4.23.7 注意事项

（1）当试样鞋带足够长时，一根鞋带可制取多个试样。

（2）试样应夹在夹具的中心，与拉力线重合，并防止拉伸时出现扭曲现象。

（3）作湿样测定时，试样从蒸馏水或去离子水中取出到装入拉力试验机进行拉伸的时间要尽量短，一般不要超过 2min。

（4）拉伸试验中应注意试样不要滑动，并防止试样被夹具夹伤。

4.24 粘扣带反复开合前后剥离强度

4.24.1 依据与适用范围

粘扣带反复开合前后剥离强度检测方法依据 GB/T 3903.20—2008《鞋类　粘扣带试验方法　反复开合前后的剥离强度》，适用于各种鞋类粘扣带的检测。

4.24.2 仪器设备

（1）拉力试验机。① 负荷范围应有分档。② 准确度为 ±1%。③ 拉伸速度在（0 ~ 300)mm/min 范围内可调，准确度为 ±2mm/min。④ 带有自动记录力 - 位移曲线的装置。⑤ 具有定值负荷保持功能与时间设置装置。

（2）粘扣带疲劳试验机，如图 4 -40 所示。

① 主动轮。直径为（160.0 ±0.5)mm，宽度至少为 70mm 的圆形转轮，转轮在其宽度方向上有一长度为（55 ±2)mm 的切槽，用以固定粘扣带，旋转速率为（60 ±5)r/min，每(30 ±5)s 反转。

② 从动轮。直径为（162.5 ±0.5)mm，宽度至少为 70mm 的圆形转轮，转轮在其宽度方向上有一长度为（55 ±2)mm 的切槽，用以固定粘扣带。依靠主动轮通过试样粘扣力带动旋转。

③ 平衡支架。用于调节平衡块平衡从动轮的重量，使两个转轮相互接触压力为零。

④ 负重砝码。用于调节两个转轮使其对试样每毫米宽度上施加（1.0 ±0.1)N 的力。

（3）粘扣带碾压器，如图 4 -41 所示。

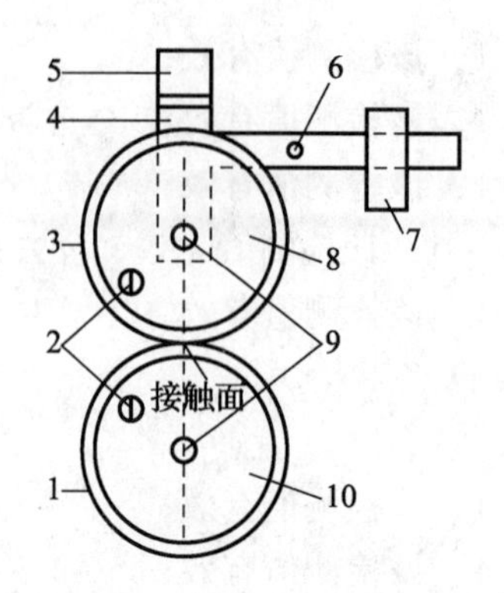

图 4-40　粘扣带疲劳试验机结构示意图

1—试样圈面；2—调节钮；3—试样钩面；4—平衡支架；5—负重砝码；6—固定轴；7—平衡调节块；8—从动轮；9—旋转轴心；10—主动轮

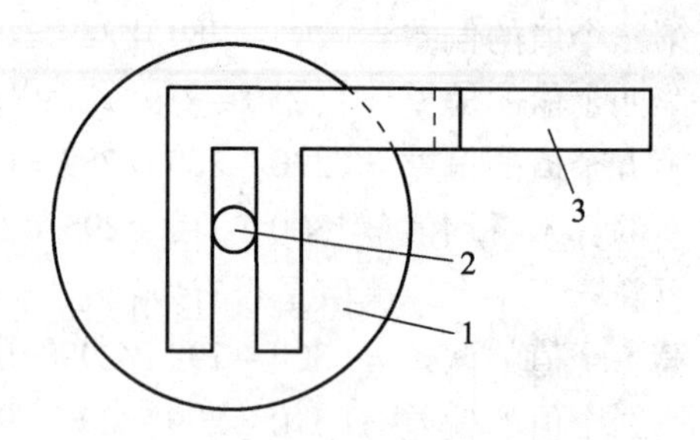

图 4-41　碾压装置示意图

1—碾压滚筒；2—滚筒轴；3—叉形支架

① 碾压滚筒。直径为（100±5）mm，宽度为55mm，质量为能够对试样每毫米宽度施加（1.0±0.1）N的力，使粘扣带在标准压力下粘合。

② 带手柄的叉形支架。用其移动碾压滚筒，不会向碾压滚筒施加任何额外向下的力。

4.24.3　试样要求

（1）反复开合前的剥离强度试样，切取长度至少为420mm的钩面、圈面粘扣带试样各一条。

（2）反复开合后的剥离强度试样，切取长度为（540±10）mm的钩面、圈面粘扣带试样各一条。为便于夹持可适当加长。

（3）在测试前将试样放置在温度为（23±2）℃、相对湿度为（50±10）%环境条件下至少24h。

4.24.4　检测准备

（1）调节环境温度为（23±2）℃、相对湿度为（50±10）%。

（2）选择满足试验拉力的负荷范围（即最大力在负荷范围20%～80%之内），调整拉伸速度为（100±10）mm/min。

（3）调节平衡块位置平衡从动轮的重量，达到两个转轮相互接触压力为零。

（4）设定主动轮的旋转速率为（60±5）r/min，每（30±5）s反转，总转数为5000r。

（5）反复开合前的剥离强度试样

① 切取长度至少为420mm的钩面、圈面粘扣带试样各一条。

② 从粘扣带一端开始分别间距（100±5）mm进行标记，每个试样的背面作4条标记线，如图4-42所示，确定4个试样。

③ 每个试样的一端标记“1”，另一端标记“2”。

④ 沿着所做标记线剪成4个试样。

（6）反复开合后的剥离强度试样

① 在钩面和圈面粘扣带的中央部分标记4个试样，每个试样长为（100±5）mm。

② 在每个试样的背面做4条标记线，如图4-42所示，确定4个试样。

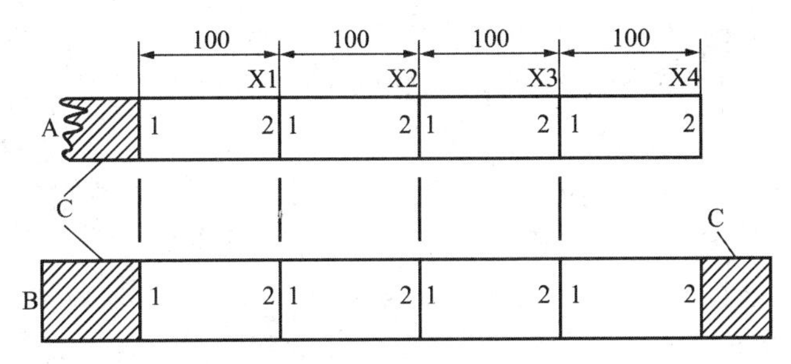

图 4－42　试样标记示意图

A—钩面粘扣带；B—圈面粘扣带；C—剩余粘扣带；X—试样

③ 每个试样的一端标记“1”，另一端标记“2”。在反复开合后沿着所做标记线剪成4 个试样。

4.24.5　检测步骤

（1）反复开合前的剥离强度试验

① 测量钩面粘扣带和圈面粘扣带的有效宽度，精确到 0.5mm，取两个宽度值中较小的值作为粘合粘扣带的宽度。

② 将从圈面粘扣带上切取的 4 个试样放在水平面上，绒毛朝上。

③ 将从钩面上切取的 4 个试样逐个轻放在圈面粘扣带试样上，如图 4－42 所示。

a）试样的钩面和圈面带有相同号数端粘合在一起，即“1 对 1”粘合，为 A 型粘合，如图 4－43 所示。

b）试样的钩面和圈面带有不相同号数端粘合在一起，即“1 对 2”粘合，为 B 型粘合，如图 4－43 所示。

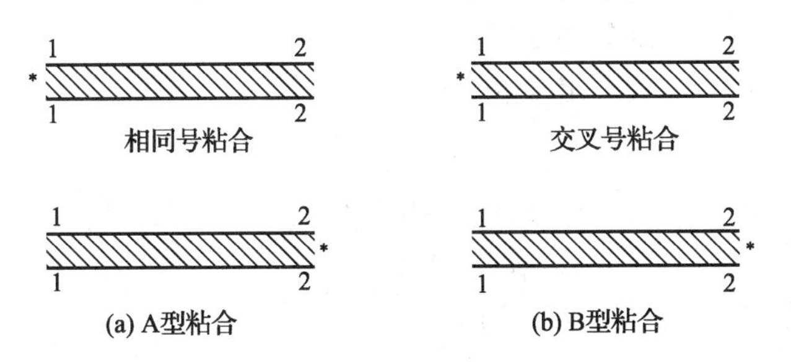

图 4－43　剥离粘合类型示意图

注：* 表示从此端剥离；上层为圈面，下层为钩面。

④ 用碾压滚筒对已粘合的试样进行滚压，共 10 次，对每毫米宽度试样施加（1.0 ± 0.1）N 的力。

⑤ 将 A 型粘合试样和 B 型粘合试样，按图 4－42 规定的剥离端进行部分剥离，剥离的长度不得超过 40mm。

⑥ 将粘合试样的已剥离自由两端分别夹持到拉力试验机的上、下夹具钳上，保证试样长边与机器的轴线平行。

⑦ 开动拉力试验机，使剥离长度至少为 50mm。

⑧按照该方法对另外粘合完成的3组试样进行试验，共获得12个测试结果值。

⑨ 由系统记录的12个力值曲线图测定剥离力的算术平均值，单位为N。

（2）反复开合后的剥离强度

① 测定粘扣带的有效宽度，精确到0.5mm，取最小的宽度值作为粘合粘扣带的宽度。

② 将圈面粘扣带缠绕在直径较小的主动转轮上，背面挨着轮。将粘扣带的两个自由端塞入转轮的切槽中，通过调节钮使圈面粘扣带紧绷于转轮上，并锁紧调节钮。

③ 将钩面粘扣带缠绕在直径较大的从动转轮上，背面挨着轮。将粘扣带的两个自由端塞入转轮的切槽中，通过调节钮使勾面粘扣带紧绷于转轮上，并锁紧调节钮。

④ 将两个转轮放在一起，钩面和圈面粘扣带粘合，在从动轮上施加负重砝码，使转轮间对粘扣带产生有效宽度的（1.0±0.1）N压力。

⑤ 开启开关，开始试验。

⑥ 试验结束后，把钩面、圈面粘扣带从转轮上取下，按图4－42的要求将粘合扣带剪切成4个试样。

⑦ 剥离强度的测试方法按照反复开合前的剥离强度的测试方法进行。

4.24.6 检测结果与处理

（1）分析力值和位移曲线

① 如果在最初的剥离时产生一个力值峰，记录此值为“最初力值”，精确到1N。

② 记录持续剥离力的平均力值，如图1－37所示，作为“中值力”，精确到1N。

（2）将剥离试验中得到的12个平均剥离力除以所测得的该试样的有效宽度，得到每个试样的平均剥离强度，单位为N/mm。

（3）将4个不同类型粘合试样的平均剥离强度作为该试样的粘合剥离强度。

（4）计算3个平均剥离强度的算术平均值，单位为N/mm。

（5）分别注明该剥离强度值是反复开合前还是开合后的。

（6）详细描述在试验过程中出现的任何偏差。

4.24.7 注意事项

（1）如果试样过厚无法塞入切槽，可将试样两端用胶带纸粘住后再塞入切槽中。

（2）将粘扣带安装到主动轮或从动轮上时，一定要位于转轮的中心，避免由于转动造成勾面与圈面不能有效地接触而影响试验结果。

（3）在使用碾压滚筒时，应注意叉形支架不能对滚筒轴产生压力，避免改变碾压滚筒对试样粘合的压力。

（4）在碾压过程中，滚筒的重心不能偏离粘扣带的中心线，滚筒要覆盖粘合粘扣带的整个宽度范围。

4.25 粘扣带反复开合前后剪切强度

4.25.1 依据与适用范围

粘扣带反复开合前后剪切强度检测方法依据GB/T 3903.21—2008《鞋类　粘扣带试验方法　反复开合前后的剪切强度》，适用于各种鞋类粘扣带的检测。

4.25.2 仪器设备

（1）拉力试验机。① 负荷范围应有分档。② 准确度为 ±1%。③ 拉伸速度在（0～300）mm/min 范围内可调，准确度为 ±2mm/min。④ 带有自动记录力－位移曲线的装置。⑤ 具有定值负荷保持功能与时间设置装置。

（2）粘扣带疲劳试验机，如图 4－40 所示。

（3）粘扣带碾压器，如图 4－41 所示。

4.25.3 试样要求

（1）用于反复开合前的剪切强度测试的试样。切取长度至少为 420mm 的钩面、圈面粘扣带试样各一条。

（2）用于反复开合后的剪切强测试的试样。切取长度为（540±10）mm 的钩面、圈面粘扣带试样各一条。为便于夹持可适当加长。

（3）在测试前将试样放置在温度为（23±2）℃、相对湿度为（50±10）% 的环境条件下至少 24h。

4.25.4 检测准备

（1）调节试验环境温度为（23±2）℃、相对湿度为（50±10）%。

（2）选择满足试验拉力的负荷范围（即最大力在负荷范围 20%～80% 之内），调整拉伸速度为（100±10）mm/min。

（3）调节平衡块位置平衡从动轮的重量，使两个转轮相互接触压力为零。

（4）设定主动轮的旋转速率为（60±5）r/min，每（30±5）s 反转，总转数为 5000r。

（5）用于反复开合前的剪切强度检测的试样

① 切取长度至少为 420mm 的钩面、圈面粘扣带试样各一条。

② 从粘扣带一端开始每隔（100±5）mm 进行标记，每个试样的背面作 4 条标记线，如图 4－42 所示，确定 4 个试样。

③ 每个试样的一端标记“1”，另一端标记“2”。

④ 沿着所做标记线剪成 4 个试样。

（6）用于反复开合后的剪切强度检测的试样

① 切取长度为（540±10）mm 的钩面、圈面粘扣带试样各一条。为便于夹持可适当加长。

② 在钩面和圈面粘扣带的中央部分标记 4 个试样，每个试样长为（100±5）mm。

③ 在每个长度为 100mm 的标记试样的一端标上“1”，另一端标上“2”。此步骤中不要将试样剪开。

4.25.5 检测步骤

（1）反复开合前的剪切强度

① 测量钩面粘扣带和圈面粘扣带的有效宽度，精确到 0.5mm，取两个宽度值中较小值作为粘合粘扣带的宽度。

② 确定粘扣带粘合类型，如图 4－44 所示，并选择粘合交迭长度 L_0。

a）纺织钩面和纺织圈面粘扣带粘合，粘合长度 L_0 为 50mm。

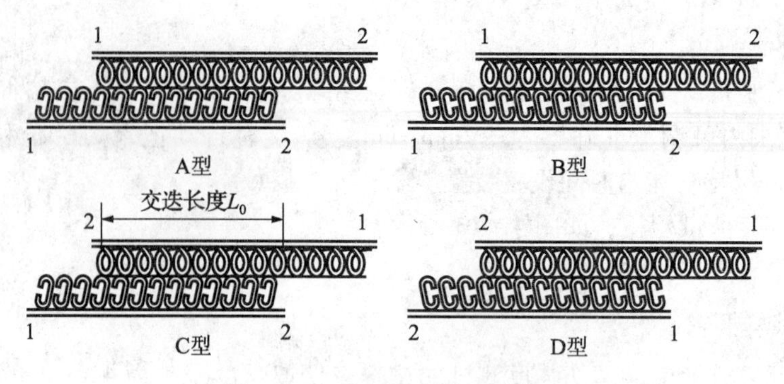

图 4－44　剪切粘合类型示意图

b）纺织或蘑菇状编织钩面粘扣带和编织圈面粘扣带粘合，粘合长度 L_0 为 20mm。

c）塑料钩面粘扣带和编织圈面粘扣带粘合，粘合长度 L_0 为 20mm。

d）上面没有列出的其他粘扣带，粘合长度 L_0 为 50mm。如果在试验过程中任一粘扣带断裂，粘合交迭长度应缩小到 20mm。

③ 把钩面粘扣带放在一平面上，绒毛朝上，然后用手施加最小的压力将圈面粘扣带绒面向下放在钩面粘扣带上，粘合交迭长度和整体宽度组成粘合区域。

④ 将碾压滚筒沿着粘扣带的一个方向滚动，速度大约为 200mm/s，然后立即反向运动，再将粘合粘扣带反转。

⑤ 重复上述步骤，直到滚筒在粘合粘扣带的每个方向上都运动 5 次，总共 10 次。

⑥ 开动拉力试验机，使夹具钳相距 100mm。

⑦ 将粘合的粘扣带安装到拉力机的夹具钳中，粘扣带的钩面自由端固定到上夹具钳中，圈面的自由端固定到下夹具钳中。夹持试样时，注意让所施加的力能够均匀分布在粘合区域的整个宽度上。

⑧ 将粘合带一端水平地夹到拉力试验机的上夹具中，另一端自由垂直地夹到下夹具中。

⑨ 开启拉力试验机，直到所有粘合区域都被分开或一个粘扣带断裂。记录将粘合粘扣带分开所需的最大力，记为 F_i。如果粘扣带断裂，记录断裂类型。

（2）反复开合后的剪切强度

① 测定粘扣带的有效宽度，精确到 0.5mm，取最小宽度值作为粘合粘扣带的宽度。

② 将圈面粘扣带缠绕在直径较小的主动转轮上，背面挨着轮。将粘扣带的两个自由端塞入转轮的切槽中，通过调节钮使圈面粘扣带紧绷于转轮上，并锁紧调节钮。

③ 将钩面粘扣带缠绕在直径较大的从动转轮上，背面挨着轮。将粘扣带的两个自由端塞入转轮的切槽中，通过调节钮使勾面粘扣带紧绷于转轮上，并锁紧调节钮。

④ 将两个转轮放在一起，钩面和圈面粘扣带粘合，在从动轮上施加负重砝码，使转轮间对粘扣带产生有效宽度的（1.0 ±0.1）N 压力。

⑤ 开启开关，开始试验。

⑥ 试验结束后，把钩面、圈面粘扣带从转轮上取下，按图 4－42 要求将粘合扣带剪切成 4 个试样。

⑦ 剪切强度的测试方法按照反复开合前的剪切强度测试方法进行。

4.25.6 检测结果与处理

（1）剪切强度结果值

① 按公式（4－12）计算粘合区域的有效面积 A_e，单位为 cm^2

$$A_e = \frac{L_0 \cdot W_e}{100} \quad (4-12)$$

式中：L_0——粘合交迭长度，mm；

W_e——粘合区域的有效宽度，mm。

② 按公式（4－13）计算纵向剪切强度 S_i，单位为 N/cm^2

$$S_i = \frac{F_i}{A_e} \quad (4-13)$$

式中：F_i——剪切粘合区域所需的最大力，N。

③ 记录4个粘合区域的纵向剪切强度的最大值和最小值，单位为 N/cm^2。计算4个粘合区域的纵向剪切强度的算术平均值，单位为 N/cm^2。

（2）计算3个平均剥离强度的算术平均值，单位为N/mm。

（3）记录粘合长度。如果粘扣带断裂，记录断裂类型。

（4）分别注明该剪切强度值是反复开合前还是开合后的。

（5）详细描述在试验过程中出现的任何偏差。

4.25.7 注意事项

（1）如果试样过厚无法塞入切槽，可将试样两端用胶带纸粘住后再塞入切槽中。

（2）将粘扣带安装到主动轮或从动轮上时，一定要位于转轮的中心，避免由于转动造成勾面与圈面不能有效地接触而影响试验结果。

（3）在使用碾压滚筒时，应注意叉形支架不能对滚筒轴产生压力，避免改变碾压滚筒对试样粘合的压力。

（4）在滚筒碾压进行中，滚筒的重心不能偏离粘扣带的中心线，滚筒要覆盖粘合粘扣带的整个宽度范围。

（5）如果试样在进行剪切强度测试时断裂，则将断裂力作为试样的剪切力。

4.26 主跟和包头粘合性

4.26.1 依据与适用范围

主跟和包头粘合性检测方法依据GB/T 3903.26—2008《鞋类　主跟和包头试验方法　粘合性能》，适用于热熔型和溶剂型材料的主跟和包头与帮面和衬里材料粘合性能的检测。

4.26.2 仪器设备

（1）拉力试验机。① 负荷范围应有分档。② 准确度为±1%。③ 拉伸速度在（0～300）mm/min范围内可调，准确度为±2mm/min。④ 带有自动记录力－位移曲线的装置。⑤ 具有定值负荷保持功能与时间设置装置。

（2）切割工具。能切取大小为（150±10）mm×（30±2）mm的长方形试样的冲剪刀模或剪刀。

(3) 压模。① 上下加热板温度在 (40～200)℃范围内可调。② 预先加热，温度保持在 ±2℃。③ 能施加 (245±5)kPa (即2.5kg/cm^2) 的压力。

(4) 皮革参照物。纯铬鞣剖层革，厚度为 (1.5～1.7)mm，油脂含量为4%，脂肪酸含量为1%。

(5) 无纺布。每平方米质量为 (150±20)g。

(6) 试剂。① 水为符合三级水规定的蒸馏水或去离子水。② 丙酮为分析纯。

(7) 计时器。秒表，分度值为1s。

4.26.3　试样要求

(1) 热熔型材料

① 用切割工具从样品、无纺布和皮革参照物上各剪切取5块试样，尺寸为 (150±10)mm×(30±2)mm，同时剪取30mm×20mm的普通白纸5张。

② 制作"皮革－样品－无纺布"的组合试样。在组合试样短边处的皮革和样品之间放一个纸条，使20mm的长度保持未粘合状态，这样产生的皮革、样品（和无纺布）这两个端头可分别固定在拉力机的两个夹具钳中。

③ 将"组合试样"放置在两个温度为 (70±5)℃的压模之间，施加 (245±5)kPa 压力，时间为10s。

④ 重复以上的步骤制成另外4个组合试样，分别在压模温度为 (90±5)℃、(110±5)℃、(130±5)℃和 (150±5)℃下进行热熔组合。

(2) 溶剂型材料

① 用切割工具从样品、无纺布和皮革参照物上各剪切取1块试样，尺寸为 (150±10)mm×(30±2)mm，同时剪取30mm×20mm的普通白纸1张。

② 使用丙酮将试样均匀润湿，使其活化，然后放置 (2.5±0.5)min。

③ 制作"皮革－样品－无纺布"的组合试样。在组合试样短边处的皮革和样品之间放一个纸条，使20mm的长度保持未粘合状态，这样产生的皮革、样品（和无纺布）这两个端头可分别固定在拉力机的两个夹具钳中。

④ 如果制作工艺没有规定应用条件，将组合试样放在两个压模之间，压模加热到(50±2)℃，施加 (245±5)kPa (即2.5kg/cm^2) 的压力，时间为10s。

(3) 在试验前将组合试样放置在温度为 (23±2)℃、相对湿度为 (50±5)% 环境条件下至少为24h。

4.26.4　检测准备

(1) 调节试验环境温度为 (23±2)℃、相对湿度为 (50±5)%。

(2) 选择满足试验拉力的负荷范围（即扯断力在负荷范围20%～80%之内），调整拉伸速度为 (100±10)mm/min。

(3) 在组合试样粘合部分长边的中间，用不伤害试样的记录笔划一条粘合面对称的中心分隔标志线，以及不同温度的组合记录。

4.26.5　检测步骤

(1) 将组合试样中的皮革参照物固定在拉力试验机的上夹具钳中，样品和无纺布端头固定在拉力试验机的下夹具钳中，撕裂口面向操作者。

（2）启动拉力试验机，开始拉伸试验。持续观察撕裂口的变化情况，并记录拉力曲线图。

（3）当试样的撕裂口到达试样的标志线（即拉伸粘合一半长度），停止拉伸，取下组合试样。

（4）将组合试样未被撕开部分浸泡到温度为（23 ±2)℃的蒸馏水中，时间为16h。

（5）16h后将试样从水中取出，用吸水纸吸走多余的水，将浸湿的试样重新固定到拉力试验机的两个夹具钳中，继续对未分离部分进行拉伸，并记录浸湿状态下的拉力曲线图。

4.26.6　检测结果与处理

（1）干粘合强度。计算得出的每个干试样的平均拉力值，如图1 –30所示，单位为N。

（2）湿粘合强度。计算得出的每个湿试样的平均拉力值，如图1 –30所示，单位为N。

（3）由每个试样的平均拉力值除以试样的宽度，得出粘合强度，单位为N/mm。

（4）记录不同粘合温度下的粘合强度。

（5）详细描述在试验过程中出现的任何偏差。

4.26.7　注意事项

（1）在测试热熔型试样时，试样的表面应与皮革参照物充分接触（即鞋中材料与帮面相接触）。

（2）拉伸试验中撕裂口线应与夹具边缘线平行，与人保证撕裂口均匀受力。

（3）要注意平均干（湿）粘合强度中每个试验温度时的算术平均值。

4.27　主跟与包头机械性能——热熔型材料

4.27.1　依据与适用范围

主跟与包头（热熔型材料）检测方法依据GB/T 3903.27—2008《鞋类　主跟和包头试验方法　机械性能》，适用于热熔型材料的鞋用主跟和包头的检测。

4.27.2　仪器设备

（1）丘形成型工具。由耐热和耐溶剂的硬性材料制成，如图4 –45所示。

① 活塞。直径为（47.5 ±0.5)mm，曲率半径为（35.0 ±0.5)mm，丘形帽的高度为(9.3 ±0.2)mm，丘形帽的边缘与法兰的外表面相平。

② 金属圆柱体。外径为58mm，内径为48mm，活塞可以在圆柱体内自由移动，长度至少为25mm。圆柱体一端有法兰，能按规定固定夹头。

③ 夹头。内径不超过48mm，但尺寸应足够大，能使活塞在其中自由移动；外径和任何表面式样的设计应能保证试样在试验过程中不会滑动；能够将夹头紧固在圆柱体法兰上。

（2）压入设置。如冲压机，将活塞压入金属圆柱体中。

（3）切割工具。① 能切割出直径为58mm的圆形试样与聚乙烯盘的冲切刀模或剪刀设备。② 能将聚乙烯材料剪切成外径为58mm、内径为48mm的圆环。

（4）烘箱。① 温度控制在（80 ±5)℃。② 具有鼓风装置。

（5）高度测量仪，如图4 –46所示。

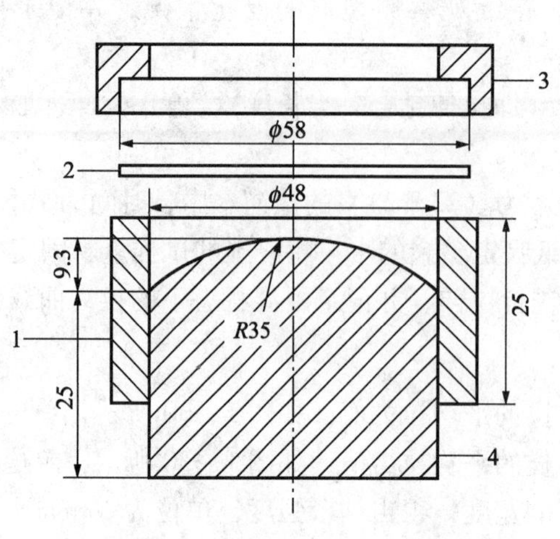

图 4-45　丘型成型工具示意图
1—金属圆柱体；2—试样；
3—夹头；4—活塞

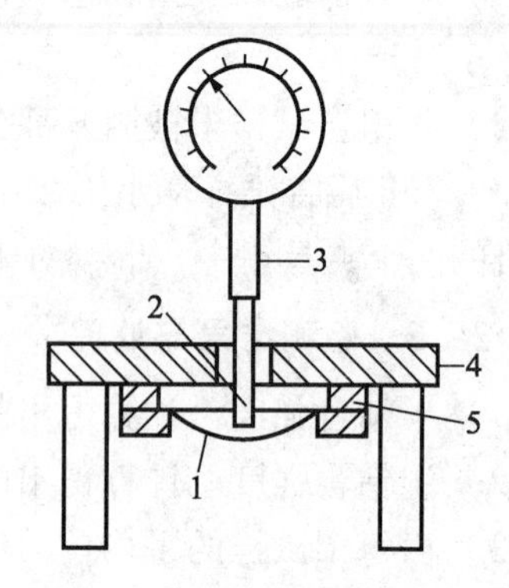

图 4-46　高度测定仪示意图
1—试样；2—芯轴；3—测厚仪；
4—平台；5—夹具

① 平台。能将丘形成型工具的夹头安装在平台的底面，平台上有一个孔，此孔在夹头的中央部位，直径比夹头小，但能使测厚仪的芯轴自由移动。

② 测厚仪。芯轴，底面为球形，球半径为（1.5 ±0.2）mm，能向芯轴施加（0.55 ±0.10）N 的力，读数能精确到 0.05mm。

（6）拉力试验机。① 负荷范围应有分档。② 准确度 ±1%。③ 拉伸速度在（0 ~ 300）mm/min 可调，准确度为 ±2mm/min。④ 带有自动记录 - 位移曲线的记录装置。⑤ 具有定值负荷保持功能与时间设置装置。

（7）压缩笼，如图 4-47 所示。

① 垂直安装的柱塞，圆形底面，直径为（19.0 ±2.5）mm。

② 丘形试样能在柱塞中心下的平台上固定。

③ 柱塞和平台之间有至少 20mm 的间隙。

（8）手工压缩丘形试样设备，如图 4-48 所示。

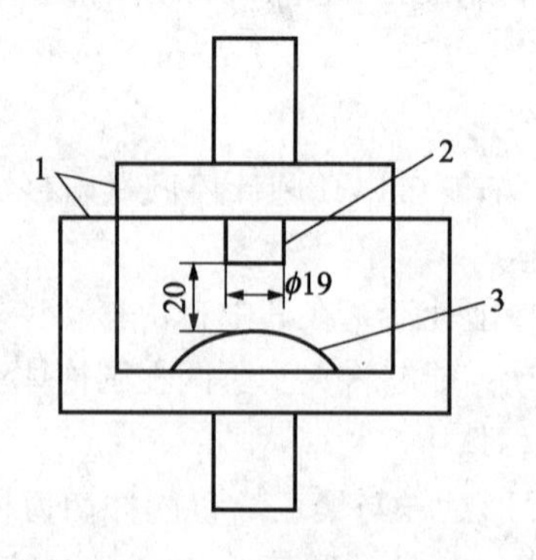

图 4-47　压缩笼示意图
1—压缩笼；2—柱塞；3—试样

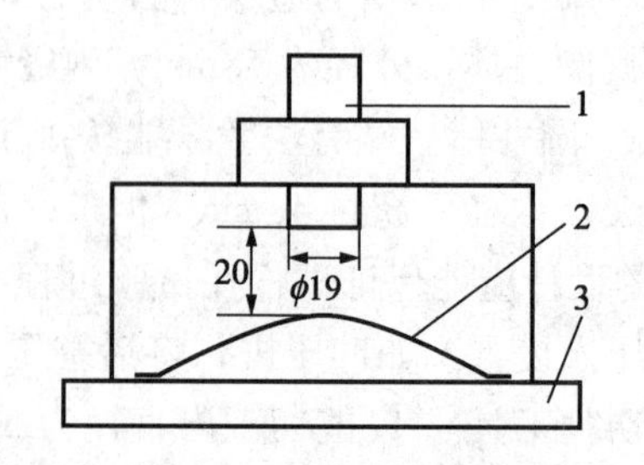

图 4-48　手工压缩丘型试样设备示意图
1—柱塞；2—试样；3—底座平台

① 垂直安装的柱塞，圆形底面，直径为（19.0 ±2.5）mm。

② 刚性底座平台，在柱塞下中心固定丘形试样。

③ 平台和柱塞之间至少有20mm的间隙。

（9）其他备件

① 符合三级要求的蒸馏水或去离子水。

② 聚乙烯片材。用于制成聚乙烯盘与圆环。

③ 电扇。用于强化空气流通。

④ 耐高温手套。保护操作员，以免烫伤。

4.27.3 试样要求

（1）用切割工具剪切6个直径为58mm的圆形试样。对于片材试样，试样的任何部分与边缘的距离不得少于50mm。

（2）用切割工具从聚乙烯片材上剪切6个直径为58mm的圆盘和6个外径为58mm、内径为48mm的圆环。

（3）试样安放要求

① 如果试样两个表面均无粘合剂，将试样放在金属圆柱体法兰的中心位置上。

② 如果试样只有一面有粘合剂，将试样放在金属圆柱体法兰的中心位置上，有粘合剂的表面向上，再将聚乙烯环放在试样上。

③ 如果试样两个表面都有粘合剂，将圆形聚乙烯材料放在金属圆柱体法兰的中心位置上，然后将一个试样和一个聚乙烯环依次放在圆盘上。

（4）将夹头对称地放在试样上，然后将夹头固定在金属圆柱体法兰上，使试样牢固安装。

（5）将紧固的试样装置放入烘箱中使试样活化，烘箱的温度为生产者规定的温度，如果没有规定，烘箱温度设定为（80 ±5）℃，时间为（2 ±0.5）min。用耐高温手套将试样装置从烘箱中取出。

（6）从烘箱内取出在30s内，使用压入装置将活塞压到试样上，直到活塞边缘与圆柱体法兰的外边缘相齐。使试样成为丘形，将活塞固定在此位置上。

（7）将装有试样的丘形成型工具一起放置在温度为（23 ±2）℃，相对湿度为（50 ±5）%环境条件下，用电扇吹至少1.5h。

（8）1.5h后，将活塞缓慢拔出，如果拔出太快，会吸出试样。将试样从丘形模具中取出，使试样成为丘形。

（9）根据上述办法制成6个丘形试样。

（10）将6个丘形试样在温度为（23 ±2）℃、相对湿度为（50 ±5）%的环境条件下至少放置24h。

4.27.4 检测准备

（1）调节试验环境为温度为（23 ±2）℃、相对湿度为（50 ±5）%。

（2）调整拉力试验机的拉伸速度为（50 ±5）mm/min。

4.27.5 检测步骤

4.27.5.1 定型性

（1）干试验

① 支撑平台。夹头在平台下面固定，夹内放入与试样一样厚的，直径为48mm的聚乙烯盘，覆盖夹头上的孔。

② 将测厚仪的芯轴缓慢穿入平台上的孔中，直到与夹头中的聚乙烯盘的上表面接触。当测厚仪芯轴向设备施加负荷时间为（5±1）s时，记录测厚仪上的读数，此读数记为X，精确到0.05mm。

③ 拿掉装有聚乙烯盘的夹头，换上带已成型丘形试样的夹头，安装在平台下面。

④ 将测厚仪的芯轴缓慢穿过平台上的孔，直到与丘形试样的内表面相接触。在测厚仪的芯轴向试样施加负荷（5±1）s后，记录测厚仪上的读数，此读数记为Y，精确到0.05mm。

（2）湿试验

① 将已成丘形试样放入蒸馏水或去离子水中，温度为（23±2）℃，时间大约为16h。

② 按照上述方法分别测量出渗湿状态下的X、Y值。

4.27.5.2 试样的倒塌负荷

（1）干试验

① 将压缩笼安装到拉力试验机上。

② 将丘形试样对称地放在柱塞下，启动机器，开始进行压缩。

③ 当力达到最大值时，立即停机，记录此值，记为F_1，单位为N。

④ 拉力试验机的夹具钳回到原始位置，移去试样。

⑤ 手工将试样任何变形部分复原，将其再次对称地放在压缩笼的柱塞中心位置下。

⑥ 使用设备来使试样倒塌，保证试样的丘形顶接触到底座平台。

⑦ 重复步骤⑤和⑥8次。

（2）湿试样

① 按4.27.5.1（2）①同样操作。

② 按4.27.5.2（1）①~⑦同样操作，测定试样湿状态下的倒塌负荷F_1值。

4.27.5.3 10次倒塌之后的定型性

（1）干试验

① 按4.27.5.2（1）①~④同样操作，测量出第10次倒塌负荷的最大值F_{10}值。

② 按4.27.5.1（1）①~④同样操作，测量到第10次倒塌后的X_{10}值。

（2）湿试验

① 在渗湿状态下，按4.27.5.2（1）①~④同样操作，测量出第10次倒塌负荷的最大值F_{10}值。

② 在渗湿状态下，按4.27.5.1（1）①~④同样操作，测量到第10次倒塌后的X_{10}值。

4.27.6 检测结果与处理

（1）定型性

按公式（4-14）计算试样高度H_1，单位为mm

$$H_1 = Y - X \tag{4-14}$$

按公式（4－15）计算试样的定型性 S，单位为 %，精确到 1%

$$S = \frac{H_1^2}{H_0^2} \times 100 = \frac{H_1^2}{86.49} \times 100 \tag{4-15}$$

式中：H_0——丘形帽活塞高度，mm；

H_1——试样的高度，mm。

计算 3 个试样定型性 S 的算术平均值，单位为 %，精确到 1%。

（2）第一次倒塌负荷

计算 3 个试样第 1 次倒塌负荷的最大值 F_1 的算术平均值，单位 N。

（3）第 10 次倒塌负荷

计算 3 个试样第 10 次倒塌负荷的最大值 F_{10} 的算术平均值，单位 N。

（4）第 10 次倒塌后的定型性

按公式（4－16）计算第 10 次倒塌后试样高度 H_{10}，单位为 mm

$$H_{10} = Y - X_{10} \tag{4-16}$$

按公式（4－17）计算试样的定型性 S_{10}，单位为 %，精确到 1%

$$S_{10} = \frac{H_{10}^2}{H_0^2} \times 100 = \frac{H_1^2}{86.49} \times 100 \tag{4-17}$$

式中：H_{10}——第 10 次倒塌后试样的高度，mm。

计算 3 个试样第 10 次倒塌后定型性 S_{10} 的算术平均值，以百分数表示，精确到 1%。

（5）回弹性

按公式（4－18）计算试样材料的回弹性，单位为 %，精确到 1%

$$回弹性 = (第10次干倒塌负荷/第1次干倒塌负荷) \times 100 \tag{4-18}$$

（6）抗湿性

按公式（4－19）计算试验材料的抗湿性，单位为 %，精确到 1%

$$抗湿性 = (第一次湿倒塌负荷/第一次干倒塌负荷) \times 100 \tag{4-19}$$

（7）注明试样为干状态还是湿状态。

（8）详细描述在试验过程中出现的任何偏差。

4.27.7 注意事项

（1）在进行倒塌负荷试验时，如果试样出现变形或者不符合规定的情况下，需要重新进行测试。

（2）将活塞缓慢拔出时，注意不要使试样变形。

4.28 主跟与包头机械性能——非热塑型材料

4.28.1 依据与适用范围

主跟与包头（非热塑型材料）检测方法依据 GB/T 3903.27—2008《鞋类　主跟和包头试验方法　机械性能》，适用于鞋用非热塑型材料的主跟和包头的检测。

4.28.2 仪器设备

（1）丘形成型工具。由耐热和耐溶剂的硬性材料制成，如图 4－49 所示。

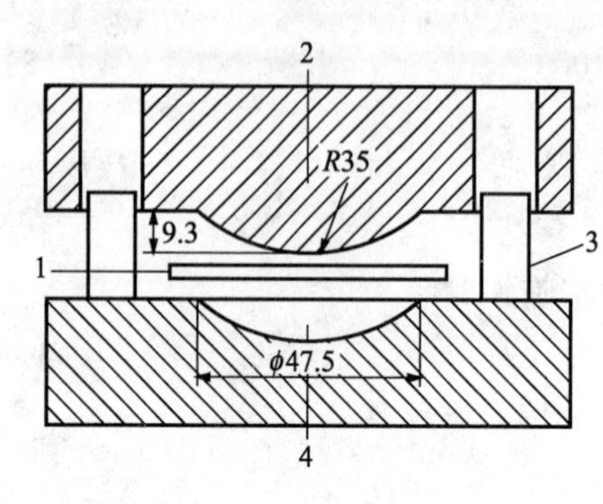

图 4－49　丘型成型工具示意图
1—试样；2—凸形球面；
3—导轨；4—凹形球面

① 上下凹凸金属模。直径为（47.5 ±0.5）mm，曲率半径为（35.0 ±0.5）mm，丘形帽的高度为（9.3 ±0.2）mm。

② 上下凹凸金属模有固定在一起的机械导轨装置。

③ 上下凹凸金属模能分别产生（120 ±10）kN 和（100 ±10）kN 的压力。

（2）水蒸气装置。能持续供应水蒸气的设备，如能够保持沸腾状态的电水壶。

（3）切割工具。能切割出直径为 58mm 的试样的冲切刀模或剪刀设备。

（4）高度测量仪

（5）拉力试验机

（6）压缩笼

（7）手工压缩丘形试样设备

4.28.3 试样要求

（1）用切割工具剪切 6 个直径为 58mm 的圆形试样。对于片材试样，试样的任何部位与边缘的距离不得少于 50mm。

（2）将试样固定在水蒸气装置上，使其在大约 50℃的水蒸气中保持 6min。在水蒸气中翻转试样，使之均匀加热、加湿。同时，将上、下凹凸金属模加温到与试样相同的温度。

（3）立即将试样对称地放置在金属模具下半部分的球形凹面上，安装金属模具的上半部分球形凸面。

（4）给上、下凹凸金属模施加压力：对于皮板样品，压力为（100 ±10）kN；对于混合纤维板样品，压力为（120 ±10）kN。

（5）保持此力（3.0 ±0.1）min，然后除去压力，待金属模具与试样降至环境温度后，将金属模具打开，将试样从模具中取出。

（6）根据上述办法制成 6 个丘形试样。

（7）将 6 个丘形试样在温度为（23 ±2）℃、相对湿度为（50 ±5）% 环境条件下至少放置 24h。

4.28.4 检测准备

（1）调节试验环境为温度为（23 ±2）℃、相对湿度为（50 ±5）%。

（2）调整拉力试验机的拉伸速度为（50 ±5）mm/min。

4.28.5 检测步骤

检测定型性、试样的倒塌负荷、10 次倒塌负荷与定型性的步骤与 4.27 节中检测定型性、试样的倒塌负荷、10 次倒塌负荷与定型性完全相同。

4.28.6 检测结果与处理

计算定型性 S、试样的倒塌负荷 F_1、10 次倒塌负荷 F_{10} 与定型性 S_{10}、回弹性、抗湿性的方法与 4.27 节中的计算方法完全相同。

4.28.7 注意事项

（1）在进行倒塌负荷试验时，如果试样出现变形或者不符合规定的情况下，需要重新进行测试。

（2）对上、下凹凸金属模加温时温度不能过高，应与试样温度相同或略低于试样温度。

（3）将试样放入金属模具下半部分时，一定要使试样与球形凹形圆同心，不能产生偏差。

4.29 主跟与包头机械性能——溶剂型材料

4.29.1 依据与适用范围

主跟与包头（溶剂型材料）机械性能检测方法依据 GB/T 3903.27—2008《鞋类　主跟和包头试验方法　机械性能》，适用于鞋用溶剂型材料的主跟和包头的检测。

4.29.2 仪器设备

（1）丘形成型工具

（2）压入设置

（3）切割工具

（4）高度测量仪

（5）拉力试验机

（6）压缩笼

（7）手工压缩丘形试样设备

（8）其他备件。① 聚乙烯片材。用于成制聚乙烯盘与圆环。② 丙酮或者材料生产商指明的其他溶剂。③ 硅胶成分的脱模剂。喷雾形式。④ 电扇。用于强化空气流通。

4.29.3 试样要求

（1）用切割工具剪切 6 个直径为 58mm 的圆形试样。对于片材试样，试样的任何部位与边缘的距离不得少于 50mm。

（2）用切割工具从聚乙烯片材上剪切 6 个直径为 58mm 的圆盘和 6 个外径为 58mm、内径为 48mm 的圆环。

（3）在活塞和丘形成型模具的内表面喷上脱模剂。防止由于溶剂和聚乙烯材料污染丘形成型模具。

（4）使用丙酮或其他溶剂将试样均匀润湿，使其活化，然后放置（2.5±0.5）min。

（5）将聚乙烯圆盘放在金属圆柱体法兰的中心位置上，然后依次放上已活化的试样和聚乙烯环。

（6）将夹头对称地放在试样上，然后固定在金属圆柱法兰上，将试样固定。

（7）使用压入装置将活塞压到试样上，直到活塞边缘与圆柱体法兰的外边缘相齐。使试样成为丘形，将活塞固定在此位置上。

（8）将装有试样的丘形成型工具一起放置在温度为（23±2）℃，相对湿度为（50±5）%环境条件下，用电扇吹至少24h。

（9）24h后，将活塞缓慢拔出，如果拔出太快，将吸出试样。将试样从丘形成型模具中取出，使试样成为丘形。

（10）将6个丘形试样在温度为（23±2）℃、相对湿度为（50±5）%的环境条件下至少放置24h。

4.29.4 检测准备

（1）调节试验环境为温度为（23±2）℃、相对湿度为（50±5）%。

（2）调整拉力试验机的拉伸速度为（50±5）mm/min。

4.29.5 检测步骤

检测定型性、试样的倒塌负荷、10次倒塌负荷与定型性的步骤与4.27节中的步骤完全相同。

4.29.6 检测结果与处理

计算定型性S、试样的倒塌负荷F_1、10次倒塌负荷F_{10}与定型性S_{10}、回弹性、抗湿性的方法见4.27节。

4.29.7 注意事项

（1）在进行倒塌负荷试验时，如果试样出现变形或者不符合规定的情况下，需要重新进行测试。

（2）将活塞缓慢拔出时，注意不要使试样变形。

（3）在对活塞和丘形成型模具进行喷涂脱模剂时，其表面都要喷射到，否则会影响活塞和丘形成型模具脱落。

（4）在使用丙酮或其他溶剂活化试样时，应均匀润湿试样使其充分活化。

4.30 纤维板屈挠指数

4.30.1 依据与适用范围

纤维板屈挠指数检测方法依据QB/T 1472—2013《鞋用纤维板屈挠指数》，适用于日常穿用鞋内底纤维板，不适用于半托底和特殊要求的内底纤维板。

4.30.2 仪器设备

（1）屈挠试验仪，如图4-50所示。

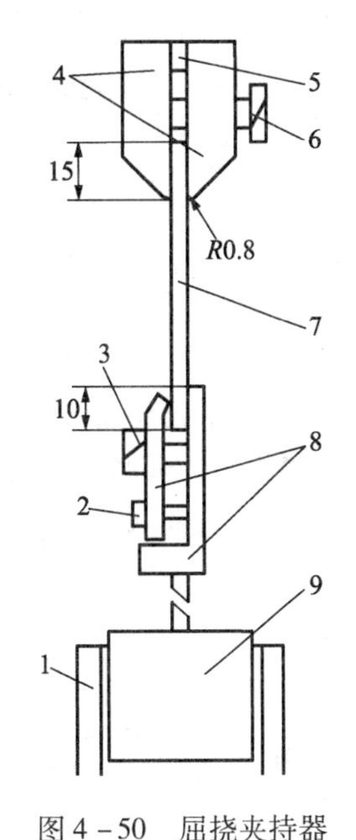

图4-50 屈挠夹持器装置示意图

1—限止装置；2—调节螺母；3—下夹紧螺母；4—上夹持器；5—垫片；6—上夹紧螺母；7—试样；8—下夹持器；9—载荷

① 夹持器由上夹持器和下夹持器以及载荷组成。上夹持器的屈挠角度为左右各（90±1）°，屈挠频率为（60±10）次/min（左、右各屈挠一次为1屈挠次数）。下夹持器（包括载荷）的质量为（2±0.01）kg。

② 在进行屈挠试验时限制载荷不作左右摆动的装置。

③ 试样断裂时自动记录屈挠次数的计数器。

（2）取样工具。能冲剪长为（80±1）mm，宽为（10±0.2）mm大小试样的专用冲模或剪刀。

4.30.3 试样要求

（1）每组试样为同一方向（即纵向或横向）的3个试样。试样长为（80±1）mm，宽为（10±0.2）mm。

（2）试样厚度为鞋用纤维板的原始厚度。

（3）试样表面应平整完好，无伤痕、损伤、杂质、污斑和气泡等缺陷。

（4）在测试前将试样放置在温度为（23±2）℃，相对湿度为（65±5）%环境条件下至少48h。

4.30.4 检测准备

（1）按试样尺寸要求裁切各个方向（即平行于鞋用纤维板的机加工方向或垂直于鞋用纤维板的机加工方向）的试样各3条，并经过温湿度调节。

（2）检查上夹持器的屈挠左右达到最大是否处于水平状态（挠屈挠角度为左右各90°），屈挠频率是否为每分钟60次。

（3）调节试验环境温度为（23±2）℃，相对湿度（65±5）%条件。

4.30.5 检测步骤

（1）每一组的3条试样应同时进行试验。

（2）将上夹持器调整于垂直状态，试样的长边垂直于水平面伸入到上夹持器内15mm处，并在上夹持器上方的另一端垫入试样裁剪剩余的、与试样相同厚度的小纤维板，以保证上夹持器上、下两个夹持面的平行。

（3）拧紧上夹紧螺母，固定试样。

（4）根据试样的厚度，适当调整下夹持器的调节螺母，使拧紧下夹紧螺母时下夹持器与试样基本保持水平状态。

（5）提升活动下夹持器（包括载荷），使试样的另一端伸入下夹持器内10mm，并拧紧下夹紧螺母，固定试样。

（6）将各个试验装置的计数器清零后，打开电源开机试验，直至全部试样断裂为止。

4.30.6 检测结果与处理

（1）按公式（4－20）计算屈挠指数 X

$$X=\frac{1}{3}(\lg X_1+\lg X_2+\lg X_3) \tag{4-20}$$

式中：X_1、X_2、X_3——同组3个试样各自的断裂屈挠次数。

（2）结果保留一位小数。

（3）各个试验方向的结果应分别表示，并以最低等级作为判定值。

（4）根据公式计算的结果，对照表4－4判断纤维板的质量等级。

表4－4 屈挠指数等级判定表

等级	优等品	一等品	合格品
屈挠指数	≥2.9	≥2.5	≥1.9

（5）注明试验温度和相对湿度以及试样的厚度，并详细描述在试验过程中出现的任何偏差。

4.30.7 注意事项

（1）如果在试验过程中试样松动掉落，应重新裁剪试样，重新开始试验。

（2）在下夹持器上安装样品时要注意下夹持器的夹口要与试样垂直，不能出现斜装现象。

4.31 橡胶密度

4.31.1 依据与适用范围

橡胶密度检测方法依据GB/T 533—2008《硫化橡胶或热塑性橡胶 密度的测定》，适用于固体硫化橡胶或热塑性橡胶密度的检测。

4.31.2 仪器设备

（1）天平比重装置，如图4－51所示。

① 天平。最大称量应大于100g，精确到1mg。

② 天平跨架。水平跨架的尺寸由称量试样在水中的质量时使用的烧杯大小决定。

③ 烧杯。容积一般为250cm^3（根据天平选择适用范围更小的）。

④ 称量架。与天平联接，用于称重。

⑤ 金属网笼。用于安放试样，并浸入水中。

（2）密度杯（瓶），如图4－52所示。

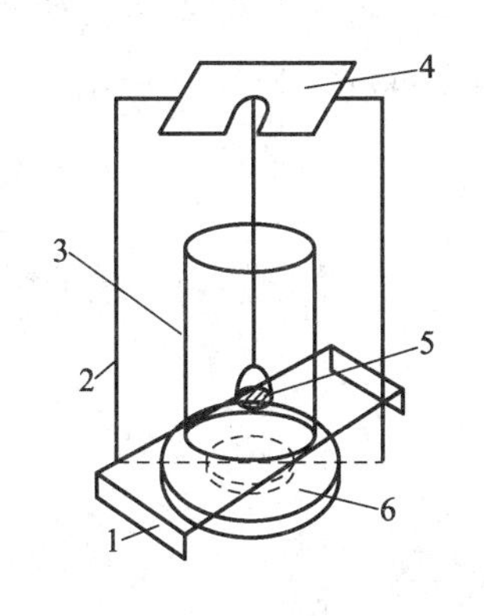

图 4－51　天平比重装置示意图

1—跨架；2—称量架；3—烧杯；
4—称量处；5—金属网笼；6—天平

密度瓶

密度杯

图 4－52　密度杯（瓶）装置

4.31.3　试样要求

（1）称重法的试样表面应光滑，不应有裂纹、空洞及灰尘等缺陷，质量至少为 2.5g。

（2）密度杯（瓶）法的试样应制成合适的片状。将试样切成小片，具体的形状及尺寸取决于原始试样的厚度。所切小片的两个方向尺寸应不大于 4mm，第三个方向尺寸不大于 6mm。在此限定范围内小片应尽可能大些。所有裁切边缘应光滑。每个样品至少应做两个试样。

（3）在裁切前样品将放置在温度为（23±2）℃、相对湿度为（50±5）% 的环境条件下至少 3h。

4.31.4　检测准备

调节试验环境温度为（23±2）℃，相对湿度为（50±5）%。

4.31.5　检测步骤

（1）称量法

① 按图 4－51 放置天平跨架、装有新鲜的蒸馏水或去离子水的烧杯和金属网笼，调整天平指示为零。

② 将试样放到称量处，称取质量，记为 m_0，精确到 1mg。

③ 将试样放入金属网笼中，把试样与金属网笼一起浸入水中，除去附着于试样表面的气泡，称量其在水中的质量，记为 $m_{水}$，精确到 1mg。

（2）密度杯（瓶）法

① 将洁净、干燥的密度杯（瓶）分别在试样放入前后各称量一次，分别记为 m_1 和 m_2，精确到 1mg。

② 在装有试样的密度杯（瓶）中充满新制备的冷却蒸馏水或去离子水，用吸水纸除去装有试样、水的密度杯（瓶）外壁的水分。

③ 用天平称量密度杯（瓶）、试样和水的总质量 m_3，精确到 1mg。

④ 将密度杯（瓶）中的试样及水全部倒出，再用新制备的冷却蒸馏水或去离子水将其充满。除去气泡，盖好盖子的密度杯（瓶），用吸水纸吸除密度杯（瓶）外壁水分，称量密度杯（瓶）和水的总质量 m_4，精确到1mg。

4.31.6 检测结果与处理

（1）称量法。按公式（4－21）计算密度 δ，单位为 Mg/m^3

$$\delta = \frac{m_0}{m_0 - m_{水}} \rho \tag{4-21}$$

式中：ρ——水的密度，Mg/m^3；

m_0——试样在空气中的质量，g；

$m_{水}$——试样在水中的质量，g。

（2）密度瓶法。按公式（4－22）计算密度 δ，单位为 Mg/m^3

$$\delta = \frac{m_2 - m_1}{m_4 - m_3 + m_2 - m_1} \rho \tag{4-22}$$

式中：m_1——密度杯（瓶）的质量，g；

m_2——密度杯（瓶）加试样的质量，g；

m_3——密度杯（瓶）加试样加水的质量，g；

m_4——充满水的密度杯（瓶）的质量，g。

4.31.7 注意事项

（1）试样表面的气泡必须除去，否则影响试验结果。为了除去试样表面的气泡，可在水中加入1/10000的类似清洁剂的表面活性剂。

（2）样品及试样在硫化与试验间隔调节期间应避免光照。

（3）裁切好的试样应立即进行试验，否则，应在试验环境条件下放置。

（4）若试样需进行打磨处理，则打磨与试验的时间间隔不应超过72h，且打磨后还要在试验环境条件下至少放置3h。

（5）使用密度杯（瓶）法，在用吸水纸吸除密度杯（瓶）外壁水分时，应注意密度杯中的水不能从盖缝中浸漏出来。

（6）在用吸水纸吸除密度杯盖上从盖孔中溢出的水珠时，应从外向孔中心吸水，这样既能保证孔中的水面与盖面持平，又能干燥盖面。

（7）密度瓶比密度杯检测精度高，但密度杯可以检测大试样。

4.32 橡胶耐磨性

4.32.1 依据与适用范围

橡胶耐磨性检测方法依据 GB/T 9867—2008《硫化橡胶或热塑性橡胶耐磨性能的测定（旋转辊筒式磨耗机法）》，适用于硫化橡胶或热塑性橡胶耐磨性能的检测。

4.32.2 仪器设备

（1）DIN 耐磨试验机

① 由固定砂布的旋转辊筒和可水平移动的试样夹持器组成，如图 4－53 所示。辊筒直径为（150.0±0.2）mm，长度最少为500mm。辊筒表面包裹着单层薄砂布，辊筒以（40±1）r/min 的速度旋转。

② 试样夹持器。是一个有开口的圆筒，其直径可在（15.5～16.3）mm 范围内可调，并有一个调节试样伸出长度的装置，使试样伸出夹持器的长度为（2.0±0.2）mm。夹持器安装在旋转手柄上，该手柄与一个可以在滑杆上水平移动的滑道相连。当辊筒旋转一周时，夹持器应水平移动（4.20±0.04）mm/r。

③ 在试样上可以垂直加载（10.0±0.2）N 或（5.0±0.1）N 的负荷力。将试样紧压在辊筒上，试样分为可旋转与非旋转两种。

④ 具有转数记录器与自动关机装置。

⑤ 具有在试样夹持器边缘接触到砂布前能自动停机装置，防止试样夹持器损坏砂布，以及安装吸尘软管和刷子以清除砂布表面上的胶屑。

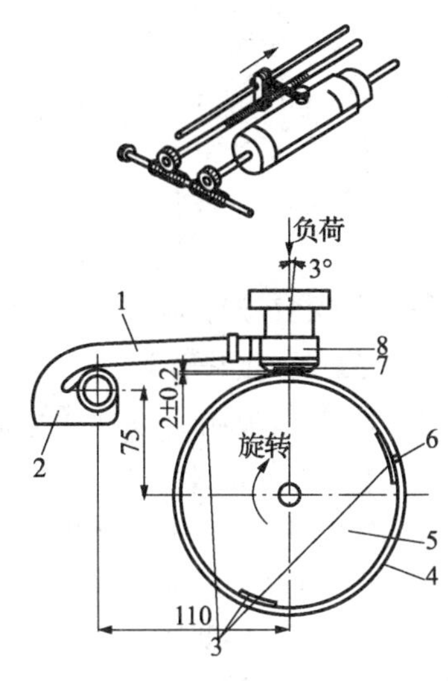

图 4－53　耐磨试验机示意图

1—滑动臂；2—滑道；3—双面胶带；4—砂布；5—辊筒；6—开口；7—试样；8—试样夹持器

（2）砂布

① 由粒度为 60 号的氧化铝组成。砂布平均厚度为（1.0±0.2）mm。

② 磨耗量在（180～220）mg。

③ 每张砂布首次使用时，应标明运转方向。试验必须与标明的运转方向一致。

（3）切割工具。非模具硫化的试样制备可以用旋转裁刀，如图 4－54 所示，其直径为（16.0±0.2）mm。裁刀的旋转速度最少为 1000r/min，对于硬度低于 50IRHD 或邵尔 A50 的橡胶，旋转速度应更高。

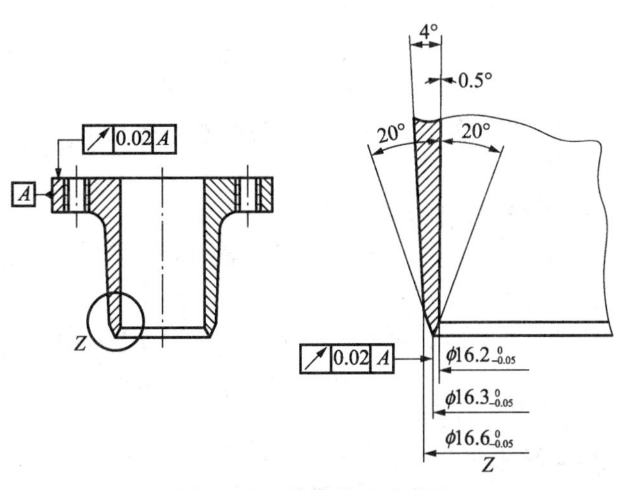

图 4－54　旋转裁刀示意图

（4）分析天平。称量200g，分度值为1mg。天平带有水平跨架，水平跨架的尺寸由称量试样在水中的质量时使用的烧杯大小决定。

（5）参照胶

① 1号参照胶的配方（用于A法）：天然胶（SMYL），100.0g；铝化锌，等级B4c，50.0g；N－异丙基－N′－苯基对苯二胺（IPPD），1.0g；二硫化二苯噻唑，1.8g；炭黑N330，36.0g；硫磺，2.5g。

经密炼机混炼成参照胶，其硬度为邵氏A（60±3）度。

② 2号参照胶的配方：天然橡胶（SMRL），100.0g；硬脂酸，2.0g；氧化锌，5.0g；N－异丙基－N′－苯基对苯二胺（IPPD），1.0g；环己基苯并－2－噻唑次磺酰胺（CBS），0.5g；N330炭黑，50.0g；硫磺，2.5g。

4.32.3　试样要求

（1）试样应在硫化或成型16h后。

（2）试样为圆柱形，用旋转裁刀切取，其直径为（16.0±0.2）mm，高度不小于6mm。试样也可以用模具硫化成型。

（3）试样表面应光滑，不应有裂纹、杂质、污斑等缺陷，质量至少为2.5g以上。

（4）试样高度达不到要求时，可将试样粘在硬度不低于80邵尔A的基片上，但原试样高度应不小于2mm。

（5）在测试前将试样放置在温度为（23±2）℃、相对湿度为（50±5）%的环境条件下至少24h。

4.32.4　检测准备

（1）调整试验环境温度为（23±2）℃、相对湿度为（50±5）%

（2）在每次试验前，用毛刷去掉砂布上此前试验留下的所有胶屑。推荐毛刷为直径55mm，由长约70mm的硬尼龙或同类硬毛制成。

4.32.5　检测步骤

（1）先确定方法：A法为试样非旋转，B法为试样旋转。

（2）试样的质量应精确到1mg。将试样放入夹持器中，使试样伸出夹持器的长度为（2.0±0.2）mm。长度可通过标准尺来测量。

（3）一般用（10.0±0.2）N的垂直作用力将试样紧压在辊筒上，特殊情况可用（5.0±0.1）N的力。

（4）如果有通风装置，将它打开。把带有试样的夹持器从滑道移至辊筒的起点处，开动机器进行试验。

（5）先拿一个试样预磨20m，称出其磨耗量。

① 当磨耗量小于200mg时，磨损行程40m为一次性连续磨损。

② 当磨耗量大于200mg小于300mg时，试验可在20m行程时停止，然后将试样伸出长度重新调至（2.0±0.2）mm后再进行试验，以便完成剩下的20m行程。

③ 当磨耗量大于300mg时，试验只需进行20m，并应在报告中注明。将此时磨耗量乘以2，从而得到40m行程时的磨耗量。

④ 试样高度在任何时候都不能少于5mm。

（6）对于试验中运行着的非旋转试样，应确保试样以同样的方式位于夹持器的同一位置上。

(7) 试验结束后，试样边缘处的小胶边、毛刺要清除干净。称取试样的质量，精确到1mg。

(8) 对参照胶质量损失的测定

① 在每次系列试样的磨耗之前与之后，要用参照胶进行试验。在每一系列试验中，试样最多进行10次试验。在两个系列试验间，不要断开在同一个试样上进行的其他试验行程。在一种参照胶的同一试样上进行重复试验时，为使整个试样的温度恢复到标准实验室温度，允许在每次试验间有充足的停放时间。

② 对易于附着的试样，在每次试样进行试验后，都要进行参照胶的质量损失的测定。在附着严重的情况下，参照胶在试验后的质量损失与试验前的质量损失有较大减少，这是因为砂布被参照胶“清洗”，而不是参照胶被砂布磨损。如果参照胶的质量损失减少大于10%，此方法无效。

③ 测定试样的密度。用适当长度的细丝将试样悬挂在天平挂钩上，使试样底部在水平跨架上方约25mm处。细丝的材料应不溶于水、不吸水。细丝的质量可忽略也可单独称量，若单独称量应将其质量从试样称重中减去。先称量试样在空气中的质量，精确到1mg。再称量试样在水中的质量，在标准试验室温度下，将装有冷却蒸馏水或去离子水的烧杯放在天平跨架上，将试样浸入水中，除去附着于试样表面的气泡，称量精确到1mg。观察数秒钟，直到确定指针不再漂移，读取结果。

按公式（4-23）计算试样的密度δ，单位为g/cm^3

$$\delta = \frac{m_1}{m_1 - m_2}\rho \tag{4-23}$$

式中：ρ——水的密度，g/cm^3；

m_1——试样在空气中的质量，g；

m_2——试样在水中的质量，g。

4.32.6 检测结果与处理

试验结果可以用相对体积磨耗量或磨耗指数来表示。

分别计算参照胶质量损失的算术平均值Δm_t和试样质量损失的算术平均值Δm_r。

(1) 按公式（4-24）计算相对体积磨耗量ΔV_{rel}

$$\Delta V_{rel} = \frac{\Delta m_t \times \Delta m_{const}}{\rho_t \times \Delta m_r} \tag{4-24}$$

式中：Δm_t——试样的质量损失值，mg；

Δm_{const}——参照胶的固定质量损失值，mg（用A法及1号标准参照胶测得的固定质量损失值为200mg；用B法及2号标准参照胶测得的固定质量损失值为150mg）；

ρ_t——试样的密度，g/cm^3；

Δm_r——参照胶的质量损失值，mg。

(2) 按公式（4-25）计算磨耗指数ARI

$$ARI = \frac{\Delta m_r \times \rho_t}{\Delta m_t \times \rho_r} \times 100 \tag{4-25}$$

式中：ρ_r——参照胶的密度，g/cm^3。

4.32.7 注意事项

(1) 样品及试样在硫化与试验间隔调节期间应避免光照。

(2) 裁切好的试样应立即进行试验，否则，应在标准实验室温度下放置。若试样需进行打磨处理，则打磨与试验的时间间隔不应超过72h。

(3) 通常用裁刀或其他旋转切割工具从硫化胶片上裁取试样。裁切时可在裁刀的刃口上涂抹润滑剂或水进行润滑，不允许冲裁试样。

(4) 用旋转裁刀切取试样时，应连续进刀量并一次性切取试样，不能断断续续进刀切取试样。

(5) 应检查试样夹持器的振动情况。如果试样夹持器振动较反常，那么试验结果没有意义，应作废。

(6) 对于厚度不够的试样被粘接后，在磨耗试验时注意不要将其磨到试样的粘接线上。如果有必要，可以减少磨耗行程。

(7) 将试样放在砂布上的运行起点处，当磨损行程达（40.0 ±0.2）m（相当于84r）时，会自动停机。当试样磨耗量较大时，磨损行程可减少至（20.0 ±0.1）m（相当于42r）。

4.33 微孔材料视密度

4.33.1 依据与适用范围

微孔材料视密度检测方法依据HG/T 2872—2009《橡塑鞋微孔材料视密度试验方法》，适用于橡塑鞋微孔材料视密度的检测。

4.33.2 仪器设备

(1) 打磨机，如图4－55所示。

① 电机驱动砂轮（直径为150mm），砂轮运行应平稳无颤抖，氧化铝或碳化硅磨面应锋利准确。

② 装有慢速供料装置，可进行极轻微的磨削以避免橡胶过热。

③ 砂轮的线速度为（11 ±1）m/s。

(2) 厚度计。分度值为0.01mm，压足直径为6mm，所施加的压力为（22 ±5）kPa，如图4－56所示。

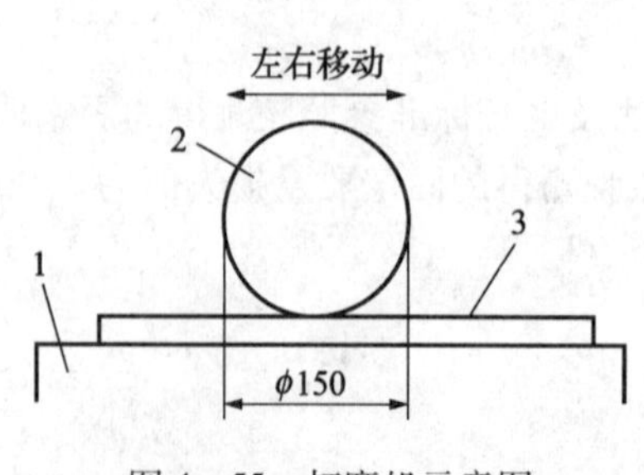

图4－55 打磨机示意图

1—固定试样装置及进料；
2—砂轮；3—试样

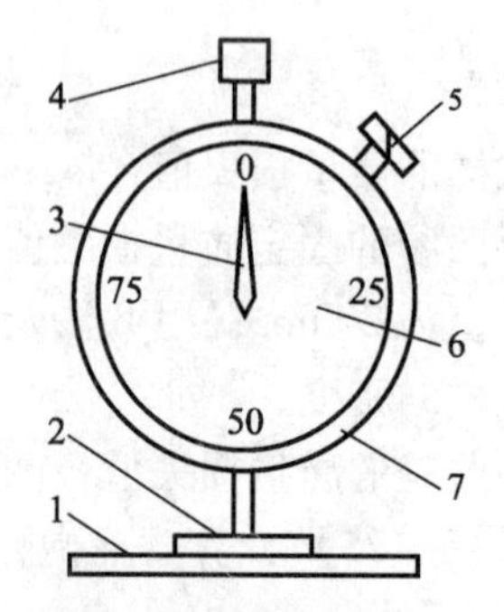

图4－56 厚度计示意图

1—放试样面；2—足面；3—指针；4—负荷；
5—锁紧螺母；6—指示盘；7—调节盘

（3）天平。分度值为0.001g。

（4）游标卡尺。分度值为0.02mm。

（5）切割试样的锋利刀具和钢直尺。

（6）玻璃干燥器

4.33.3 试样要求

（1）试样长度为（20.0±0.5）mm，宽度为（20.0±0.5）mm，厚度为10.0±0.3）mm；若试样厚度不足10mm，应采用长度为（40.0±0.5）mm，宽度为（20.0±0.5）mm，厚度为（5.0±0.3）mm的试样。

（2）试样不得有花纹、空洞、凹陷、杂质或表面致密表皮，并应平整。试样的侧面不得呈凹弧状。

（3）在打磨、切取前将试样放置在温度为（23±2）℃，相对湿度为（50±5）%的环境条件下至少16h。

4.33.4 检测准备

（1）每一次打磨时打磨的深度不得大于0.2mm，若连续打磨应减小打磨深度以避免橡胶过热。

（2）将制备好的试样放到玻璃干燥器内，在温度为（23±2）℃，相对湿度为（50±5）%的环境条件下至少放置3h。

4.33.5 检测步骤

（1）用天平称量试样的质量，精确到0.001g。

（2）用厚度计在试样上任意测量3点，取3点试样厚度的算术平均值作为试样的厚度，精确到0.02mm。

（3）用游标卡尺在试样的左、中、右侧测量长度和宽度，取3处试样长度的算术平均值为边长，取3处试样宽度的算术平均值为边宽并计算出试样的体积，精确到0.02mm。

4.33.6 检测结果与处理

（1）按公式（4-26）计算试样的视密度ρ_s，单位为Mg/m^3

$$\rho_s = \frac{m}{v} \times 10^3 \tag{4-26}$$

式中：m——试样的质量，g；

v——试样的体积，mm^3。

（2）试验结果的表示

每种材料的试样数量不得少于3个，取其视密度的算术平均值，精确到小数点后两位。

（3）注明试样尺寸，并详细描述在试验过程中出现的任何偏差。

4.33.7 注意事项

（1）在打磨试样的过程中要注意缓慢打磨，避免因过热而改变材料性质。

（2）试验操作过程中注意去除试样表面的气泡。

（3）用锋利的刀和钢直尺对试样按规格垂直切取，应一刀切取，不能多刀切取。

4.34 微孔材料压缩变形

4.34.1 依据与适用范围

微孔材料压缩变形检测方法依据 HG/T 2876—2009《橡塑鞋微孔材料压缩变形试验方法》，适用于橡塑鞋微孔材料压缩变形的检测。

4.34.2 仪器设备

（1）压缩夹具装置，如图 4－57 所示。

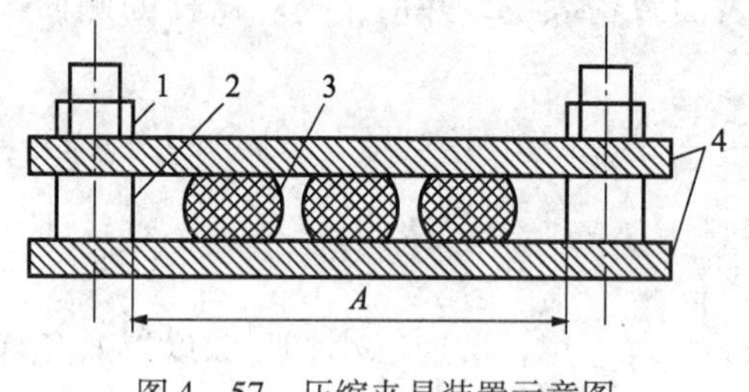

图 4－57 压缩夹具装置示意图

1—螺丝帽；2—环形限位器；

3—试样；4—上下压缩板

① 上、下夹板宽为 25mm，厚为 10mm 以上，两环形限位器之间的间距 A 为 100mm，其表面粗糙度 Ra＝0.80，应镀铬抛光。

② 环形限位器高度为（5.00±0.02）mm。

（2）厚度计。分度值为 0.01mm，压足直径为 6mm，所施加的压力为（22±5）kPa，质量为 63g。

（3）游标卡尺。量程不小于 150mm，分度值为 0.02mm。

（4）计时器。钟或表，连续计时不小于 100h，分度值为 1min。

（5）切割工具。锋利刀具及钢直尺，用于切割试样。

4.34.3 试样要求

（1）试样的长和宽各为（20.0±0.5）mm，厚为（10.0±0.2）mm，成品鞋可在微孔底跟部取样。

（2）每个样品的试样不少于 3 个，同一组试样的厚度相差不大于 0.1mm，长、宽相差不大于 0.5mm。

（3）试样厚度不足 10mm 的，可两层黏合，待停放 2h 后制成试样。

（4）试样表面应平整，不得呈凹弧状，不得有花纹、空洞、凹陷、杂质或表面致密表皮。

（5）在打磨、切取前将试样放置在温度为（23±2）℃，相对湿度为（50±5）% 的环境条件下至少 16h。

4.34.4 检测准备

（1）调节试验环境温度为（23±2）℃，相对湿度为（50±5）%。

（2）每一次打磨时打磨的深度不得大于 0.2mm，如连续打磨应减小打磨深度以避免橡胶过热。

4.34.5 检测步骤

（1）将试样编号，并测量试样的长、宽、厚。

（2）试样的长度和宽度用游标卡尺测量，精确到 0.02mm。

（3）试样压缩前后的厚度用厚度计测量，精确到0.01mm。

（4）将试样置于夹具中，拧紧螺帽至环形限位器。

（5）压缩时间为（72 ±2）h，到时间后取出试样，停放2h，再测量试样恢复后的高度。

4.34.6 检测结果与处理

（1）按公式（4－27）计算试样的压缩变形 K，单位为％

$$K = \frac{H_0 - H}{H_0} \times 100 \tag{4-27}$$

式中：H_0——试样试验前的高度，mm；

H——试样试验结束经停放后的高度，mm。

取3个试样压缩变形的算术平均值为试验结果，精确到小数点后一位。

（2）精确记录每次试验的温度、相对湿度和试验时间，详细描述在试验过程中出现的任何偏差。

4.34.7 注意事项

（1）在试样受压过程中，要注意试验环境条件的变化，如超过规定范围应做出说明。

（2）对于一些打磨后容易变形的微孔材料需要在试验结果中标明具体情况。

（3）试样的压缩压面应与成品鞋使用时的受压面一致。

（4）通过粘合达到试样高度的检测结果不能和标准试样的试验结果相比。

（5）试样在夹具内应有足够的间距，在压缩试样时不能使试样之间相互接触。

4.35 微孔材料硬度

4.35.1 依据与适用范围

微孔材料硬度检测方法依据HG/T 2489—2007《鞋用微孔材料硬度试验方法》，适用于压缩率为50%时，应力达到0.049MPa以上的鞋用微孔材料硬度的检测。

4.35.2 仪器设备

（1）硬度计。微孔材料硬度计主要由硬度计数值显示装置、半球形压针、压足及对压针施加压力的弹簧组成，如图4－58所示。

（2）硬度计显示盘。硬度计显示盘为100等分，每一分度值为一个硬度单位，压针端部处于自由状态（即压针完全伸出）时，压针端部距压足为2.5mm，硬度计数值显示为“0”。当压针端部与压足处于同一平面上，且压针端部无伸出时，硬度计数值显示为“100”。

（3）压足。压足是硬度计与试样接触的平面，如图4－58所示，其表面积大于50mm×14mm（即700mm^2）。在进行测量时，该平面应与试样均匀平整地接触。

（4）压针。压针头部为直径5.0mm的硬质钢球，形状和尺寸如图4－59所示。

（5）压力弹簧对压针所施加的压力与压针伸出压足位移量有恒定的线性关系，其大小与硬度计显示值的关系如公式（4－28）所示

$$Fc = 0.0784Hc + 0.539 \tag{4-28}$$

式中：Fc——弹簧施加于微孔材料硬度计压针上的力，N；

Hc——微孔材料硬度计的显示值，(°)。

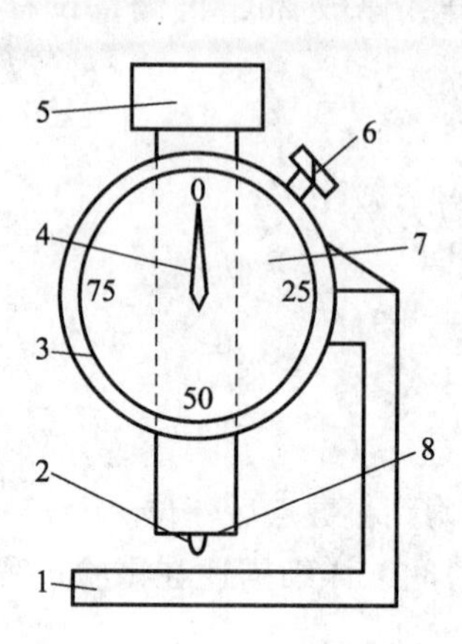

图 4－58　硬度计示意图

1—平台及支架；2—压针；3—调节盘；4—指针；
5—负荷；6—锁紧螺母；7—显示盘；8—压足

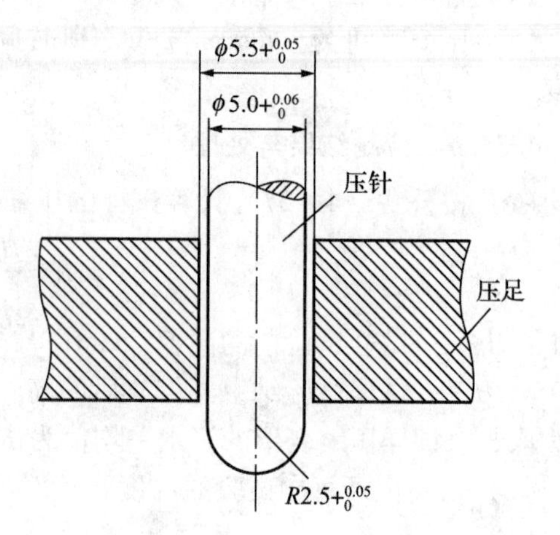

图 4－59　压头结构示意图

（6）支架及平台。微孔材料硬度计支架起固定硬度计的作用。支架平台平面应平整、光滑。试验时，硬度计垂直安装在支架上，并沿压针轴线方向加上规定质量的重锤，使试样上均匀地受到包括硬度计在内总计为 1kg 的负荷。

4.35.3　试样要求

（1）去掉试样两面的表皮，试样厚度应均匀一致，表面平整，微孔分布均匀，无机械损伤、花纹、空洞、凹陷、杂质或表面致密表皮等缺陷。

（2）打磨试样，使厚度为（10.0 ±0.5）mm。打磨后的试样要平整，厚度不足 10mm 的允许两片试样叠加，但接触面一定要光滑平整，总厚度仍应符合试样厚度的规定。

（3）方形试样尺寸不得小于 40mm ×40mm，圆形试样直径不得小于 40mm。

（4）在测试前将试样放置在温度为（23 ±2）℃，相对湿度为（50 ±5）% 的环境条件下至少 16h。

4.35.4　检测准备

（1）调节试验环境温度为（23 ±2）℃、相对湿度为（50 ±5）%。

（2）每个试样的厚度测量点与试样边缘距离不小于 15mm，各测量点之间的距离不小于 15mm，测量不少于 3 点，取算术平均值。

（3）放下压头到平台上，使硬度计在固定负荷重锤作用下，硬度计压足与支架平台完全接触，此时数值显示应为 100。当压针完全离开支架的平台时，应指示为 0 后，拧紧锁紧螺母固定显示盘。

4.35.5　检测步骤

（1）把试样置于支架的平台上，使压针头离试样边缘至少 10mm，缓缓放入压头，平合、平稳、无冲击地使硬度计在规定负荷重锤作用下压向试样。在压足与试样完全接触后的

1s 内读数。

（2）每个测量点只准测量一次，同一试样上相隔 10mm 以上的不同部位测量点不可少于 3 点。

4.35.6 检测结果与处理

（1）微孔材料硬度计显示盘上读得的数即是所测试样的硬度值，取测量值的中位数表示该试样的硬度。

（2）硬度用符号 *Hc* 表示，单位为（°）。

（3）详细描述在试验过程中出现的任何偏差。

4.35.7 注意事项

在打磨试样的过程中要注意缓慢打磨，避免因过热而改变材料性质。

5 功能性检测

5.1 通用老化性

5.1.1 依据与适用范围

通用老化性检测方法依据 GB/T 3903.7—2005《鞋类通用试验方法　老化处理》，适用于鞋类材料的物理性能变化的检测。

5.1.2 仪器设备

（1）加热老化试验机。① 有强制的加热循环系统。② 加热温度在（0～120）℃范围内可调，有控制装置。③ 控制温度在 ±2℃。

（2）加湿老化试验机。① 老化试验设备的尺寸应使试样的总体积不超过自由空气空间的10%。试样应完全自由伸展，试样所有部分均处于老化空气中，避光放置。② 玻璃容器。有合适塞子的玻璃容器用来放置试样，能使待测试样在相对湿度为100%的空气中，用水浴锅或烘箱来加热此玻璃容器，保持其温度在（70 ±2）℃。

5.1.3 试样要求

（1）根据试验的性质来决定试样的数量、尺寸和形状。

（2）在测试前将试样放置在温度为（23 ±2）℃、相对湿度为（50 ±5）%的环境条件下至少24h。

（3）试样的取样方向，对于皮革试样为背脊线；对于非皮革材料为经线或机织方向；对于鞋帮面，材料方向为 X 轴方向，X 轴方向按图 3-5 规定。

5.1.4 检测准备

（1）设定老化试验机的温度在（70 ±2）℃范围内。

（2）调整试验环境温度为（23 ±2）℃、相对湿度为（50 ±5）%。

5.1.5 检测步骤

（1）对经过环境调节后的试样进行物理性能的测定，规定老化前的平均性能值为 $\overline{X}_0$。

（2）按要求把试样放入老化试验机中。

（3）老化时间一般为（168 ±2）h，如有特殊要求也可以规定需要的老化时间。

（4）达到老化时间后，让试样自然冷却到环境温度。对经过老化的试样进行物理性能的测定，规定老化后的平均性能值为 $\overline{X}$。

5.1.6 检测结果与处理

（1）按公式（5-1）计算试样性能的变化率 X，单位为%

$$X = \frac{\overline{X} - \overline{X_0}}{\overline{X_0}} \times 100 \tag{5-1}$$

式中：$\overline{X_0}$——老化前平均性能；

$\overline{X}$——老化后平均性能。

（2）应记录试验是加热老化试验还是加湿老化试验。

（3）详细描述在试验过程中出现的任何偏差。

5.1.7 注意事项

（1）对于一些容易变形的试样，把试样放置在滑石粉里以免试样变形影响后面性能试验。

（2）如果采用不同的老化时间，应注明老化时间和类型。

5.2 帮面高温性

5.2.1 依据与适用范围

帮面高温性检测方法依据 GB/T 3903.18—2008《鞋类帮面试验方法　高温性能》，适用于各种材料的鞋类帮面的检测。

5.2.2 仪器设备

（1）快速加温压盘。① 能在 160mm × 25mm 的面积上施加（1000 ± 50）kPa 的压强。② 压盘的上、下表面为光滑的金属平面。③ 上、下压盘能够保持表 5－1 规定的温度。

表 5－1 模拟模压橡胶的压盘温度和受压时间的建议

应用范围	上压盘温度/℃	下压盘温度/℃	受压时间/min
未加热的楦	105 ± 5	85 ± 5	12.0 ± 0.5
加热过的楦	180 ± 5	110 ± 5	8.0 ± 0.5

（2）拉力试验机。① 负荷范围应有分档。② 准确度为 ± 1%。③ 拉伸速度在（0 ~ 300）mm/min 范围内可调，准确度为 ± 2mm/min。④ 带有自动记录力－位移曲线的装置。⑤ 具有定值负荷保持功能与时间设置装置。

（3）温度计。用于测定压盘表面的温度，精确到 1℃。

（4）切割工具。裁刀或其他的裁切工具，可裁取矩形试样。试样规格为，长（160 ± 10）mm，耐磨材料宽度为（35 ± 2）mm，不耐磨材料宽度为（25.0 ± 0.5）mm。

（5）距离测量工具。钢直尺或游标卡尺，量程不小于 170mm，分度值为 0.5mm。

5.2.3 试样要求

（1）在鞋帮上取样时，裁取的试样上应避免包含孔洞或者其他特殊的设计特征，以保证整个试样的厚度统一。当从某些类型的鞋靴上裁取试样时，鞋靴可能无法满足测试样的规格要求，如童鞋，此时，试样的尺寸不能缩小。若不能从鞋帮上取得合适尺寸的试样时，应选取材料本身进行测试。当内里与其帮面已经牢固结合时，应从帮套组合上取样。

（2）对于耐磨材料（如纺织品）

① 裁取6块试样，规格为：长×宽＝(160±10)mm×(35±2)mm。其中，3个试样的长边按平行于材料延伸方向（片材的机织方向）或鞋帮的X轴方向裁取，另外3个试样的长边方向与此垂直。X轴方向按图3－5规定。

② 从每块试样的两个长边抽取等量的编织线，直到试样的宽度缩减至（25.0±0.5)mm为止。

（3）对于不耐磨材料

① 裁取6块试样，试样为长方形，尺寸为(160±10)mm×(25.0±0.5)mm。其中，3个试样的长边按平行于材料延伸方向或鞋帮的X轴的方向，另外3个试样的长边裁取方向与此垂直。

② 对皮革材料，从整张皮的臀部取样。

（4）试样表面应无伤痕、划伤、缺损、裂纹、折痕、污斑等缺陷。

（5）在测试前将试样放置在温度为（23±2)℃，相对湿度为（50±5)%的环境条件下至少48h。

5.2.4 检测准备

（1）调节试验环境温度为（23±2)℃、相对湿度为（50±5)%。

（2）按表5－1规定的要求调节压盘的温度。

（3）选择满足试验拉力的负荷范围（即扯断力在负荷范围20%～80%之内），调整拉伸速度为（100±10)mm/min。

（4）在每块试样上标记两条相距为（100±1)mm的定位线，它们到试样中心的距离相等，并与试样长边呈90°。同时，在每块试样上标记材料的延伸方向。

（5）测量、记录每块试样的宽度，精确到0.5mm。

5.2.5 检测步骤

（1）将一个试样放置在压盘中，试样与脚接触的面朝下。立即合上压盘，向矩形材料施加（1000±50)kPa的压强至表5－1规定的时间。

（2）将试样放置在温度为（23±2)℃，相对湿度为（50±5)%的环境中至少72h。

（3）将试样的一端插入拉力试验机的上夹钳中，固定试样，让试样另一端自然垂直，并插入拉力试验机的下夹钳中，使得试样上的定位线与夹钳的边缘在一条直线上。试样夹持得不能太紧或太松。

（4）启动拉力试验机，开始拉伸直至断裂。

（5）从拉力试验机上记录断裂力和断裂伸长率。

5.2.6 检测结果与处理

（1）按公式（5－2）计算断裂伸长率的变化率A，单位为%

$$A=\frac{\overline{x_a}-\overline{x_0}}{\overline{x_0}}\times 100 \tag{5-2}$$

式中：$\overline{x_a}$——热处理后断裂伸长率的算术平均值；

$\overline{x_0}$——热处理前断裂伸长率的算术平均值。

（2）按公式（5－3）计算抗张强度的变化率 R，单位为%

$$R = \frac{\overline{r_a} - \overline{r_0}}{\overline{r_0}} \times 100 \tag{5-3}$$

式中：$\overline{r_a}$——热处理后抗张强度的算术平均值；

$\overline{r_0}$——热处理前抗张强度的算术平均值。

（3）详细描述在试验过程中出现的任何偏差。

5.2.7 注意事项

（1）当试样被破坏时停止拉力试验机，检查破坏的类型及标记线与夹具钳边缘的重合情况。如果试样任何一边从夹具钳中滑出的长度超过2mm，或者在距离夹具钳5mm内断裂，则该测试结果作废，另外取样检测。

（2）如果3块测试样都在距离夹具钳5mm以内断裂，则不能将此结果作废，要按照实际情况做出报告，并在试验报告中记录此情况。

（3）为了防止试样从夹具钳中滑出或在夹具钳处断裂，在试验中有必要选择与试样相应的夹具钳。

5.3 帮面抗切割性

5.3.1 依据与适用范围

帮面抗切割性检测方法依据GB/T 20991—2007《个体防护装备鞋的测试方法》，适用于一般鞋帮材料的抗切割性能的检测，不适用于由非常硬的材料如锁子甲制成的部件。

5.3.2 仪器设备

（1）切割装置

① 具有计数装置的圆形切割刀片，刀片在规定负荷下往复运动，如图5－1所示。

② 圆刀片。直径为（45.0±0.5）mm，厚为（3.0±0.3）mm，总切割角为30°～35°，如图5－2所示，刀片应为（740～800）HV硬度的钨钢。

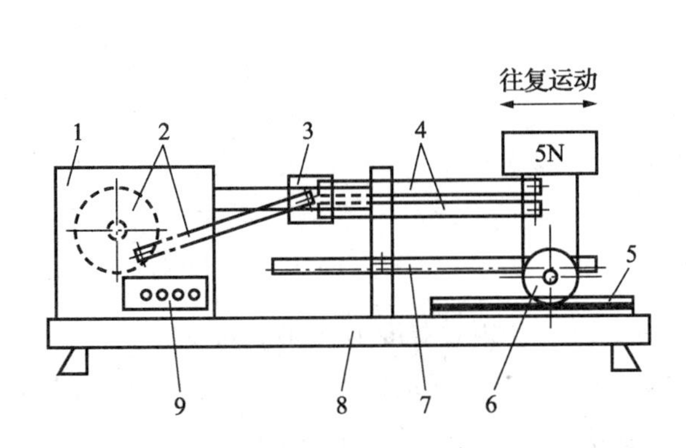

图5－1 切割装置示意图

1—控制箱；2—轮和转动杆；3—滑动系统；4—杆；5—试样装置；6—圆刀片；7—齿条；8—支撑板台面；9—计数器

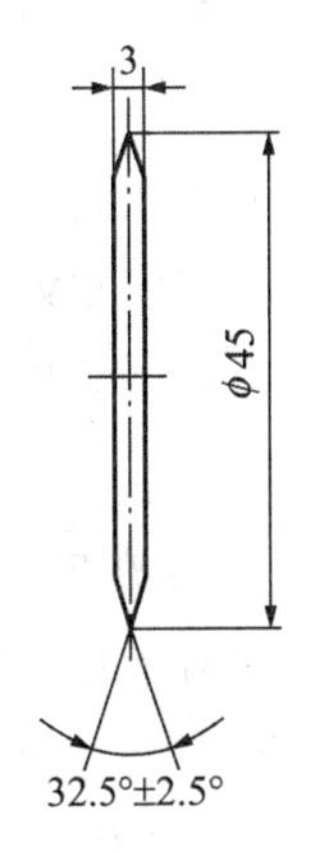

图5－2 圆刀片规格示意图

③ 记录装置。能自动记录试样被切割穿透时的运转因数，计数器精确到0.1周。

④ 负荷。加在圆刀片上的质量块，能产生（5±0.05）N的压力。

⑤ 控制调节系统。圆刀片转速、往复速度可调。

（2）试样夹持框，如图5-3所示，放置试样、导电橡胶（(80±3)IHRD）等的绝缘支撑架。

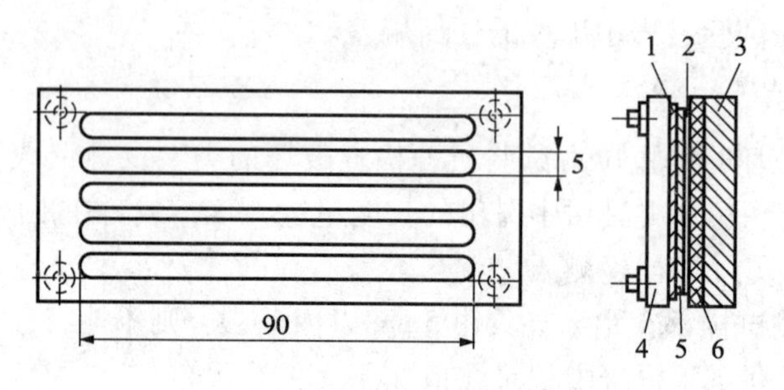

图5-3　试样夹持框示意图

1—试样；2—铝箔；3—绝缘支架；4—上夹板；5—滤纸板；6—导电橡胶

（3）比对试样

① 比对试样为棉帆布，要求织物经向和纬向为从开口端纤维纺成的棉纱。

② 规格要求

经、纬纱线密度：161tex；复纱（双股）：s捻280t/m；单纱（单股）：z捻500t/m；经纱：18threads/cm；纬纱：11threads/cm；经缩：29%；纬缩：4%；经向拉伸强力：1400N；纬向拉伸强力：1000N；单位面积质量：540g/m²；厚度：1.2mm。

（4）铝箔。在试样被切通时与控制装置连接，厚度为0.01mm。

（5）滤纸板

在测试中固定试样，避免无法预料的穿透检测应归于某些纤维中钢纱或归于薄针织物的缝隙，而导致控制不准。单位面积质量为（65±5）g/m²。

5.3.3 试样要求

（1）取3只样品，从每个样品的防护区域切取两片试样。

（2）试样表面应平整完好，无伤痕、损伤、杂质、污斑、起层等缺陷。

（3）试样尺寸为100mm×80mm。

（4）在测试前将试样放置在温度为（23±2）℃、相对湿度为（50±5）%的环境条件下至少48h。

5.3.4 检测准备

（1）调节试验环境温度为（23±2）℃、相对湿度为（50±5）%。

（2）设定圆刀片的转速为21.2r/min，往复运动速度为5cm/s，保证圆刀片旋转方向与其滚动方向完全相反，刀片最大正弦切割速度为最大10cm/s。

（3）切取比对试样，其边缘方向与棉纱的经纬方向成45°角。

（4）检查刀片的锋利程度，在比对试样上进行切割穿透，则周数应在1和4之间，如果周数少于1，应通过在3层比对织物上或任何防割材料上的切割移动来减少刀片的锋利程度。

5.3.5 检测步骤

（1）在橡胶垫上放一块0.01mm厚的铝箔，其上覆盖一块单位面积质量（65±5）g/m^{2}且厚度小于0.1mm的滤纸板。在试样夹持框中将比对试样不受张力地放在铝箔上，然后放上上夹板夹紧。

（2）在橡胶垫上放一块0.01mm厚的铝箔，其上覆盖一块（65±5）g/m^{2}且厚度小于0.1mm的滤纸板。在试样夹持框中将试样不受张力地放在铝箔上，然后放上上夹板，以与夹紧比对试样一样的力夹紧。

（3）把两块试样夹持框都放到在支撑台面上，用手控制刀片下降至比对试样上，开启切割装置进行切割。然后，用手调整刀片移到比对试样上，开启切割装置进行切割。

（4）按照下列顺序在对比试样与试样上交叉进行测试：

① 在比对试样上测试，记录刀片运转周数 C_1。

② 在试样上测试，记录刀片运转周数 T_1。

③ 在比对试样上测试，记录刀片运转周数 C_2。

④ 在试样上测试，记录刀片运转周数 T_2。

每个试样进行5次切割。

5.3.6 检测结果与处理

（1）按公式（5－4）计算防割指数 I

$$I = \frac{1}{5}\sum_{n=1}^{5}\frac{\overline{C_n} + T_n}{\overline{C_n}} \qquad (5-4)$$

式中：$\overline{C_n} = (C_n + C_{n+1})/2$；

C_n——比对试样上第 n 次测试刀片运转周数；

T_n——试样上第 n 次测试刀片运转周数。

（2）详细描述在试验过程中出现的任何偏差。

5.3.7 注意事项

（1）对于一些硬质帮面，要注意是否适用于该方法，以免对割刀造成损坏。

（2）铝箔一定要贴得整齐且完好，如有损坏需要及时更换，以免使试验结果产生偏差。

5.4 防 滑 性

5.4.1 依据与适用范围

防滑性检测方法依据GB/T 3903.6—2005《鞋类通用试验方法　防滑性能》，适用于鞋底、成鞋、试料片及其他高分子材料制品的检测。

5.4.2 仪器设备

（1）止滑试验机，如图 5-4 所示。

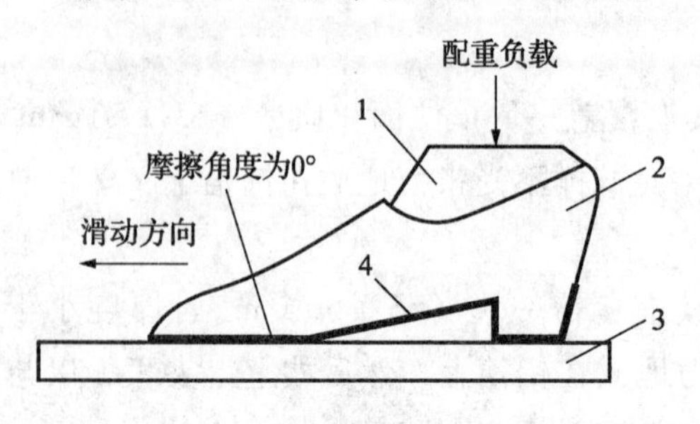

图 5-4　止滑装置示意图

1—试验楦；2—试样鞋；3—试验平板；4—鞋底

① 能在试样上产生一个恒定负荷压力，此压力与水平运动方向垂直。

② 能使试样鞋在水平方向匀速滑动。

③ 具有连接在试验平板上，能精确感测、显示摩擦力变化的装置。

（2）试验平板。表面无划痕的玻璃板。

（3）甘油。20℃ 时甘油水溶液含 85.0% ~ 91.5% 的丙三醇。

（4）乙醇。(50 ±5)% 的水溶液。

（5）试验楦。俯仰角为 0°，即试样被水平放在试验平台上。

5.4.3 试样要求

（1）试样数量为 3 只，规格是：男鞋，号码为 255、260、265；女鞋，号码为 235、240、245。

（2）调节试验环境温度为（20 ±2）℃，相对湿度为（65 ±5)%。

5.4.4 检测准备

（1）设定试样的滑动速度为（100 ±10）mm/min。

（2）设定测定距离为 100mm（即时间为 1min）。

（3）每次试验前，选取合适的试验楦装入鞋中或固定在鞋底、试样片上（在接触面上粘上双面胶带，防止试样与试验楦之间的滑动），称其质量。

（4）将规定的甘油涂于试验平板表面，形成一厚度至少 0.1mm（即 $1mL/100cm^2$）的均匀涂层。每次试验前，如果上一次试验留下了试样的运动痕迹，则应重新涂抹甘油形成涂层。

（5）将 25kg 的砝码放在配重装置上。

5.4.5 检测步骤

（1）把套有试样的试验楦固定在相应的固定装置中，调整俯仰角为 0°。将设定配重的砝码放在加载装置上。把试样降低到试验平板上，在滑动前让外底与润滑剂至少接触 1min。

（2）按规定的条件，将试样降到试验平板上，启动开关马上进行测试。记录测量周期内的垂直载荷与摩擦力。每只试样至少测量 5 次，取其中 3 个相近的数据的算术平均值为该只鞋的测量结果。

（3）达到规定时间后，停机，取下砝码，从试验楦上取下试样。

5.4.6 检测结果与处理

（1）按公式（5-5）计算试样摩擦系数 μ

$$\mu = \frac{f}{n} \tag{5-5}$$

式中：f——水平方向的摩擦力，N；

n——垂直载荷（试验楦质量 + 夹具质量 + 砝码配重），N。

以 3 只鞋的摩擦系数的算术平均值来表示试样的防滑性能（保留两位小数），每个数据与其算术平均值之间的偏差不得超过 2%，否则无效。

（2）详细描述在试验过程中出现的任何偏差。

5.4.7 注意事项

（1）在试验开始之前用乙醇溶液清洗试样鞋底和试验平板，然后自然干燥。以保证检测数据的准确性。

（2）在涂抹润滑剂时应尽可能把甘油涂层涂得均匀，可以多涂几次，选取的 3 个数据与其算术平均值之间的偏差不得超过 2%。

（3）如果试验时间过长，应经常在试验平板表面重新涂抹甘油形成新的甘油层。

5.5 保 暖 性

5.5.1 依据与适用方法

保暖性检测方法依据 GB/T 21284—2007《鞋类 成鞋试验方法 保暖性》，适用于所有的鞋子或靴子的防寒性能的检测。

5.5.2 仪器设备

（1）防寒试验箱，如图 5－5 所示。

① 温度在（－50～0）℃范围内可调，并可自动控制，准确至 0.5℃。箱内温度分布均匀度为 ±2℃。

② 安装试样鞋及可调支架装置。

（2）热导体。直径为 5mm、总质量大于 4000g 的钢珠。

（3）温度测试系统。① 自动温度计录仪，带有补偿器，与热电偶配合使用。② 铜/铜－镍热电偶，前端焊接着一个厚（2 ± 0.1）mm、直径为（15 ± 1）mm 的铜盘。

（4）铜/锌合金板。尺寸为（350 × 150）mm，厚 5mm，用于放置试样鞋。

（5）支架。通过升降润滑，使支架能上下调整。

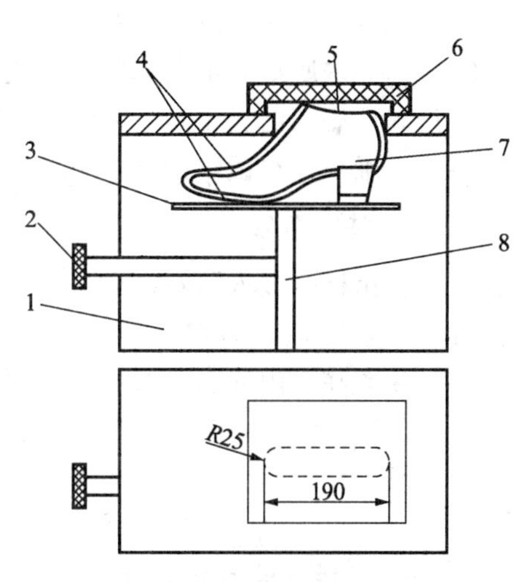

图 5－5 防寒试验装置示意图

1—冷冻箱；2—升降调钮；3—铜/锌合金板；4—温度测试点；5—开口；6—热绝缘盖；7—试样鞋；8—可调支架

5.5.3 试样要求

（1）试样鞋不得少于 2 只。

（2）将试样鞋在温度为（23 ±2）℃、相对湿度为（50 ±5）% 的环境条件下放置 24h。

（3）试样鞋不得有破损、划伤、碰伤、变形等缺陷。

5.5.4 检测准备

（1）把一个热电偶放置在内底垫中，用金属支架把另一个热电偶放置在鞋内前帮的上面。

（2）往鞋子里填钢珠，如果帮统高度不足以装下钢珠，可在鞋口装一项圈增加高度。

（3）将装好钢珠和热电偶的试样在温度为（23±2）℃、相对湿度为（50±5）%的环境下放置一段时间，直到温度测试系统显示的温度与环境温度一致。

5.5.5 检测步骤

（1）调节升降调钮，使铜/锌合金板与热绝缘盖之间的高度正好放置试样鞋，并能保证鞋口的顶端与仪器的开口水平。

（2）调节防寒试验箱的箱内温度至（-20±2）℃，并开启防寒试验箱，使箱内温度降至（-20±2）℃。

（3）放入试样鞋，用热绝缘体把鞋口密封，以防止冷空气进入鞋里，并开始记录测试起始时间。

（4）将热电偶接入温度测试系统。

（5）用温度记录仪监测成鞋在隔热试验箱内30min过程中热电偶的温度变化，记录最后得到的温度值。

5.5.6 检测结果与处理

（1）记录30min内试样鞋的温度变化。

（2）描述内底垫测试点上温度的变化和帮面测试点上温度的变化。

（3）取内底和帮面30min内温度下降值算术平均值作为试验结果。

（4）详细描述在试验过程中出现的任何偏差。

5.5.7 注意事项

（1）将试样鞋放入防寒试验箱时，速度要快、时间要短，以免箱内、外温差过大而使试验结果产生误差。

（2）放置在鞋内的热电偶，其端面与内底垫、前帮面要完全接触，不得留有间隙。

5.6 隔 热 性

5.6.1 依据与适用范围

隔热性检测方法依据GB/T 20991—2007《个体防护装备　鞋的测试方法》，适用于安全鞋、防护鞋和职业鞋及其他用于个体防护鞋类的检测。

5.6.2 仪器设备

（1）砂浴。①砂盘尺寸为（40±2）cm×（40±2）cm，高至少为5cm，砂粒直径为（0.3~1.0）mm，砂体积为（5000±250）cm^3。②砂盘底部设有加热板并有调温控制装置，加热功率至少为（2500±250）W。③温度可调至150℃~250℃，温控偏差为±5℃。

（2）传热介质。由总质量为 4kg、直径为 5mm 的不锈钢珠组成。

（3）温度传感器。温度误差为 ±0.5℃。热电偶焊接在一个厚度为（2 ±0.1）mm、直径为（15 ±1）mm 的铜盘上。

5.6.3 试样要求

（1）试样鞋应完好无损，没有受到过其他机械损伤。如果试样鞋装有活动垫，测试时应保留。

（2）在测试前将试样鞋放置在温度为（23 ±2）℃、相对湿度为（50 ±5）% 的环境条件下至少 48h。

5.6.4 检测准备

（1）调节试验环境温度为（20 ±2）℃、相对湿度（30 ±5）%。

（2）根据试样鞋的特性设定加热板温度为 150℃或 250℃。

5.6.5 检测步骤

（1）将温度传感器固定在试样鞋前掌底部，把总质量 4kg 的干净钢珠装入试样鞋。

（2）给加热板加温等到温度（即 150℃或 250℃）时，预热至少 2h。

（3）将试样鞋放置在砂盘中的加热板上，使之与加热板之间很好地接触。在试样鞋周围加入砂至试样鞋的前帮面，并确保砂表面均匀平坦。记录试样鞋内的温度 t_1，单位为℃，精确到 0.5℃。

（4）在规定温度下，持续 30min 后读取试样鞋内部温度 t_2，单位为℃，精确到 0.5℃。

5.6.6 检测结果与处理

（1）按公式（5 -6）计算保温度 t，单位为℃，精确到 0.5℃。

$$t = t_1 - t_2 \tag{5-6}$$

（2）记录可能严重影响鞋功能的损坏情况（如鞋帮和鞋底开裂等）。

（3）详细描述在试验过程中出现的任何偏差。

5.6.7 注意事项

（1）试样鞋鞋底与加热板之间要很好地接触，不能有砂粒阻隔。

（2）鞋帮高度不够，装不下 4kg 干净钢珠时，可用一块绝缘材料增加鞋帮高度。

5.7 绝　缘　性

5.7.1 依据与适用范围

绝缘性检测方法依据 GB 12011—2009《足部防护　电绝缘鞋》，适用于在电气设备上工作时作为辅助安全用具的电绝缘鞋，不适用于单一线缝工艺制作的绝缘鞋。

5.7.2 仪器设备

（1）耐电压试验机，如图 5 -6 所示。

① 外电极。由钢盆、海绵和水组成。

② 内电极。由直径大于 5mm 的铜片和直径为（3.5 ±0.6）mm 的不锈钢珠组成。应采取

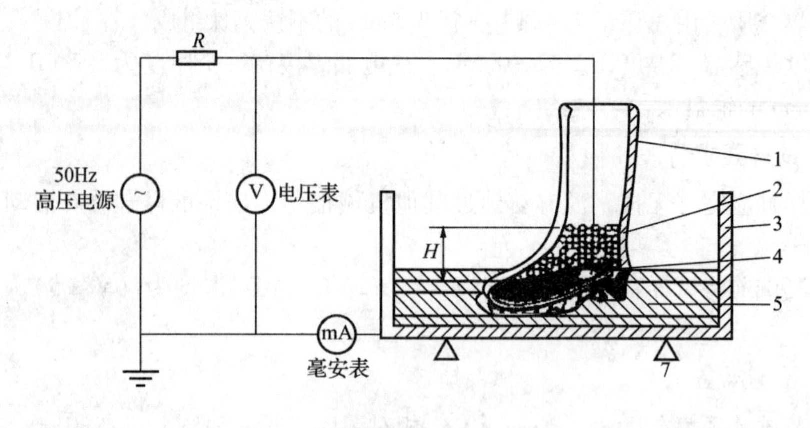

图 5-6　耐电压试验机装置示意图

1—试样鞋；2—不锈钢珠；3—钢盆；4—铜片；5—海绵和水；6—金属导线；7—绝缘支架；H—钢珠高度

措施防止或除去钢珠的氧化层，因为氧化可能影响导电性。

③ 电压表。准确度在 1.5 级以内。

④ 毫安表。准确度在 1.0 级以内，其使用值应为仪表量程的 15% ~85%。

⑤ 测量系统电阻值，不超过 $28\times10^4\Omega$。

（2）钢盆。用于盛水和试样，作为外电极使用。

5.7.3　试样要求

（1）取 3 双鞋作为试样鞋。试样鞋应是制成后至少存放 72h 的成鞋。

（2）在测试前将试样鞋放置在温度为（25 ± 10)℃、相对湿度为（60 ± 15)% 的环境条件下至少 3h。

（3）应确保试样鞋干燥。若试样鞋上有水珠等液体，要把试样鞋弄干，确保试样完全干燥。

（4）穿用后的鞋应擦洗干净并干燥，在测试条件下放置至少 3h，确保试样完全干燥。

5.7.4　检测准备

（1）调整试验环境温度为（25 ±10)℃、相对湿度为（60 ±15)%。

（2）设定以 1kV/s 的速度使电压从零升到测试电压值的 75%，再以 100V/s 的速度升到规定的电压值。

（3）设定耐压持续时间，一般为 1min。

5.7.5　检测步骤

（1）将铜片放入试样鞋内，铜片上倒入不锈钢珠。对于电绝缘布面胶鞋，其钢珠高度 H 至少为 15mm，其他鞋的钢珠高度 H 至少为 30mm。

（2）将试样鞋放入盛有水和海绵的钢盆中。测试电绝缘皮鞋和电绝缘布面胶鞋时，含水海绵不得浸湿鞋帮。

（3）将放有试样鞋的钢盆放入耐电压试验机，使之成为外电极。

（4）把耐电压试验机的内电极接到试样鞋内的铜片上。

（5）关闭耐电压试验机的防护门，启动试验开关。

（6）测试结束后应迅速降压至零位，不得以突然切断电源的方式关机。

5.7.6　检测结果与处理

（1）记录泄漏电流值、试验电压值和持续时间。

（2）若测试装置在测试电性能过程时发出报警声，记录报警后的泄漏电流值。

（3）记录试验温度与湿度。

5.7.7　注意事项

（1）把试样鞋放入盛有水和海绵的钢盆中时，不得将水溅入鞋内，确保试样鞋内部干燥。

（2）进行测试前，一定要确保电极安装正确，操作人员身体的任何一部分不得与机器的内部接触。在确认操作无误的情况下方能开始测试。

（3）机器旁应铺设绝缘橡胶，进行试验时要戴上绝缘手套。

（4）测试结束后，最好过一段时间后再去关闭电源，并取下试样鞋。

5.8　电　阻　性

5.8.1　依据与适用范围

电阻性检测方法依据 GB/T 20991—2007《个体防护装备　鞋的测试方法》，适用于安全鞋、防护鞋和职业鞋及其他用于个体防护鞋类的检测。

5.8.2　仪器设备

（1）电阻仪。① 施加（100 ±2）V 直流电压时，测量电阻的精度为 ±2.5%。② 内电极。由总质量 4kg、直径 5mm 的不锈钢珠组成。③ 外电极。由一块铜接触板组成。

（2）测量导电涂层电阻的装置。由 3 个导电金属探针组成，探针半径为（3 ±0.2）mm，安装在一块底板上。两个探针相距（45 ±2）mm 并由一根金属线连接。第三个探针与前两个探针连线的中点相距（180 ±5）mm 且与其绝缘，如图 5 -7 所示。

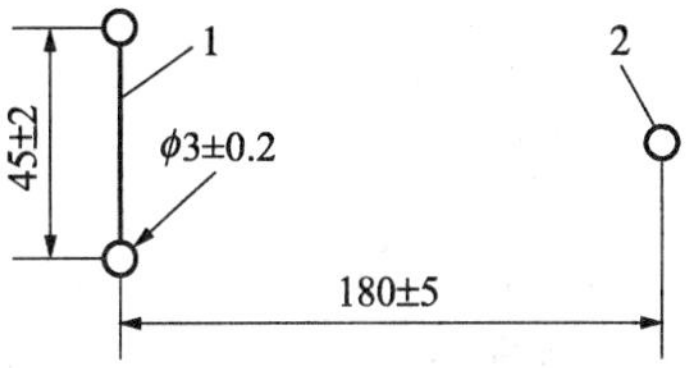

图 5 -7　测量涂层电阻装置示意图

1—金属连接线；2—金属探针

5.8.3　试样要求

（1）如果试样鞋装有活动垫，测试时应保留。用乙醇清洗鞋底表面以除去所有脱模剂的痕迹，再用蒸馏水冲洗干净。鞋底表面不应有摩擦或磨损，也不应使用对鞋底有伤害或使鞋底膨胀的有机材料进行清洗。

（2）根据测试条件对试样鞋进行调节处理：

① 干燥条件。将试样鞋放置在温度为（20 ±2）℃、相对湿度（30 ±5）% 的环境条件下 7d。

② 潮湿条件。将试样鞋放置在温度为（20 ±2）℃、相对湿度（85 ±5）% 的环境条件下 7d。

5.8.4　检测准备

（1）导电鞋应在温度为（20 ±2）℃、相对湿度（30 ±5）% 的环境条件下进行试验。

（2）防静电鞋应分别在温度为（20 ±2）℃、相对湿度（30 ±5）% 和温度为（20 ±2）℃、相对湿度（85 ±5）% 的环境下进行试验。

（3）防静电鞋在温度为（20 ±2）℃、相对湿度（85 ±5）% 的环境条件下进行试验时，应在试样鞋鞋底上用导电涂料涂一层面积为 200mm ×50mm 的涂层，干燥后用测量导电涂层电阻的装置测量，涂层的电阻应小于 $1\times10^3\Omega$。

5.8.5 检测步骤

（1）用总质量为 4kg 的干净钢珠装满试样鞋，如有必要，可用一块绝缘材料增加鞋帮高度。将装满钢珠的样品放在外电极的铜板上。

（2）在铜板和钢珠之间施加（100 ±2）V 的直流测试电压 1min 并测量电阻值。

5.8.6 检测结果与处理

（1）记录干燥条件下调节后的导电鞋的电阻。

（2）记录干燥条件下调节后和潮湿条件下调节后的防静电鞋的电阻。

（3）鞋底的能量消耗不应超过 3W。如果因为考虑 3W 的限制而降低电压，应在测试报告上记录实际的电压值。

（4）详细描述在试验过程中出现的任何偏差。

5.8.7 注意事项

（1）对试样鞋鞋底涂导电涂料涂层时，涂层面应包括后跟和鞋前掌。

（2）应对不锈钢珠与铜板采取保护措施，除去钢珠和铜板表面的氧化层，因为氧化层会影响导电性。

（3）在每次测试前，用乙醇对外电极的铜接触板进行清洗。

5.9 跖骨保护装置抗冲击性

5.9.1 依据与适用范围

跖骨保护装置抗冲击性检测方法依据 GB/T 20991—2007《个体防护装备　鞋的测试方法》，适用于安全鞋、防护鞋和职业鞋及其他用于个体防护鞋类的检测。

5.9.2 仪器设备

（1）冲击仪

① 一个能从事先设定的高度在垂直引导下自由落下的冲击锤。冲击锤应由长度至少为 60mm，两锲面相交成（90 ±1）°的锲形体组成。冲击锤的质量为（20 ±0.2）kg，硬度不小于 60HRC，楔面相交的顶端应成半径为（3 ±0.1）mm 的圆角，如图 5 –8 所示。

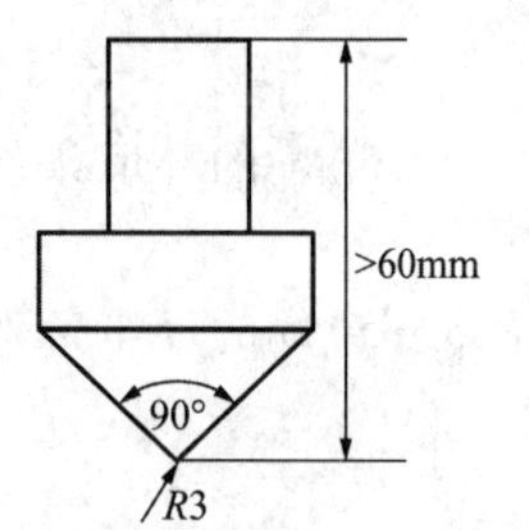

图 5 –8　冲击锤示意图

② 一个重量至少为 600kg 的实体基座，基座带有一个尺寸至少为（400 ×400 ×40）mm 的金属块。

③ 冲击仪应单独置于足够结实、足够硬的，平坦和水平的地面上。

（2）夹持装置。由硬度不小于 60HRC、厚至少 19mm、长宽适合试样鞋安装的光滑钢板构成，钢板上带有夹紧鞋后跟和连接区域的装置。夹持装置可固定在冲击仪基座上，并保证在冲击试验过程中不产生移动，如图 5 - 9 所示。

(3) 千分表。带有半径为 (3.0 ± 0.2) mm 的半球形测足，能施加不超过 250mN 的力。

(4) 测试蜡模。用于模拟成鞋正常穿着的状况，冲击时用于测试跖骨区域的变形。

(5) 锲形体。各种角度的锲形体，用于衬垫试样鞋的前跷。

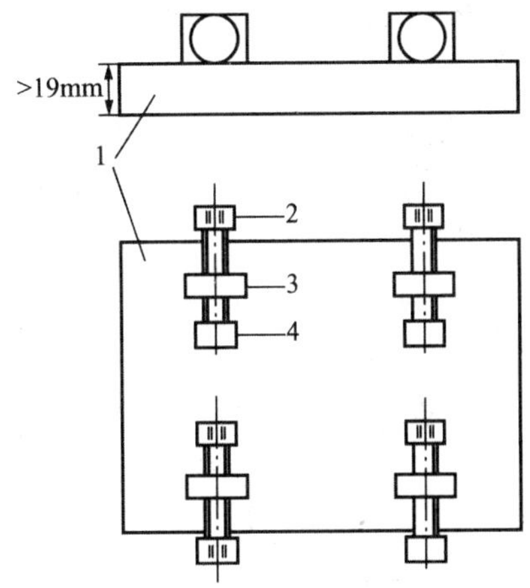

图 5 - 9 夹持装置示意图

1—底座；2—螺钉；3—凸台；4—夹持板

5.9.3 试样要求

(1) 从成鞋中抽取 3 双作为试样鞋，包括最大、最小和中间鞋号各一双。

(2) 测试前将试样鞋放置在 (23 ± 2) ℃、相对湿度 (50 ± 5) % 的环境中调节至少 48h。

5.9.4 检测准备

(1) 测试蜡模的制备

测试蜡模应由以下两种方法制成：

① 方法一：使用鞋楦制作蜡膜。包括两个阶段的操作，阶段 1 是鞋楦模具的形成，阶段 2 是由该模具制成一个测试蜡模。

阶段 1：取小于试样鞋一个鞋号的鞋楦，填补楦上所有 V 行切口和孔眼，然后用热塑性材料（例如，0.4mm 厚的未增塑过的 PVC 板）在帮表面上形成一个外壳。冷却时，在楦底边缘修剪多余材料并移除。同样地，在底表面形成一个外壳并在楦底边缘上方 5mm ~ 10mm 范围内修整形成一个边缘。利用合适的胶带连接两个外壳，使帮面壳装在底面壳形成的边缘内，用胶带粘接。切割连接壳制成的前段和后跟端模具，如图 5 - 10 所示。

阶段 2：将两模具立在容器内，使模具顶面水平并用砂支撑。以 5 : 1 的质量比把固体石蜡（熔点为 50℃ ~ 53℃）和蜂蜡混合放进合适的容器中，并放入烘箱加热到大约 85℃。取出容器搅拌混合物直至冷却到大约 60℃ 再将其注入两模具内。在熔化的蜡中插入一圈薄带子使其容易从鞋中取出，要确保带子不透过前段模具的外表面，如图 5 - 11 所示。冷却后，从模具中取出蜡模。

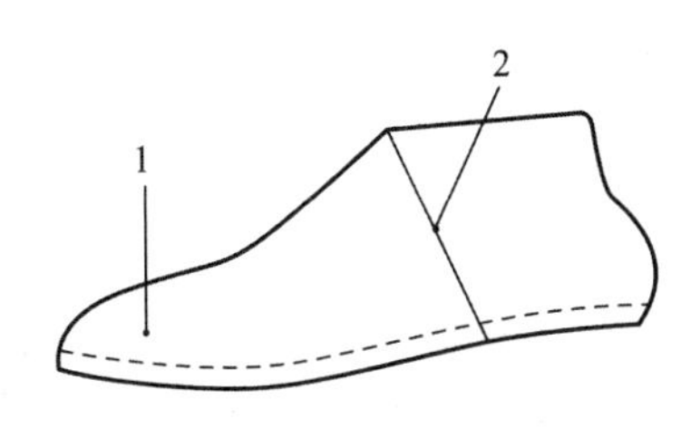

图 5 - 10 连接起来的壳显示分离切割

1—顶端外壳重叠的边缘；

2—切割线

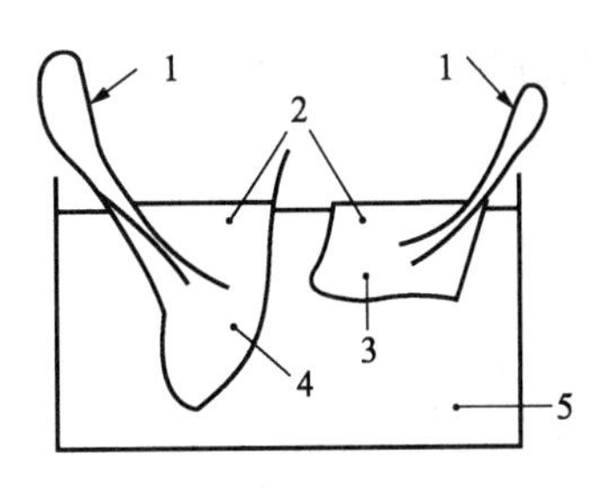

图 5 - 11 用砂支撑和装满蜡的模具

1—取蜡模薄带子；2—装满蜡的模具；3—后跟端模具；4—足跖端模具；5—装砂的容器

② 方法二：直接使用鞋制作蜡模。分 3 个阶段操作，阶段 1 是用鞋制成石膏鞋模，阶段 2、阶段 3 与方法一的阶段 1、阶段 2 相同。

阶段 1：取一双与试样鞋同号的鞋，在其内部涂上凡士林或防粘剂，绑好扣紧系统。同时，将塑模石膏和水的混合物从开口顶端注入，放至凝固，然后用切除方法脱开鞋，再将模具放在约 80℃的烘箱中干燥，制成一双完整的鞋楦。

阶段 2：按照方法一中阶段 1 的方法，用塑模石膏铸件代替鞋楦，制作出足趾端和后跟端模具，如图 5-10 所示。

阶段 3：按照方法一中阶段 2 的方法，制造出蜡模来。

（2）调节试验环境温度为 (23±2)℃、相对湿度为 (50±5)%。

5.9.5 检测步骤

（1）在蜡模上标记测试轴线。

（2）将蜡模插入试样鞋并束紧扣紧系统。用夹持装置将试样夹持在冲击仪的底板上并位于冲击锤冲击处，保证冲击锤与测试轴线成 90°。冲击锤的冲击点应按表 5-2 规定的距鞋头前段的距离，如图 5-12 所示。

表 5-2 冲击距离

鞋号	从鞋头前端到冲击点的距离[①]/mm	鞋号	从鞋头前端到冲击点的距离[①]/mm
≤250	90	255~265	105
230~240	95	270~280	110
245~250	100	≥285	115

①这里的测试距离指的是由鞋头前段沿测试轴线测量的距离。

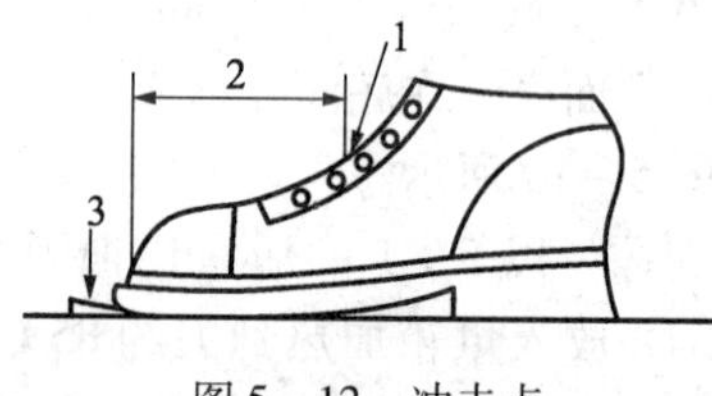

图 5-12 冲击点

1—冲击点；2—来自表 5-2 的尺寸；3—锲形体

（3）根据试样鞋的前跷高低，选择适合的锲形体放在试样鞋前部下方，以防在冲击过程中变形。

（4）把冲击锤提升到约 0.51m 的高度（从冲击点垂直测量），以自由落体方式冲击试样的冲击点，即提供 (100±2)J 的冲击能量。

（5）每只试样鞋只进行一次冲击。

5.9.6 检测结果与处理

（1）冲击后，小心地从鞋中取出蜡模并放在一平坦支架上，使其保持在试样内的同样水平方向。

（2）按照确定的轴线，靠近最大变形处的平面上，用千分表测量垂直高度，写出变形量大小。

（3）详细描述在试验过程中出现的任何偏差。

5.9.7 注意事项

（1）冲击过程中应防止冲击锤落下时产生二次冲击。

（2）根据冲击锤的实际质量，可以对冲击锤下落高度进行微调，以保证产生(100±2)J 的冲击能量。

（3）测试期间，冲击锤的顶端应与夹持装置表面平行。

（4）如无法在规定的试验环境下进行测试，则从停止环境调节到测试开始之间的时间间隔最长不应超过 10min。

（5）在浇铸蜡模时，PVC 板制成的鞋楦模具的切割口必须水平地固定在装砂的容器中，使得浇铸混合液与切割口完全平齐，保证足跖端与后跟端的蜡模能拼成完整的鞋楦。

（6）在安装夹持试样鞋过程中，当调节螺钉固定试样鞋与放入适合的锲形体时，不能改变试样鞋自然状态下前脚掌、后跟与地面的接触面积。

5.10 踝保护材料缓冲性

5.10.1 依据与适用范围

踝保护材料缓冲性测试方法依据 GB/T 20991—2007《个体防护装备 鞋的测试方法》，适用于安全鞋、防护鞋和职业鞋及其他用于个体防护鞋类的检测。

5.10.2 仪器设备

（1）冲击仪

① 一个在垂直下落过程中冲击测试砧座的（5000 ± 10）g 的冲击锤。冲击锤面应用 80mm × 40mm 尺寸、磨光的钢制成，四周所有边缘为半径（5 ± 1）mm 的圆弧。在测试过程中冲击锤的重力中心应始终保持在砧座中心的正上方。

② 一个磨光的钢制成的砧座，砧座总长为（175 ± 25）mm，下部是一个半径为 25mm 的圆柱体，上部是一个半径为 25mm 的半球形。

③ 一个至少为 600kg 的实体基座。

④ 砧座在垂直位置并通过一个压电测压元件（压力传感器）附在实体基座上，元件能完全预压和校准，如图 5 - 13 所示，并有不少于 120kN 的校准范围和小于 0.1kN 的较低限值。测试过程中，在砧座和实体基座之间的整个力通过压力传感器与它的测量轴成一直线。

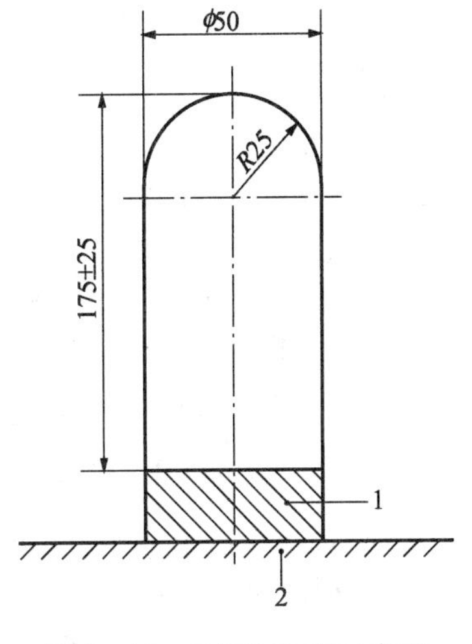

图 5 - 13 砧座与基座示意图

1—力传感器；2—实心基座

⑤ 一个测力仪，压力传感器的输出被测力仪载荷放大器处理并记录显示。

（2）样板

① 用合适的柔软材料（例如：织物、羊毛、纸，等等）制备，使用时能保持其形状和尺寸。

② 样板应为圆形，尺寸见表 5 - 3。通过适当地标记或割一个小孔来指示中心。

表 5 - 3 取样样板大小

鞋号	最小直径/mm	鞋号	最小直径/mm
≤250	≥56	≥280	≥64
255 ~ 270	≥60		

5.10.3 试样要求

（1）从成鞋中抽取3双作为试样鞋，包括最大、最小和中间鞋号各一双。从3双鞋的每双中取下至少两个试样（内部和外部），使之能完成至少6次冲击测试，3次在内部的踝保护上，3次在外部的踝保护上。一双鞋的4个踝保护装置的形状不必统一，但至少应符合表5-3给出的圆形尺寸。如果不能从鞋上获得足够大的试样，可以用生产该部分所用的材料样品代替，并且应在测试报告中注明。

（2）测试前将试样鞋放置在温度为（23±2）℃、相对湿度为（50±5）%的环境中调节至少24h。

5.10.4 检测准备

（1）将待测的样品鞋穿在一个尺码合适的测试者的脚上。测试者自由地站立，另一测试者在其鞋帮上标记脚踝中心位置，标出踝骨最显著的部分。然后，用一个尺寸合适（见表5-3）的样板放在踝保护装置上，样板的中心要与鞋帮上标记的中心相对应。

（2）在鞋帮上的样板周围画出规定的测试区域，并切割出试样（包含所有材料层），确保试样周围至少有1.0cm的附加边缘。附加边缘不必完全包围样品。如果必要，附加边缘可用其他材料连接。

（3）调节试验环境温度为（23±2）℃、相对湿度为（50±5）%。

5.10.5 检测步骤

（1）将试样外表面朝上放置在砧座上，为避免试样在测试过程中滑动，可以覆盖一层稀薄适宜的网或带有直径为（20～25）mm孔的织物，将试样固定在砧座上，但不能影响最终测试结果。

（2）把冲击锤提升到约0.2米的高度，对砧座自由落体地冲击进行，保证产生10J的动能，记录传递力及试样的损坏或破损情况。

（3）在每点仅测试试样一次。

5.10.6 检测结果与处理

（1）记录平均力和测得的最高值。内部、外部结构不同时，必须从鞋内部和外部踝保护装置分别记录。

（2）记录试样的任何破损情况。

（3）详细描述在试验过程中出现的任何偏差。

5.10.7 注意事项

（1）冲击过程中应防止冲击锤落下时产生二次冲击。

（2）根据冲击锤的实际质量，可以对冲击锤下落高度进行微调，以保证产生10J的冲击能量。

5.11 包头抗冲击与耐压力性

5.11.1 依据与适用范围

包头抗冲击与耐压力性检测方法依据GB/T 20991—2007《个体防护装备　鞋的测试方法》，适用于安全鞋、防护鞋和职业鞋及其他用于个体防护鞋类的检测。

5.11.2 仪器设备

（1）冲击测试仪。① 冲击锤。质量为（20 ±0.2）kg，如图5－8所示，测试期间，冲击锤顶端应与夹持装置表面水平。② 抓捕装置。能保证在第一次冲击后抓住冲击锤，使试样只遭受一次冲击。③ 仪器基座。质量至少为600kg，并应固定一个尺寸至少为400mm × 440mm ×40mm 金属块。仪器应单独置于足够结实、足够硬的、平坦和水平的地面上。④ 夹持装置。由厚度至少为19mm、面积为150mm ×150mm、硬度至少为60HRC 的光滑钢板构成。

（2）压力试验机。① 负荷范围应有分档，最大负荷应不小于20000N，力的测量不应受到反常的施力影响。② 负荷允许误差为 ±1%、速度误差为 ±2mm/min。③ 压板。在施加作用力时应保持平行且硬度至少为60HRC。

（3）钢制固定叉。测试时用于夹住鞋包头端前部，以确保在冲击测试过程中不限制鞋头的任何横向扩展，如图5－14所示。固定叉应深入鞋前端，通过调节螺钉压紧在内底上，并与底板平行。夹持螺钉为M8，应用（3 ±1）N·m 的扭矩固定。

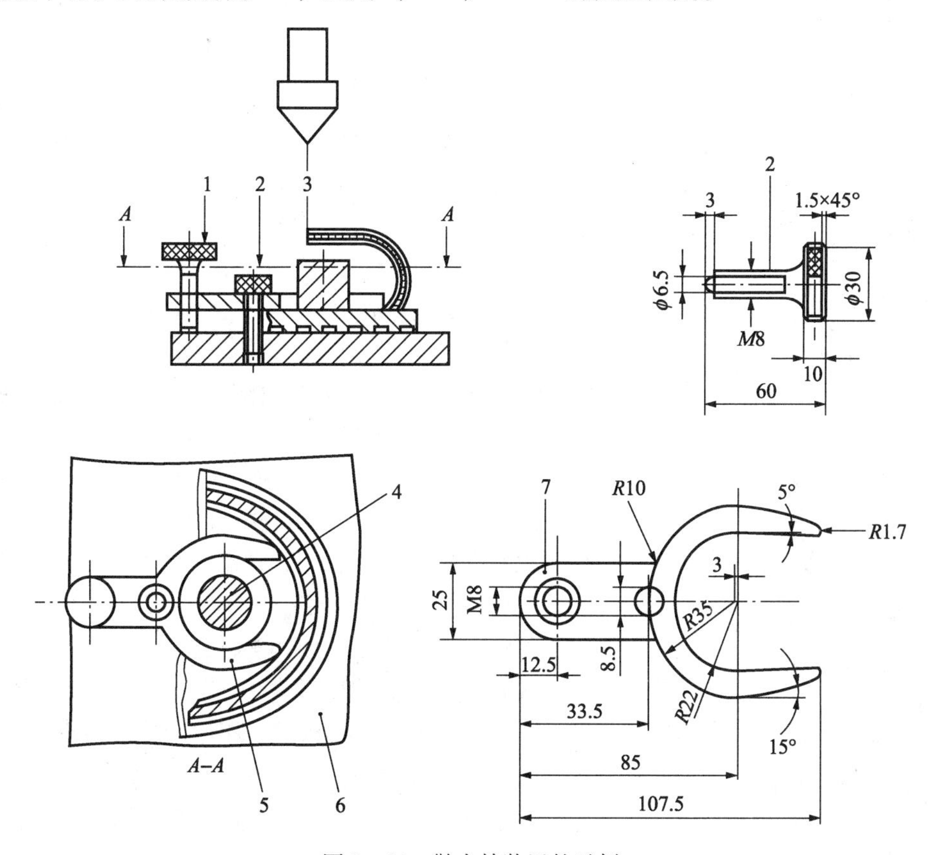

图5－14　鞋夹持装置的示例

1—夹持螺钉；2—调节螺钉；3—冲击锤；4—雕塑粘土圆柱体；5—固定叉；6—仪器基座；7—厚度为10mm

（4）圆柱体。直径为（25 ±2）mm 的雕塑粘土，即称雕塑粘土圆柱体，用于不大于250号鞋时，高度为（20 ±2）mm；用于大于250号鞋时，高度为（25 ±2）mm。圆柱体的平端面应用铝箔覆盖，以防止粘附到试样或测试设备上。

（5）千分表。带有半径为（3.0±0.2）mm的半球形测足和半径为（15±2）mm的半球形砧座，施力不超过250mN。

5.11.3 试样要求

（1）在距保护包头后边缘30mm处切下鞋头，然后与保护包头后边缘齐平除去整个鞋帮部件。不要拆除包头区域的鞋帮和衬里。如果鞋装有一个活动鞋垫，测试时应在原位。

（2）在测试前将保护包头放置在温度为（23±2）℃、相对湿度为（50±5）%的环境条件下至少48h。

（3）保护包头试样至少2只，分别用于冲击与耐压试验。

5.11.4 检测准备

（1）测试轴线的确定。如图3-5所示，画一条过*M*点和*N*点的直线，此线即为测试轴线——*X*轴。

（2）调节压力试验机的压力速度为5mm/min。

（3）调节试验环境温度为（23±2）℃、相对湿度为（50±5）%。

5.11.5 检测步骤

（1）冲击试验

① 如图5-14所示，将雕塑粘土圆柱体放于试样内部末端，再将试样放在冲击测试仪上，使冲击锤正好位于其上方。锤应伸出到保护包头的后部和前部。调节夹持装置。

② 使冲击锤从适当高度落至测试轴线上，对安全鞋达到（200±4）J的冲击能量或对防护鞋达到（100±2）J的冲击能量。

③ 开启冲击测试仪，对保护包头进行冲击。

④ 取出雕塑粘土圆柱体，用千分表测量圆柱体受压后的最低高度，精确到0.5mm。此值即为冲击后的间距。

（2）耐压试验

① 如图5-15所示，将雕塑粘土圆柱体放于试样内部末端，再将保护包头试样放在耐压试验机上，使压板正好对准圆柱体。

② 开启压力试验机，对保护包头加压，对安全鞋施加（15±0.1）kN的力或对防护鞋施加（10±0.1）kN的力。

③ 到负荷卸载后，取出雕塑粘土圆柱体，用千分表测量圆柱体受压后的最低高度，精确到0.5mm。此值即为冲击后的间距。

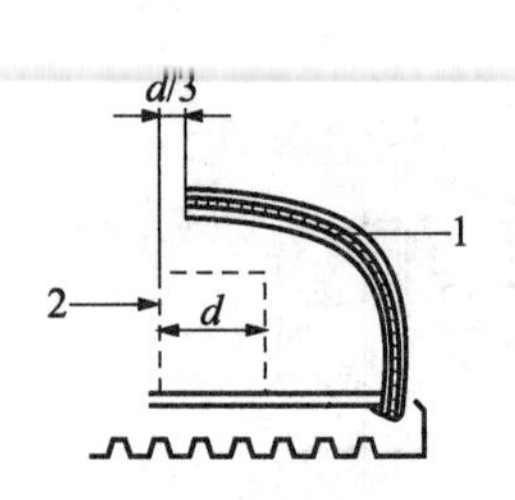

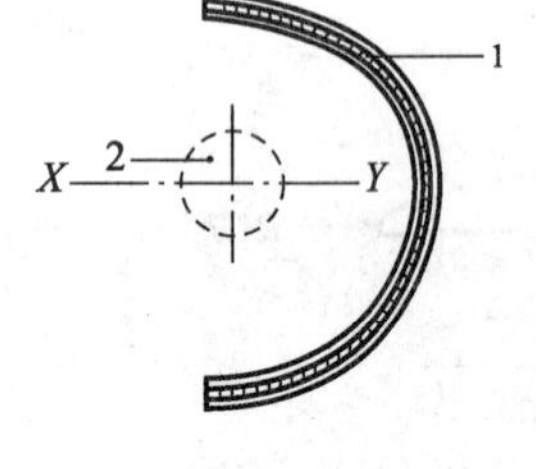

图5-15　抗冲击测试安装示意图

1—保护包头；2—雕塑粘土圆柱体；*XY*—测试轴线

5.11.6 检测结果与处理

（1）记录圆柱体的最低高度，单位为mm，精确到0.5mm。

（2）注明试样鞋类型。

（3）详细描述在试验过程中出现的任何偏差。

5.11.7 注意事项

（1）夹持装置时，较小的鞋头可以用相同比例的较小固定叉。

（2）试验前检查感应装置是否正常，以免锤落下后回弹保护装置没有感应，造成二次冲击。

（3）将圆柱体放于试样内部时，要使其处于测试轴线上，同时冲击锤要对准圆柱体的中心。

（4）冲击与耐压试验不能在同一个保护包头试样上进行。

（5）冲击或压缩试验时要注意安全，以免造成意外伤害。

5.12 防刺穿垫耐折性

5.12.1 依据与适用范围

防刺穿垫耐折性检测方法依据 GB/T 20991—2007《个体防护装备 鞋的测试方法》，适用于安全鞋、防护鞋和职业鞋及其他用于个体防护鞋类的检测。

5.12.2 仪器设备

（1）耐折试验机

① 一个通过规定距离、按照规定速度移动防刺穿垫自由端的往复导杆及由两块 4mm 厚、邵尔 A 硬度为（75 ±5）的弹性内夹层和两块宽至少为 130mm 的金属外夹板组成的夹持装置。

② 防刺穿垫处于平放位置（即在零位置），导杆从距离夹板（70 ±1）mm 处开始运动，如图 5 – 16 所示。为适应所有尺寸的防刺穿垫，屈挠线可以向后跟方向移动达 10mm（如图 5 – 17 所示的阴影区域）。

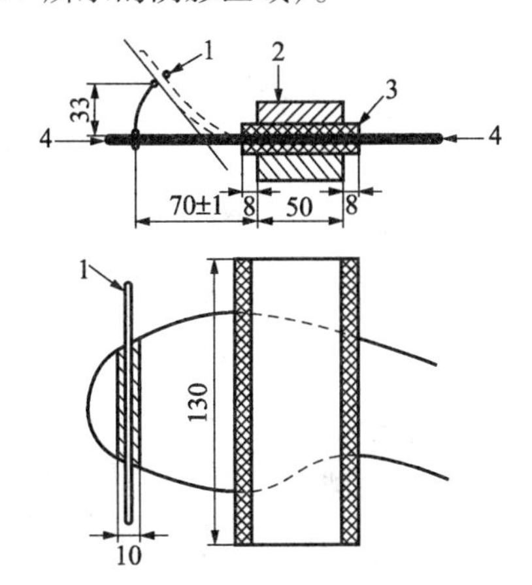

图 5 – 16 防刺穿垫的耐折机

1—屈挠导杆；2—夹板；3—弹性夹层；4—防刺穿垫（试样）

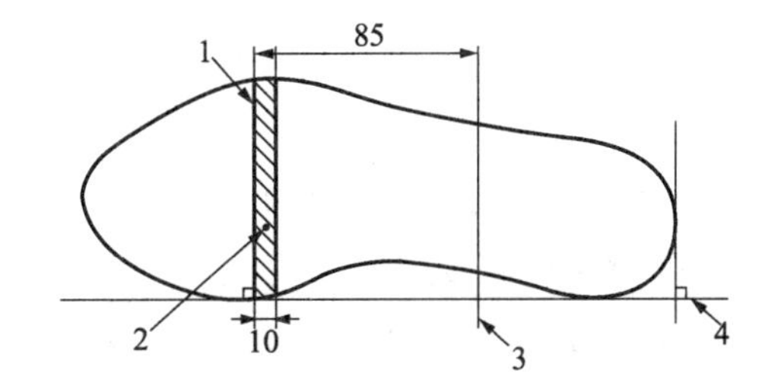

图 5 – 17 防刺穿垫的屈挠线

1—屈挠线；2—屈挠带；3—夹板中心线；4—基线

③ 屈挠计数装置。屈挠频率为（16 ± 1）次/s，屈挠的最大幅度为导杆移至零位置 33mm 距离的垂直高度。

（2）测量工具。量程不小于 150mm，分度值为 0.1mm。

5.12.3 试样要求

（1）从一双未使用过的鞋内小心地取出防刺穿垫，并除去贴在上面的所有其他物质，或取新的相同的防刺穿垫。

（2）防刺穿垫要完整无损，不得有变形、锈斑、裂纹、缺料、凹陷等缺陷。

（3）在测试前将防刺穿垫放置在温度为（23 ±2）℃、相对湿度为（50 ±5）% 的环境条件下至少48h。

5.12.4　检测准备

（1）按图5 –17 确定屈挠线，平放防刺穿垫，使其内边缘靠着一直线，此直线在脚掌及后跟区域与垫相切。在脚掌的切点上画垂线，这条线就是屈挠导杆的夹住位置。

（2）设定屈挠的次数为 1×10^6 次。

（3）调节试验环境温度为（23 ±2）℃、相对湿度为（50 ±5）%。

5.12.5　检测步骤

（1）按图5 –16，将防刺穿垫安装到耐折试验机上。

（2）开启耐折试验机，连续屈挠规定的次数。

（3）注意观察在屈挠中防刺穿垫的变化情况。

5.12.6　检测结果与处理

（1）未到屈挠次数而发生断裂，记录实际屈挠次数。

（2）到达屈挠次数后，放平检查防刺穿垫有无裂纹，测量裂纹长度，精确到0.1mm，并做好记录。

（3）详细描述在试验过程中出现的任何偏差。

5.12.7　注意事项

（1）在试验过程中要注意固定刺穿垫安夹板有没有松动，刺穿垫有没有发生移位，并及时调整。

（2）安装刺穿垫时，屈挠线一定要与屈挠导杆平行。

5.13　外底抗刺穿性

5.13.1　依据与适用范围

外底抗刺穿性检测方法依据GB/T 20991—2007《个体防护装备　鞋的测试方法》，适用于安全鞋、防护鞋和职业鞋及其他用于个体防护鞋类的检测。

5.13.2　仪器设备

（1）抗刺穿测试装置，如图5 –18 所示。

① 最大负荷应不小于2000N，装有一块带测试钉的压板，及一块带有直径25mm 开口的平行底板。开口的轴线应与测试钉重合。

② 施压速度可调，误差为 ±3mm/min。

③ 有记录穿刺力大小的装置。

（2）测试钉。直径为（4.50 ±0.05）mm，有一个截平的尖端，形状和尺寸如图5 –19 所示。测试钉尖端应不小于60HRC 的硬度。

（3）水。符合三级水规定的蒸馏水或去离子水。

（4）计时器。精度为1min。

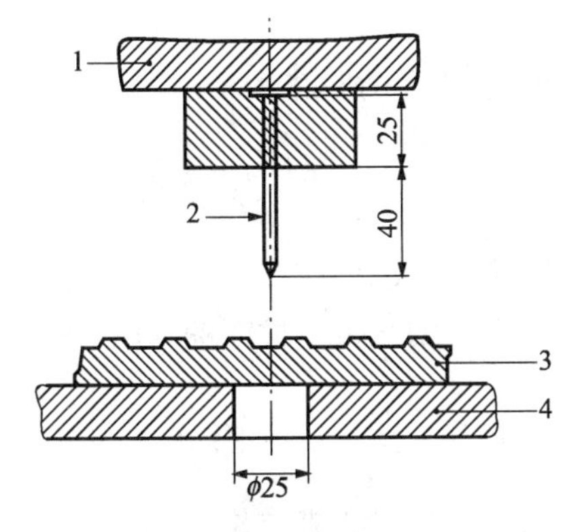

图 5－18　抗刺穿性测试装置示意图

1—压板；2—测试钉；3—试样的鞋底部件；4—底板

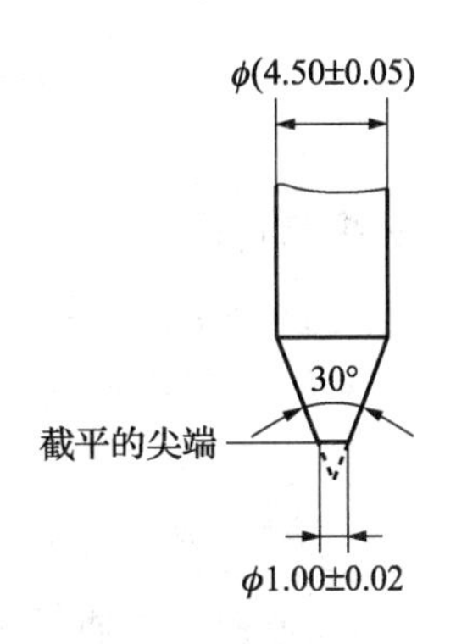

图 5－19　测试钉结构尺寸示意图

5.13.3　试样要求

（1）除去鞋帮，用鞋底部作试样。

（2）在测试前将试样放置在温度为（23±2）℃、相对湿度为（50±5）% 的环境条件下至少 48h。

（3）对于能吸水的鞋底材料，浸水后用吸水纸将多余的水珠吸干。

5.13.4　检测准备

（1）对于能吸水的鞋底材料（如皮革），将鞋底浸入（23±2）℃水中（16±1）h 后进行测试。

（2）调节试验环境温度为（23±2）℃、相对湿度为（50±5）%。

（3）调整穿刺测试机的施压速度为 10mm/min。

5.13.5　检测步骤

（1）将试样置于底板上，使测试钉能穿透底部。

（2）开启穿刺测试机，对着鞋底对测试钉施压直到其尖端完全穿透鞋底，同时测量最大的穿刺力。

（3）分别在鞋底 4 个不同的点处（至少有 1 个点在后跟区域）进行测试，任何 2 个穿透点之间至少相距 30mm，穿透点到内底边缘的距离至少为 10mm。对于有花纹的鞋底，在花纹间进行测试。4 个测试点中的 2 个应距楦底边缘对应的曲线（10～15）mm。

5.13.6　检测结果与处理

（1）将 4 个穿刺点中最小值作为测试结果，精确到 1N。

（2）详细描述在试验过程中出现的任何偏差。

5.13.7　注意事项

（1）有时不同试样工艺不同，特别是一些非金属刺穿垫，可以把断裂敏感度调高，防止试验无法进行。

（2）应经常检查测试钉的形状，如果与图 5－19 表示的尺寸不符，应更换测试钉。

（3）非吸水的试样不必进行浸水处理。

5.14 外底耐热接触性

5.14.1 依据与适用范围

外底耐热接触性检测方法依据 GB/T 20991—2007《个体防护装备 鞋的测试方法》，适用于安全鞋、防护鞋和职业鞋及一般鞋类外底材料的耐热接触性能的检测。

5.14.2 仪器设备

（1）耐热接触性装置，如图 5－20 所示。

① 钻锥。圆柱形铜体，质量为（200±20）g，且底端削成边长为（25.5±0.1）mm 的方形平面。应有 6.5mm 直径的中间纵向空洞，空洞延长到距钻锥方形底端的外工作面 4mm 处，用于容纳温度测量装置，钻锥的其他尺寸如图 5－21 所示。

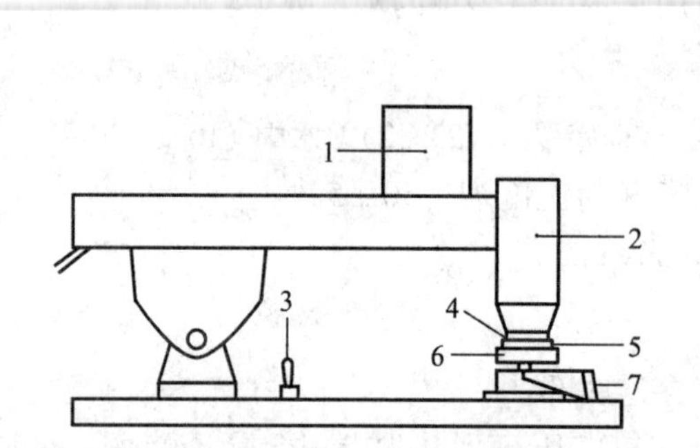

图 5－20 耐热接触性装置

1—砝码；2—加热块；3—开/关转换；4—钻锥底端；5—试样；6—试样平台；7—铰接绝热支座

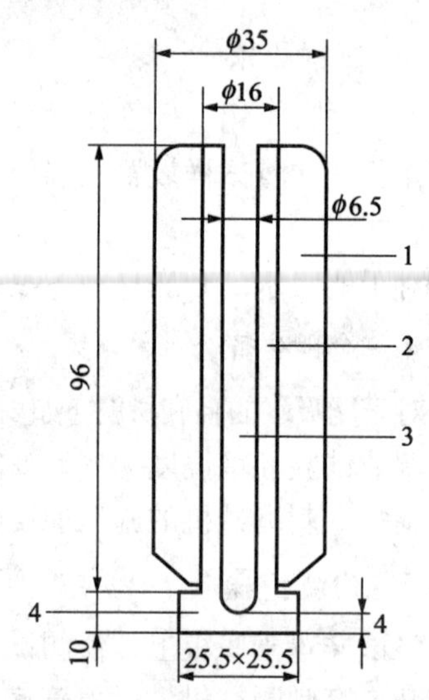

图 5－21 钻锥和加热块示意图

1—加热块；2—钻锥；3—测温装置；4—钻锥的方形底端

② 加热块。质量为(530±50)g,围绕钻锥的圆柱部分。加热块应包含一个电阻加热元件和一个可以控制预热钻锥至最高 400℃内任何要求温度的装置。加热块尺寸如图 5－21 所示。

③ 抬高和降低钻锥的装置，与加热块合在一起，在水平面和（20±2）kPa 均匀分布的压力下使钻锥表面与试样均匀接触。

④ 试样平台。自调式，具有合适直径搁置试样，并使试样受到均匀压力。

⑤ 铰接绝热支座。加热时钻锥表面搁在支座上，能移到旁边使钻锥放下在试样上。

（2）测量装置。用于测量钻锥方形底端附近的内部温度。

（3）计时器。秒表，分度值为 0.1s。

5.14.3 试样要求

（1）从鞋底切下宽（30±2）mm 和长 70mm（最小）的试样。在必要的地方清除花纹。

（2）尽量在没有花纹的鞋腰区域进行取样，保留原有的磨损层。

（3）试样表面应平整完好，无划痕、空洞、凹陷、杂质、污斑等缺陷。

（4）在测试前将试样放置在温度为（23±2）℃、相对湿度为（50±5）% 的环境条件下至少 48h。

5.14.4　检测准备

调节试验环境温度为（23±2）℃、相对湿度为（50±5）%。

5.14.5　检测步骤

（1）将鞋底外面（即磨层面）朝上，用一片铝箔覆盖试样以防其被加热钻锥污染，每次测试用一片新铝箔。

（2）接通搁在绝缘支座上带钻锥的加热块，当钻锥温度超过 300℃时关闭加热块，让温度降到（300±5）℃，此时钻锥仍放在绝热支座上。将绝热支座移开，立即将钻锥放在试样正中间，使钻锥边与试样边平行，不再接通加热块，使之留在适当位置（60±1）s 后再放回支座上。

（3）移走铝箔，让试样试验环境下冷却至少 10min，并按照要求检查加热面。

5.14.6　检测结果与处理

（1）目测评价试样表面在围绕圆轴弯折前后是否有损坏，如熔融、烧焦、破裂或龟裂。

（2）记录损坏类型和范围。对于皮革鞋底，记录烧焦和开裂是否仅限于粒面层或是否任何损坏深入到真皮。

（3）注明热接触面有没有打磨过。

（4）详细描述在试验过程中出现的任何偏差。

5.14.7　注意事项

（1）尽可能从鞋腰区域取下试样，清除花纹会导致磨损层的破坏，会影响热接触性能

（2）测试过程中，某些鞋底可能释放对人体有害的烟雾，因此试验装置必须放置在通风良好的场所。

（3）在试验操作过程中注意切勿碰到加热钻锥，以免造成烫伤。

5.15　静态防滑性

5.15.1　依据与适用范围

静态防滑性检测方法依据 HG/T 3780—2005《鞋类静态防滑性能试验方法》，适用于鞋类外底、鞋跟或相关外底材料静态防滑性能的检测。

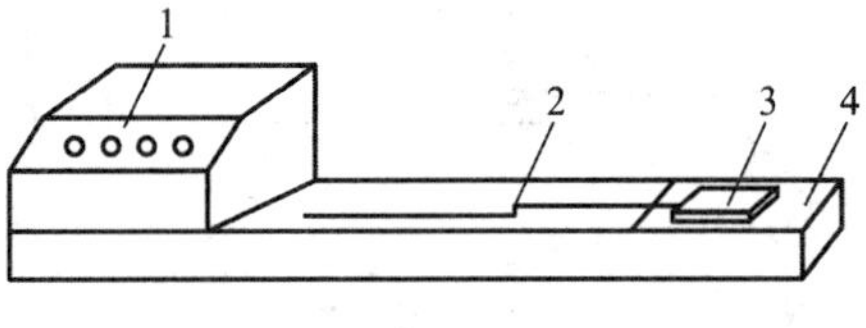

5.15.2　仪器设备

（1）静态防滑试验仪，如图 5－22 所示。

图 5－22　静态防滑试验仪示意图

1—控制面板；2—拉动杆；3—试样夹具；4—摩擦面板

① 水平拉力精度为 0.1N，测量范围大于 100N。

② 水平拉动速度为（100±10）mm/min 或

(400 ±40) mm/min，拉动距离大于 300mm。

③ 摩擦面板为厚（8.0 ±0.2）mm、镜向光泽度为 4 的浮法毛玻璃，其面积不少于 380mm ×380mm。

（2）试样夹具

① 夹具（方法 1）。质量为（2700 ±34）g，长为（150.0 ±0.2）mm，宽为（100.0 ±0.2）mm，试样槽排列为三角形，槽的直径为 $12.7_{0}^{+0.30}$mm，前方两个试样槽中心距试样夹具前沿（31.4 ±0.2）mm，其他方向槽中心距离边沿（19.1 ±0.2）mm，槽深为（4.0 ±0.2）mm，如图 5 – 23 所示。

② 夹具（方法 2）。质量为（2700 ±34）g，长为（150.0 ±0.2）mm，宽为（100.0 ±0.2）mm，试样槽在其中间位置长 $70_{0}^{+0.30}$mm，宽 $45_{+0.25}^{+0.30}$，槽深为（4.0 ±0.2）mm，如图 5 – 24 所示。

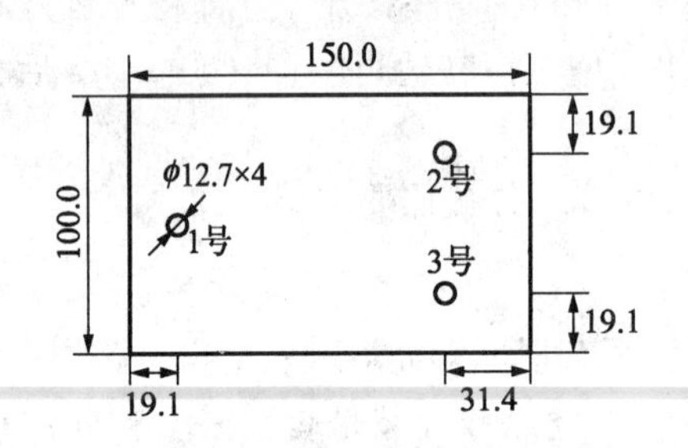

图 5 – 23　方法 1 夹具示意图

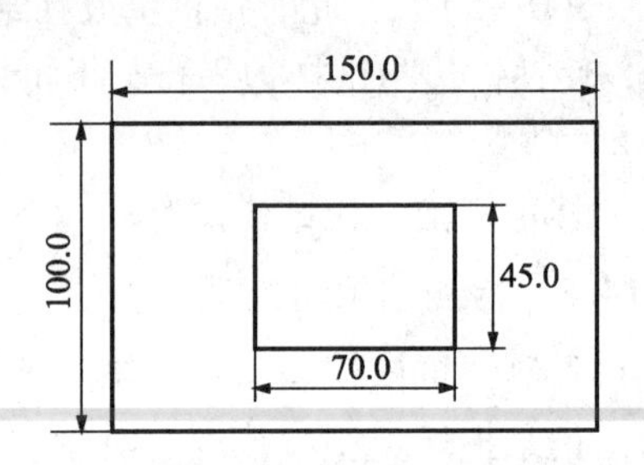

图 5 – 24　方法 2 夹具示意图

（3）天平。分度值为 1g。

（4）橡胶厚度计。分度值为 0.01mm。

（5）裁刀。

① 旋转裁刀。直径为（12.7 ±0.1）mm，转速大于 1000r/min。

② 长方形裁刀，如图 5 – 25 所示，长（70.0 ±0.1）mm，宽（45.0 ±0.1）mm。

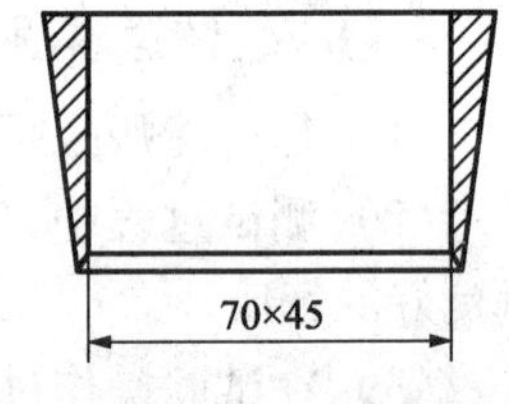

图 5 – 25　长方形裁刀示意图

5.15.3　试样要求

（1）方法 1

① 用旋转裁刀从试样鞋底裁取直径为（12.7 ±0.2）mm 的圆柱形试样，厚度为（7 ±1）mm，每组 3 个试样厚度差不能超过 0.1mm。

② 试样从 A、B、C 3 只外底的规定位置裁取，如图 5 – 26 所示，每只外底取 3 个试样，共取 9 个试样。在每只外底拓趾部位，距边沿 12.7mm 处各取一个试样，再从距外底尖端 12.7mm 处取一个试样。

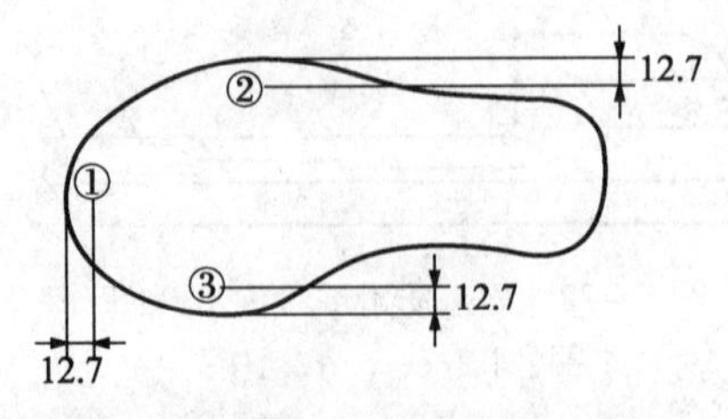

图 5 – 26　试样 1 鞋底取样示意图

③ 试验时试样按表 5 – 4 采用对角线模式进行组合，即 $A_1B_2C_3$ 为一组，$C_1A_2B_3$ 为一组，$B_1C_2A_3$ 为一组。试样安装时试样的编号应与试样槽的编号一致。

表 5-4　试样组合

A 样品	B 样品	C 样品
A_1	B_1	C_1
A_2	B_2	C_2
A_3	B_3	C_3

④ 鞋跟取样。从 3 个鞋跟 A、B、C 中裁取试样，每个鞋跟取 3 个，如图 5-27 所示，共取 9 个试样。每个鞋跟可在近似等边三角形上取 3 个试样，第一个试样在距鞋跟中央最后端 6.35mm 处裁，其他两个试样距鞋跟边缘的距离不得大于 6.35mm。试验时试样组合按表 5-4 采用对角线模式进行组合，即 $A_1B_2C_3$ 为一组，$C_1A_2B_3$ 为一组，$B_1C_2A_3$ 为一组。试样安装时试样的编号应与试样槽的编号一致。

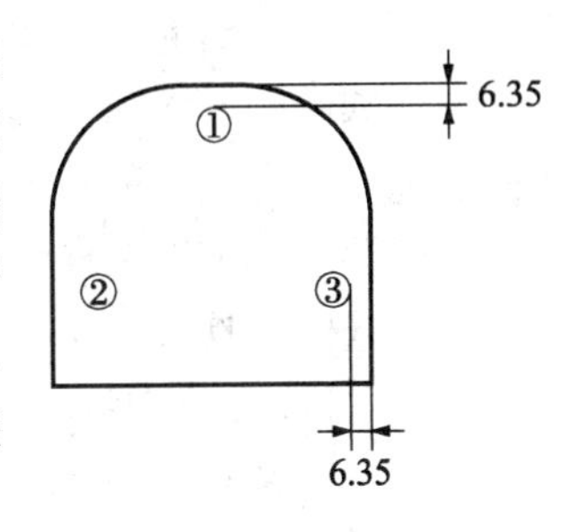

图 5-27　试样 1 鞋跟取样示意图

⑤ 相关外底材料时取样，可从同一样品中取 9 个试样。

（2）方法 2

① 用长方形裁刀从试样鞋底裁取直径为（12.7 ±0.2）mm 的圆柱形试样，厚度为（7 ±1）mm，每组 3 个试样的厚度差不能超过 0.1mm。

② 从 3 只外底前掌曲挠部位裁取长（70.0 ±0.2）mm，宽（45.0 ±0.2）mm 的试样各一片，如图 5-28 所示，长边方向平行于鞋底的中心线。将试样背面磨平，外底保持原状；试样的厚度为（7 ±1）mm，如果试样厚度达不到要求，可在试样背面粘上相同材料的试片。

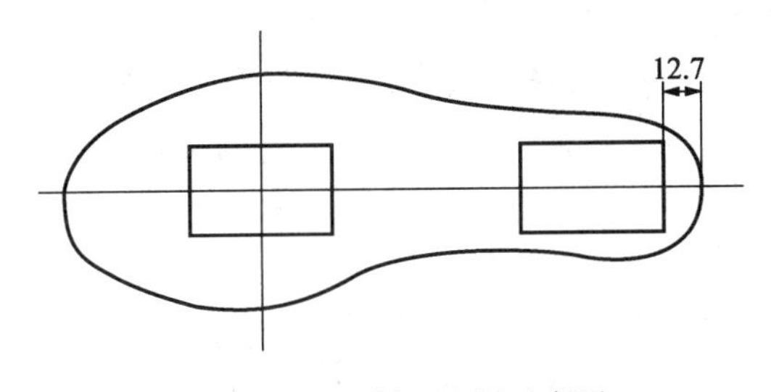

图 5-28　试样 2 取样示意图

③ 鞋跟取样。在鞋跟部位裁取长（70.0 ±0.2）mm，宽（45.0 ±0.2）mm 的试样各一片，如图 5-28 所示，长边方向平行于鞋底的中心线。将试样背面磨平，外底保持原状，试样距鞋跟边缘不小于 12.7mm。如果试样长度不够，可在两个鞋跟取样，拼接达到长度的要求。试样的厚度为（7 ±1）mm，如果试样厚度达不到要求，可在试样背面粘上相同材料的试片。

④ 相关外底材料取样时，可从同一样品中取 3 个试样。

（3）在测试前将试样放置在温度为（23 ±2）℃、相对湿度为（50 ±5）% 的环境条件下至少 16h。

5.15.4　检测准备

（1）调节试验环境温度为（23 ±2）℃、相对湿度为（50 ±5）%。

（2）试样厚度如果不一致，可用砂纸在厚的试样背面打磨，使各个试样厚度之差小于 0.1mm。

（3）试样高度达不到7mm要求时，可在试样背面粘上相同材料的试片。

（4）试样的滑动表面应无伤痕、损伤、杂质、污斑、气泡和针孔等缺陷。

5.15.5　检测步骤

5.15.5.1　*方法1*

（1）干法程序

① 用中性清洁剂将摩擦面板擦洗干净，待摩擦面板完全干燥后，方可进行试验。

② 将试样的背面用双面胶或胶水固定在试样夹具的试样槽内，试样鞋头方向与施力方向相反。

③ 用天平称量出试样与夹具的总质量。

④ 把试样夹具放在摩擦面板上，使试样待测面与摩擦面板接触。

⑤ 水平拉动试验夹具，拉动速度为（100±10）mm/min。

⑥ 当拉动距离达到230mm时，记录下该过程当中的最大拉力。

⑦ 每次试验后，将摩擦面板旋转90°并擦拭干净，重复上述步骤④～⑥，重复测试3次，取4次的最大值。

（2）湿法程序

用中性清洁剂洗净摩擦面板，待摩擦面板完全干燥后，用手动喷壶将蒸馏水或去离子水均匀地喷洒在摩擦面板表面上，形成连续完整的水膜。将试样放在摩擦面板上30s后开始试验，试验步骤与干法程序完全一致。

5.15.5.2　*方法2*

（1）干法程序

① 用中性清洁剂将摩擦面板擦洗干净，待摩擦面板完全干燥后，方可进行试验。

② 将试样的背面用双面胶或胶水固定在试样夹具的试样槽内，试样鞋头方向与施力方向相反。

③ 用天平称量出试样与夹具的总质量。

④ 把试样夹具放在摩擦面板上，使试样待测面与摩擦面板接触。

⑤ 水平拉动试验夹具，拉动速度为（400±10）mm/min。

⑥ 当拉动距离达到100mm时，记录下该过程当中的最大拉力。

⑦ 每次试验后，将摩擦面板旋转90°并擦拭干净，重复上述④～⑥的步骤，重复测试3次，取4次的最大值。

（2）湿法程序

用中性清洁剂洗净摩擦面板，待摩擦面板完全干燥后，用手动喷壶将蒸馏水或去离子水均匀地喷洒在摩擦面板表面上，形成连续完整的水膜。将试样放在摩擦面板上30s后开始试验，试验步骤与干法程序完全一致。

5.15.6　检测结果与处理

（1）按公式（5-7）计算静态摩擦系数μ_0

$$\mu_0 = \frac{\overline{F}}{W} \tag{5-7}$$

式中，$\overline{F}$为试样4个方向最大拉力值的算术平均值，N；W为试样正压力，N。

（2）取 3 个试样测量值的算术平均值作为最终结果，精确到小数点后第二位。

（3）每一试验数据对算术平均值的最大允许偏差为 ±10%，超过者须重新试验或变换试验方法。

（4）报告上必须注明试验的运动速度，试验环境温、湿度以及所用的干、湿方法。

（5）详细描述在试验过程中出现的任何偏差。

例 5 - 1 某鞋底检测中得到 3 个试样的静态摩擦系数分别为 0.88、0.89、0.75。

解： 经计算，该鞋底的静态摩擦系数 $\mu_0 = (0.88 + 0.89 + 0.75)/3 = 0.84$

第一个测量值的偏差 $= (0.88 - 0.84)/0.84 = 0.048 < 0.1$，没有超过偏差；

第二个测量值的偏差 $= (0.89 - 0.84)/0.84 = 0.060 < 0.1$，没有超过偏差；

第三个测量值的偏差 $= (0.75 - 0.84)/0.84 = -0.107 > -0.1$，超过偏差，舍去。

验证结果，第三数值超差舍去，再补测一个数值后，重新计算静态摩擦系数 μ_0 值。

5.15.7 注意事项

（1）试样夹具槽深部位先用双面胶粘上，再放入试样。

（2）试样厚度达不到要求时，应在试样背面粘上相同材料的试片，试样与粘片之间应平整，不得有空隙、缺料等现象。

（3）试样 1 在鞋底中心线方向与安装到夹具上的拉动杆方向平行。

（4）当鞋后跟的试样长度不够，而由两块试样拼接时，接缝不得有粘胶，更不能使粘胶流到摩擦面上。

5.16 耐黄变性

5.16.1 依据与适用范围

耐黄变性检测方法依据 HG/T 3689—2001《鞋类耐黄变试验方法》，适用于鞋用白色和浅色帮材和底材的检测。

5.16.2 仪器设备

（1）A 法

① 试样箱。试验箱工作室内安装太阳灯泡光源，其所发出的光线近似于太阳光。箱内温度可以在一定范围内自由控制，并具有使温度控制在 ±2℃ 范围内的调节装置。

② 光源。选用功率为 300W、电压为（220 ± 10）V 的螺旋灯口灯泡，灯泡的紫外线光波的波长为（280 ~ 400）nm，并有部分可见光。灯泡紫外线的强度为（25 ± 0.4）W/m^2。

③ 试样架。由托盘、托盘支撑杆组成，并且可以调整试样放置的高度。试样架下部安装有旋转盘，带动托盘旋转以保证试样照射均匀。试样托盘转速为（3 ± 1）r/min，如图 5 - 29 所示。

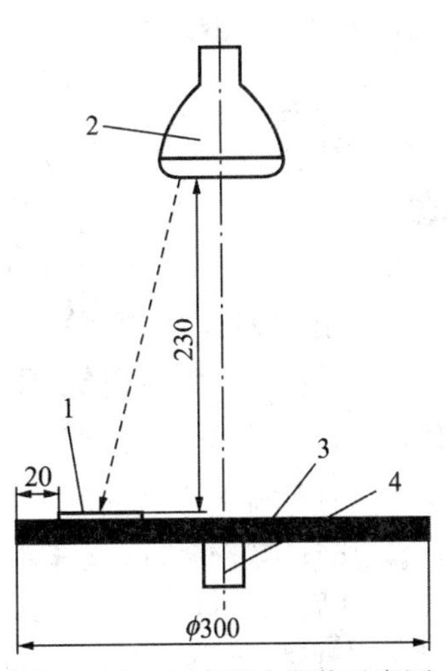

图 5 - 29 A 法试验安装示意图

1—试样；2—太阳灯泡；3—试样托盘；4—转轴

（2）B 法

① 试验箱。试验箱工作室内安装紫外线灯管，试验箱

内温度为室温。

② 光源。选用15W 紫外线灯管两支，波长为（280～400）nm。

③ 试样架。由托盘、托盘支撑架组成，并且可以调整试样放置的高度。

（3）遮光片。不透明（所有波长的光线透射率为0）薄片，如20mm 宽不透明胶带。

（4）评定灰色样卡。按 GB/T 250—2008《纺织品　色牢度试验　评定变色用灰色样卡》规定。

（5）切割工具。标准切刀或剪刀。

（6）钢直尺。分度值为1mm。

（7）不锈钢垫片。长方形，大小为62mm×12mm，厚度分别为1mm、2mm、3mm、4mm、5mm。

5.16.3　试样要求

（1）试样为（62±2）mm×（12±2）mm 的长方形，厚度不超过（5±2）mm。

（2）可以根据实际情况确定试样的形状和规格。

（3）试样数量根据检测项目及次数确定，每项每次检测的有效试样不少于3个。

（4）试样表面应平整完好，无伤痕、折皱及折痕。如果试样表面有杂物，应用纱布蘸酒精擦净。

（5）在测试前将试样放置在温度为（21±2）℃、相对湿度为（50±5）% 的环境条件下至少24h。

5.16.4　检测准备

（1）按照试样尺寸要求，用标准切刀或剪刀裁取样品3件。

（2）测量试样的厚度，选择合适的不锈钢垫片并固定在一起。如果试样厚度不同，可选择不同厚度的不锈钢垫片，使各个试样加上不锈钢垫片后的总厚度基本一致，以保证试样放入托盘时其表面处于同一水平面。

（3）用不透明遮光胶带盖住试样首尾两端各20mm。

5.16.5　检测步骤

（1）A 法

① 设定试验箱内温度为（50±2）℃，并按照规定的照射时间设定，如6h、12h、18h、24h、36h 等。

② 将试样以垂直于转轴的方向置放在试样托盘上，试样一端距离试样托盘边缘20mm，试样的照射面朝向太阳灯泡。

③ 用钢直尺测量试样表面与太阳灯泡的垂直高度，通过调节试样托盘上的固定钮，移动托盘使试样表面与太阳灯泡底缘平行为230mm，从而保持试样表面到光源为250mm 距离，并锁定试样托盘上的固定钮。

④ 开启试验箱内的温度开关，等到试验箱内温度达到50℃后，放入试样。

⑤ 开启太阳灯泡与试样托盘旋转开关，在50℃的温度下让试样在灯光下不间断地进行照射，直到试验结束。

⑥ 结束试验后，开启试验箱门，等到试验箱内温度降到室温时取出试样，把试样上的不锈钢垫片与遮光片取下。

（2）B 法

① 设定试验箱内温度为室温（即实验室环境温度），按照规定的照射时间设定，如 3h、6h、9h、12h 等。

② 将试样放置在紫外线灯管的正下方，并垂直于紫外线灯管的试样托盘上，试样的照射面朝向紫外线灯管。

③ 用钢直尺测量试样表面与紫外线灯管的垂直高度，移动托盘，使试样表面与紫外线灯管底缘的距离为 250mm，并固定试样托盘。

④ 开启紫外线灯管，让试样在紫外线灯管下不间断地进行照射，直到试验结束。

⑤ 结束试验后，开启试验箱门取出试样，并取下试样上的不锈钢垫片与遮光片。

（3）黄变等级评定

① 自然光源，晴天向北（上午 9:00 ~ 下午 3:00），避免外界环境物体反射光的影响。

② 人工光源，采用标准多光源灯箱。

③ 观察方法

1）当评定无光泽试样时，光源的照明方向与试样表面约成 45°角，观察方向接近垂直于试样表面，如图 2 – 11 所示。

2）当评定有光泽试样时，光源的照明方向垂直于试样表面，观察方向与试样表面约成 45°角，如图 2 – 24 所示。

3）当评定光泽不明显的试样时，光源的照明、观察方向也应该在各种不同的角度上进行。

5.16.6 检测结果与处理

用灰色样卡直接目测评估试样被遮盖部分所对应的黄变级数，精确到 0.5 级，选取等级最差的结果作为最终结果。

5.16.7 注意事项

（1）必须注明所使用的试验方法是 A 法还是 B 法。

（2）必须注明照射时间。

（3）A 法中的灯泡每使用 1000h 后必须更换；B 法中的灯泡每使用 500h 后必须更换。

（4）比色卡至少 12 个月更换一次。

（5）在测试中严禁开启试验箱门及目视太阳灯泡，以免伤害眼睛。

（6）试验结束后取出试样时，操作者务必戴防烫手套，以免被高温烫伤。

5.17 试　穿　性

5.17.1 依据与适用范围

试穿性检测方法依据 QB/T 2674—2004《皮鞋试穿检验规则》，适用于各类皮鞋（生活穿用靴鞋、工作靴鞋、重型劳保靴鞋、运动靴鞋等）新产品正式生产前的试穿的检测。

5.17.2 仪器设备

（1）承试人员。① 承试人员的脚型应是与试穿目的相适应的正常脚型。② 承试人员的选择包括性别、大致年龄、职业。对于用于特定目的或特定活动的鞋类，应是由从事这类特定活动的承试人员。③ 承试人员应与试验部门建立沟通联系，确保试验部门获得穿着实际情况。

（2）袜子。① 适合于承试人员脚型大小的白色棉袜子。② 适合于承试人员脚型大小的其他颜色棉袜子。

（3）穿着项目及时间要求，见表5－5的规定。

表5－5　穿着项目与穿着时间　　单位：d

	新楦型	新式样	新材料	新工艺
生活靴鞋	5	3	30～60	30～60
工作靴鞋	7	5	45～60	45～60
重型劳保靴鞋	15	10	120	120
运动靴鞋	10	5	50	50

5.17.3　试样要求

（1）用于试验的鞋至少为6双，应是未经过任何处理过的新鞋，最好包括一系列的鞋号。

（2）试样鞋是已知楦型、性能、材料、款式及工艺制备的鞋。

5.17.4　检测准备

（1）每天要求连续或不连续穿着满8h。

（2）如果要评价鞋里、鞋垫等的掉色问题，承试人员必须穿着白色棉袜子，否则可以穿着其他颜色棉袜子。

（3）每双鞋由一只为新型鞋，另一只为受控鞋组成，由承试人员同时穿用。

（4）如果由于颜色、试样或其他原因不允许新型鞋与受控鞋同时试穿时，则由相同承试人员在相同的环境中用相等的时间将新型鞋和受控鞋交叉连续试穿。

（5）根据不同的试穿目的，分别建立各类试穿的原始记录，（设定）定期检查试穿结果频次，并将结果记录在原始记录上。

5.17.5　检测步骤

承试人员按照规定的要求进行正常试穿，并做好各项目记录。

5.17.6　检测结果与处理

（1）对于可测量或可测试的项目，应用测量或测试数据表示。

（2）按试穿各项目要求做出评价：优于要求、与要求相等或低于要求，并给予综合评价。

（3）注明承试人员的姓名、性别、年龄、职业、脚的长度、脚围、体重以及试穿环境等。

（4）注明试穿鞋的类别、数量、试穿日期、时间及试穿目的。

（5）说明试穿期满后未出现不正常现象的数量（双或只），同时说明出现明显问题的数量（双或只）及出现问题的时间。

5.17.7　注意事项

（1）试穿鞋应避免在雨天穿着，不要涉水。

（2）承试人员不要刻意创造某种环境，如沙石等。

5.18　可　洗　性

5.18.1　依据与适用范围

可洗性检测方法依据 QB/T 2887—2007《鞋类　整鞋试验方法　家用洗衣机中的可洗性》，适用于各种类型的整鞋在家用洗衣机中洗涤时的检测。

5.18.2　仪器设备

（1）洗衣机

① 前门加料，水平滚筒型，内层滚筒直径为（51.5 ±0.5）cm；内层滚筒深度为（33.5 ±0.5）cm；内外滚筒间距为（2.8 ±0.1）cm。

② 提升片 3 个，每个高（5 ±0.5）cm，延伸至内层滚筒的整个深度，两两相距 120°。

③ 旋转动作：

a）正常旋转。顺时针转（12 ±0.1）s，停（3 ±0.1）s；逆时针转（12 ±0.1）s，停（3 ±0.1）s。

b）柔和旋转。顺时针转（3 ±0.1）s，停（12 ±0.1）s；逆时针转（3 ±0.1）s，停（12 ±0.1）s。

④ 旋转频率：洗涤为 52 次/min，脱水为（500 ±20）次/min。

⑤ 给排水要求：正常供水速度为（25 ±5）L/min。注水至 13cm 高度的时间应少于 2min。水位在 13cm 高度排空的时间应少于 2min。

⑥ 加热装置。电加热，恒温控制，加热器功率为 5.4kW。

（2）纺织品组件。白色 100% 的单纤维棉纺织品，单位面积质量为（125 ±5）g/m^2，剪成大小为（50 ±2）cm ×（50 ±2）cm 的矩形，数量为 10 个。

（3）拉力试验机。① 负荷范围应有分档。② 准确度为 ±1%。③ 拉伸速度在（0 ~ 300）mm/min 范围内可调，准确度为 ±2mm/min。④ 带有自动力 - 位移曲线的记录装置。

（4）标准灰色样卡。① 按 GB/T 250—2008《纺织品　色牢度试验　评定变色用灰色样卡》规定。② 按 GB/T 251—2008《纺织品　色牢度试验　评定沾色用灰色样卡》规定。

（5）前跷测量器，如图 5 - 30 所示。

（6）洗涤剂。使用标准的洗涤剂 ECE。

（7）水。使用自来水，温度为（20 ±5）℃，pH 为（7 ±1）。

（8）天平。精度为 0.001g。

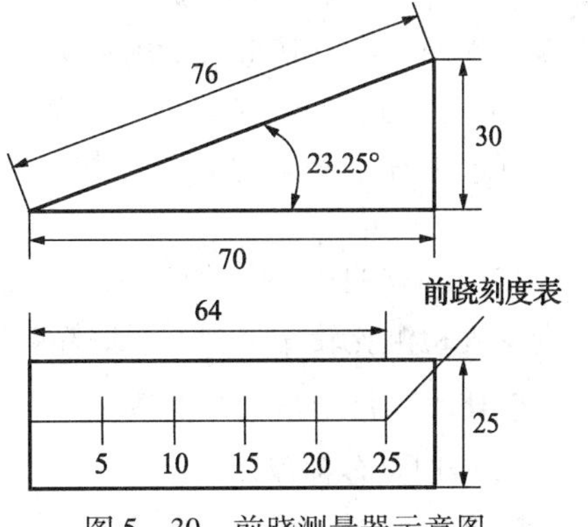

图 5 - 30　前跷测量器示意图

5.18.3　试样要求

（1）样品至少为两双鞋，每双鞋作为一个试样，试验至少使用两个试样。

（2）试样在温度为（23±2）℃，相对湿度为（50±5）%的环境条件下至少放置24h。

5.18.4 检测准备

（1）调节试验环境温度为（23±2）℃，相对湿度为（50±5）%。

（2）设定洗涤条件：水的体积（18±1）L，温度范围（30～35）℃，洗涤时间（30±2）min，转鼓转速（51.6±4.8）r/min（正、反向交替转动），加洗涤剂72g。

（3）设定清洗条件：水的体积（15±1）L；清洗时间（4±1）min。

（4）设定甩干/排干条件：最初甩干时间（120±30）s，转速（54.4±4.8）r/min；最终甩干时间（6±1）min，转速（472.7±24.8）r/min。

（5）调整拉力试验的拉伸速度为（100±20）mm/min。

5.18.5 检测步骤

（1）最初评定

① 试验人员应保证试样左、右鞋外观一致，记录试样所有细节特征（材料颜色，装饰物，洗涤设备，等等）。

② 将试样鞋自然放置在平面上，不向试样鞋施加压力，使用前跷测量器，测量前跷高度，记录测量结果，记为 H_1，单位为mm。

③ 以鞋的 X 轴方向和 Y 轴方向，分别测量试样鞋内部长度和宽度，记录测量结果，分别记为 L_1 和 B_1，单位为mm。

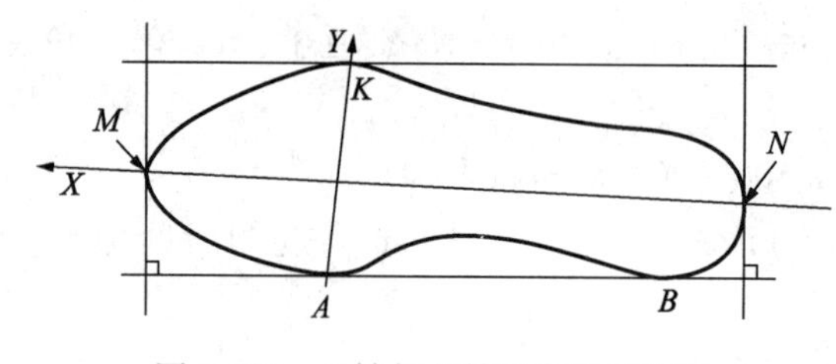

图5－31 X 轴与 Y 轴的定位示意图

a）X 轴方向，按图3－5规定。

b）Y 轴方向，画一条与 AB 线平行的直线，此线与外底的外侧交于 K 点，画一条过 A 点和 K 点的直线，此线即为坐标轴——Y 轴，如图5－31所示。

（2）在最初评定后，将试样中的右鞋在试验环境中存放，对试样中的左鞋进行洗涤。

（3）洗涤时，至少将两只左鞋同纺织品组件一起放到洗衣机中，按预先设定的洗涤过程，即洗涤—甩干/排干—清洗—甩干/排干—清洗—甩干/排干—清洗—最终甩干/排干，完成一个完整的洗涤程序。

（4）干燥。将试样鞋放置在试验环境条件下自然干燥。每个小时对试样进行一次称重，直至相邻两次称重其重量变化不超过1%，保证试样完全干燥。

（5）进行3次洗涤和3次干燥的完整洗涤程序。

（6）整个洗涤过程完全结束后，分别再一次测量试样鞋的前跷高 H_2、内部长度 L_2 和宽 B_2，单位为mm。

（7）对经过洗涤与未经洗涤的试样鞋，在其对应的帮面位置，按照不同类型进行帮底粘合强度检测比较，得到未经洗涤鞋的帮面强度 F_1 和洗涤鞋的帮面强度 F_2，单位为N/mm。

5.18.6 检测结果与处理

（1）记录各种损坏

洗涤后切口或撕裂，附件丢失（装饰物，鞋眼，等等），部件的脱色（试样上的每个部件）。

（2）记录尺寸变化

按公式（5-8）、（5-9）、（5-10）分别计算长度变化 R_1、宽度变化 R_2 和前跷变化 R_3，单位为 mm

$$R_1 = L_1 - L_2 \tag{5-8}$$

式中：L_1——洗涤前的内部长度，mm；

L_2——洗涤后的内部长度，mm。

$$R_2 = B_1 - B_2 \tag{5-9}$$

式中：B_1——洗涤前的内部宽度，mm；

B_2——洗涤后的内部宽度，mm。

$$R_3 = H_1 - H_2 \tag{5-10}$$

式中：H_1——洗涤前的前跷，mm；

H_2——洗涤后的前跷，mm。

（3）记录颜色变化

通过比较经过洗涤和未经洗涤的鞋子，评定由洗涤引起的任何颜色变化。试验最后的结果取颜色变化最严重者。

（4）记录强度变化

按公式（5-11）计算鞋面和鞋底粘合强度变化 F，单位为 N/mm

$$F = F_1 - F_2 \tag{5-11}$$

式中：F_1——洗涤前的粘合强度，N/mm；

F_2——洗涤后的粘合强度，N/mm。

（5）记录洗涤的旋转要求（即正常旋转或柔和旋转）。

（6）详细描述在试验过程中出现的任何偏差。

5.18.7 注意事项

（1）在记录鞋内部长度与宽度时，应在测量处作好防水标志，避免标志由于洗涤而消失，洗涤后应在标志处进行测量。

（2）在每个洗涤程序后，记录纺织品组件的任何颜色变化。如果纺织品组件有轻微染色，应将其替换。

（3）如需快速干燥试样鞋，可以使用通风设备。

5.19 耐渗水性

5.19.1 依据与适用范围

耐渗水性检测方法依据 HG/T 3664—2000《胶面鞋靴（鞋）耐渗水试验方法》，适用于各种用途的胶面胶靴（鞋）的耐渗水性的检测。

5.19.2 仪器设备

（1）充气压力装置。在（0~50）kPa 可以调节设定。

（2）计时器。计时时间不小于 24h，分度值为 1s。

（3）水槽。大小能足够放入整只胶靴（鞋），水位高度能调节。

5.19.3 试样要求

（1）试样靴（鞋）不少于3双。

（2）试样靴（鞋）表面不得有破损、伤痕、划伤、折皱、凹陷等缺陷。

5.19.4 检测准备

（1）调节试验环境温度为（23±2）℃、相对湿度为（50±5）%。

（2）调节充气压力为（10±1.5）kPa。

（3）在试样靴（鞋）距靴口75mm处做一标记。

5.19.5 检测步骤

（1）胶面胶靴充气法

① 选用与靴（鞋）口相匹配的密封盖，用胶带纸密封靴口，直至试样不再出现充气后漏气现象。

② 将试样靴（鞋）夹持固定在水槽中，向水槽里注入水，使水面升至标记处（即距靴（鞋）口75mm）。

③ 向被密封的试样靴（鞋）腔内充入压缩空气，当靴（鞋）腔内空气压力达到（10±1.5）kPa时开始记时，保持压力稳定（10±2）s。观察鞋表面是否有气泡冒出。

（2）胶面胶鞋浸泡法

① 将试样靴（鞋）夹持固定在水槽中，向水槽注入水，使水面升至标记处（即距靴（鞋）口20mm）。

② 经过16h后，用干的布将试样表面擦干，并检查是否有水渗入鞋中。

5.19.6 检测结果与处理

（1）在充气法中，观察鞋表面有无气泡冒出，冒气泡时间。

（2）在浸泡法中，观察有无水浸入鞋中，水量多少。或用滤纸紧贴靴（鞋）衬里，观察是否出现渗水现象。

（3）对每只靴（鞋）分别记录。

（4）详细描述在试验过程中出现的任何偏差。

5.19.7 注意事项

（1）水槽中没有夹持固定装置时，可以在试样靴（鞋）内添加适量砝码使试样靴（鞋）不至于浮起或倾倒。

（2）向水槽注水过程中，不能有溅水现象，避免使试样靴（鞋）腔内进水，如果进水应另取试样靴（鞋）试验。

5.20 帮面防水性

5.20.1 依据与适用范围

帮面防水性检测方法依据GB/T 3903.17—2008《鞋类 帮面试验方法 防水性能》，适用于各种材料的鞋类帮面的检测。

5.20.2 仪器设备

（1）动态防水试验机，如图 5 – 32 所示。

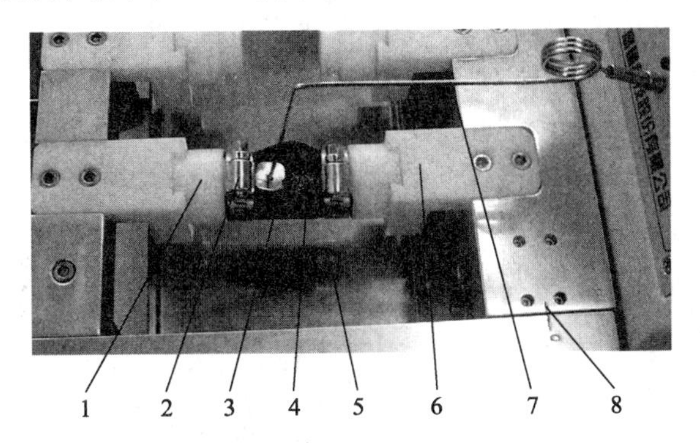

图 5 – 32　动态防水试验机

1—固定圆柱体；2—环形夹；3—试样；4—铜丝团；5—水槽
6—活动圆柱体；7—导电插梢；8—行程刻度

① 圆柱体，数量为一对，用于安装夹持试样，直径为（30.0 ±0.5）mm。两个圆柱体的轴水平且同轴安装，一个安装在固定端，另一个安装在可移动端。

② 两个圆柱体最大相对分开距离为（40 ±0.5）mm，相对往复运动速率为（50 ±1）次/min，行程可以为（2.0 ±0.1）mm，（3.0 ±0.2）mm，（4.0 ±0.4）mm 或（6.0 ±0.6）mm 4 种。

③ 移动端能够测定圆柱体移动所需要的轴向力，分度值为 5N。

④ 环形夹。内径在（30 ~40）mm 范围内可调，安装在圆柱体端头上，用以夹持试样。

⑤ 在圆柱体周围放置定量的水，且最高水位能调节到圆柱体轴线上方 5mm 处。

（2）切割工具。冲模刀，或其他剪切工具，能够用于取（75 ±2）mm ×（60 ±1）mm 的长方形试样。

（3）标准实验室天平。分度值为 10mg。

（4）砂纸。粒度为 180。

（5）柔软的吸水性好的无绒材料。

（6）计时器。在 5s 的期间内，精确到 1s；在 24h 的期间内，精确到 1min。

（7）水。符合三级水规定的蒸馏水或去离子水。

5.20.3 试样要求

（1）用冲刀裁下两块（75 ±2）mm ×（60 ±1）mm 的矩形试样。其中，一块试样的长边平行于材料的经向方向，另外一块试样与其垂直。

（2）对于非皮革材料，需从片材中长宽均可用的范围内取样；对于编织结构的材料，应避免两个试样是相同的经向或者纬向。

（3）在每块试样上标记材料的主要方向。

（4）如无其他规定，可用砂纸轻轻打磨试样的粒面，直到粒面中心 50% 的区域出现轻微的磨痕（擦痕或擦伤），以去除试样表面涂饰层。

（5）试样表面应平整完好，无划痕、空洞、凹陷、杂质、污斑等缺陷。

（6）在测试前将试样、吸水材料放置在温度为（23±2）℃、相对湿度为（50±5）% 的环境条件下至少24h。

5.20.4 检测准备

（1）调节试验环境温度为（23±2）℃、相对湿度为（50±5）%。

（2）选择圆柱体的往复行程，如果没有规定的行程值 X 要求，按附录的要求确定圆柱体的往复行程值 X。

（3）调整试验机的两个圆柱体，使其处于最大分离距离。

（4）用天平称取试样的原始质量，记为 M_0，以及吸水材料的原始质量，记为 M_2。

5.20.5 检测步骤

（1）试样在圆柱体间形成一个槽，顶端开口，底部闭合，如图5－33所示。

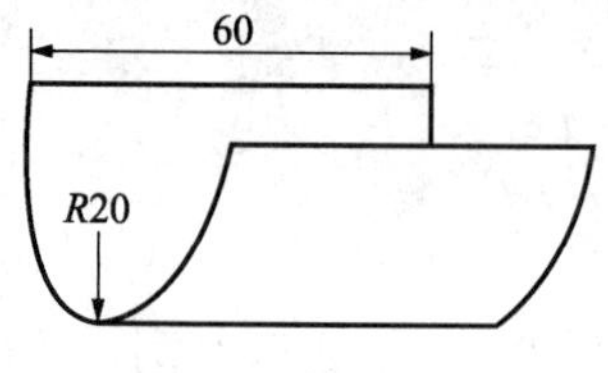

图5－33 试样安装示意图

（2）沿着长边弯曲试样形成一个槽，不能有折痕。将环形夹宽松地放置在试样的两个末端，不能有折痕，在圆柱体之间弯折试样，不能有褶皱，外表面向外，短边与圆柱体的轴平行，试样的长边叠压在每个圆柱体上大约10mm。

（3）将夹环沿着试样滑动直到内边缘与圆柱体相对面的边缘对齐，紧固一个夹环，保证试样没有松弛，然后将另一夹环紧固。

（4）缓慢地将两个圆筒拉近，观察试样，确保其中心部分向上折叠。如果此操作后测试样未到预定的效果，可在夹环一起移动的时候，在试样的下面轻微施力，以助测试样形成向上折叠的状态。

（5）当圆筒移动到最小的间距时，在水槽中注水并调整水位，使其高于向上折叠的测试样的中心，并位于圆柱体轴线上方5mm处。

（6）在试样槽中放入铜丝团，并与导电插销联接，调节试验机作为渗透水性的监控（当进行渗水量检测时，将该装置拿掉，用吸水材料来代替）。

（7）立即启动试验仪器，记录试验时间，记为 T_0。

（8）吸水率

① 目测试样内面是否有水渗透的迹象。通常是在试样中心弯折部位的两端会出现初始渗透，一般在材料的表面有潮湿斑点或有小水珠渗出。

② 如果15min后测试样还未出现透水，则记录为测试15min后无渗透水。同时继续观察试样，并且增加观察时间的间隔，从几分钟一次到每刻钟一次。如果材料的防水性能很好，则可增加更长的观测间隔。

③ 当试样第一次透水时立刻记下时钟上显示的时间 T_1。当透水发生在两次相邻的观察点之间时，记录渗透之前最后一次观察点的时间计 T_1，和渗透之后第一次观察的时间计 T_2。

④ 如果测试24h后仍未透水，则停止试验。

⑤ 分别记录各个测试样的透水时间，记为 T_1 和 T_2，以分计。

（9）渗水量

① 用天平称量在试验环境调节过的吸水材料的质量 M_2，精确到0.01g。

② 当出现初始透水后，把吸水材料放入试样槽里。

③ 继续试验，直到从 T_0 开始的测试总时间与规定的时间 T_4 相等。

④ 从试样槽中取出吸水材料，并用它吸掉槽中过量的水分。

⑤ 称量从试样槽中取出的吸水材料的质量 M_3，精确到0.01g。

5.20.6 检测结果与处理

（1）按公式（5－12）计算测定规定时间 T_3 内的吸水率 W_A，单位为%

$$W_A = \frac{M_1 - M_0}{M_0} \times 100 \tag{5-12}$$

式中：M_0——试样的原始质量，g，精确到0.01g；

M_1——试样渗水后的质量，g，精确到0.01g。

（2）按公式（5－13）计算测定在时间 T_4 内的渗水量 M_T，单位为g

$$M_T = M_3 - M_2 \tag{5-13}$$

式中：M_2——吸水材料的原始质量，g，精确到0.01g；

M_3——吸水材料渗水后的质量，g，精确到0.01g。

（3）注明行程以及试样表面有没有经打磨。

（4）详细描述在试验过程中出现的任何偏差。

5.20.7 注意事项

（1）如果试验时水从试样的两端渗入，可对试样采用适当的措施（PUR、氯丁胶，蜡、凡士林等）封住试样的两端，再重复试验。

（2）用砂纸将试样的粒面轻轻打磨时，当表面有非常薄的涂饰层，耐磨性能较低，这样的处理可能在一些地方会完全脱落，而较厚和耐磨性能较高的涂饰层则仅仅会引起擦伤和失色而已。

（3）试样可从帮面材料、成型帮面或成鞋上选取。

（4）调节水位时，建议在试样上盖上一片吸水材料以防水溅到试样上。水位调整完毕后需将吸水材料取出。

附录 确定试验机往复行程值 *X* 大小

（1）试样在圆柱体间形成一个槽，顶端开口，底部闭合，如图5－33所示。

（2）沿着长边弯曲试样形成一个槽，不能有折痕。将环形夹宽松地放置在试样的两个末端。在圆柱体之间没有褶皱地弯折试样，外表面向外，短边与圆柱体的轴平行，试样的长边叠压在每个圆柱体上大约10mm。

（3）将夹环沿着试样滑动，直到内边缘与圆柱体相对面的边缘对齐，紧固一个夹环，保证试样不松弛，然后将另一夹环紧固。

（4）安装（5±1)s后，将圆柱体相对移近（2.0±0.1)mm，记录圆柱体间的力 F_1，精确到5N。

（5）圆柱体立即以相同的速度回到原始位置。

（6）停留（5±1)s后，再一次把两个圆柱体相互移近（3.0±0.2)mm，记录此时圆柱体间的力 F_2，精确到5N。

① 如果 F_1 和 F_2 的算术平均值 F_a 大于100N，则行程值 X 记为（2.0±0.1)mm，相当于试验长度的5%。

② 如果 F_a 在 50N 到 100N 之间，行程值 X 记为（3.0 ± 0.2）mm，相当于试验长度的 7.5%。

③ 如果 F_a 小于 50N，再重测一次两圆柱体间的力。

（7）将两个圆柱体相互移近（6.0 ±0.6）mm，记录此时圆柱体间的力 F_3，精确到 5N。

① 如果 F_1、F_2 和 F_3 均的算术平均值 F_b 大于 20N，则行程值 X 记为（4.0 ±0.1）mm，相当于试验长度的 10%。

② 如果 F_b 小于 20N，则行程值 X 记为（6.0 ±0.6）mm，相当于试验长度的 15%。

5.21 动态防水性

5.21.1 依据与适用范围

动态防水性检测方法依据 GB/T 16641—1996《成鞋动态防水性能试验方法》，适用于检测各种类型成品靴鞋的动态防水性能的检测。

5.21.2 仪器设备

（1）动态防水试验机，如图 5 – 34 所示。

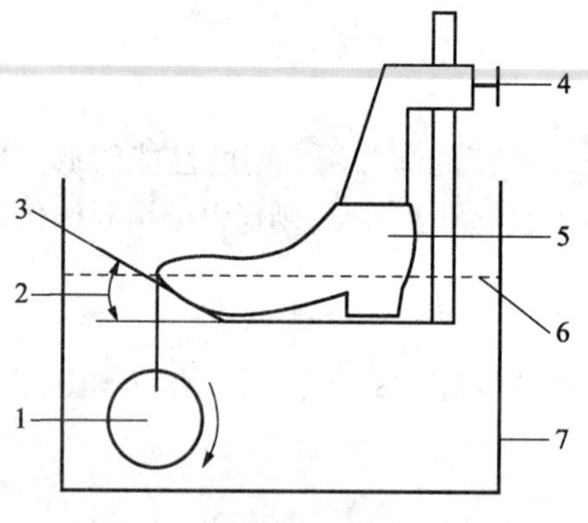

图 5 – 34 动态防水试验机示意图

1—驱动轮；2—弯曲角；3—活动板；4—模拟脚；5—试样鞋；6—水位线；7—水箱

① 试验机活动板。用以推动鞋的前掌弯曲模拟行走，摆动频率为 60 次/min，最大弯曲角度为 50°。

② 试验机水箱。存水深度大于 60mm。

③ 试验机计数装置。用以显示弯曲次数。

④ 试验机透水信号装置。用以测量鞋内是否透水，可以发出透水信号或自动停机，探头与试样鞋接触长度不小于 3cm。

（2）模拟脚。① 模拟脚应能配合试验机推动鞋的前掌进行模拟行走试验。② 模拟脚应能穿入不小于 23 号的鞋内并将鞋固定在试验机的平台上。

5.21.3 试样要求

（1）试样鞋应是加工 48h 后的成品鞋，鞋号应不小于 230。

（2）试样鞋应无明显伤痕、损伤、起层、气泡和针孔等缺陷。

（3）每组试样鞋不少于两双。

（4）在测试前将试样鞋放置在温度为（23 ±2）℃、相对湿度为（50 ±5）% 的环境条件下至少 4h。

5.21.4 检测准备

（1）调节试验环境温度为（23 ±2）℃、相对湿度为（50 ±5）%。

（2）调节活动板的弯曲角度为（45 ±1）°。特殊情况下也可以根据试验要求调节活动板的角度。

（3）将透水信号装置探头用胶粘带固定在试样鞋屈挠部位鞋内底与鞋帮结合部位，探头应与试样鞋接触良好。

5.21.5 检测步骤

（1）将模拟脚穿入试样鞋内并安装在试验机的平台上。

（2）在水面内放入温度为（23±2）℃的水，水位应达到鞋底与鞋帮结合处和鞋帮与鞋舌缝合点之间距离的1/2，也可根据需要另行规定。

（3）放水达到规定水位后开始计时，将计数器调零，启动试验机进行试验。

① 试验方法A

进行试验，直至透水信号装置发出透水指示，停机，记录透水试样鞋的弯曲次数或透水时间。

② 试验方法B

a）进行试验，直至达到规定弯曲次数或时间，停机，目测或用透水方格纸测试每只鞋的透水面积。

b）如果未到规定弯曲次数或时间透水信号装置未发出透水指示，应及时记录透水试样鞋的弯曲次数或透水时间，并将联接该试样鞋的透水信号探头取下。继续进行试验至规定弯曲次数或时间。

c）弯曲次数可按产品标准要求或特定试验要求确定。

5.21.6 检测结果与处理

（1）记录每只鞋的弯曲次数，透水时间，透水面积之和。

（2）透水面积按以下规定表示：

a）不透水。试验中鞋不透水，透水信号装置未发出透水指示。

b）一般透水。鞋内透水面积累计不大于$3cm^2$。

c）严重透水。鞋内透水面积累计大于$3cm^2$。

（3）注明平台至水位之间的水深。

（4）详细描述在试验过程中出现的任何偏差。

5.21.7 注意事项

（1）注意试验探头与试样鞋接触是否良好，长度是否大于3cm。

（2）试样鞋要自然平整地固定在水箱中。向水箱注水的过程，应缓慢地进行，不能将水溅到试样鞋里，以免影响检测结果。

5.22 穿着防水性

5.22.1 依据与适用范围

穿着防水性检测方法依据GB/T 20991—2007标准《个体防护装备　鞋的测试方法》，适用于安全鞋、防护鞋和职业鞋以及其他用于个体防护鞋的防水性的检测。

5.22.2 仪器设备

（1）水槽，如图5－35所示。

① 一个卧式、不漏水的水槽，槽两端各有一个可移动平台，平台高度距槽底面不少于40mm，平台面积足以使测试人员走上去并在水面上方转身。

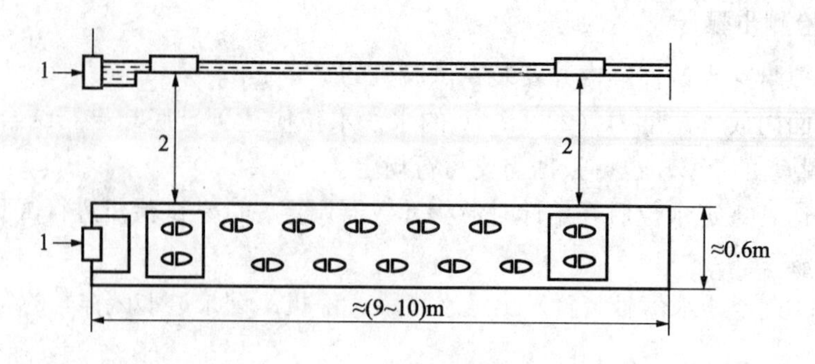

图 5-35　试验水槽示意图

1—插栓；2—移动平台

② 足够长（约 10m），使测试人员能在平台之间的水中走 10 个正常步幅。

③ 宽约 0.6m。

④ 带有插栓的排水孔。

（2）测试人员。① 测试人员的脚型应是与样品鞋相适应的正常脚型。② 测试人员的体重：男为（55～80）kg，女为（45～65）kg。③ 测试人员的步伐：男为 60mm，女为 55mm。

（3）干燥的普通袜子。

5.22.3　试样要求

（1）从成鞋中抽取 3 双作为样品鞋。

（2）样品鞋应完全干燥，并观察样品鞋，不允许有杂质，破洞。

5.22.4　检测准备

（1）将水槽内水排空，调整转身平台的位置，使测试者以正常步幅从一边走到另一边需 11 步（即每只脚接触槽地面 5 次）。

（2）测试人员穿着普通袜子，然后穿上干燥的样品鞋，用绑腿或其他防护装置盖住鞋帮口，然后站在水槽的一个平台上。

（3）用一个管道输送水使水槽迅速被注水至（30±3）mm 的深度。

5.22.5　检测步骤

（1）测试者在水中行走 100 个槽长，转身时用平台。行走过程中需非常小心，确保没有水溅至鞋帮口上。如有必要，为避免溅水，以比正常慢的步速行走，但最好不要慢于每秒 1 步。

（2）测试者走完 100 个槽长后，离开槽，小心脱下鞋，目测同时触摸检测内部是否有水透入的痕迹。

（3）按同样步骤测试另两双样品鞋。

5.22.6　检测结果与处理

（1）对每只鞋或靴，如果有透入发生，应记录透入的位置及图形的扩展（图 5-36 显示了图形的合适形状）。

（2）详细描述在试验过程中出现的任何偏差。

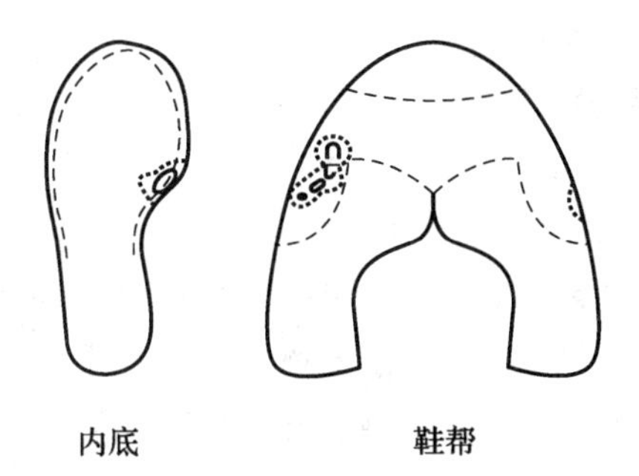

图 5-36　鞋图形的合适形状，附有记录透入的例子

----帮与底的接缝　——透入的开始面积　……透入的扩展面积

5.22.7　注意事项

（1）将水槽内的水排空，调整转身平台的位置时，应确保水槽表面保持干燥，以免影响后续测试的准确性。

（2）向水槽注水时，可以用一个管道输送水使槽迅速充满至合适高度，同时防止水面超出规定的高度。

5.23　抗　菌　性

5.23.1　依据与适用范围

抗菌性检测方法依据 HG/T 3663—2014《胶鞋抗菌性能试验方法》，适用于胶鞋及其部件的检测。

5.23.2　仪器设备

（1）恒温培养箱。温度控制在（36 ±1）℃。

（2）高压蒸汽灭菌器

（3）冰箱。温度范围（0 ~10）℃。

（4）接种环。接种环圈直径 4mm。

（5）吸管。规格为 1.0mL。

（6）平皿。ϕ9cm。

（7）玻璃试管。ϕ10mm ×100mm。

（8）制取试样的圆形裁刀。裁刀内径为（16.0 ±0.2）mm。

（9）锥形瓶。规格为 250mL。

（10）酒精灯

（11）镊子

（12）游标卡尺。分度值为 0.02mm。

（13）接种针

（14）二级生物安全柜

（15）比浊仪（用于测定试验菌液浓度，可用分光光度计等其他设备替代）。

（16）金黄色葡萄球菌，ATCC6538。

（17）大肠杆菌，ATCC25922。

（18）枯草芽胞杆菌黑色变种，ATCC9362。

（19）营养琼脂培养基（半固体培养基），成分：蛋白胨，10g；牛肉膏，3g；氯化钠，5g；琼脂，20g（若制备半固体培养基，则为5g）；蒸馏水，1000mL。

培养基的制法：除琼脂外，将其他成分溶解于蒸馏水中，用4.0mol/L氢氧化钠溶液调节pH至7.2~7.4。然后，加入琼脂，加热煮沸，使琼脂溶化，分装于锥形瓶，在121℃、高压下灭菌15min。

平板的制法：将灭菌后的营养琼脂培养基倾注于灭菌的平皿中，每个平皿约15mL，待营养琼脂凝固后翻转平皿，置于（36±1）℃恒温培养箱中培养（24±2）h。灭菌后的营养琼脂若不马上使用，要放在（4±1）℃冰箱中保存，保存时间不宜超过10d。使用前要打开平皿倒置于（36±1）℃恒温培养箱内放置（15~30）min，去除培养基表面的水分。

斜面培养基的制法：将灭菌后的营养琼脂加入无菌试管中，每支试管约（4~5）mL，然后将试管倾斜放置，斜面的长度约为培养基的2/3，使营养琼脂冷却凝固。制备好的斜面培养基若不马上使用，要放在（4±1）℃冰箱中保存，保存时间不宜超过14d。

营养琼脂半固体的制法：将营养琼脂半固体约5 mL加入无菌试管中，制备好的营养琼脂半固体若不马上使用，要放在（4±1）℃冰箱中保存，保存时间不宜超过14d。

（20）营养肉汤，成分：蛋白胨，10g；牛肉膏，3g；氯化钠，5g；蒸馏水，1000mL。

营养肉汤的制法：按上述成分混匀，溶解后调节pH至7.2~7.4（用4.0mol/L氢氧化钠溶液调节），然后在试管中分别注入2mL，塞上硅胶塞，在121℃、高压下灭菌15min。灭菌后的营养肉汤若不马上使用，要放在（4±1）℃冰箱中保存，保存时间不宜超过14d。

（21）生理盐水。将8.5g氯化钠加入到1000mL蒸馏水制成生理盐水。分装于瓶中，每瓶100mL，在121℃、高压下灭菌15min，冷却至室温备用。

5.23.3 试样要求

（1）从施放抗菌防臭剂的部件上取样，用朝向足部的一面进行测试。

① 若鞋内帮是由一种材料组成，取样从鞋的前后帮各取1个样品。

② 若鞋内底是由一种材料组成，在鞋内底的前掌部位及后跟部位各取1个样品。

③ 若鞋内腔由多种施放抗菌防臭剂的材料组成，那么各种材料各取1个样品（若鞋内腔有的材料因太小不能取样，则连同旁的材料一起裁取试样）。

（2）用$\phi(16\pm0.2)$mm的圆形裁刀裁取试样。

（3）对照样。取1块与试样材质相同但未经抗菌处理的材料作为对照，尺寸与试样相同。如果没有，则取不经任何处理的100%棉织物。

5.23.4 检测准备

（1）冻干菌的活化

① 将冻干菌分别融化分散在2mL的营养肉汤中，置于（36±1）℃恒温培养箱培养（18~24）h，形成菌悬液。

② 用接种环取上述培养后的菌悬液，划线接种到营养琼脂平板上，置于（36±1）℃恒温培养箱培养（18~24）h。

③ 从培养后的营养琼脂平板上取典型菌落接种在营养琼脂斜面试管内，置于（36 ± 1）℃恒温培养箱培养（18 ~ 24）h。

（2）细菌的保存

① 琼脂斜面保存。将菌种接种于营养琼脂斜面，置于（36 ± 1）℃恒温培养箱培养（18 ~ 24）h，放在（4 ± 1）℃冰箱中保存。一般可保存 1 个月左右。

② 半固体穿刺保存。用接种针将细菌穿刺接种于半固体培养内，在（36 ± 1）℃恒温培养箱中培养（18 ~ 24）h 后，将其取出加适量灭菌液体石蜡或凡士林（一般不少于 1cm）覆盖在培养基上面，隔绝空气，置于（4 ± 1）℃冰箱内，可保存（3 ~ 6）个月。如需长期保存，则每（3 ~ 6）个月传代 1 次。

（3）分离培养。工作用菌种每（3 ~ 6）个月在营养琼脂平板上分离单个菌落 1 次，选典型的菌落接种于普通琼脂斜面上，可以代替原有的工作用菌种。

（4）试管、三角烧瓶、吸管及培养平皿预先用水洗净烘干。将试管、三角烧瓶、吸管以及硅胶塞（吸管要用纸包严或置于不锈钢吸管筒）置于烘箱中（160 ± 2）℃干热灭菌 2h。

（5）用游标卡尺测量试样的实际直径，并记录。

（6）菌液的制备

① 从琼脂斜面保存的菌中分别移植一接种环接种于斜面培养基上，置于（36 ± 1）℃恒温培养箱中培养（18 ~ 24）h。

② 从接种培养后的斜面培养菌中用接种环挑取一接种环菌苔接种于营养肉汤管中，并在（36 ± 1）℃恒温培养箱中培养（18 ~ 24）h。

③ 用无菌生理盐水稀释营养肉汤菌液，用比浊法或其他适当的方法测定菌液浓度，将稀释后的菌液浓度调整到（$1 \times 10^8 \sim 5 \times 10^8$）CFU/mL。该试验菌液在（4 ± 1）℃冰箱中保存，在 4h 内使用。

5.23.5 检测步骤

（1）向无菌平皿中倾注 10mL 营养琼脂培养基，待其凝固。

（2）取经加热溶解并保温至（46 ± 1）℃的营养琼脂培养基 150 mL，放入锥形瓶，加入 1 mL 试验菌液，振摇使细菌分布均匀，然后倾注 5 mL 到已经凝固的营养琼脂平皿上。该平皿应在 1h 内使用。

（3）用无菌镊子将所制备的试样和对照样夹起轻轻放置并贴紧在营养琼脂平板培养基中央，保证试样或对照样和营养琼脂培养基之间有很好的接触，同时注意不要损坏培养基的表面。

（4）将上述培养平皿置于（36 ± 1）℃恒温培养箱中培养（18 ~ 24）h。

5.23.6 检测结果与处理

（1）从培养平皿的底部观察并用游标卡尺测量试样抑菌圈的直径。

（2）按公式（5 - 14）计算抑菌圈宽度 W，单位为 mm

$$W = \frac{T - D}{2} \tag{5-14}$$

式中：T——抑菌圈最短直径，mm；

D——试样的直径，mm。

（3）试验结果的表示。每个样品的试验数量不得少于2个，以算术平均值表示试验结果（取值保留小数点后一位）。

（4）试样抗菌效果表示。测量抑菌圈宽度后，用镊子将试样从营养琼脂培养基移去，在光源下观察培养基与试样（或对照样）接触区域的菌落生长情况。菌落生长情况用无生长、微弱生长、（与对照样相比）生长变弱、（与对照样相比）无明显差异表示。试样的抗菌效果如表5－6所示。

表5－6　抗菌材料的抗菌效果评估

抑菌圈宽度/mm	菌落生长情况①	描　述	效果评估
>1	无菌落生长	抑菌圈宽度超过1mm，无菌落生长②	抗菌效果良好
1～0	无菌落生长	抑菌圈宽度不足1mm，无菌落生长②	
0	无菌落生长	无抑菌圈，试样接触区域无菌落生长③	
0	菌落微弱生长	无抑菌圈，试样接触区域只有极少数菌落生长，菌落生长受到明显抑制④	有一定抗菌效果
0	菌落生长变弱	无抑菌圈，与对照样相比试样接触区域菌落约减少一半⑤	无明显抗菌效果
0	菌落生长无明显差异	无抑菌圈，与对照样相比试样接触区域菌落生长无明显变化或仅略有减少	

注：① 菌落生长情况：上层培养基中菌落生长情况。② 试样与琼脂接触区域无菌落生长且抑菌圈宽度超过1mm：此时，在试样周围可见一圈无菌落生长的透明环。较大的抑菌宽度说明试样中含有大量的抑菌活性物质，但也可能显示该试样中所含的抑菌剂与试样表面结合能力较弱。③ 试样与琼脂接触区域无菌落生长且抑菌圈宽度为0：此时，试样周围无透明环。该种情况可能是由于试样中所含的活性抗菌物质扩散率低导致的。即使没有抑菌圈，只要试样与琼脂接触面无菌落生长，同样显示试样抗菌效果良好。④ 菌落微弱生长：无抑菌圈，试样接触区域只有零星极少数菌落生长，菌落生长受到明显抑制。该种情况表明试样有一定抗菌效果。⑤ 菌落生长变弱：无抑菌圈，与对照样相比试样接触区域菌落数量约减少一半或菌落直径变小。该种情况说明试样无明显抗菌效果。

（5）评价

当样品所有试样均满足表5－6中“抗菌效果良好”的要求时，认为该样品具有抗菌效果。

当样品对于某种菌的抗菌性能测试满足表5－6中“抗菌效果良好”的要求时，认为该样品对该种菌具有抗菌效果。

当样品对某种菌的抗菌性能满足表5－6中“有一定抗菌效果”的要求时，认为该样品对该种菌有一定抗菌效果。

当样品对某种菌的抗菌性能某种表5－6中“无明显抗菌效果”的要求时，认为该样品对该种菌无明显抗菌效果。

5.23.7　注意事项

（1）若菌悬液的浓度过低，接种菌量少，抑菌圈则增大；浓度过高，接种量过多，抑菌圈则变小，因此需准确培养营养肉汤中的试验菌，也可用无菌蒸馏水稀释营养肉汤，调节培养后菌浓度为（$1\times10^{8}\sim5\times10^{8}$）CFU/mL，作为试验菌液，可采用分光光度计或适当的方法测定菌液浓度。

（2）本方法是利用在琼脂培养基上接种试验菌，再紧贴试样，经培养后量取无菌区的晕圈大小，操作较简单，时间短，但抑菌圈的宽度仅代表扩散性和抗菌效力，不能作为抗菌活力的定量评定，一般仅适于溶出性抗菌剂。

（3）按照《中国药典》规定，菌种的传代次数不得超过 5 代，所以需严格控制菌种的传代次数，以保证实验准确可靠。

6 化学性能及有害物质检测

6.1 皮革 pH 值

6.1.1 依据与适用范围

皮革 pH 值测定方法依据 QB/T 2724—2005《皮革 化学试验 pH 的测定》，适用于各种皮革产品及其制品的检测。

6.1.2 仪器设备

（1）振荡器。① 振荡频率在（0～100）r/min 范围内可调。② 带有时间控制装置，调节范围为（0～6）h。

（2）pH 计。测量范围为（0～14）pH 单位，分度值为 0.01pH 单位。

（3）天平。精确到 0.05g。

（4）剪刀。用于剪切皮革及其制品。

（5）计时器。秒表，分度值不小于 1s。

（6）温度计。分刻度为 1℃。

（7）广口烧瓶。规格为 100mL，带有密封瓶塞。

（8）量筒。规格为 100mL，分度值为 1mL。

（9）容量瓶。规格为 100mL。

（10）移液管。规格为 10mL。

（11）试剂。① 蒸馏水或去离子水。符合实验室三级水的规定，pH 为 6～7，在 20℃时导电性不大于 2×10^{-6}S/cm，保存在经过沸煮的低碱性的玻璃容器中。② 缓冲溶液。用于校正电极系统，可选用成套缓冲剂（pH 分别为 4，7，9）的 pH 值标准配置溶液。

6.1.3 试样要求

（1）除去样品上面沾有的胶水等附着物。

（2）将样品剪切成条形，宽约 10mm，然后在温度为（20±2）℃、相对湿度为（65±5）% 的条件下调节 24h。

6.1.4 检测准备

（1）把已处理干净的样品用剪刀剪成约 3mm×3mm 的碎片，所需试样总量应不少于 12g，将试样混匀，装入清洁的试样瓶内待测。

（2）调节振荡器的振荡频率为（50±10）r/min，时间设定为 6h。

（3）调节试验环境温度为（20±2）℃、相对湿度为（40～70）%。

（4）检查天平是否处在水平状态，并调准水平点。

6.1.5 检测步骤

（1）用天平称取试样（5 ±0.1）g，称取两份，分别放入两个广口烧瓶中。

（2）在广口烧瓶中加入温度为（20 ±2）℃的（100 ±1）mL 的蒸馏水或去离子水，用手充分振摇约 30s，使试样均匀湿润，然后在振荡器上振荡 6h。在转移萃取液前让萃取物沉降。如果从悬浮液中将萃取液转移出来比较困难，可以用洁净、干燥、无吸附的筛网（如尼龙布或粗糙的多孔玻璃过滤器）进行过滤，或者进行离心分离。

（3）分别用两种缓冲溶液对 pH 计进行校正。pH 计校正后，这两种缓冲溶液的 pH 读数与正确读数相差在 0.02pH 单位之内。

（4）将萃取液的温度调节到（20 ±1）℃。用 pH 计测定萃取液的 pH，读数达到稳定时立刻读取 pH，精确到 0.01pH 单位，并做好记录。应在电极浸入萃取液中（30 ~60）s 内读取读数。

（5）如果 pH 低于 4 或高于 10，应测定稀释差。使用移液管将 10mL 萃取液转移到 100mL 容量瓶中，加蒸馏水或去离子水稀释至刻度，然后测定 pH。

6.1.6 检测结果与处理

（1）以两个试样 pH 的算术平均值表示试验结果，精确到 0.01pH 单位。

（2）如果 pH 低于 4 或高于 10，记录稀释差。

（3）详细描述在试验过程中出现的任何偏差。

6.1.7 注意事项

（1）含有较多油脂的皮革的水萃取液有时会将电极弄脏，在这种情况下应该使用脱脂棉蘸上丙酮或乙醇轻轻擦拭薄膜。清洗电极之后，应将盛有氯化钾溶液的盛液套装回电极的头部，或根据电极维护说明进行操作。

（2）全部玻璃仪器应使用低碱性的玻璃制成。在使用前，使用蒸馏水做空白试验。在试验前后，蒸馏水的 pH 应在 6 ~7，20℃时的导电性应在不大于 2×10^{-6}S/cm 范围内。推荐使用聚乙烯和硼硅玻璃。

（3）缓冲溶液的存放时间取决于其组成和使用方法。已使用过的缓冲溶液应弃去。

（4）每次测定前，电极系统应该用缓冲溶液进行校正。

（5）在每次测定 pH 前，应用待测液约 20mL 冲洗电极，然后测定 pH，减少交叉污染。

6.2 衬里 pH 值

6.2.1 依据与适用范围

衬里 pH 值检测方法依据 GB/T 7573—2009《纺织品　水萃取液 pH 值的测定》，适用于鞋类中各种纺织衬里与内垫的检测。

6.2.2 仪器设备

（1）振荡器。① 振荡频率在（0 ~100）r/min 范围内可调。② 带有时间控制装置，调节范围为（0 ~6）h。

（2）pH 计。测量范围为（0 ~14）pH 单位，分度值为 0.01pH 单位。

（3）天平。分度值为0.01g。

（4）剪刀。用于剪切样品。

（5）计时器。秒表，分度值不小于1s。

（6）温度计。分度值为1℃。

（7）广口烧瓶。规格为250mL，带有密封瓶塞。

（8）烧杯。规格为150mL。

（9）量筒。规格为100mL，分度值为1mL。

（10）容量瓶。规格为1L，A级。

（11）移液管。规格为10mL。

（12）试剂。① 蒸馏水或去离子水。符合实验室三级水的规定，pH为5.0~7.5，保存在经过沸煮的低碱性的玻璃容器中。② 氯化钾溶液，0.1mol/L。③ 缓冲溶液。用于校正电极系统，可选用成套缓冲剂（pH分别为4、7、9）的pH值标准配置溶液。

6.2.3 试样要求

（1）除去样品上面沾有的胶水等附着物。

（2）将样品剪切成5mm×5mm的碎片，然后在温度为（20±2）℃和相对湿度为（65±5）%的条件下调节24h。

6.2.4 检测准备

（1）把已处理干净的样品分成3份，每份重量为（2.00±0.05）g，装入清洁的试样瓶内待测。

（2）调节振荡器的振荡频率为（50±10）r/min，时间设定为6h±5min。

（3）调节试验环境温度为（20±2）℃、相对湿度为（40~70）%。

（4）检查天平是否处在水平状态，并调准水平点。

6.2.5 检测步骤

（1）用天平称取试样（2.00±0.05）g，称取3份，分别放入3个广口烧瓶中。

（2）在广口烧瓶中加入温度为（20±2）℃的（100±1）mL的水或氯化钾溶液，用手充分振摇约30s，使试样均匀湿润，然后在振荡器上振荡6h±5min。记录萃取液的温度。

（3）在转移萃取液前让萃取物沉降。如果从悬浮液中将萃取液转移出来比较困难，可以用洁净、干燥、无吸附的筛网（如尼龙布或粗糙的多孔玻璃过滤器）进行过滤，或者进行离心分离。

（4）分别用两种缓冲溶液对pH计进行校正，把电极浸没到同一萃取液（水或氯化钾溶液）中数次，直到pH示值稳定。

（5）将第一份萃取液倒入烧杯，迅速把电极浸没到液面下15mm的深度，用玻璃棒轻轻地搅拌溶液直到pH示值稳定。

（6）将第二份萃取液倒入另一个烧杯，迅速把电极（不用清洗）浸没到液面下15mm的深度，静置直到pH示值稳定，并记录pH值。

（7）将第三份萃取液倒入另一个烧杯，迅速把电极（不用清洗）浸没到液面下15mm的深度，静置直到pH示值稳定，并记录pH值。

（8）如果pH低于4或高于10，应测定稀释差。使用移液管将10mL萃取液转移到

100mL 容量瓶中，加稀释至刻度，然后测定 pH 值。

6.2.6 检测结果与处理

（1）以第二份萃取液和第三份萃取液的 pH 的算术平均值表示试验结果，精确到 0.1pH 单位。

（2）如果第二份萃取液与第三份萃取液的 pH 的差大于 0.2，则另取其他试样重新测试。

（3）如果 pH 低于 4 或高于 10，记录稀释差。

（4）记录使用萃取介质的名称（水或氯化钾溶液），以及萃取介质的 pH 和温度。

（5）详细描述在试验过程中出现的任何偏差。

6.2.7 注意事项

（1）每次清洗电极之后，应将盛有氯化钾溶液的盛液套装回电极的头部，或根据电极维护说明操作。

（2）全部玻璃仪器应使用低碱性的玻璃制成。在使用前，使用蒸馏水做空白试验。在试验前后蒸馏水的 pH 应为 5.0 ~ 7.5。推荐使用聚乙烯和硼硅玻璃。

（3）缓冲溶液的存放时间取决于其组成和使用方法，已使用过的缓冲溶液应弃去。

（4）每次测定前，电极系统应该用缓冲溶液进行校正。

6.3 挥 发 物

6.3.1 依据与适用范围

挥发物检测方法依据 QB/T 2717—2005《皮革　化学试验　挥发物的测定》和 QB/T 1273—2012《毛皮　化学试验　挥发物的测定》，适用于各类皮革、毛皮的检测。

原理：将切割好的皮革试样在 (102 ± 2)℃的烘箱内进行干燥，通过检查质量的变化测定挥发物的含量。

6.3.2 仪器设备

（1）浅口平底称量瓶。带有磨口玻璃塞，或者平底开口盘。

（2）烘箱。① 有强制的加热循环系统。② 加热温度在室温至 120℃范围内可调，具有控制装置。③ 控温精度为 ±2℃。

（3）天平。分度值为 0.001g。

（4）干燥器

6.3.3 试样要求

（1）除去样品上面沾有的胶水等附着物。

（2）将样品剪切成条形，宽约 10mm，然后在温度为 (20 ± 2)℃，相对湿度为 (65 ± 5)% 的条件下至少 24h。

6.3.4 检测准备

（1）调节试验环境温度为 (25 ± 5)℃，相对湿度为 (40 ~ 70)%。

（2）把已处理干净的样品用剪刀剪成约 3mm × 3mm 的碎片，所需试样总量应不少于

15g，将试样混匀，装入清洁的试样瓶内待测。

（3）检查天平是否处在水平状态，并调准水平点。

（4）烘箱调至102℃预热。

6.3.5　检测步骤

（1）对空的、干燥过的称量瓶进行称量，精确到0.001g。

（2）称取3g试样，精确到0.001g，放入称量瓶中，在（102±2）℃的烘箱中干燥5h。

（3）取出称量瓶，在干燥器中冷却30min，然后称重。重复干燥（1h）、冷却和称重，直到质量的减少小于3mg（即试样质量的0.1%），或总的干燥时间达到8h。

6.3.6　检测结果与处理

（1）按公式（6－1）计算挥发物含量x，单位为%

$$x=\frac{m_1-(m_2-m_0)}{m_1}\times 100 \qquad (6-1)$$

式中：m_1——试样干燥前的质量，g；

m_2——恒重后试样与称量瓶总质量，g；

m_0——干燥瓶质量，g。

（2）两次平行试验的结果相差应不超过试样原始质量的2%。

（3）详细描述在检测过程中出现的任何偏差。

6.3.7　注意事项

（1）带有磨口玻璃塞的小称量瓶比开口盘有更好的密封性。

（2）如果使用开口盘进行冷却，小干燥器只能放入1个，大干燥器应不超过2个。

（3）烘干过程中，应将称量瓶盖倾斜微开，烘干中途不应打开烘箱，也不应与其他物品放在同一烘箱内干燥。

（4）称量应迅速，如果第一天烘干未能达到恒重，应将称量瓶盖紧，置于干燥器内过夜，次日应待烘箱温度升至102℃后再将称量瓶放入复烘。

（5）不能采用本方法测定皮革和毛皮内准确的水分含量，因为温度升高时其他挥发性物质也会挥发，鞣质和油脂会被氧化，部分吸收的水分在干燥后还会留在皮革内。

6.4　皮革甲醛含量

6.4.1　依据与适用范围

皮革甲醛含量检测方法依据GB/T 19941—2005《皮革和毛皮　化学试验　甲醛含量的测定》，适用于各种皮革产品及其制品的检测。

原理：通过液相色谱从其他醛和酮类中分离出萃取液中游离的和溶于水的甲醛，进行测定和定量。本方法具有选择性，在40℃条件下萃取试样，萃取液同二硝基苯肼混合，醛和酮与其反应产生各自的腙，通过反相色谱法分离，在350nm处测定和量化。

6.4.2　仪器设备

（1）带有玻璃纤维的过滤器，GF8（或玻璃过滤器G3，直径为70mm～100mm）。

（2）水浴振荡器。① 振荡频率在（0～100）r/min 范围内可调。② 带有时间控制装置，调节范围为（0～2）h。③ 带温度加热装置，调节范围为室温至 100℃。④ 控制精度为 ±0.5℃。

（3）温度计。温度范围为（20～50）℃，最小刻度为 0.1℃。

（4）液相色谱系统（HPLC）。具有紫外检测器（UV），波长为 350nm。

（5）聚酰胺过滤膜。0.45μm。

（6）天平。分度值为 0.1mg。

（7）棕色容量瓶。规格为 10mL。

（8）锥形瓶。规格为 100mL。

（9）量筒。规格为 50mL。

（10）移液管。规格为 1mL、5mL。

（11）针式过滤器

（12）试剂

除非另有规定，所用水均为分析实验室用水规格中的三级水或相当纯度的水，所用试剂均为分析纯试剂。

① 十二烷基磺酸钠溶液，0.1%（1g 十二烷基磺酸钠溶于 1000mL 水中）。

② 0.3% 二硝基苯肼磷酸溶液。

③ 乙腈，色谱纯。

④ 甲醛标准溶液，10mg/mL。

⑤ 甲醛储备溶液，100μg/mL。吸取 100uL 甲醛标准溶液到 10mL 的容量瓶中，用水定容。3 个月后重新配制。

6.4.3 试样要求

（1）除去样品上面沾有的胶水等附着物。

（2）将样品剪切成条形，宽约 10mm，然后在温度为（20±2）℃、相对湿度为（65±5）% 的条件下调节 24h。

6.4.4 检测准备

（1）把已处理干净的样品用剪刀剪成约 3mm×3mm 的碎片，所需试样总量应不少于 5g，将试样混匀，装入清洁的试样瓶内待测。

（2）调节振荡器的温度为（40±0.5）℃，时间设定为 60min。

（3）调节试验环境为温度为（25±5）℃，相对湿度为（40～70）%。

（4）检查天平是否处在水平状态，并调准水平点。

6.4.5 检测步骤

（1）萃取。称取试样 2g（精确到 0.1mg），装入 100mL 锥形瓶中，加入 50mL 已预热到 40℃的十二烷基磺酸钠溶液，盖紧塞子，在（40±0.5）℃的水浴中轻轻振荡（60±2）min。温热的萃取液立即通过真空玻璃纤维过滤器过滤到锥形瓶中，将锥形瓶密闭，滤液冷却至室温（18～26）℃。

（2）与二硝基苯肼（DNPH）反应。将 4.0mL 乙腈、5.0mL 过滤后的萃取液和 0.5mL 0.3% 二硝基苯肼磷酸溶液依次移入 10mL 的容量瓶中，用蒸馏水稀释到刻度，充分摇匀，放置 60min，但最多不能超过 180min，经过滤膜过滤，然后用液相色谱测定。如果样液浓度超出标准曲线范围，应调整试样的称量质量。

（3）色谱（HPLC）条件

流速　　　1.0mL/min

流动相　　乙腈：水 =60：40

色谱柱　　ZORBAXEclipseXDB – C18 4.6mm × 150mm × 5μm，或相当者

检测波长　350nm

注射体积　20μL

（4）甲醛标准曲线配制。取 7 个 10mL 容量瓶，各加入 4mL 乙腈，然后分别加入 20μL、40μL、100μL、200μL、300μL、400μL、500μL 的甲醛储备溶液，立即加入 0.5mL 的 DNPH 溶液，摇匀，用蒸馏水稀释至刻度，摇匀，放置 60min，但最多不能超过 180min，用滤膜过滤后进行色谱测定，根据甲醛的峰面积与浓度的对应关系，绘制标准曲线。

6.4.6　检测结果与处理

（1）按公式（6 – 2）计算样品中的甲醛含量 C_F，单位为 mg/kg，精确到 0.1mg/kg

$$C_F = \frac{C_S \times V_1 \times V_3}{m \times V_2} \tag{6-2}$$

式中，C_S 为从标准曲线中查得的甲醛含量，μg/mL；V_1 为萃取液的体积，mL；V_2 为移取过滤后萃取液的体积，mL；V_3 为最后定容体积，mL；m 为试样质量，g。

（2）在重复性条件下获得的两次独立测定结果的绝对差值不得超过算术平均值的 10% 。

（3）本方法的检出限为 5.0mg/kg。

6.4.7　注意事项

（1）萃取液过滤时，试样/溶液比例不能改变，萃取和分析应在当日完成。过滤之后溶液最好密封放置冷却。

（2）如果样液浓度超过标准曲线的范围，应调整试样的称样量，但不能少于 1g，以免样品太少而不具备代表性。可通过减少移取萃取液的体积来满足标准曲线的范围。

（3）暴露于空气中时，样品中的甲醛含量会降低。因此，取样后剪样和称量要及时，最好当天同时完成，或者装在密封的容器中保存。

（4）本方法采用的是紫外检测器，如果有条件，建议采用二极管阵列检测器（DAD），有利于更加准确地定性。

6.5　衬里甲醛含量

6.5.1　依据与适用范围

衬里甲醛含量检测方法依据 GB/T 2912.1—2009《纺织品　甲醛的测定　第 1 部分：游离和水解的甲醛（水萃取法）》，适用于鞋类中各种纺织的衬里与内垫的检测。

原理：试样在 40℃ 的水浴中萃取一定时间，萃取液用乙酰丙酮显色后，在 412nm 波长下，用分光光度计测定显色液中甲醛的吸光度，对照标准甲醛工作曲线，计算出样品中游离甲醛的含量。

6.5.2 仪器设备

（1）分光光度计。波长为412nm。

（2）水浴振荡器。① 振荡频率在（0～100）r/min 范围内可调。② 带有时间控制装置，调节范围为（0～2）h。③ 带温度加热装置，调节范围为室温至100℃。④ 控温精度为±1℃。

（3）温度计。温度范围为（20～50）℃，分度值为0.1℃。

（4）2号玻璃漏斗式滤器

（5）具塞试管及试管架

（6）天平。精确到0.1mg。

（7）容量瓶。规格为50mL、250mL、500mL、1000mL。

（8）具塞三角烧瓶。规格为250mL。

（9）量筒。规格为10mL、50mL。

（10）移液管。规格为1mL、5mL、10mL、25mL。

（11）试剂

除非另有规定，所用水均为分析实验室用水规格中的三级水或相当纯度的水，所用试剂均为分析纯试剂。

① 乙酰丙酮试剂。在1000mL 容量瓶中加入150g 乙酸铵，用800mL 水溶解，然后加3mL 冰乙酸和2mL 乙酰丙酮，用水稀释至刻度，用棕色瓶储存。使用前必须储存12h，有效期为6周，每星期应作一校正曲线与标准曲线校对。

② 双甲酮的乙醇溶液。1g 双甲酮（二甲基－二羟基－间苯二酚或5，5－二甲基环已烷－1，3－二酮），用乙醇溶液并稀释至100mL。现用现配。

③ 甲醛原液约1500μg/mL，3.8mL 甲醛溶液用水稀释至1L，需标定。

④ 甲醛标准溶液，75mg/L。将约5mL 甲醛原液加入500mL 容量瓶中，用水稀释至刻度，校正甲醛标准溶液为75mg/L。或直接采购。

6.5.3 试样要求

（1）除去样品上面沾有的胶水等附着物。

（2）测试前样品密封保存。

6.5.4 检测准备

（1）把已处理干净的样品用剪刀剪成约3mm×3mm 的碎片，所需试样总量应不少于10g，将试样混匀，装入清洁的试样瓶内待测。

（2）调节振荡器的温度为（40±2）℃，时间设定为（60±5）min。

（3）调节试验环境为温度为（25±5）℃，相对湿度为（40～70）%。

（4）检查天平是否处在水平状态，并调准水平点。

（5）分光光度计开机预热30min，并确保波长已调至412nm。

6.5.5 检测步骤

（1）萃取。从样品上取两块试样剪碎，称取两份试样各（2.5±0.01）g。将每个试样放入250mL 具塞三角烧瓶中，各加入100mL 水，盖紧盖子，放入（40±2）℃水浴振荡（60±5）min，取出，过滤至烧杯中，供分析用。

（2）标准甲醛校正溶液。分别吸取标准溶液 1mL、2mL、5mL、10mL、15mL、20mL、30mL 加入 100mL 容量瓶中，用水稀释至刻度。

（3）比色。用单标移液管各吸取 5mL 过滤后的样品溶液分别放入一试管，并各吸取 5mL 标准甲醛校正溶液分别放入试管中，各加入 5mL 乙酰丙酮，摇动。把试管放入（40 ± 2）℃水浴中显色（30 ± 5）min，然后取出在常温下避光放置（30 ± 5）min，用 5mL 蒸馏水加等体积的乙酰丙酮作空白对照，用 10mm 的比色皿在分光光度计 412nm 波长处测定吸光度。

（4）标准曲线的绘制。根据标准甲醛校正溶液得出的吸光度，得出工作曲线 $y = a + bx$。

6.5.6　检测结果与处理

（1）按公式（6－3）计算校正样品的吸光度 A

$$A = A_s - A_b - (A_d) \tag{6-3}$$

式中：A_s——试验样品中测得的吸光度；

A_b——空白试剂中测得的吸光度；

A_d——空白样品中测得的吸光度（仅用于变色或沾污的情况下）。

（2）用校正后的吸光度数值，通过工作曲线查出甲醛含量，用 μg/mL 表示。按公式（6－4）计算从织物样品中萃取的甲醛含量 F，单位为 mg/kg

$$F = \frac{c \times V}{m} \tag{6-4}$$

式中：c——工作曲线上的萃取液中的甲醛浓度，μg/mL；

m——试样的质量，g；

V——萃取液体积，mL。

（3）本方法检出游离甲醛含量范围为 20mg/kg～3500mg/kg，检出限为 20mg/kg。

6.5.7　注意事项

（1）萃取和分析应在当日完成，过滤之后的溶液最好密封放置冷却。

（2）暴露于空气中时，样品中的甲醛含量会降低，因此，取样后剪样和称量要及时，最好当天同时完成，或者装在密封的容器中保存。样品不要进行调湿，预调湿可能影响样品中的甲醛含量。

（3）如果样品溶液颜色偏深，则取 5mL 样品溶液于另一试管，用 5mL 蒸馏水替代 5mL 乙酰丙酮，把试管放入（40 ± 2）℃水浴中显色（30 ± 5）min，然后取出在常温下避光放置（30 ± 5）min，用水作空白对照，用 10mm 的比色皿在分光光度计 412nm 波长处测定吸光度。

（4）如果怀疑吸光值不是来自甲醛而是由样品溶液的颜色产生的，用双甲酮进行一次确认试验。双甲酮会与甲醛产生反应，使因甲醛反应而产生的颜色消失。

（5）双甲酮确认试验方法。取 5mL 样品溶液放入一试管（如果颜色太深可以进行稀释），加入 1mL 双甲酮乙醇溶液并摇动，把溶液放入（40 ± 2）℃水浴中显色（10 ± 1）min，加入 5mL 乙酰丙酮试剂摇动，继续把试管放入（40 ± 2）℃水浴中显色（30 ± 5）min，然后取出在常温下避光放置（30 ± 5）min，对照溶液用水而不是样品萃取液，用 10mm 的比色皿在分光光度计 412nm 波长处测定吸光度。来自样品中的甲醛在 412nm 的吸光度将消失。

（6）若检测结果出现异议，应采用调湿后的试样质量计算校正系数，校正试样的质量。

6.6 水溶物含量

6.6.1 依据与适用范围

水溶物含量检测方法依据 GB/T 3903.30—2008/ISO 20869：2001《鞋类　外底、内底、衬里和内垫试验方法水溶物含量》，适用于各种鞋类用外底、内底、衬里和内垫的检测。

6.6.2 仪器设备

（1）(650～750)mL 广口烧瓶和与之配套的玻璃塞或橡皮塞。

（2）凹槽过滤器。直径为 185mm。

（3）量筒。规格为 500mL。

（4）移液管。规格为 50mL。

（5）蒸发皿。平底，规格为 50mL。

（6）干燥器

（7）漏斗

（8）锥形烧瓶。规格为 300mL。

（9）振荡器。振荡频率为（50±10）r/min。

（10）天平。分度值为 0.1mg。

（11）烘箱。① 加热温度在室温至 250℃ 范围内可调，具有控制装置。② 控温精度为±2℃。

（12）水浴装置

（13）马弗炉。① 加热温度最高可至 1200℃，具有控制装置。② 控温精度为±10℃。

（14）索氏抽提器

（15）蒸发皿

（16）试剂

除非另有规定，所用水均为分析实验室用水规格中的三级水或相当纯度的水，所用试剂均为分析纯试剂。

① 硫酸，1mol/L。

② 二氯甲烷。

6.6.3 试样要求

（1）将试样用剪刀剪成约 3mm×3mm 的碎片，称取 10g，用二氯甲烷在索氏抽提器至少回流萃取 30 次。

（2）在测试前将试样放置在温度为（23±2)℃、相对湿度为（50±5)% 的环境条件下至少 24h。

（3）至少需要 2 个试样。

6.6.4 检测准备

（1）调节试验环境温度为（23±2)℃、相对湿度为（50±5)%。

（2）设定马弗炉温度为（800±10)℃。

（3）开启烘箱，调节温度为（102±2)℃。

（4）检查天平是否处在水平状态，并调准水平点。

6.6.5 检测步骤

（1）将已进行环境调节和用二氯甲烷萃取过的10g 磨碎材料同500mL 的蒸馏水一起放置于广口烧瓶中，温度为（23 ±2）℃，进行机械振荡，振荡频率为（50 ±10）r/min，时间为2h。

（2）用槽状过滤器过滤烧瓶中的物质，直至溶液清透。倒掉最初的50mL 的过滤物质。测定随后的50mL 过滤物质中有机物质和无机物质的含量。

（3）将蒸发皿置于马弗炉中加热到（800 ±10）℃，取出，置于（102 ±2）℃的烘箱内大约干燥2h。在干燥器中冷却半小时，迅速称量。准确量取50mL 滤液置于此蒸发皿中，在水浴锅中蒸发至干，然后置于干燥器中，干燥器中最多放置2 个蒸发皿。重复干燥过程直到每次质量的减少量小于2mg，但总时间不能超过8h。

（4）用几滴1mol/L 的硫酸将上述所得的蒸发皿中的残留物质充分浸湿，用低火焰使之冒烟，直到看不到硫酸烟。最好是在马弗炉中用（800 ±10）℃的温度加热15min，加热至红，移置马弗炉口，冷却20min 左右。置于干燥器中冷却半小时，迅速称量，重复加酸、加热和称量步骤直到残留物质的质量稳定。

6.6.6 检测结果与处理

（1）总水溶性物质的含量。按公式（6 –5）计算总水溶性物质的含量 w_1，单位为 %

$$w_1 = \frac{m_1 \times 10 \times 100}{m} \tag{6-5}$$

式中：m_1——干残留物质的质量，g；

m——材料的原始质量，g。

（2）水溶性物质的硫酸灰分含量。按公式（6 –6）计算水溶性物质的硫酸灰分含量 w_2，单位为 %

$$w_2 = \frac{m_2 \times 10 \times 100}{m} \tag{6-6}$$

式中：m_2——燃烧后获得的硫酸灰分的质量，g。

（3）水溶性有机物质含量为总水溶性物质减去水溶性物质的硫酸灰分含量的值，取两次试验的算术平均值。

6.6.7 注意事项

（1）为保证检测数据的准确，每次冷却后称量速度要快，防止吸潮增加重量。

（2）如果水溶性无机物质的含量小于2.0%，则应使用100mL 或200mL 的整数体积的滤液。

6.7 六价铬含量

6.7.1 依据与适用范围

六价铬含量检测方法依据 GB/T 22807—2008《皮革和毛皮　化学试验　六价铬含量的

测定》，适用于各类皮革产品及其制品的检测。

原理：用 pH 值在 7.5 ~8.0 之间的磷酸盐缓冲液萃取试样中的可溶性六价铬，需要时，可用脱色剂除去对试验有干扰的物质。滤液中的六价铬在酸性条件下与 1,5 - 二苯卡巴肼反应，生产紫红色络合物，用分光光度法在 540mm 处测定。

6.7.2 仪器设备

（1）天平。分度值为 0.1mg。

（2）天平。分度值为 1mg。

（3）机械振荡器。做水平环行振荡，频率在（50 ~150）次/min 范围内可调。

（4）锥形瓶。规格为 250mL，具磨口塞。

（5）导气管和流量计

（6）带玻璃电极的 pH 计。分度值为 0.1 单位。

（7）容量瓶。规格为 25mL。

（8）移液管。规格为 0.5mL、1.0mL、2.0mL、5.0mL、10.0mL。

（9）分光光度计或滤光光度计。波长为 540nm。

（10）石英比色皿。厚度为 2cm，或其他厚度合适的比色皿。

（11）脱色柱。玻璃或聚丙烯小柱，内径约为 3cm，装有适当的脱色剂，如 PA 脱色剂（约 4g）。

（12）试剂

除非另有规定，所用水均为分析实验室用水规格中的三级水或相当纯度的水，所用试剂均为分析纯试剂。

① 磷酸氢二钾缓冲液（$K_2HPO_4 \cdot 3H_2O$），0.1mol/L。将 22.8g 磷酸氢二钾溶解在 1000mL 蒸馏水中，用磷酸将 pH 值调至（8.0 ±0.1），再用氩气或氮气排出空气。

② 1,5 - 二苯卡巴肼溶液。称取 1,5 - 二苯卡巴肼 1.0g，溶解在 100mL 丙酮中，加一滴乙酸，使其呈酸性。

③ 重铬酸钾（$K_2Cr_2O_7$）标准品。在（102 ±2）℃下干燥（16 ±2）h。

④ 氩气（或氮气）。不含氧气，纯度至少为 99.998%。

⑤ 磷酸溶液。将浓度为 85%、密度为 1.71g/mL 的磷酸 700mL，用蒸馏水稀释至 1000mL。

6.7.3 试样要求

（1）除去样品上面沾有的胶水等附着物。

（2）将样品剪切成条形，宽约 10mm，然后，在温度为（20 ±2）℃、相对湿度为（65 ±5）% 的条件下调节 24h。

6.7.4 检测准备

（1）将机械振荡器的频率调节为 70 次/min。

（2）把已处理干净的样品用剪刀剪成约 3mm ×3mm 的碎片，所需试样总量应不少于 5g，将试样混匀，装入清洁的试样瓶内待测。

（3）六价铬标准储备液。称取 0.2829g 重铬酸钾（$K_2Cr_2O_7$），用蒸馏水溶解、转移、洗涤、定容到 1000mL 容量瓶中，每 1mL 该溶液中含有 0.1mg 铬。

（4）六价铬标准溶液。用移液管移取 10mL 六价铬标准储备液至 1000mL 容量瓶中，用磷酸氢二钾缓冲液稀释至刻度，每 1mL 该溶液中含有 1μg 铬。

（5）调节试验环境温度为（25 ± 5）℃，相对湿度为（40 ~ 70）% 。

（6）检查天平是否处在水平状态，并调准水平点。

6.7.5 检测步骤

（1）萃取。称取剪碎的试样（2 ± 0.01）g，精确到 0.001g。用移液管吸取 100mL 排去空气的磷酸氢二钾缓冲液，置于 250mL 锥型瓶中，插入导气管（导气管不得接触液面），往锥形瓶中通入不含氧气的氩气（或氮气），流量为（50 ± 10）mL/min，时间为 5min。加入试样，盖好磨口塞，放在振荡器上萃取 3h ± 5min。

萃取 3h 后，检查溶液的 pH 值，应在 7.5 ~ 8.0 之间。如果超出这一范围，则需要重新调整称样质量进行测定，一般应减少称样量。萃取结束后，立即将锥形瓶中的溶液通过玻璃小柱过滤至玻璃烧瓶中，并盖好瓶塞。

（2）测定萃取液中六价铬的含量。用移液管吸取所得的溶液 10mL，置于一个 25mL 容量瓶中，用磷酸氢二钾缓冲液稀释至该容量瓶容积的四分之三处。加入 0.5mL 磷酸溶液，然后再加入 0.5mL 二苯卡巴肼溶液，用缓冲液稀释至刻度并混匀。静止（15 ± 5）min，用 2cm 比色皿测量该溶液 540nm 处相对于空白溶液的吸光度，该吸光度记作 E_1。

同时，再用移液管吸取 10mL 所得溶液，置于另一个 25mL 容量瓶中。除不加 1,5 - 二苯卡巴肼溶液外，其余均按上述步骤操作，用相同方法测量吸光度，并记作 E_2。

（3）空白溶液。取一个 25mL 容量瓶，加入缓冲液至容量瓶的四分之三处，加入 0.5mL 磷酸溶液和 0.5mL 1,5 - 二苯卡巴肼溶液，用缓冲液稀释至刻度并混匀。该溶液应每天配制并置于黑暗处。

（4）校准

① 校准溶液应用六价铬标准溶液制备，校准溶液中铬的含量应覆盖测量的范围。

② 校准溶液配制在 25mL 容量瓶中。在 0.5mL ~ 15mL 标准溶液的范围，至少配制 6 个校准溶液（具体可参照 6.7.7（9）标准溶液的配置），绘制一条合适的校准曲线。将一定量的标准溶液用移液管分别移入几个 25mL 的容量瓶中，每个容量瓶中加入 0.5mL 磷酸溶液和 0.5mL 1,5 - 二苯卡巴肼溶液，用缓冲液稀释至刻度，摇匀，静置（15 ± 5）min。用与测量试样相同的比色皿测量校准溶液在 540nm 处相对于空白溶液的吸光度。以六价铬浓度为 X 轴，以吸光度为 Y 轴，制作校准曲线。

6.7.6 检测结果与处理

（1）六价铬含量的计算

按公式（6 - 7）计算样品中可溶性六价铬含量 w_{CrVI}（以样品实际质量计算），单位为 mg/kg。

$$w_{CrVI} = \frac{(E_1 - E_2) \times V_0 \times V_1}{A_1 \times m \times F} \qquad (6-7)$$

式中：E_1——加 1,5 - 二苯卡巴肼的试样溶液的吸光度；

E_2——不加 1,5 - 二苯卡巴肼的试样溶液的吸光度；

V_0——萃取液体积，mL；

V_1——稀释后的体积，mL；

A_1——试样萃取液移取的体积，mL；

m——试样的质量，g；

F——标准曲线斜率（Y/X），mL/μg。

（2）以绝干质量计算样品中六价铬含量的换算

按公式（6-8）计算出以绝干质量算出的样品中的六价铬含量 $w_{CrVI-dry}$，单位为mg/kg

$$w_{CrVI-dry} = w_{CrVI} \times \frac{100}{100-x} \tag{6-8}$$

式中：w_{CrVI}——样品中可溶性六价铬含量（以样品实际质量计算），单位为毫克每千克（mg/kg）；

x——按6.3节测得的样品中的挥发物含量，%。

（3）以两次平行试验结果的算术平均值作为试验结果，两次平行试验结果的差值与算术平均值之比应小于10%。

（4）本方法检出限为3mg/kg。

6.7.7 注意事项

（1）六价铬含量应注明是以样品实际质量为基准，还是以样品绝干质量计算结果为基准，用mg/kg表示，修约至0.1mg/kg。当发生争议或仲裁试验时，以绝干质量为准。挥发物用%表示，修约至0.1%。如果检测到的六价铬含量超过3mg/kg，应将测试溶液与标准溶液的紫外光谱相比较，以判定阳性结果是否是由干扰物质引起的。

（2）已配好的1,5-二苯卡巴肼溶液应保存在棕色瓶中，在4℃下遮光存放，有效期为14d。如果溶液出现明显变色（特别是粉红色），则不能再使用。

（3）最好用氩气代替氮气，因氩气相对密度大，开启时不易向外逸出；而氮气相对密度比空气小，容易逸出容器。

（4）萃取条件对本方法的试验结果有直接的影响，用不同的萃取条件（萃取剂、pH值、萃取时间等）得到的结果与本方法得到的结果没有可比性。

（5）萃取时适当调节振动器的频率，使悬浮在溶液中的试样做顺畅的圆周运动，应避免使试样粘附在液面上方的瓶壁上。

（6）多个实验室试验表明，2cm比色皿是最合适的。上述标准溶液是供2cm比色皿测试用的。在某些情况下，可能适合用更长或更短光程的比色皿，这时应注意确保校准曲线的范围在光度计的线性测量范围内。

（7）应进行回收率的测定，通常回收率大于80%。测定回收率的重要性在于表明试验步骤是否可行或基体效应是否影响检测结果。

（8）六价铬标准储备液建议直接采购浓度为100μg/mL的液体标准物质，这样可以减少实验误差。

（9）校准溶液配制举例，在0.5mL~15mL标准溶液的范围内，一般分别吸取0.5mL、1.00mL、2.00mL、5.00mL、10.00mL、15.00mL来配置标准溶液。如果需要也可以根据实际情况调整标准溶液浓度，但需注意其线性关系。

6.8　重金属含量

6.8.1　依据与适用范围

重金属含量检测方法依据 GB/T 22930—2008《皮革和毛皮　化学试验　重金属含量的测定》，适用于各类皮革及其制品的检测。

原理：① 重金属总量的测定。试样经微波消解后，将溶解液定容，用电感耦合等离子发射光谱（ICP - AES）法同时测定铅、镉、镍、铬、钴、铜、锑、砷、汞等重金属的浓度，计算出试样中重金属总量。② 重金属可萃取量的测定。试样经人造汗液萃取后，用电感耦合等离子发射光谱（ICP - AES）法同时测定萃取液中铅、镉、镍、铬、钴、铜、锑、砷、汞等重金属的浓度，计算出试样中重金属可萃取量。

6.8.2　仪器设备

（1）电感耦合等离子发射光谱仪（ICP - AES）

（2）微波消解仪。具有压力控制系统，配备聚四氟乙烯消化罐。

（3）可控温加热板。① 加热温度为室温以上至200℃。② 控温精度为 ±1℃。

（4）天平。分度值为0.1mg。

（5）机械振荡器。① 圆周运动，振荡频率（0～100）r/min 范围内可调。② 控制振荡频率在 ±5r/min。③ 加热温度在室温至100℃范围内可调，具有控制装置。④ 控制温度在 ±2℃。

（6）2 号砂芯漏斗

（7）具塞三角烧瓶。规格为100mL。

（8）容量瓶。规格为50mL、100mL。

（9）移液管。规格为1mL、2mL、5mL、10mL、25mL。

（10）量筒。规格为50mL。

（11）试剂

除非另有规定，在分析中仅使用确认为分析纯的试剂和实验室要求的二级水（可用多次蒸馏或离子交换等方法制取或选用原子吸收光谱分析用水）或相当纯度的水。

① 硝酸，优级纯。

② 过氧化氢，优级纯。

③ 酸性汗液，现配现用，酸液每升含：L - 组氨酸盐酸盐 - 水化合物（$C_6H_9O_2N_3 \cdot HCl \cdot H_2O$），0.5g；氯化钠（NaCl），5.0g；磷酸二氢钠二水合化合物（$NaH_2PO_4 \cdot 2H_2O$），2.2g。

用浓度为0.1mol/L 氢氧化钠溶液调节试液 pH 值至5.5 ±0.2。

④ 铅、镉、镍、铬、钴、铜、锑、砷、汞各重金属标准贮备溶液（标准物质，介质为 HCl 或 HNO_3），1000μg/mL。

⑤ 氩气，纯度大于等于99.9%。

6.8.3　试样要求

（1）除去样品上面沾有的胶水等附着物。

（2）将样品剪切成条形，宽约10mm，然后在温度为（20 ±2）℃和相对湿度为（65 ±

5)% 的条件下至少放置 24h。

6.8.4 检测准备

（1）把已处理干净的样品用剪刀剪成约 3mm×3mm 的碎片，所需试样总量在测重金属总量是应不少于 1.5g，测重金属可萃取量时应不少于 6g。将试样混匀，装入清洁的试样瓶内待测。

（2）调节试验环境温度为（25±5)℃，相对湿度为（40~70)%。

（3）检查天平是否处在水平状态，并调准水平点。

（4）调节机械振荡器的温度为 37℃、振荡频率为（60±5)min。

6.8.5 检测步骤

（1）重金属总量的测定

1）消解

① 称取约 0.5g 试样（精确到 0.1mg）置于聚四氟乙烯消化罐内，加入 1mL 过氧化氢和 4mL 硝酸，在可控温加热板上 140℃下加热 10min。冷却后盖上内盖，套上外罐，拧紧罐盖，放入微波消解仪中，消解至澄清。

② 消解完成后，消化罐在微波消解仪中冷却 10min~20min，然后取出消化罐，打开外盖和内盖。待冷却至室温后，将消解液转移到 25mL 容量瓶中，用蒸馏水洗涤消化罐，洗涤液合并至容量瓶中，用水定容至刻度，供电感耦合等离子发射光谱测定用。

2）空白试验。不加试样，用与处理试样相同的方法和等量的试剂做空白试验。

3）测定

① 将铅、镉、镍、铬、钴、铜、锑、砷、汞各重金属标准贮备溶液稀释至一系列合适浓度的标准工作溶液（具体可参照 6.8.7（3）中标准溶液的配置），用电感耦合等离子发射光谱仪在参考波长下同时测定铅、镉、镍、铬、钴、铜、锑、砷、汞等重金属的光谱强度，以光谱强度为纵坐标，重金属浓度为横坐标，制作标准工作曲线。

② 对以上所得的试样溶液和空白溶液分别用电感耦合等离子发射光谱仪在参考波长下测定铅、镉、镍、铬、钴、铜、锑、砷、汞等重金属的光谱强度，对照标准工作曲线计算各重金属的浓度。

4）仪器工作参考条件

① 辅助气流量为 0.5L/min。

② 泵速为 100r/min。

③ 积分时间：长波（>260nm)5s，短波（<260nm)10s。

④ 参考分析波长：铜 327.395nm，钴 238.892nm，镍 231.604nm，锑 206.834nm，镉 228.802nm，铬 205.560nm，铅 220.353nm，砷 193.696nm，汞 194.164nm。

（2）重金属可萃取量的测定

① 萃取。称取约 2.0g 试样（精确到 0.1mg），置于 100mL 具塞三角烧瓶中，准确加入 50mL 酸性汗液，盖上塞子后轻轻振荡，使样品充分湿润。然后，在机械振荡器上（37±2)℃下，振荡（60±5)min。萃取液用 2 号砂芯漏斗过滤。

② 空白试验。不加试样，用与处理试样相同的方法和等量的试剂做空白试验。

③ 测定。将所得的溶液按（1）中 3）的方法测定。

6.8.6 检测结果与处理

（1）重金属含量的计算

按公式（6－9）计算样品中的重金属含量 w_i，单位为 mg/kg

$$w_i = \frac{(c_i - c_{i0}) \times V}{m} \tag{6-9}$$

式中：c_i——由工作曲线计算出的试样溶液中重金属 i 的浓度，μg/mL；

c_{i0}——由工作曲线计算出的空白溶液中重金属 i 的浓度，μg/mL；

V——试样溶液的体积，mL；

m——试样称取的质量，g。

（2）以绝干质量计算的试样中重金属含量的换算

按公式（6－10）计算出以绝干试样中的重金属含量 $w_{i-\mathrm{dry}}$，单位为 mg/kg

$$w_{i-\mathrm{dry}} = w_i \times \frac{100}{100 - x} \tag{6-10}$$

式中：w_i——试样中的重金属 i 的含量（以试样实际质量计算）；

x——按 6.3 节测得的样品中的挥发物含量，%。

（3）两次平行试验结果的差值与算术平均值之比应不大于 10%，以两次平行试验结果的算术平均值作为试验结果。

（4）详细描述在检测过程中出现的任何偏差。

（5）各种金属总量及可萃取量的检测限见表 6－1。

表 6－1　检测限　　单位：mg/kg

元 素	Cu	Co	Ni	Sb	Cd	Cr	Pb	As	Hg
可萃取量	0.05	0.03	0.05	0.26	0.04	0.02	0.11	0.36	0.50
总量	0.17	0.06	0.07	0.38	0.07	0.09	0.27	0.86	0.64

6.8.7 注意事项

（1）重金属含量应注明是以试样实际质量为基准，还是以试样绝干质量计算为基准。用 mg/kg 表示，修约至 0.1mg/kg。当发生争议或仲裁试验时，以绝干质量为准。挥发物用 % 表示，修约至 0.1%。

（2）对样品中重金属含量（mg/kg），注明是总量还是可萃取量。

（3）标准溶液的配置要求

① 镍（Ni）标准溶液（100μg/mL）。吸取镍标准贮备液（1000μg/mL）10mL 于 100mL 容量瓶中，用超纯水定容至 100mL。

② 汞（Hg）标准溶液（100μg/mL）。吸取汞标准贮备液（1000μg/mL）10mL 于 100mL 容量瓶中，用超纯水定容至 100mL。

③ 镉（Cd）标准溶液（100μg/mL）。吸取镉标准贮备液（1000μg/mL）10mL 于 100mL 容量瓶中，用超纯水定容至 100mL。

④ 钴（Co）标准溶液（100μg/mL）。吸取钴标准贮备液（1000μg/mL）10mL 于 100mL 容量瓶中，用超纯水定容至 100mL。

（4）分别吸取4mL镍标准溶液（100μg/mL）、1mL汞标准溶液（100μg/mL）、1mL镉标准溶液（100μg/mL）、1mL铬标准贮备液（1000μg/mL）、2mL铜标准贮备液（1000μg/mL）、2mL铅标准贮备液（1000μg/mL）、1mL砷标准贮备液（1000μg/mL）、1mL锑标准贮备液（1000μg/mL）、2mL钴标准溶液（100μg/mL）于100mL容量瓶，用超纯水定容至100mL，配制成 Ni（4μg/mL）、Hg（1μg/mL）、Cd（1μg/mL）、Cr（10μg/mL）、Cu（20μg/mL）、Pb（20μg/mL）、As（10μg/mL）、Sb（10μg/mL）、Co（2μg/mL）的混标原液100mL。

（5）从混标原液中分别吸取1mL、5mL、25mL分别加入2mL硝酸（优级纯）用超纯水定容至100mL，配制成3个标准点。也可以根据实际需要配置5~6个标准点，绘成曲线。一般要注意配置成梯度状浓度曲线，如表6-2所示。

表6-2　各元素标准曲线的浓度

元素名称	浓度/(μg/mL)		
Ni	0.04	0.2	1
Hg	0.01	0.05	0.25
Cd	0.01	0.05	0.25
Cr	0.1	0.5	2.5
Cu	0.2	1	5
Pb	0.2	1	5
As	0.1	0.5	2.5
Sb	0.1	0.5	2.5
Co	0.02	0.1	0.5

（6）如果样品中的水分大于30%，样品先在不超过50℃的温度下进行干燥，后再进行调节处理。

6.9　皮革偶氮染料

6.9.1　依据与适用范围

皮革偶氮染料检测方法依据GB/T 19942—2005《皮革和毛皮　化学试验　禁用偶氮染料的测定》，适用于各种经过染色的皮革产品及其制品的检测。

原理：试样经过脱脂后置于一个密闭的容器，在70℃温度下，在缓冲液（pH6）中用连二亚硫酸钠处理，还原裂解产生的胺通过硅藻土柱的液-液萃取，提取到叔丁基甲基醚中，在温和的条件下，用真空旋转发器浓缩用于萃取的叔丁基甲基醚，并将残留物溶解在适当的溶剂中，利用测定胺的方法进行测定。

芳香胺的测定采用具有二极管阵列检测器的高效液相色谱（HPLC/DAD）、气相色谱/质谱检测器（MSD）。

芳香胺应通过至少两种色谱分离方法确认，以避免因干扰物质（例如同分异构体的芳香胺）产生的误解和不正确的表述。芳香胺的定量通过具有二极管阵列检测器的高效液相色谱（HPLC/DAD）来完成。

6.9.2 仪器设备

（1）液相色谱仪（带DAD检测器）

（2）气相质谱联用仪

（3）天平。分度值为0.1g

（4）玻璃反应器。耐高温，可密封，可采用比色管或顶空进样瓶。

（5）恒温水浴振荡器。有控温装置。振荡频率在（0～100）r/min范围内可调。带有时间控制装置，调节范围为（0～1）h。带温度加热装置，调节范围为室温至100℃，控温精度为±0.5℃。

（6）容量瓶。规格为10mL。

（7）量筒。规格为25mL、50mL。

（8）离心管。规格为5mL。

（9）提取柱。聚丙烯或玻璃柱，内径（25～30）mm，长（140～150）mm，末端装有多孔的、颗粒状硅藻土（约20g，轻击玻璃柱，使装填结实）。也可直接采购，但每一批次需做回收率实验，方可采用。

（10）真空旋转蒸发器

（11）移液管。规格为1mL、2mL、5mL、10mL。

（12）超声波浴。有控温装置。

（13）试剂

除非另有规定，所用水均为分析实验室用水规格中的三级水或相当纯度的水，所用试剂均为分析纯试剂。

① 甲醇。

② 叔丁基甲醚。

③ 连二亚硫酸钠，纯度≥87%。

④ 连二亚硫酸钠溶液，200mg/mL。用时新鲜配制。

⑤ 正己烷。

⑥ 芳香胺标准品，23种禁用芳香胺（见表6－3），最高纯度。

⑦ 芳香胺储备液，300μg/mL甲醇溶液，用于GC、HPLC。

⑧ 芳香胺标准溶液，30μg/mL，临用时从芳香胺储备液中制备。

⑨ 柠檬酸盐缓冲液，0.06mol/L，pH＝6。

⑩ 20%（W/V）氢氧化钠甲醇溶液，20g氢氧化钠溶于100mL甲醇中。

表6－3 23种有害芳香胺名称

序号	芳香胺名称	化学文摘编号
1	4－氨基联苯（4－Aminodiphenyl）	92－67－1
2	联苯胺（Benzidine）	92－87－5
3	4－氯邻甲苯胺（4－Chloro－o－toluidine）	95－69－2
4	2－萘胺（2－Naphthylamine）	91－59－8
5	邻氨基偶氮甲苯（2－Aminoazotoluene）	97－56－3

续表

序号	芳香胺名称	化学文摘编号
6	2－氨基－4－硝基甲苯（2－Amino－4－nitrotoluene）	99－55－8
7	对氯苯胺（p－Chloroaniline）	106－47－8
8	2,4－二氨基苯甲醚（2，4－Diaminoanisole）	615－05－4
9	4,4′－二氨基二苯甲烷（4，4′－Diaminodiphenylmethane）	101－77－9
10	3,3′－二氯联苯胺（3，3′－Dichlorobenzidine）	91－94－1
11	3,3′－二甲氧基联苯胺（3，3′－Dimethoxybenzidine）	119－90－4
12	3,3′－二甲基联苯胺（3，3′－Dimelhylbenzidine）	119－93－7
13	3,3′－二甲基－4，4′－二氨基二苯甲烷（3，3′－Dimethyl－4，4′－Diaminodiphenylmethane）	838－88－0
14	3－氨基对甲苯甲醚（p－克利酊）（p－Cresidine）	120－71－8
15	4,4′－次甲基－双－（2－氯苯胺）［4，4′－Methylene－bis－（2－Chloroaniline）］	101－14－4
16	4,4′－二氨基二苯醚（4，4′－Oxydianiline）	101－80－4
17	4,4′－二氨基二苯硫醚（4，4′－Thiodianiline）	139－65－1
18	邻甲苯胺（2－Toluidine）	95－53－4
19	2,4－二氨基甲苯（2，4－Toluylenediamine）	95－80－7
20	2,4，5－三甲基苯氨（2，4，5－Trimethylaniline）	137－17－7
21	邻甲氧基苯胺（邻氨基苯甲醚）（2－Anisidine）	90－04－0
22	2,4－二甲基苯胺（2，4－Xylidine）	95－68－1
23	2,6－二甲基苯胺（2，6－Xylidine）	87－62－7

注：裂解偶氮基能产生邻氨基偶氮甲苯（2－Aminoazotoluene）（CAS－No：97－56－3）和2－氨基－4－硝基甲苯（2－Amino－4－nitrotoluene）（CAS－No：99－55－8）的偶氮染料，在本方法中将被检测为邻甲苯胺和（或）2，4－二氨基甲苯。

6.9.3 试样要求

（1）除去样品上面沾有的胶水等附着物。

（2）将样品剪切成条形，宽约10mm，在温度为（20±2）℃和相对湿度为（65±5）%的条件下至少放置24h。

6.9.4 检测准备

（1）把已处理干净的样品用剪刀剪成约3mm×3mm的碎片，所需试样总量应不少于3g。将试样混匀，装入清洁的试样瓶内待测。

（2）将柠檬酸盐缓冲液（0.06mol/L）预加热至70℃。

（3）调节试验环境温度为（25±5）℃，相对湿度为（40～70）%。

（4）检查天平是否处在水平状态，并调准水平点。

6.9.5 检测步骤

（1）脱脂。称取剪碎的试样样品1.0g于50mL玻璃反应器中，加入20mL正己烷，盖上塞子，置于40℃的超声波浴中处理20min，滗掉正己烷（小心不要损失试样）。再用20mL正己烷按同样方法处理一次。脱脂后的试样在敞口的容器中放置过夜，挥干正己烷。

（2）还原裂解。在试样中加入17mL预热至（70±5）℃的缓冲液，盖上塞子，轻轻振摇使试样湿润，在通风柜中将其置于已预热到（70±2）℃的水浴中加热（25±5）min，反应器内部始终保持70℃。用移液管加入1.5mL连二亚硫酸钠溶液，保持70℃，加热10min；再加入1.5mL连二亚硫酸钠溶液，继续加热10min，取出。反应器用冷水尽快冷却至室温。

（3）液-液萃取。用一根玻璃棒将纤维物质尽量挤干，将全部反应溶液小心转移到硅藻土提取柱中，静止吸收15min。加入5mL叔丁基甲醚和1mL20%氢氧化钠甲醇溶液于留有试样的反应容器里，旋紧盖子，充分振摇后立即将溶液转移到提取柱中（若试样严重结块则用玻璃棒将其捣散）。分别用15mL、20mL叔丁基甲醚两次冲洗反应容器中和试样，每次洗涤后，将液体完全转移到硅藻土提取柱中开始洗提芳香胺，最后直接加40mL叔丁基甲醚到提取柱中，将洗提液收集到100mL圆底烧瓶中。在不高于50℃的真空旋转蒸发器中将叔丁基甲醚浓缩至近1mL（不要全干），把叔丁基甲醚转移到离心管中用惰性气体（氮气）流缓慢吹干，用甲醇定容至1mL，该溶液用于仪器分析。

（4）色谱条件

1）高效液相色谱仪参考色谱条件（HPLC）

① 流动相A，甲醇。

② 流动相B，0.575g磷酸二氢胺+0.7g磷酸氢二钠，溶于1000mL水中，pH=6.9。

③ 色谱柱。ODS-C18（250mm×4.6mm×5μm），或相当者。

④ 柱温为40℃。

⑤ 流速为0.8mL/min～1.0mL/min。

⑥ 梯度。起始用15%流动相A和85%流动相B，在45min内线性转变为80%流动相A和20%流动相B，保持5min。

⑦ 进样量为10μL。

⑧ 检测器，DAD 240nm，280nm，305nm。

2）气相质谱联用仪参考色谱条件（GC/MS）

① 色谱柱。DB-5MS，30m×0.25mm×0.25μm，或相当者。

② 进样模式不分流进样。

③ 气相/质谱转接口温度为280℃。

④ 进样口温度为250℃。

⑤ 程序升温为70℃，保持2min；以10℃/min的速率升温至280℃，保持5min。

⑥ 检测器MSD，扫描（45～300）amu。

⑦ 载气，纯度≥99.999%氦气，恒流模式，流速为1.2mL/min。

⑧ 进样量为1.0μL。

⑨ 离子源为EI源，电离能量为70eV。

⑩ 四级杆温度为150℃。

⑪ 离子源温度为230℃。

⑫ 溶剂延迟3min。

6.9.6 检测结果与处理

（1）样品中芳香胺的含量 W 按公式（6－11）计算，单位为mg/kg

$$W=\frac{A\times C\times V}{A_{std}\times m} \tag{6-11}$$

式中：A——样品测试溶液中某一芳香胺的峰面积；

A_{std}——标准溶液中某一芳香胺的峰面积；

C——标准溶液中某一芳香胺的浓度，μg/mL；

V——最终定容体积，mL；

m——试样质量，g。

（2）在重复性条件下获得的两次独立测定结果的绝对差值不得超过算术平均值的10%。

（3）对于测量的结果，当芳香胺组分含量≤30mg/kg时，说明不能测出能释放出所列芳香胺的偶氮染料；芳香胺组分含量>30mg/kg时，报告中应说明该皮革在生产和处理过程中使用了禁用偶氮染料；如果4－氨基联苯和（或）2－萘胺的含量超过30mg/kg，且没有其他的证据，以现有的科学知识，尚不能断定使用了禁用偶氮染料。

（4）本方法的检出限为5mg/kg。

6.9.7 注意事项

（1）在旋转蒸发时要密切关注溶剂，不可让其蒸至太干，控制温度和真空度，温度不高于50℃，真空度（500±100）mbar，以防部分芳香胺的损失。

（2）在氮吹时要注意温度和氮气速度，缓慢吹干。

（3）由于连二亚硫酸钠溶液不稳定，应现配现用。同时，如果固体出现结块现象也会影响还原效果。

（4）硅藻土提取柱不能含水，如果自行填装，硅藻土用完需马上把袋子封好，保证其密封性。

（5）致癌芳香胺标样的选择。偶氮测试包括23种芳香胺的测定，如购买23种单标自行配制芳香胺混标，很难保证配制溶液浓度的准确度，因此可以从专业标样生产商处购买偶氮混标，根据需要稀释后，直接使用。标样每次使用后要按规定条件进行贮存，以使标样在规定的有效期内延长使用寿命。为保证测试的准确性，需定期对标样进行核查，核查内容应包括标样的标识、有效期、储存条件和稳定性等，并做好相关记录，以备下次核查参考。如遇到标样出现变质、重复性较差等异常情况时，请立即停止使用此标样，分析原因，找出问题，确定标样是否有效，必要时重新购买标样再进行测试。

（6）仪器维护。偶氮测试主要使用气质联用仪，由于浓度较高，标样在仪器中容易产生残留，样液也容易对仪器造成污染，从而影响测试结果的可靠性。仪器的状态直接影响测试结果的准确度，需定期对仪器进行维护，以保证良好的测试状态。气质质谱联用仪器的维护主要包括进样口端维护，色谱柱维护，MS离子源维护等。进样口端维护主要是定期更换隔垫、衬管等；色谱柱维护主要是定期老化色谱柱，必要时割去部分柱头或更换新的色谱柱；MS离子源维护主要是定期清洗离子源。当样品峰出现拖尾、信号强度减小等情况时，应及时对仪器进行适当的维护。仪器每次维护都要做好相关记录，以备出现问题时可查。

（7）气相质谱联用仪开机后，待气相质谱仪真空度达到要求后，需进行调谐，以后定期进行调谐确认。

（8）由于测试所用参数条件取决于使用仪器，因此不可能给出高效液相色谱仪和气相质联用谱仪的固定参数，但所设参数应保证被测目标物与其他组分能够得到有效分离。本方法给出的色谱参考条件已证明是可行的。

6.10 衬里偶氮染料

6.10.1 依据与适用范围

衬里偶氮染料检测方法依据GB/T 17592—2011《纺织品　禁用偶氮染料的测定》，适用于鞋类中各种经过印染纺织的衬里与内垫的检测。

原理：纺织样品在柠檬酸盐缓冲溶液介质中用连二亚硫酸钠还原分解以产生可能存在的致癌芳香胺，用适当的液－液分配柱提取溶液中的芳香胺，浓缩后，用合适的有机溶剂定容，用配有质量选择检测器的气相色谱仪（GC/MSD）进行测定。必要时，选用另外一种或多种方法对异构体进行确认。用配有二极管阵列检测器的高效液相色谱仪（HPLC/DAD）或气相色谱/质谱仪进行定量。

6.10.2 仪器设备

（1）~（12）同6.9.2。

（13）试剂

除非另有规定，所用水均为分析实验室用水规格中的三级水或相当纯度的水，所用试剂均为分析纯试剂。

① 甲醇。

② 乙醚。

③ 连二亚硫酸钠，纯度≥85%。

④ 连二亚硫酸钠溶液，200mg/mL。用时新鲜配制。

⑤ 芳香胺标准品，23种禁用芳香胺（见表6－3），最高纯度。

⑥ 芳香胺储备液，200μg/mL甲醇溶液，用于GC、HPLC。

⑦ 芳香胺标准溶液，20μg/mL，用时从芳香胺储备液中制备。

⑧ 柠檬酸盐缓冲液，0.06mol/L，pH＝6。

6.10.3 试样要求

同6.9.3。

6.10.4 检测准备

（1）取有代表性试样，剪成约5mm×5mm的小片，所需试样总量应不少于3g。将试样混匀，装入清洁的试样瓶内待测。

（2）柠檬酸盐缓冲液（0.06mol/L），预加热至70℃。

（3）调节试验环境温度为（25 ±5）℃，相对湿度为（40～70）%。

（4）检查天平是否处在水平状态，并调准水平点。

6.10.5　检测步骤

（1）试样的制备和处理。从混合样中称取1.0g，置于反应器中，加入17mL预热到（70 ±2）℃的柠檬酸盐缓冲溶液。将反应器密闭，用力振摇，使所有试样浸于液体中，置于已恒温至（70 ±2）℃的水浴中保温30min，使所有的试样充分润湿。然后，打开反应器，加入3.0mL连二亚硫酸钠溶液，并立即密闭振摇。将反应器再次置于（70 ±2）℃水浴中保温30min，取出后2min内冷却到室温。

（2）萃取。用玻璃棒挤压反应器中试样，将反应液全部倒入提取柱内，任其吸附15min。用4×20mL乙醚分4次洗提反应器中的试样，每次需混合乙醚和试样，然后将乙醚洗液滗入提取柱中，控制流速，收集乙醚提取液于圆底烧瓶中。

（3）浓缩。将上述收集的盛有乙醚提取液的圆底烧瓶置于真空旋转蒸发器上，在35℃左右的温度低真空下浓缩至近1mL，再用缓氮气流驱除乙醚溶液，使其浓缩至近干。

（4）色谱条件。同6.9.5（4）。

6.10.6　检测结果与处理

同6.9.6。

6.10.7　注意事项

同6.9.7。

6.11　五氯苯酚含量

6.11.1　依据与适用范围

五氯苯酚含量检测方法依据GB/T 22808—2008《皮革和毛皮　化学试验　五氯苯酚含量的测定》，适用于各类皮革产品及其制品的检测。

原理：将试样用水蒸汽蒸馏，将五氯苯酚（PCP）用乙酸酐乙酰化，再将五氯苯酚乙酸酯萃取至正己烷中。用带有电子捕获检测器（ECD）的气相色谱对五氯苯酚乙酸酯进行分析。

6.11.2　仪器设备

（1）气相色谱仪。带电子捕获检测器（ECD）。

（2）天平。分度值为0.1mg。

（3）水蒸气蒸馏装置

（4）振荡器。振荡频率不少于500r/min。

（5）容量瓶。规格为50mL，100mL，500mL。

（6）锥形瓶。规格为100mL。

（7）分液漏斗。规格为250mL。

（8）移液管。规格为1mL，2mL，10mL。

（9）量筒。规格为100mL。

（10）移液器。规格为10μL～100μL。

（11）剪刀

（12）试剂

除非另有规定，所用水均为分析实验室用水规格中的三级水或相当纯度的水，所用试剂均为分析纯试剂。

① 五氯苯酚（PCP）标准储备溶液（100μg/mL）。称取0.01g（精确到0.1mg）五氯苯酚于100mL容量瓶中，用丙酮溶解并定容至刻度。

② 四氯邻甲氧基苯酚（TCG）内标溶液（100μg/mL）。称取0.01g（精确到0.1mg）TCG于100mL容量瓶中，用丙酮溶解并定容至刻度。

③ 1mol/L硫酸溶液。

④ 正己烷，色谱纯。

⑤ 碳酸钾（K_2CO_3）。

⑥ 乙酸酐（$C_4H_6O_3$）。

⑦ 无水硫酸钠。

⑧ 三乙胺。

⑨ 丙酮，色谱纯。

6.11.3 试样要求

（1）除去样品上面沾有的胶水等附着物。

（2）将样品剪切成条形，宽约10mm，然后在温度为（20±2）℃，相对湿度为（65±5）%的条件下至少放置24h。

6.11.4 检测准备

（1）调节试验环境温度为（25±5）℃，相对湿度为（40～70）%。

（2）把已处理干净的样品用剪刀剪成约3mm×3mm的碎片，所需试样总量应不少于15g。将试样混匀，装入清洁的试样瓶内待测。

（3）检查天平是否处在水平状态，并调准水平点。

6.11.5 检测步骤

（1）水蒸气蒸馏。称取约1.0g试样于蒸馏器中（精确到0.001g），加入20mL硫酸溶液和50μL四氯邻甲氧基苯酚内标溶液，用水蒸气蒸馏装置对蒸馏器中的内容物进行水蒸气蒸馏，用装有5g碳酸钾的500mL容量瓶作为接收器。蒸馏出约450mL溶液，用水稀释至刻度。

（2）液液萃取和乙酰化。将所得的馏出物100mL转移至250mL分液漏斗中，加入20mL正己烷、0.5mL三乙胺和1.5mL乙酸酐，在机械振荡器上充分振荡30min。两相分层后，将正己烷相转入100mL锥形瓶中，水相中加入20mL正己烷再萃取一次。合并正己烷层，在锥形瓶中加入5g无水硫酸钠，脱水约10min。将正己烷层全部滤入50mL容量瓶中，并用正己烷洗涤残渣，洗涤液并入50mL容量瓶中。用正己烷定容至刻度，此溶液用于气相色谱分析。

（3）五氯苯酚标准工作溶液制备。吸取100μL五氯苯酚标准储备溶液于蒸馏瓶中，加入 50μL 四氯邻甲氧基苯酚内标溶液，然后按照与试样相同的方法进行水蒸气蒸馏、液液萃取和乙酰化处理。标准工作溶液最终浓度为 0.04μg/mL。

（4）色谱参考条件

① 色谱柱，DB－5MS，30m×0.25mm×0.25μm，或相当者。

② 进样口温度为 250℃。

③ 进样模式为不分流进样。

④ 载气，纯度≥99.999% 氮气，恒流模式，流速为 1.0mL/min。

⑤ 升温程序为 70℃，保持 1min；以 15℃/min 的速率升温至 280℃，保持 5min。

⑥ 进样量为 1μL。

⑦ 检测器温度为 300℃。

⑧ 尾吹气为氮气（N_2），60mL/min。

6.11.6　检测结果与处理

（1）按公式（6－12）计算样品中五氯苯酚（PCP）的含量 W_{PCP}，单位为 mg/kg

$$W_{PCP}=\frac{A_{PCP}\times C_{PCP-std}\times C_{TCG}\times A_{TCG-std}\times V_1\times V_3}{C_{TCG-std}\times A_{PCP-std}\times m\times A_{TCG}\times V_2} \tag{6-12}$$

式中：A_{PCP}——样品测试液中五氯苯酚乙酸酯的峰面积；

$A_{PCP-std}$——标准工作溶液中五氯苯酚乙酸酯的峰面积；

A_{TCG}——样品测试液中内标四氯邻甲氧基苯酚的峰面积；

$A_{TCG-std}$——标准工作溶液中内标四氯邻甲氧基苯酚的峰面积；

$C_{PCP-std}$——标准工作溶液中五氯苯酚乙酸酯的浓度，μg/mL；

C_{TCG}——样品测试液中内标四氯邻甲氧基苯酚的浓度，μg/mL；

$C_{TCG-std}$——标准工作溶液中内标四氯邻甲氧基苯酚的浓度，μg/mL；

V_1——初次定容体积，mL；

V_2——移取提取液体积，mL；

V_3——最终定容体积，mL；

m——样品质量，g。

（2）按公式（6－13）计算以绝干质量样品中五氯苯酚（PCP）的含量 $W_{PCP-dry}$，单位为 mg/kg

$$W_{PCP-dry}=W_{PCP}\times\frac{100}{100-x} \tag{6-13}$$

式中：x——按 6.3 节测得的样品中的挥发物含量，%；

W_{PCP}——五氯苯酚（PCP）的含量，mg/kg。

（3）结果表示

① 五氯苯酚含量应注明是以样品实际质量为基准，还是以样品绝干质量计算为基准，单位为 mg/kg，修约至 0.1mg/kg。当发生争议或仲裁试验时，以绝干质量为准。挥发物单位为 %，修约至 0.1%。如果以样品绝干质量计算为基准，报告中应注明样品的挥发物含量。

② 以两次平行试验结果的算术平均值作为试验结果，两次平行试验结果的差值与算术

平均值之比应小于10%。

（4）详细描述在检测过程中出现的任何偏差。

（5）本方法的定量检出限为1mg/kg。

6.11.7 注意事项

（1）如果蒸馏时过度沸腾，应降低蒸馏温度。

（2）衍生化步骤是两相反应，与振荡的强度密切相关。应使用振荡频率高（至少500r/min）的机械振荡器，不要用手摇，否则易得出错误的结果。分液漏斗用振荡器振荡前，应进行放气操作。

（3）由于测试所用参数条件取决于使用仪器，因此不可能给出气相色谱仪的固定参数，所设参数应保证被测目标物与其他组分能够得到有效分离，本方法给出的色谱参考条件证明是可行的。

（4）如果样品中的水分大于30%，样品应先在不超过50℃的温度下进行干燥，然后再进行调节处理。

6.12 有机锡化合物

6.12.1 依据与适用范围

有机锡化合物测定方法依据GB/T 22932—2008《皮革和毛皮　化学试验　有机锡化合物的测定》，适用于各类皮革产品及其制品的检测。

原理：用酸性汗液萃取试样，在pH=(4.0±0.1)的酸度条件下，以四乙基硼化钠为衍生化试剂、正己烷为萃取剂，对萃取液中的二丁基锡（DBT）和三丁基锡（TBT）直接萃取衍生化。用气相色谱/质谱联用仪（GC/MS）测定，外标法定量。

6.12.2 仪器设备

（1）气相质谱联用仪附EI源。

（2）天平。分度值为0.1mg。

（3）恒温水浴振荡器。① 加热温度在室温至100℃范围内可调，具有控制装置。② 控温精度为±2℃。③ 振荡频率≥60次/min。

（4）旋涡振荡器。振荡频率≥2200r/min。

（5）离心机。转速≥2000r/min。

（6）移液管。规格为2mL、20mL。

（7）容量瓶。规格为10mL、100mL、1L。

（8）移液器。规格为10μL~100μL。

（9）具塞三角瓶。规格为150mL。

（10）量筒。规格为100mL。

（11）具塞试管。规格为50mL。

（12）离心管。规格为10mL。

（13）剪刀

（14）试剂

除非另有规定，所用水均为分析实验室用水规格中的三级水或相当纯度的水，所用试剂均为分析纯试剂。

① 正已烷，色谱纯。

② 酸性汗液。称取 L－组氨酸盐一水化合物 0.5g，氯化钠 5g，磷酸二氢钠二水化合物 2.2g 于 1L 容量瓶中，加入 500mL 水溶解，用 0.1mol/L 的氢氧化钠溶液调 pH 至 5.5 后用水定容至刻度。该试液应现配现用。

③ 乙酸盐缓冲液，1mol/L。称取 82.0g 乙酸钠于 1L 容量瓶中，加入 500mL 水溶解，用冰乙酸调 pH 至（4.0 ±0.1）后用水定容至刻度。

④ 四乙基硼化钠溶液，20g/L。称取 0.2g 四乙基硼化钠于 10mL 棕色容量瓶中，用水溶解并定容至刻度。

⑤ 有机锡标准储备溶液。各有机锡标准储备溶液用纯度大于或等于 99% 的有机锡标准物质配制，浓度以有机锡阳离子浓度计，配制方法如下：

a）三丁基锡标准储备溶液（1000μg/mL）。准确称取氯化三丁基锡标准品 0.112g，用少量甲醇溶解后，转移至 100mL 容量瓶中，用水稀释至刻度。

b）二丁基锡标准储备溶液（1000μg/mL）。准确称取氯化二丁基锡标准品 0.130g，用少量甲醇溶解后，转移至 100mL 容量瓶中，用水稀释至刻度。

c）有机锡混合标准溶液（10μg/mL）。分别移取 100μL 的三丁基锡标准储备溶液和二丁基锡标准储备溶液，置于同一个 10mL 棕色容量瓶中，用水稀释至刻度，摇匀。

6.12.3 试样要求

（1）除去样品上面沾有的胶水等附着物。

（2）将样品剪切成条形，宽约 10mm，然后在温度为（20 ±2）℃和相对湿度为（65 ±5）% 的条件下放置至少 24h。

6.12.4 检测准备

（1）调节试验环境温度为（25 ±5）℃，相对湿度为（40 ~70）% 。

（2）把已处理干净的样品用剪刀剪成约 3mm ×3mm 的碎片，所需试样总量应不少于 15g。将试样混匀，装入清洁的试样瓶内待测。

（3）检查天平是否处在水平状态，并调准水平点。

（4）提前一天将气相质谱联用仪开机，待质谱仪真空度达到要求后进行调谐。

（5）调节恒温水浴振荡器的温度至 37℃。

6.12.5 检测步骤

（1）萃取液的制备。称取约 4.0g 试样（精确到 0.01g），置于 150mL 具塞三角烧瓶中。加入 80mL 酸性汗液，盖上瓶塞后轻轻摇动，使样品充分浸湿，放入恒温水浴振荡器中，在（37 ±2）℃下，以 60 次/min 的频率振荡 60min 后，取出，冷却至室温。

（2）衍生化。用移液管准确移取上述萃取液 20mL，置于 50mL 具塞试管中。加入 2mL 乙酸盐缓冲溶液，摇匀后依次加入 2mL 四乙基硼化钠溶液和 2.0mL 正已烷，用旋涡振荡器振荡 15min。静置分层后，吸出上层有机相，置于离心管中，以 2000r/min 的频率离心

5min，取上清液进行 GC/MS 分析。

（3）有机锡化合物标准曲线工作溶液制备。分别移取 40μL、100μL、200μL、300μL、400μL 的有机锡混合标准溶液到 20mL 酸性汗液中，然后参照试样萃取液衍生化相同的方法处理，所得测试液浓度分别为 0.2μg/mL、0.5μg/mL、1.0μg/mL、1.5μg/mL、2.0μg/mL。

（4）色谱参考条件

① 色谱柱为 DB－5MS，30m×0.25mm×0.25μm，或相当者。

② 进样口温度为 250℃。

③ 气相/质谱转接口温度为 280℃。

④ 进样模式为不分流进样。

⑤ 载气，纯度≥99.999% 氦气；恒流模式，流速为 1.0mL/min。

⑥ 升温程序为 70℃，保持 1min；以 20℃/min 的升温速率升至 280℃，保持 5min。

⑦ 进样量为 1μL。

⑧ 离子源为 EI 源，电离能量为 70eV。

⑨ 溶剂延迟 4min。

⑩ 四级杆温度为 150℃。

⑪ 离子源温度为 230℃。

⑫ 扫描模式

全扫描（csan）和选择离子（sim）同时采集，特征离子参数如表 6－4 所示。

表 6－4　Sim 模式特征离子

有机锡化合物名称	衍生物名称	特征离子
氯化二丁基锡	二乙基二丁基锡	207（定量离子）　149　179　263
氯化三丁基锡	乙基三丁基锡	207（定量离子）　235　263　291

6.12.6　检测结果与处理

（1）按公式（6－14）计算样品中有机锡化合物的含量 W_i，单位为 mg/kg

$$W_i = \frac{C_i \times V \times V_1}{m \times V_2} \tag{6-14}$$

式中：C_i——测试溶液中有机锡 i 的浓度，μg/mL；

V——最终定容体积，mL；

V_1——萃取液总体积，mL；

V_2——移取的萃取液，mL；

m——样品质量，g。

（2）按公式（6－15）计算以绝干质量样品中有机锡化合物 i 的含量 W_{i-dry}，单位为毫克每千克（mg/kg）

$$W_{i-dry} = W_i \times \frac{100}{100 - x} \tag{6-15}$$

式中：x——按 6.3 节测得的样品中的挥发物含量，%；

W_i——样品中有机锡化合物的含量，mg/kg。

（3）结果表示

① 化合物含量应注明是以试样实际质量为基准，还是以试样绝干质量计算为基准，单位为 mg/kg，修约至 0.1mg/kg。当发生争议或仲裁试验时，以绝干质量为准。挥发物单位为 %，修约至 0.1%。如果以样品绝干质量计算为基准，报告中应注明样品的挥发物含量。

② 以两次平行试验结果的算术平均值作为试验结果，两次平行试验结果的差值与算术平均值之比应小于 10%。

（4）详细描述在检测过程中出现的任何偏差。

（5）本方法的定量检出限为 0.5mg/kg。

6.12.7 注意事项

（1）四乙基硼化钠溶液不稳定，宜现用现配，配置时宜尽可能隔绝空气。

（2）有机锡标准储备溶液宜保存在棕色试剂瓶中，. 在 4℃下保存期为 6 个月。

（3）由于测试所用参数条件取决于使用仪器，因此不可能给出气相质谱联用仪的固定参数，所设参数应保证被测目标物与其他组分能够得到有效分离，本方法给出的色谱参考条件证明是可行的。

（4）如果样品中的水分大于 30%，样品应先在不超过 50℃的温度下进行干燥，然后再进行调节处理。

6.13 富马酸二甲酯

6.13.1 依据与适用范围

富马酸二甲酯检测方法依据 SN/T 2446—2010《皮革及其制品中富马酸二甲酯的测定 气相色谱/质谱法》，适用于各类皮革产品及其制品的检测。

原理：以脱水乙酸乙酯对试样中富马酸二甲酯进行超声提取，提取液浓缩定容后经中性氧化铝固相萃取柱净化，用气相色谱/质谱联用仪（GC/MS）测定和确证，外标法定量。

6.13.2 仪器设备

（1）气相质谱联用仪（附 EI 源）

（2）天平。分度值为 0.1mg。

（3）旋转蒸发仪

（4）超声波提取器。具有定时功能。

（5）单标移液管。规格为 10mL。

（6）移液器。规格为 10μL ~ 100μL，100μL ~ 1000μL。

（7）容量瓶。规格为 10mL、25mL、100mL。

（8）具塞锥形瓶。规格为 100mL。

（9）量筒。规格为 10mL，50mL，其中 10mL 为具塞量筒。

（10）圆底烧瓶

（11）剪刀

（12）试剂

除非另有规定，所用水均为分析实验室用水规格中的三级水或相当纯度的水，所用试剂均为分析纯试剂。

① 乙酸乙酯，经 5Å 分子筛脱水处理。

② 富马酸二甲酯标准溶液

a）富马酸二甲酯标准储备液（1.0mg/mL）。称取 0.0250g（精确到 0.1mg）富马酸二甲酯标准品于 25mL 容量瓶中，用乙酸乙酯溶解并定容至刻度。

b）富马酸二甲酯中间浓度溶液（100μg/mL）。准确移取 10mL 标准储备液至 100mL 容量瓶中，用乙酸乙酯定容至刻度。

③ 富马酸二甲酯标准曲线工作溶液。分别移取 10μL、50μL、100μL、200μL、1000μL 富马酸二甲酯中间浓度溶液至 10mL 容量瓶中，用乙酸乙酯定容至刻度，溶液浓度分别为 0.1μg/mL、0.5μg/mL、1.0μg/mL、2.0μg/mL、10.0μg/mL。

④ 中性氧化铝固相萃取柱，1000mg/6mL。

6.13.3 试样要求

（1）除去样品上面沾有的胶水等附着物。

（2）将样品剪切成条形，宽约 10mm，然后在温度的（20 ± 2）℃和相对湿度（65 ± 5）% 的条件下调节 24h。

6.13.4 检测准备

（1）调节试验环境温度为（25 ± 5）℃，相对湿度为（40 ~ 70）%。

（2）把已处理干净的样品用剪刀剪成约 3mm × 3mm 的碎片，所需试样总量应不少于 15g。将试样混匀，装入清洁的试样瓶内待测。

（3）检查天平是否处在水平状态，并调准水平点。如为电子天平，先开机预热半小时。

（4）提前一天将气相质谱联用仪开机，待质谱仪真空度达到要求后进行调谐。

6.13.5 检测步骤

（1）提取步骤。从混匀后的试样中称取 5.0g（精确到 0.0001g）置于 100mL 具塞锥形瓶中，加入乙酸乙酯 30mL，将锥形瓶密闭，用力振摇使所有试样浸于液体中。在超声波提取器中超声萃取 10min，将提取液移入圆底烧瓶中，用 20mL 乙酸乙酯重复提取 1 次，合并萃取液。用 10mL 乙酸乙酯淋洗锥形瓶和试样，用力振摇，合并萃取液。在旋转蒸发仪上将萃取液浓缩至约 3mL，转入具塞量筒中，用少量乙酸乙酯淋洗圆底烧瓶，洗液并入具塞量筒，用乙酸乙酯定容至 5.0mL。取 3mL 提取液加入到中性氧化铝固相萃取柱中，弃去 1mL 初滤液，收集剩余净化液进行 GC/MS 分析。同时，进行试剂空白试验。除不加样品外，其余都按上述步骤进行。

（2）色谱参考条件

① 色谱柱，DB - 5MS，30m × 0.25mm × 0.25μm，或相当者。

② 进样口温度为 250℃。

③ 气相/质谱转接口温度为 280℃。

④ 进样模式为不分流进样。

⑤ 载气，纯度≥99.999% 氦气；恒流模式，流速为 1.0mL/min。

⑥ 升温程序为70℃，保持1min；以20℃/min的升温速率升至280℃，保持5min。

⑦ 进样量为1μL。

⑧ 离子源为EI源，电离能量为70eV。

⑨ 溶剂延迟4min。

⑩ 四级杆温度为150℃。

⑪ 离子源温度为230℃。

⑫ 扫描模式

全扫描（scan）和选择离子（sim）同时采集，特征离子参数如表6－5所示。

表6－5　Sim模式特征离子

目标物	特征离子
富马酸二甲酯	113（定量离子）　85　59　53

6.13.6　检测结果与处理

（1）按公式（6－16）计算样品中富马酸二甲酯的含量X，单位为mg/kg

$$X=\frac{(C-C_0)\times V}{m} \tag{6-16}$$

式中：C——测试溶液中富马酸二甲酯的浓度，μg/mL；

C_0——试剂空白中富马酸二甲酯的浓度，μg/mL；

V——最终定容体积，mL；

m——样品质量，g。

（2）以两次平行试验结果的算术平均值作为试验结果，结果保留1位小数。在重复性条件下获得两次独立测定结果的绝对差值应不超过算术平均值的10%。

（3）详细描述在检测过程中出现的任何偏差。

（4）本方法的定量检出底为0.1mg/kg。

6.13.7　注意事项

（1）样品提取液经中性氧化铝固相萃取柱净化时应弃去前1mL初滤液，收集后面的滤液进行GC/MS分析。

（2）由于测试所用参数条件取决于使用仪器，因此不可能给出气相质谱联用仪的固定参数，所设参数应保证被测目标物与其他组分能够得到有效分离，本方法给出的色谱参考条件证明是可行的。

（3）如果样品中的水分大于30%，样品应先在不超过50℃的温度下进行干燥，然后再进行调节处理。

6.14　霉菌和酵母菌

6.14.1　依据与适用范围

霉菌和酵母菌检测方法依据GB/T 18204.4—2013《公共场所卫生检验方法 第4部分：

公告用品用具微生物》中真菌总数平皿计数法，适用于公共场所公用拖鞋以及穿着鞋的检测。

6.14.2 仪器设备

（1）恒温箱。温度控制在（25～28）℃。

（2）显微镜。放大倍数为16×100倍。

（3）高压蒸汽灭菌器

（4）冰箱

（5）菌落计数器

（6）电炉或微波炉

（7）烘箱

（8）试管

（9）平皿。ϕ9cm。

（10）无菌棉拭子

（11）吸管。规格为1ml。

（12）放大镜

（13）生理盐水，成分为：氯化钠，8.5g；蒸馏水，1000mL。

制法：将氯化钠溶解于蒸馏水中后分装到试管内，分别分装10mL和9mL两种规格，121℃高压灭菌20min。

（14）孟加拉红培养基，成分为：蛋白胨，5g；葡萄糖，10g；磷酸二氢钾，1g；硫酸镁（$MgSO_4 \cdot 7H_2O$），0.5g；琼脂，20g；1∶3000孟加拉红水溶液，100mL；氯霉素，0.1g；蒸馏水，1000mL。

制法：将蛋白胨、葡萄糖、磷酸二氢钾、硫酸镁和琼脂溶于蒸馏水中，再加入孟加拉红溶液，分装后121℃高压灭菌20min，待冷却至55℃左右加入氯霉素。

（15）沙氏琼脂培养基，成分为：蛋白胨，10g；葡萄糖，40g；琼脂，20g；氯霉素，0.1g；蒸馏水，1000mL。

制法：将蛋白胨、葡萄糖和琼脂溶于蒸馏水中，分装后121℃高压灭菌20min，待冷却至55℃左右加入氯霉素。

6.14.3 试样要求

一双鞋为一份样品。采样后应立即贴上标签，每件样品必须标记清楚（如名称、来源、数量、采样地点、采样人及采样时间）。样品应尽快送实验室。存放样品的器具必须密封性好，以免在运输过程中污染样品。

6.14.4 检测准备

（1）配制好所需的培养基和生理盐水，棉拭子高温湿热灭菌。

（2）将剪刀、吸管、平皿等器具用牛皮纸包扎好或装入不锈钢容器内，置于烘箱中（160±2）℃干热灭菌2h。

（3）无菌室预先用紫外线灯杀菌30min后，开启空气净化装置，20min后方可进入工作，传递窗使用前用紫外线灯灭菌30min。

6.14.5 检测步骤

（1）将无菌干燥棉拭子浸于 10mL 灭菌生理盐水内浸润（吸取约 1mL 溶液）后，在每只鞋的鞋内与脚趾接触处 5cm×5cm 面积范围内分别均匀涂抹 5 次，一双鞋为一份样品，采样总面积为 $50cm^2$。然后，用灭菌剪刀将棉拭子手执部分剪断，将棉拭子放入剩余的 9mL 生理盐水试管中。

（2）将盛有棉拭子的生理盐水试管用力振荡 80 次，再用带橡皮乳头的 1mL 灭菌吸管反复吹吸 50 次，使真菌孢子充分散开，制成 1：10 稀释液。

（3）用灭菌吸管吸取 1：10 稀释液 2mL，分别注入到 2 个灭菌平皿内，每皿 1mL。另取 1mL 稀释液注入 9mL 灭菌生理盐水试管中，换 1 支 1mL 灭菌吸管吹吸 5 次，此液为 1：100 稀释液。

（4）按上述操作顺序做 10 倍递增稀释液，每稀释一次，换一支 1mL 灭菌吸管。根据样品的污染情况，选择 3 个合适的稀释度。

（5）将溶化并冷却至 45℃ 左右的培养基注入灭菌的平皿中，待琼脂凝固后，倒置于 (25～28)℃ 恒温箱中，3 天后开始观察，共培养观察一周。

6.14.6 检测结果与处理

（1）通常选择菌落数在（5～50）CFU 之间的平板进行计数，如果只有一个稀释度平板上的菌落数在适宜计数范围内，计算两个平板菌落数的平均值，再将平均值乘以相应稀释倍数，作为每 $50cm^2$ 面积内真菌菌落总数。

（2）当两个连续稀释度的菌落数皆在适宜计数范围内时，按公式（6－17）计算真菌菌落数 N，单位为 $CFU/50cm^2$

$$N = \frac{\sum C}{(n_1 + n_2) \times d} \tag{6-17}$$

式中：$\sum C$——平板（含适宜范围菌落数的平板）菌落数之和；

n_1——第一稀释度（低稀释倍数）平板的个数；

n_2——第二稀释度（高稀释倍数）平板的个数；

d——第一稀释度的稀释倍数。

注：一只鞋的涂抹面积是 $25cm^2$（5cm×5cm），一双鞋的涂抹面积则为 $50cm^2$（$25cm^2$×2）。

（3）若所有稀释度的平板上菌落数均大于 50，则对稀释度最高的平板进行计数，其他平板可记录为多不可计，按公式（6－18）进行计算真菌菌落数 N，单位为 $CFU/50cm^2$

$$N = C \times d \tag{6-18}$$

式中：C——平均真菌菌落数；

d——稀释倍数。

（4）若所有稀释度的平板上菌落数均小于 5，则对稀释度最低的平板进行计数，按公式（6－18）进行计算。

（5）若所有稀释度平板均无菌落生长，则以小于 1 乘以最低稀释倍数计算。

（6）若所有稀释度的平板菌落数均不在（5～50）CFU 之间，其中一部分小于 5CFU 或大于 50CFU 时，则以最接近 5CFU 或 50CFU 的平均菌落数乘以稀释倍数计算。

6.14.7 注意事项

（1）试验操作过程必须采取严格的无菌技术，任何直接接触样本的器械必须经灭菌后方可使用。

（2）装有棉拭子的生理盐水试管必须振荡充分（也可选择将试管放在混匀器上振荡混匀），这样才能让霉菌孢子充分散开，这将直接影响结果的准确性。

（3）由于有些菌落生长太快，导致菌落间区分不开，而有些孢子特别是受伤的孢子生长过于缓慢，因此要从第3天开始观察，总共培养一周。